三酷猫学编程丛书

MySQL

从入门到部署实战

（视频教学版）

刘瑜 李体新 卢凯 陈俊文 张委员◎著

北京理工大学出版社
BEIJING INSTITUTE OF TECHNOLOGY PRESS

图书在版编目（CIP）数据

MySQL 从入门到部署实战：视频教学版 / 刘瑜等著
.-- 北京：北京理工大学出版社, 2023.5
（三酷猫学编程丛书）
ISBN 978-7-5763-2336-8

Ⅰ. ①M… Ⅱ. ①刘… Ⅲ. ①SQL 语言—数据库管理系统 Ⅳ. ①TP311.132.3

中国国家版本馆 CIP 数据核字(2023)第 079341 号

出版发行 / 北京理工大学出版社有限责任公司
社　　址 / 北京市海淀区中关村南大街5号
邮　　编 / 100081
电　　话 /（010）68914775（总编室）
（010）82562903（教材售后服务热线）
（010）68944723（其他图书服务热线）
网　　址 / http: //www. bitpress. com. cn
经　　销 / 全国各地新华书店
印　　刷 / 文畅阁印刷有限公司
开　　本 / 787毫米×1020毫米　1 / 16
印　　张 / 22.25
字　　数 / 487千字
版　　次 / 2023年5月第1版　2023年5月第1次印刷
定　　价 / 89.80元

责任编辑 / 王晓莉
文案编辑 / 王晓莉
责任校对 / 刘亚男
责任印制 / 边心超

图书出现印装质量问题，请拨打售后服务热线，本社负责调换

前言

近些年，物联网、5G、大数据和人工智能等先进技术的发展促进了关系数据库的进一步应用和发展。其中，MySQL 数据库因其开源的特性而广泛应用于各行各业的软件系统开发中，尤其在 Web 开发领域，它更是具有不可撼动的地位。无论数据库管理与运维人员，还是软件工程师，都需要掌握 MySQL 数据库知识，这样才能在竞争日益激烈的 IT 领域提高竞争力，从而实现自身的价值。

写作背景

写作本书的起因是笔者的 Python 图书群里有很多读者希望看到一本像 Python“三酷猫”图书风格的 MySQL 图书：“小白”们一边听着 *Three Cool Cats*（电影《九条命》的主题曲），一边与三酷猫一起学习 MySQL 数据库的使用，这一定是件快乐的事。

为尽快完成本书的写作，而且让本书内容更丰富和实用，笔者邀请了有丰富的 MySQL 教学经验的保定学院的李体新老师和在某软件公司从事数据库应用系统开发的卢凯经理，以及从事 MyCat 数据库中间件核心技术研发的陈俊文和张委员工程师参与写作。大家经过充分沟通，决定发挥各自的优势，编写一本具有鲜明特色的 MySQL 数据库图书。

本书带领读者从零开始上手，逐步提升，最终可以达到熟练操作 MySQL 数据库并进行部署的水平。本书兼顾易读性和实用性，理论结合典型示例，比较容易上手，而且提供课后习题和实验题，可方便读者巩固所学知识。

本书特色

1. 由浅入深，循序渐进

本书的内容编排经过深思熟虑，讲解由浅入深，循序渐进，学习梯度非常平滑，符合读者学习和认知的规律，可以帮助读者在较短的时间里理解和掌握 MySQL 数据库的相关知识。

2. 体例丰富，风格活泼

本书采用文、图、表、脚注、注意、说明、提示、示例和案例等多种体例相结合的方式讲解，从多个角度帮助读者学习，从而让他们更好地理解和吸收所学的知识。另外，本书还引入“三酷猫”角色，用三酷猫学MySQL的故事引导读者探究MySQL数据库的世界，生动有趣，让学习不再乏味，从而增强读者学习的兴趣和动力。

3．示例丰富，案例典型

本书结合254个示例对MySQL数据库的常用命令、SQL语句、函数和索引等相关知识做了详细的讲解，帮助读者夯实基础。另外，本书充分体现笔者已经出版的“三酷猫”图书的实战特色，提供18个案例，帮助读者提高实战水平。

4．给出多个“避坑”提醒

本书在讲解的过程中穿插了93个诸如“注意”“说明”“提示”类的“避坑”提醒小段落，帮助读者绕开学习中的各种“陷阱”，让他们少走弯路，顺利学习。

5．视频教学，高效、直观

本书特意为每章的重点和难点内容配备了教学视频（共299分钟），以方便读者更加高效、直观地学习。读者结合这些教学视频进行学习，效果更好。

6．提供课后练习题和实验题

本书特意在第1~15章的最后安排了练习题和实验题（全书共150个练习题和29个实验题），以帮助读者巩固和提高，并方便老师在教学时使用。这些配套练习题和实验题的参考答案以电子书的形式提供。

7．提供教学课件

本书特意提供了完善的教学课件（PPT），既方便相关院校的老师教学，又可以帮助读者梳理知识点，从而取得更好的教学和学习效果。

本书内容

本书从入门读者的角度介绍MySQL基础知识，帮助他们快速上手，并从从业者的角度详细介绍MySQL数据库的进阶知识与技巧，帮助他们提升。本书共17章，分为3篇。

第1篇　基础知识

本篇包括第1～8章，主要从数据库的历史、MySQL数据库的安装、数据库的基础操作、表操作、SQL语句、运算符、逻辑语句、函数和索引等方面介绍Java编程的基础知识。通过学习本篇内容，读者可以掌握MySQL数据库的基础知识，为后续学习打下扎实的基础。

第2篇　进阶提高

本篇包括第 9～15 章，主要从视图、存储过程、异常、游标、触发器、事务、数据备份、日志和性能优化等方面详细介绍 MySQL 数据库的进阶知识。通过学习本篇内容，读者可以掌握 MySQL 数据库的一些进阶知识。

第3篇　部署实战

本篇包括第 16、17 章，主要从单机部署、主从部署、分布式部署等方面介绍数据库部署的相关知识。通过阅读本篇内容，读者可以了解数据库部署的基本原理和步骤。

读者对象

- MySQL 数据库入门与进阶人员；
- 数据库管理与开发人员；
- MySQL 数据库技术爱好者；
- 数据库管理与开发从业人员；
- 培训机构的 MySQL 学员；
- 大中专院校相关专业的师生。

本书资源

本书提供以下超值配套资源：
- 示例和案例源代码；
- 配套教学视频；
- 配套习题和实验题参考答案；
- 配套教学课件（PPT）。

读者可以通过本书的学习交流和资料下载 QQ 群（群号：809482456）获取这些资料，也可以搜索并关注微信公众号“方大卓越”，然后回复“mysql 入门 ly”获取下载地址。

本书作者

刘瑜：高级信息系统项目管理师、软件工程硕士、CIO、硕士企业导师。有 20 余年的编程经验，熟悉 C、Java、Python 和 C#等多种编程语言。开发过 20 余套商业项目，承担了省部级（千万元级）项目 5 个，在国内外学术期刊上发表了 10 余篇论文。曾经主笔编写并出版了《战神——软件项目管理深度实战》《NoSQL 数据库入门与实践（基于MongoDB、Redis）》《Python 编程从零基础到项目实战》《Python 编程从数据分析到机器学习实践》《算法之美——Python 语言实现（微课视频版）》《Python Django Web 从入门到项目开发实战》等技术图书。

李体新：硕士，软件设计师，数据库系统工程师，信息系统项目管理师，保定学院教师。长期从事教学工作，有丰富的教学经验，主讲数据库、Python、C 语言、Java 和大数据等相关课程。

卢凯：北京某软件公司部门经理，高级软件工程师。有 20 余年的软件项目开发经验，精通 Java 程序设计和数据库管理与开发，主持开发过十几个大中型软件项目。

陈俊文：MyCat 核心研发人员之一，在数据库查询引擎、数据安全、网络编程和业务开发等方面都有较深入的研究和丰富的项目经验，坚持理论与实践相结合。

张委员：MyCat 核心研发人员之一，系统架构设计师，在数据库、高并发和企业级项目开发等方面有深入的研究和丰富的项目经验。

致谢

在本书的编写过程中，我们得到了大量读者的鼓励，也得到了家人和朋友们的大力支持，还得到了国内 IT 领域一些技术人员与高校老师的关心与支持，在此一并表示感谢。

另外，还要特别感谢 MyCat 研发团队，尤其是赵静工程师，他们为本书的写作提供了大力支持，让我们获得了宝贵的一手编写资料。

售后服务

本书提供以下完善的售后服务方式：

- 学习交流和资料下载 QQ 群（群号：809482456）；
- 为各院校的老师定向提供技术咨询和帮助的 QQ 群（群号：651064565）；
- 问题反馈与资料下载微信公众号——方大卓越；
- 经验和知识传播微信公众号——三酷猫的 IT 书；
- 答疑电子邮箱（bookservice2008@163.com）。

虽然笔者与其他参编作者都对本书内容进行了多次核对，但由于水平所限，在编写的过程中恐有考虑不周之处，敬请广大读者批评与指正。

刘瑜

目录

第2篇 进阶提高

第 3 篇　部署实战

第1篇 基础知识

本篇为刚入门的读者提供了 MySQL 数据库最基础和最常用的知识，读者必须把基础知识学扎实了，才能熟练使用 MySQL 数据库。

本篇的内容包括：

第 1 章　数据库入门

数据库是绝大多数程序员必须掌握的知识。在各行各业中经常涉及对数据库的各项操作。

本章是为数据库初学者入门准备的，主要内容如下：

- 了解数据库；
- 关系型数据库；
- 安装 MySQL 数据库；
- MySQL 的工作原理及使用约定；
- MySQL Workbench 简介；
- 命令行客户端。

1.1　了解数据库

从计算机诞生的那一刻起，人类就面临着各种数据管理的问题，如数据的分类、组织、编码、存储、传输和处理，为了更好地使用数据，就产生了数据管理的需求。数据管理发展的结果就是数据库（Database，DB）[①]的出现。数据库就是采用一定的技术集中存储数据的仓库。

1.1.1　数据库的发展史

1946 年，世界上第一台通用计算机埃尼阿克（Electronic Numerical And Calculator，ENIAC）的出现，标志着人类正式进入数字化信息时代。数据库的发展史可以分国际和国内两部分。

1. 国际发展史

从国际发展史来看，目前主流的观点将数据库的发展分为人工管理、文件系统和数据

---

① 在本书没有特别说明的前提下，数据库、数据库系统和数据库管理系统都指同一个对象，不进行严格区分。

库三个阶段，如图 1.1 所示。

- 第一阶段：1946—1957 年，为人工管理阶段。那时管理数据的特点是大量的数据一次性完成计算，不进行保存；或存储介质为磁带、卡片、纸带、磁鼓、磁芯等，保存的数据比较碎片化，没有管理数据的软件系统，也没有文件的概念，对数据不具备独立、共享和系统管理的能力。

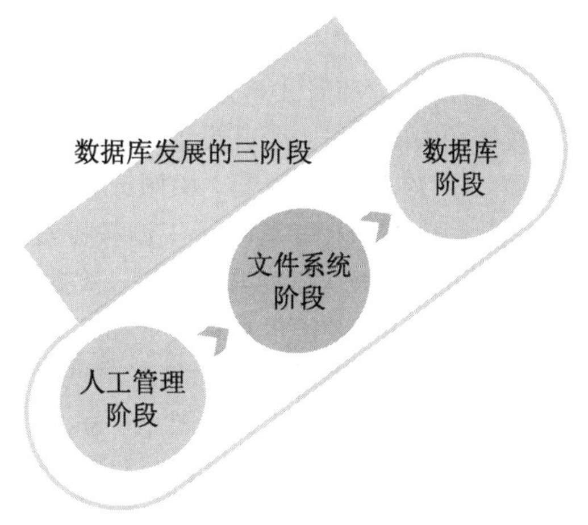

图 1.1　数据库发展的三个阶段

- 第二阶段：1957—1964 年，为文件系统阶段。随着磁盘的出现，数据具备被长期存储及灵活操作的条件，并由文件系统对数据进行管理，数据管理具有一定的独立性、系统性及共享能力。
- 第三阶段：1964 年至今，为数据库阶段。借助复杂和结构化的数据管理模型，灵活地实现数据共享、数据存储、数据处理和数据管理等功能。具有代表意义的数据库产品包括：
  - 1968 年，IBM 公司推出了世界上第一款大型商业数据库产品 DB2；
  - 1977 年，Apex 软件公司（后改名为甲骨文公司）推出了大名鼎鼎的世界上第一款关系型数据库 Oralce；
  - 1996 年，MySQL 之父蒙蒂（Monty）正式推出了第一个内部发行版本，并且免费、开源；
  - 2008 年，随着第一个大数据框架 Hadoop 的开发成功，其核心子项目 HBase 数据库成为世界上第一款基于大数据的商业数据库产品。

近几年，数据库的发展及研究方向包括 HTAP①（Hybrid Transaction and Analytical Processing，混合事务与分析处理数据库，如 TiDB）、边缘计算数据库（如 RedisEdge）和基于云端的数据库等。

2. 国内发展史

国内数据库的发展其实可以分为国外技术引进和国产数据库研究两部分。国外技术引进及使用一直在进行，从最早的 Oracle、DB2、Sybase、Informix、MySQL、SQL Server、DBase 和 Access，到现在的 HBase、MongoDB、Redis 和 PostgreSQL 等，一直处于引进进行时。这里重点回顾一下国产数据库的发展过程。

国产数据库技术的发展可以划分为两个阶段：

---

① Lavindra de Silva,et al. The HATP hierarchical planner: Formalisation and an initial study of its usability and practicality[R].2015 IEEE/RSJ International Conference on Intelligent Robots and Systems (IROS),2015.

（1）第一阶段——国产数据库萌芽阶段

1978 年，随着改革开放大门的打开，数据库研究也被提到议事日程中。同年，萨师煊教授在中国人民大学开设了“数据库系统概论”课程，他被认为是我国数据库的“开山祖师”。1979 年 11 月 9 日，中国计算机学会在安徽黄山召开了第一次数据库年会，中国人民大学萨师煊教授和其弟子王珊教授参加了该年会。1983 年，萨师煊教授和王珊教授合作编著了我国第一部数据库教材《数据库系统概论》。萨师煊教授曾领衔主持国家“七五”攻关项目“国家经济信息系统分布式查询系统”的研究。1984 年到 1986 年，王珊教授参加了美国马里兰大学 XDB（可扩展的关系数据库管理系统）设计和开发工作。

1980 年到 1998 年，在国家“863”研究计划、“973 计划”等的持续推动下，以中国人民大学、华中科技大学、浙江大学和南开大学等为主力的研究单位开始持续投入科研力量，推进国产数据库的研究和产品化。

（2）第二阶段——国产数据阶段

1999 年，王珊教授等人创立了北京人大金仓信息技术股份有限公司，正式推出商业化的“人大金仓数据库”。

2000 年，武汉达梦数据库股份有限公司正式成立，推出了商业化的“达梦数据库”。

2000 年，辽宁东软集团有限公司正式推出商业化的“OpenBASE 数据库”。

2003 年，天津神舟通用数据技术有限公司正式成立，推出了商业化的“神通数据库”。

2004 年，天津南大通用数据技术股份有限公司正式推出“GBase 数据库”。

2010 年至今，在大数据、云计算的大环境下，阿里巴巴集团连续推出了 OceanBase 和 PolarDB 两款数据库，华为推出了 Gauss 数据库，腾讯推出了 TDSQL 数据库，北京 PingCAP 推出了 TiDB 数据库，广州巨杉推出了 SequoiaDB 数据库……

1.1.2　数据库的分类

目前，全世界范围内的数据库产品成千上万。截至 2021 年 3 月份，在 DB-Engines 数据库排行榜里的数据库产品共有 364 个，如图 1.2 所示。

364 systems in ranking, March 2021

Rank			DBMS	Database Model	Score		
Mar 2021	Feb 2021	Mar 2020			Mar 2021	Feb 2021	Mar 2020
1.	1.	1.	Oracle	Relational, Multi-model	1321.73	+5.06	-18.91
2.	2.	2.	MySQL	Relational, Multi-model	1254.83	+11.46	-4.90
3.	3.	3.	Microsoft SQL Server	Relational, Multi-model	1015.30	-7.63	-82.55
4.	4.	4.	PostgreSQL	Relational, Multi-model	549.29	-1.67	+35.37
5.	5.	5.	MongoDB	Document, Multi-model	462.39	+3.44	+24.78
6.	6.	6.	IBM Db2	Relational, Multi-model	156.01	-1.60	-6.55
7.	7.	↑8.	Redis	Key-value, Multi-model	154.15	+1.58	+6.57
8.	8.	↓7.	Elasticsearch	Search engine, Multi-model	152.34	+1.34	+3.17
9.	9.	↑10.	SQLite	Relational	122.64	-0.53	+0.69
10.	↑11.	↓9.	Microsoft Access	Relational	118.14	+3.97	-7.00
11.	↓10.	11.	Cassandra	Wide column	113.63	-0.99	-7.32

图 1.2　DB-Engines 数据库排行榜

从 NoSQL-DataBase 数据库网上可以知道，目前 NoSQL 数据库超过了 225 个，如图 1.3 所示。

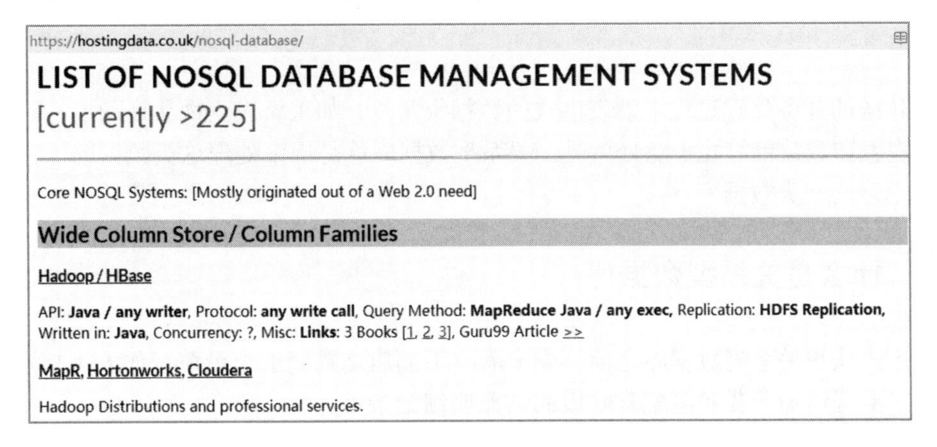
https://hostingdata.co.uk/nosql-database/

LIST OF NOSQL DATABASE MANAGEMENT SYSTEMS
[currently >225]

Core NOSQL Systems: [Mostly originated out of a Web 2.0 need]

Wide Column Store / Column Families

Hadoop / HBase

API: **Java / any writer**, Protocol: **any write call**, Query Method: **MapReduce Java / any exec**, Replication: **HDFS Replication**, Written in: **Java**, Concurrency: ?, Misc: **Links**: 3 Books [1, 2, 3], Guru99 Article >>

MapR, Hortonworks, Cloudera

Hadoop Distributions and professional services.

图 1.3　NoSQL-DataBase 数据库网

有了这么多的数据库产品，就需要给它们分类，以方便人们学习和使用。这里继续沿袭刘瑜老师写的《NoSQL 数据库入门与实践（基于 MongoDB、Redis）》一书中对数据库的分类方法，把数据库分为如图 1.4 所示的三大类。

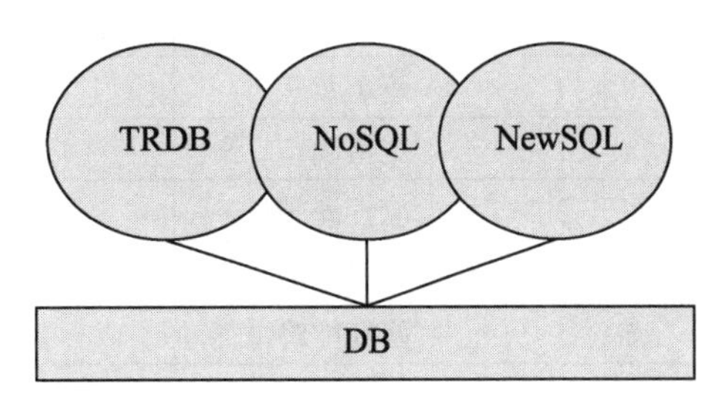

图 1.4　数据库的分类

- TRDB（Traditional Relational Database，传统关系型数据库）：指采用关系型数据结构模型，主体采用 SQL 操作标准，不具备分布式数据管理的数据库。

说明：SQL（Structured Query Language，结构化查询语言）是用于查询、更新、管理关系型数据库数据的一种编程语言，它也是一种关系型数据库操作标准，它由美国国家标准化组织（ANSI）负责管理和发布，目的是使所有的关系型数据库操作标准化，易于使用者学习和操作。

- NoSQL（非关系型数据库）：指采用非关系型数据结构模型，而没有采用 SQL 操作标准的数据库。该类主要采用分布式数据管理方式，用于 TRDB 不擅长的应用领域，如大数据处理。
- NewSQL：介于 TRDB 与 NoSQL 之间，是具有关系型数据结构模型、SQL 操作标准和分布式数据管理能力的一类数据库。

本书介绍的 MySQL 数据库属于 TRDB 范围，但是其最新版本却具备了分布式管理的功能。也就是说，随着时间的推移，三类数据库都在互相吸收对方的技术优点。

1.2　关系型数据库

在传统的业务处理过程中，表格式的数据很常见，如工资表、物品采购单、购物结账单、课程表和成绩单等几乎随处可见。关系型数据库就是用来处理这类数据的，它是入门者必须学习的一类数据库。

1.2.1　什么是关系型数据库

在正式认识关系型数据库之前，先来看一下酒店结账明细记录单，如表 1.1 所示。这其实是三酷猫请加菲猫和凯蒂猫吃饭的结账明细记录单。

表 1.1　酒店结账明细记录单

序　号	菜　品	数　量	单　位	单价/元	说　明
1	清蒸黄鱼	0.8	斤	88	少盐
2	鸡蛋羹	3	份	9	加蒜泥
3	凉拌海带丝	1	盘	10	微辣
4	宫保鸡丁	1	份	26	
5	西红柿鸡蛋汤	1	盆	15	
6	白米饭	3	碗	2	

表 1.1 是一个非常标准的二维表，分为横向的行（记录）和纵向的列。

- 横向的每行（一条记录）可以准确描述一个菜品的所有信息，如第一条记录“清蒸黄鱼”，还能记录它的数量是 0.8，单位是斤，单价是 88 元，说明为“少盐”。
- 纵向的每列可以反映一类内容，如第一列是“序号”，记录每条记录的数字序号值，而且不重复。

所有的关系型数据库的基本数据结构与表 1.1 类似，即确定行列关系并提供对记录内容进行新增、修改、查找和删除等操作。由此给出关系型数据库的基本定义如下：

- 关系型数据库（Relational Database，RDB）：采用关系模型来组织、存储和管理数据的仓库，借助数学中的集合等知识实现对数据库中数据的处理。关系模型如表 1.1 所示，它是具有行、列关系的可以存储二维数据的数据结构。
- 表（Table）也叫数据库表，指具有关系模型、用于存储二维表数据的矩阵对象。一个 RDB 里可以存放很多表。
- 记录（Record）：建立在关系模型基础上能表达业务意思的数据集合。一个表里可以存放 0 条到几千万条记录。如表 1.1 所示，一条记录中包含菜品、数量、单位、单价和说明几项数据，把这些数据联系起来就可以明确地表达所点的某种菜。

1.2.2　常见的关系型数据库

依据关系模型创建的数据库就是关系型数据库。根据可以管理的数据量的大小和并发访问性能，传统的关系型数据库可以分为大型数据库、中小型数据库和微型数据库三大类。

1．大型数据库

市面上常见的大型关系型数据库包括 Oralce、DB2 和 Sybase 等。以 Oracle 为例，在单服务器环境下，单表最大的存储容量为 32GB，最大的自增长存储容量约为 32TB（要求单台服务器的磁盘空间足够大且有相应版本的操作系统支持）。需要注意的是，这里并没有考虑执行速度，需要考虑的是当数据规模达到一个界限时操作性能明显下降的问题。

2．中小型数据库

目前主流普遍认可的中小型数据库系统有 SQL Server 和 MySQL。以 MySQL 为例，在单服务器环境下，单表建议最大存储容量为 4GB，经过优化后的所有表的最大存储容量为 10GB。

如果采用分布式环境和新的数据库引擎技术（MySQL 8 默认的数据库引擎为 InnoDB），则最大存储容量可以达到 64TB。随着时间的推移和技术的进步，中小型数据库也会变成大型数据库。

3．微型数据库

目前主流普遍认可的微型数据库有 Access 和 Visual FoxPro 等。该类型的数据库基本上都是应用于 PC 端的单机数据库，不能进行多并发共享访问。以 Access 为例，其最大存储数据的容量为 2GB。

提示：

- 上述存储数值只是一个相对参考值，它会随着操作系统环境、数据库版本和硬件环境的变化而变化。合适的存储量只能在实际环境下经过测试后才能得出准确的结论。
- 可以通过以存储容量为标准了解一些常用的关系型数据库，以便在实际项目中选择合适的数据库产品，避免因选择不当给项目实施带来风险。例如，在商业环境下，几乎不能选择微型数据库。
- 在多服务器环境下，MySQL 就是大型数据库系统。

1.3　安装 MySQL 数据库

MySQL 数据库支持在 Windows、Linux（Red Hat、Debain、Ubuntu 和 Fedora 等）、macOS 和 UNIX（FreeBSD、Solaris）等操作系统上进行安装。在 Linux 下的安装过程详见第 16 章。

要学习 MySQL，首先需要在计算机上安装 MySQL 数据库。笔者的安装环境是 Windows 10，满足 MySQL 8 的安装环境要求。安装过程分下载、安装和配置三个环节。

1. 下载

截至 2021 年 3 月，MySQL 的最新稳定版本是 8.0.23.0。在 MySQL 官网可以发现，MySQL 分企业版（MySQL Enterprise）、集群版（MySQL Cluster）和社区版（MySQL Community）。由于社区版是免费版本且能满足基本的学习需要，因此本书采用社区版。

如图 1.5 所示，在 MySQL 官网上下载 Windows 版本的 MySQL 安装包。在下载界面的最上面为官网地址，中间有一个操作系统选择的下拉列表框，默认的操作系统是 Microsoft Windows。如果需要选择 Linux、macOS 或 UNIX 下的安装版本，则可以在下拉列表框中选择对应的操作系统，选中后下面会显示不同安装包的下载地址。本书是在 Windows 下安装的，采用默认的选项即可，其中有两个最新版本的下载地址，选择标注框里的下载包，单击 Download 按钮即可。

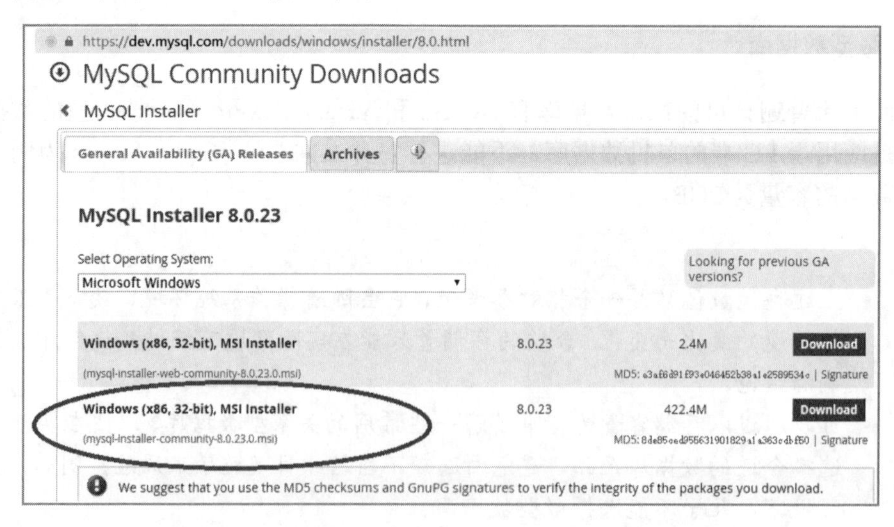

图 1.5　下载 Windows 系统下的 MySQL 社区版安装包

2. 安装

完成 MySQL 安装包的下载后，双击安装包 mysql-installer-community-8.0.23.0.msi 开始安装，主要安装步骤如下：

1）选择安装类型。

如图 1.6（a）所示，安装类型分为 5 种。

- Developer Default：开发人员类型，默认的安装类型。该类型包括以下内容：
  - ➢ MySQL Server：MySQL 服务器端软件，它是 MySQL 数据库的核心功能；
  - ➢ MySQL Shell：MySQL 外壳软件，它是 MySQL 数据库命令模式的高级客户端和代码编辑器；
  - ➢ MySQL Router：MySQL 路由器，它是 InnoDB 集群功能的一部分，是一种轻量级的中间件，在前端应用程序和后端 MySQL 服务器之间提供透明的路由访问功能；
  - ➢ MySQL Workbench：为 MySQL 提供图形可视化操作工具，本书的主要学习内容都在该工具里完成；
  - ➢ MySQL for Visual Studio：提供基于 Visual Studio 代码开发工具使用 MySQL 参考手册；
  - ➢ MySQL Connectors (for .NET / Python / ODBC / Java / C++)：为.NET、Python、Java 和 C++等语言和开发工具连接 MySQL 数据库提供数据库驱动程序，为 ODBC 连接 MySQL 提供对应的连接库；
  - ➢ MySQL Documentation：提供 MySQL 的使用说明书；
  - ➢ MySQL Samples and Examples：为 MySQL 提供数据库示例和使用案例。
- Server only：仅作为 MySQL 服务器使用；
- Client only：仅作为客户端使用；
- Full：完全安装 MySQL 安装包的所有功能；
- Custom：自定义选择安装类型。

本书选择默认的第一种安装类型。在图 1.6（a）中单击 Next 按钮，进入如图 1.6（b）所示的安装环境检查界面。

2）安装环境检查。

在如图 1.6（b）所示的列表框中，左侧（For Product）显示的是需要安装的工具名称，中间（Requirement）显示的是支持的开发环境软件及版本号，右侧（Status）显示的是环境状态（Manual 表示需要手工安装或更新软件）。单击 Execute 按钮开始检查安装环境。

如果没有安装对应版本的 Microsoft Visual C++ 2015 至 2019 软件，则会弹出如图 1.7（a）所示的安装界面，单击“安装”按钮开始安装。安装完成后单击“关闭”按钮，继续检查，检查完成后显示如图 1.7（b）所示的结果。除了需要手工安装外，其他选项上都打勾，表示安装环境满足要求。

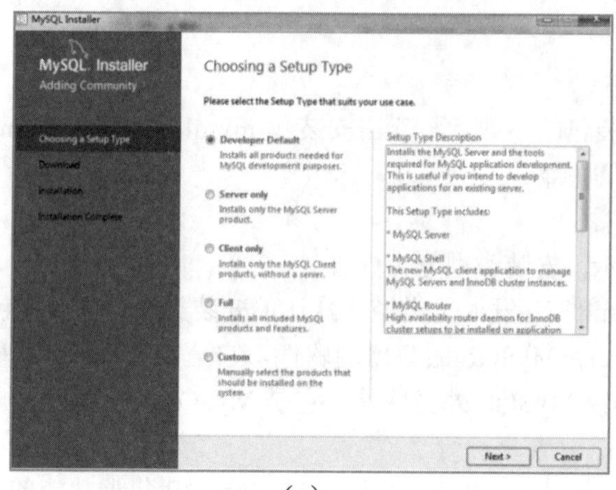

（a）

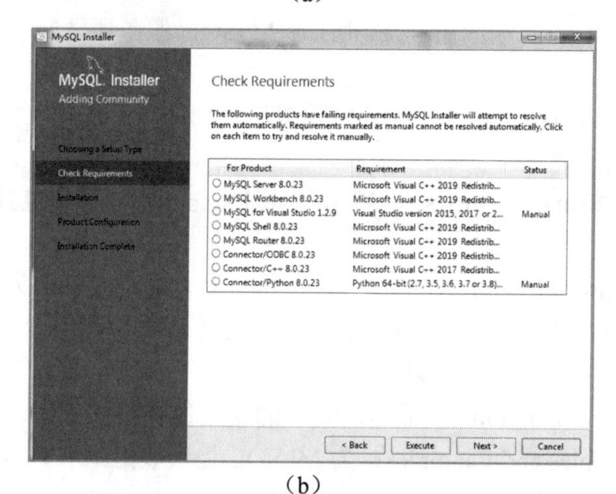

（b）

图 1.6　选择安装类型并进行安装环境检查

（a）

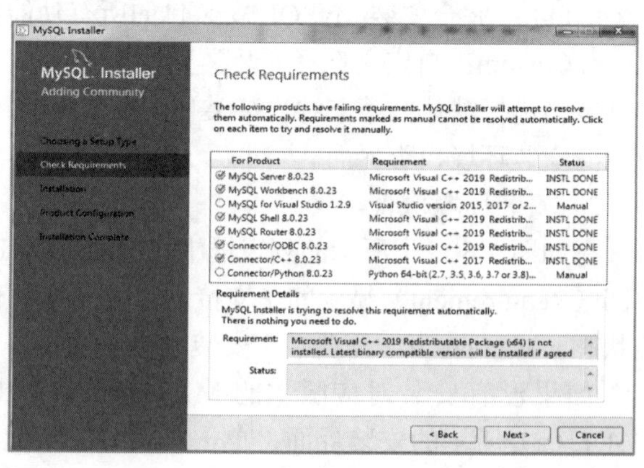

（b）

图 1.7　安装 Visual C++后检查安装环境

在图1.7（b）中，单击Next按钮，如果没有手工安装时检查出来的Manual软件，则会弹出如图1.8所示的提示界面，单击Yes按钮即可。

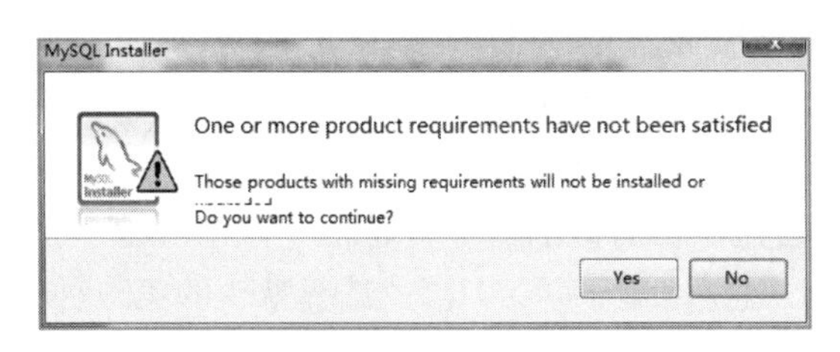

图1.8　继续安装确认

3）正式安装。

在图1.8中单击Yes按钮后进入如图1.9（a）所示的正式安装界面，单击Execute按钮，将显示安装进度（安装成功的软件都会打勾），全部安装成功（没有红叉显示）后单击Next按钮，如图1.9（b）所示。

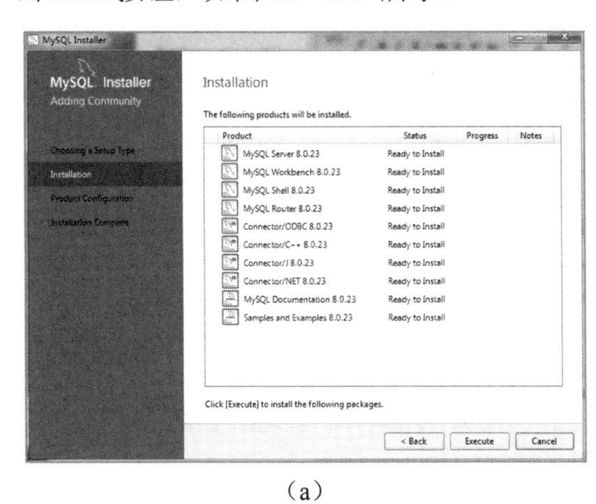

（a）

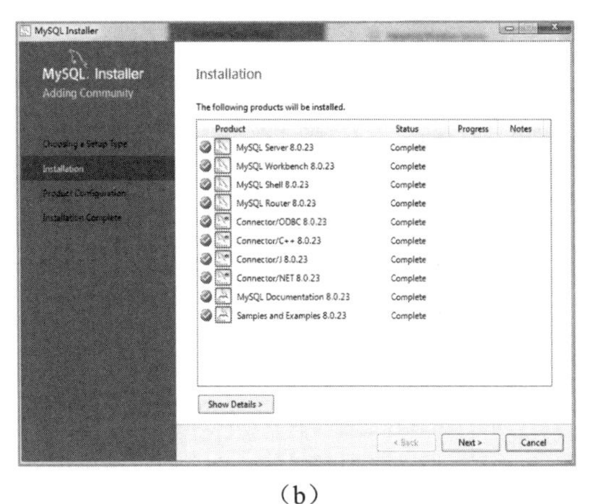

（b）

图1.9　正式安装MySQL

3．配置

完成MySQL的安装后，为了正常启动并使用MySQL，需要进行配置。

1）设置网络类型。

在图1.9（b）中单击Next后即进入图1.10（a）所示的配置主界面，然后进行MySQL数据库的配置。

图1.10（b）是网络类型配置界面，其中需要注意两个配置项：

- Port（端口号）：MySQL默认提供的端口号是3306，作为学习，使用默认值足够了，在商业环境下可以将其修改为其他端口号的值。
- Config Type（配置类型）：在该下拉列表框中有以下选项。

➢ Development computer（开发机器）：安装的 MySQL 服务器作为开发环境。在商业开发模式下经常选择该选项，它可以占用尽可能少的内存空间。

➢ Server Machine（服务器）：安装的 MySQL 服务器作为物理服务器的一部分，其占用的内存空间在三种类型中居中。

➢ Dedicated MySQL Server Machine（专用服务器）：物理服务器完全为 MySQL 数据库服务，其占用全部有效的内存空间。

本书安装的 MySQL 数据库用于学习，因此选择默认的第一种选项。在图 1.10（a）中无须改动任何配置项，直接单击 Next 按钮即可。

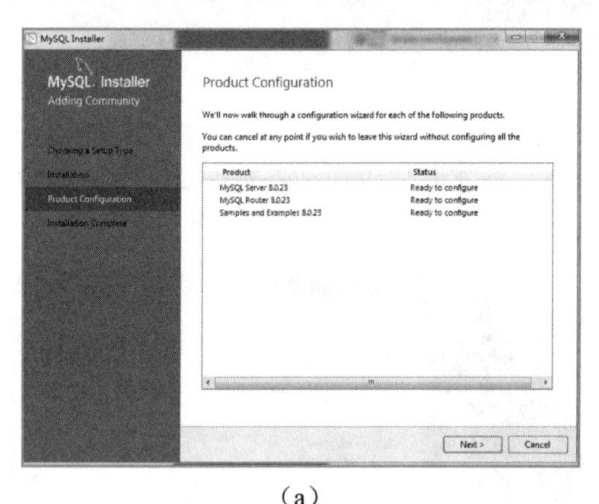

（a）

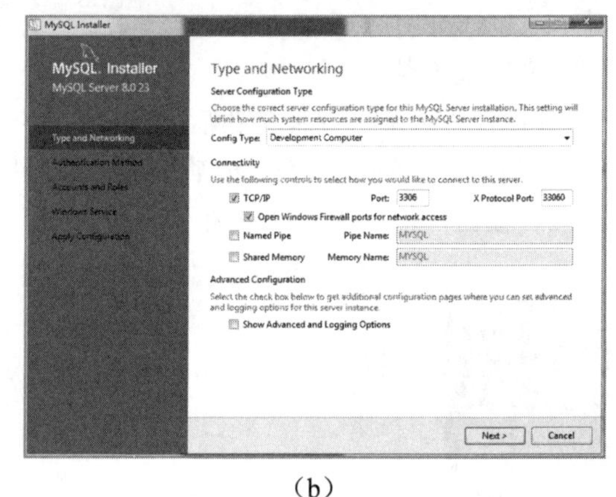

（b）

图 1.10　配置界面

2）设置身份验证。

为了保证数据库的安全，同时在 MySQL 正式启用时具备用户名和密码验证操作功能，需要在安装过程中预先设置用户名和密码（图 1.11）。

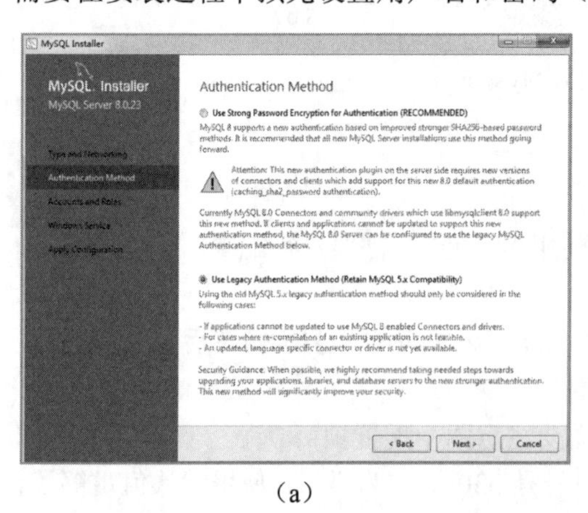

（a）

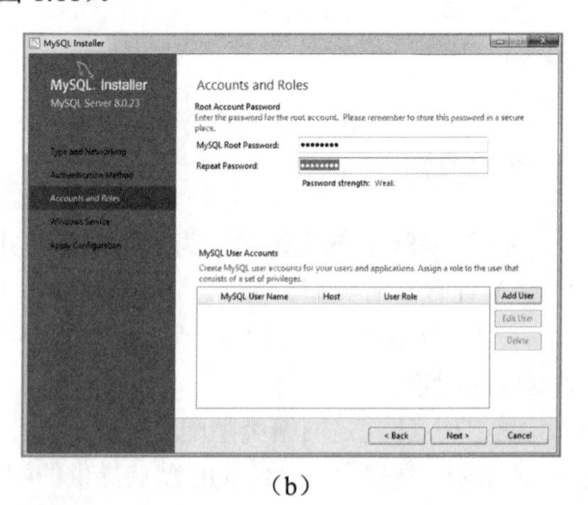

（b）

图 1.11　登录密码加密方式选择和密码设置

图 1.11（a）显示的是登录密码加密方式的选择，其中：

- Use Strong Password Encryption for Authentication (RECOMMENDED)：该选项支持 MySQL 8.0，用基于改进的更强大的 SHA256 加密方式进行新的身份认证。但是该选项要求连接 MySQL 数据库的客户端连接器和驱动程序都支持 SHA256 加密方式。由于该加密方式推出的时间不长，一些驱动器及应用软件的厂商还跟不上技术匹配的步伐，所以目前需要慎重选择。
- Use Legacy Authentication Method (Retain MySQL 5.x Compatibility)：为 MySQL 8.0 以前配套的驱动程序和应用软件提供兼容连接和身份验证支持。这里选择该选项，然后在图 1.11（a）中单击 Next 按钮进入登录用户及密码设置界面，如图 1.11（b）所示。这里有以下两种设置用户名和密码的方式：
  - 方式 1：采用默认的 root 用户名，只需要在 MySQL Root Password 和 Repeat Password 文本框里输入对应的密码即可。这里设置为“cats123.”，单击 Next 按钮。
  - 方式 2：设置新的用户名和密码，在如图 1.11（b）所示列表框的右边单击 Add User 按钮，在弹出的设置界面里输入新的用户名和密码，单击“确认”返回即可，然后单击 Next 按钮。

3）设置服务器名称及配置项。

在如图 1.12（a）所示的 MySQL 数据库服务器实例名设置界面中，Windows Service Name 默认的名称为 MySQL80，允许改为其他名称，这里采用默认名。

图 1.12（b）为 MySQL 数据库设置项执行界面。设置完成前面设置项的对应值后，需要单击 Execute 按钮使其生效，当所有的选项都已打勾时，表示真正完成了该部分的配置操作。

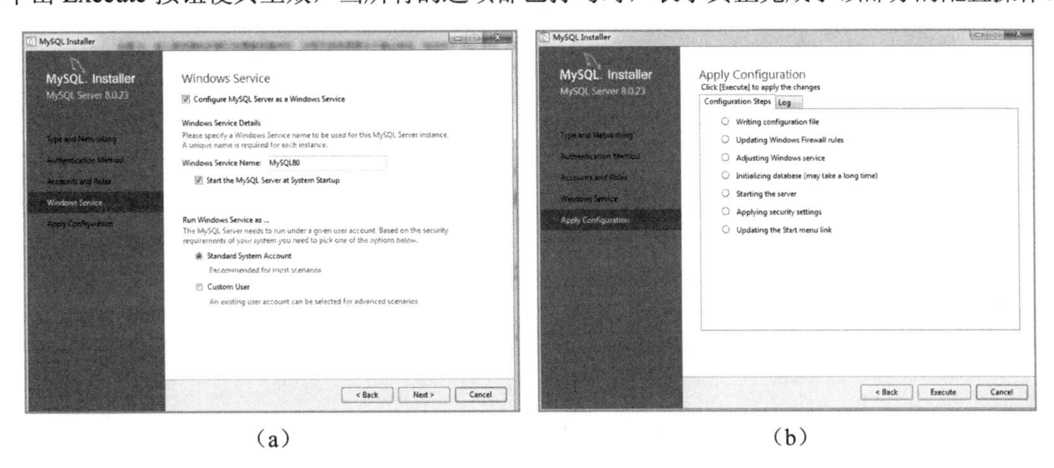

（a）　　　　　　　　　　　　（b）

图 1.12　MySQL 服务器实例名设置及执行

4）进行其他剩余操作。

完成第一部分的设置后，又回到配置主界面，见图 1.10（a），在其中单击 Next 按钮，进入 MySQL Router Configuration 界面，单击 Finish 按钮，返回配置主界面，再单击 Next

按钮进入测试连接数据库界面，如图 1.13（a）所示。在 User Name 中输入 root，在 Password 中输入“cats123.”，单击 Check 按钮，显示如图 1.13（b）所示的测试成功界面。

在图 1.13（b）中单击 Next 按钮，进入如图 1.14（a）所示的后续配置项设置执行界面，在其中单击 Execute 按钮，如果设置成功则会显示如图 1.14（b）所示的界面，单击 Finish 按钮完成所有的设置。在如图 1.15 所示的界面中单击 Finish 按钮，即可完成 MySQL 数据库安装包的安装及设置。

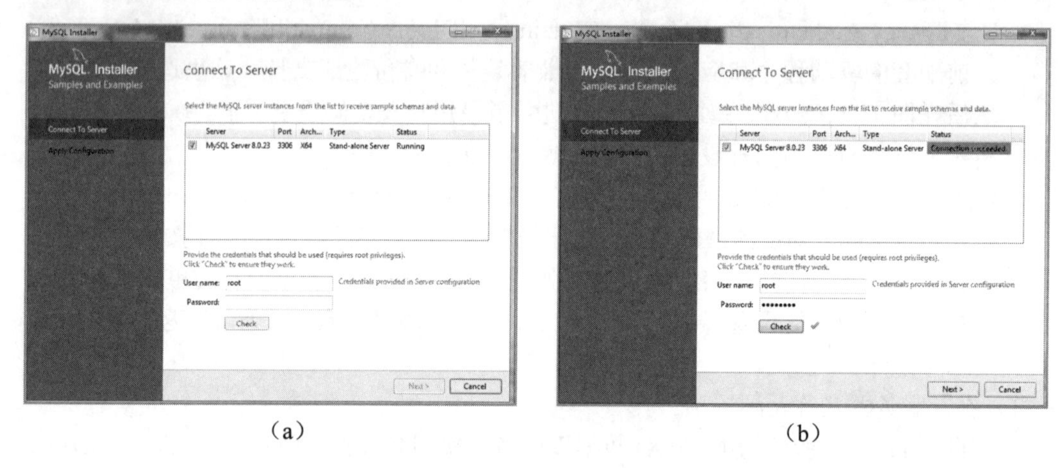

（a）　　　　　　　　　　　　　　　　（b）

图 1.13　连接数据库

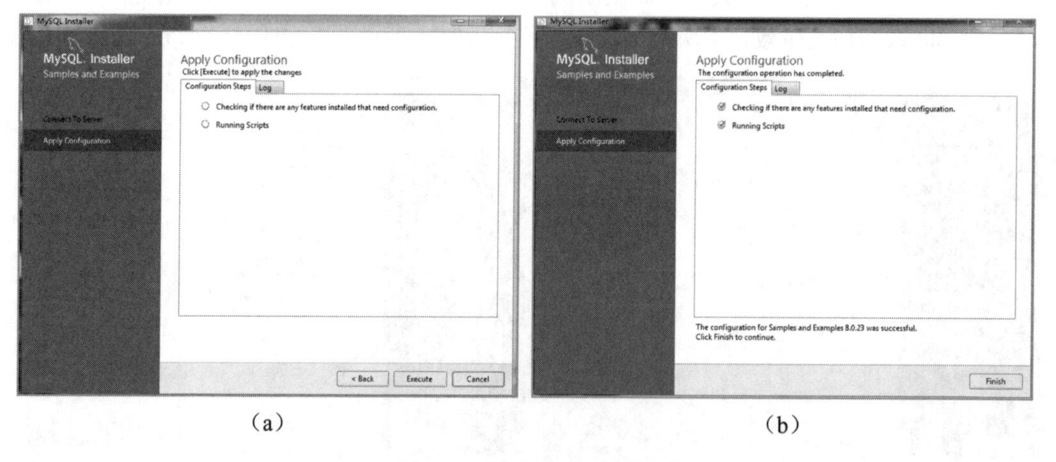

（a）　　　　　　　　　　　　　　　　（b）

图 1.14　执行配置项设置

4．注意事项

在 Windows 7 操作系统中存在一些环境不匹配的问题，需要采用额外的方法来处理。例如，在 Windows 7 操作系统中双击 MySQL 8 安装包时，如果出现如图 1.16 所示的提示界面，则意味着 Windows 7 中缺少.NET Framework 4.5.2 及以上版本的支持软件，可以按照提示界面给出的网址下载并安装该支持软件，然后再安装 MySQL 8 安装包。

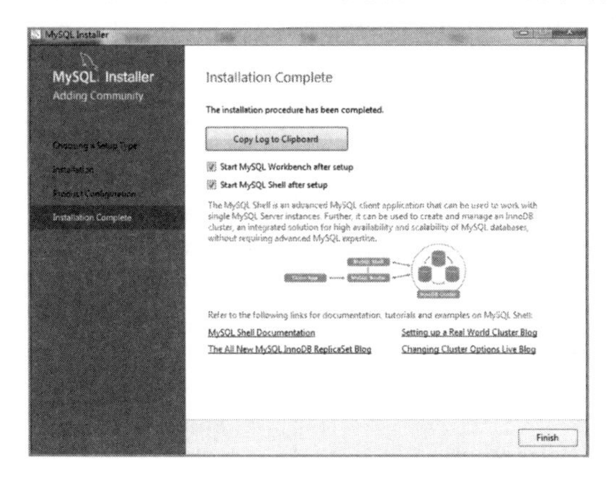

图 1.15　完成安装和设置

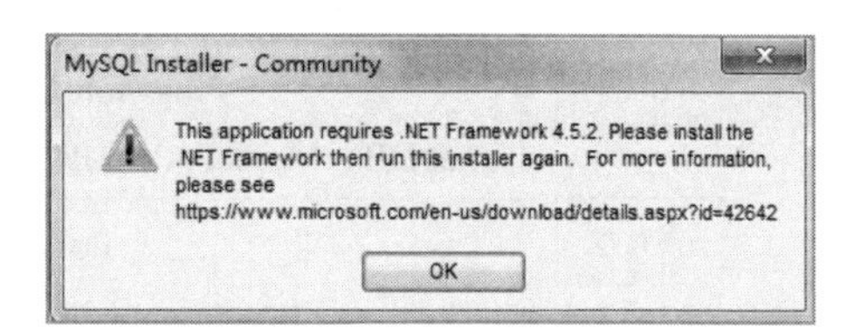

图 1.16　Windows 7 中的出错提示

1.4　MySQL 的工作原理及使用约定

了解 MySQL 的工作原理，有利于读者整体了解本书各章之间的关系。使用 MySQL 的功能需要遵循一些基本的约定。

1.4.1　MySQL 的工作原理

MySQL 数据库的工作原理可以通过其逻辑框架和 SQL 执行顺序来了解。

1. MySQL数据库的逻辑框架

MySQL 数据库的逻辑框架如图 1.17 所示。可以看到，MySQL 数据库的主要功能组成包括五层和一个辅助管理服务。其中，第一层位于客户端（MySQL Client），第二层到第五层位于服务器端（MySQL Server）。

- 第一层（Connector）：客户端连接功能，不同的开发语言（Python、.NET 和 Java 等）借助数据库访问驱动程序（JDBC、ODBC、ADO、Python Driver、C++ Driver 等）来访问服务器端的 MySQL 数据库。
- 第二层（Connection Pool）：连接池，在服务器内存中管理访问用户连接和线程处理等需要缓存的需求。
- 第三层（Core Processing Function）：核心处理功能，提供 SQL 访问接口（SQL Interface）、完成缓存查询（Caches&Buffers）、SQL 语句分析（Parser）和优化（Optimizer）、内置函数执行等功能。

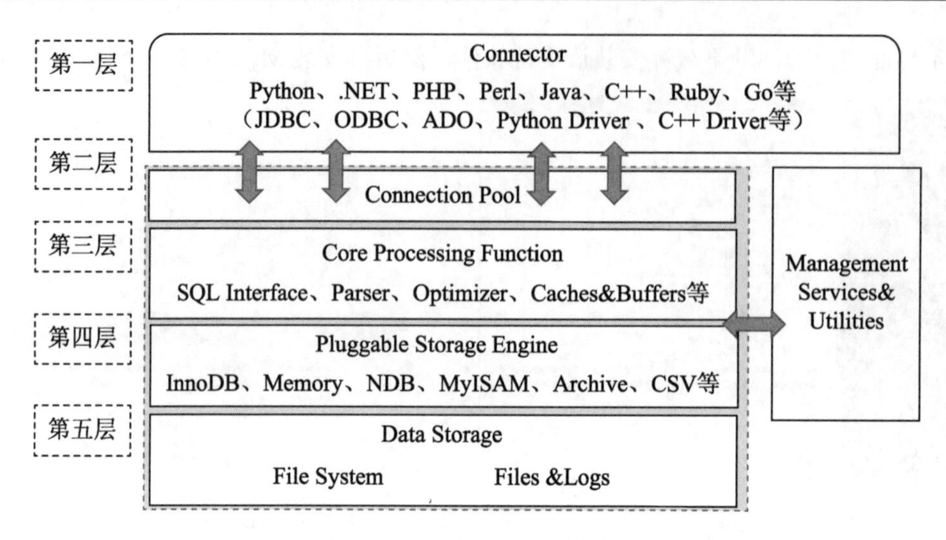

图 1.17　MySQL 的逻辑框架

- 第四层（Pluggable Storage Engine）：可插拔存储引擎，提供 MySQL 数据库的数据存储和访问。MySQL 8.x 默认的数据库引擎为 InnoDB。关于数据引擎的详细介绍见 1.5.2 小节。
- 第五层（Data Storage）：数据存储，将数据存储到指定设备的文件系统中并完成相应存储引擎对数据文件的交互操作。这里的设备主要指磁盘和内存。
- 辅助管理服务功能（Management Service&Utility）：为 MySQL 数据库提供辅助的管理、控制、备份、容灾恢复和集群等工具，如本书需要经常使用的 MySQL Workbench 工具。

2. SQL语句的执行顺序

在 MySQL 数据库中，要存储或操作数据库文件中的数据，需要执行 SQL 语句，其执行顺序如图 1.18 所示。

当客户端提出数据访问请求时（如访问一个成绩单），先通过数据库驱动程序与服务器端的连接池建立通信连接通道，接着在服务器端调用编写好的 SQL 语句，SQL 经过解析和优化将其提交给数据库引擎，数据库引擎根据提交的 SQL 语句去设备上操作对应的数据文件，最后把操作结果通过建立的通信连接通道返回给客户端（如看到一个成绩单）。

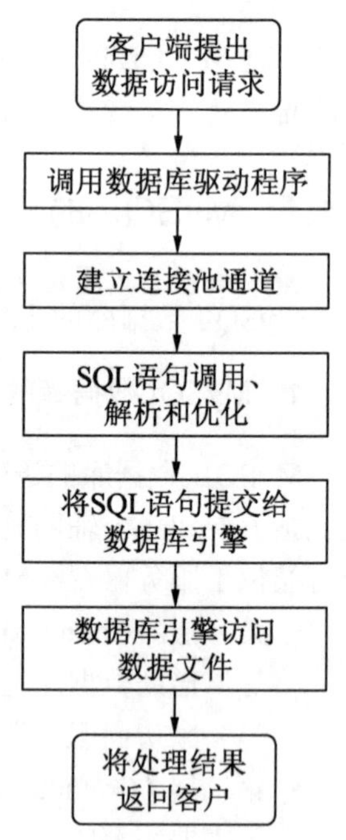

图 1.18　SQL 语句的执行顺序

1.4.2　使用 MySQL 的基本约定

在使用 MySQL 数据库时面对的是各种 SQL 语句、内置函数及一些数据库执行命令，因此需要对命名规则进行约定，并给出一些好的使用习惯建议。

1. 命名规则

命名规则涉及大小写及用什么符号正确命名的问题。

（1）命名的英文大小写约定

在对 SQL 数据库命名时，以下几项需要区分英文大小写。

- 触发器名称用大写或小写分别表示不同的对象。
- 在 Linux 环境下的数据库名称和数据库表名称区分大小写。
- 表的别名需要区分大小写。

其他诸如 SQL 的增、删、改、查命令，以及数据库函数、数据库命令、存储过程和视图等名称都不区分大小写，如 SELECT、select 和 Select 都是同一个查询命令。

说明：

- 其实读者不需要担心什么时候用大写，什么时候用小写的问题，如果在 MySQL 数据库里执行的命令不符合要求则会报错。因此，掌握命名规则，可以减少一些错误。
- 这里涉及的数据库名称和别名等将在后续章节中进行介绍。

（2）名称组成

- 建议名称以英文字母或数字开头，不使用其他字符开头（实际上对第一个字符，MySQL 没有过多的约束，用_和?等特殊符号开头也可以，但是这不符合编程和阅读的习惯）。
- 名称只能采用半角字符，不能采用全角字符，否则会报错。例如，Select now()将报“Error Code: 1054...”的错误。
- 名称最长支持 64 个字符，建议不要超过 32 个字符，名称太长会带来麻烦。
- 不允许数据库里的保留字作为数据库名、数据库表名和表字段名。所谓的保留字就是 MySQL 自带的已经被使用的名称，如查询语句 Select 不能用于字段命名。
- 不允许用中文命名数据库的实例名、数据库表名和表字段名等（实际上 MySQL 并没有约束不允许使用中文，但是为了避免其他麻烦，强烈建议不要采用中文去命名）。

2. 使用习惯建议

根据笔者多年的工作和教学经验，建议读者养成以下几点良好的使用习惯：

- 选择一种好的命名原则，并且统一。例如，所有的 SQL 语句都采用小写，这样不会产生视觉混乱问题。如果一会是 Select，一会是 SELECT，一会又是 select，则不利于阅读。
- 除了注释内容可以用中文外，其他尽量不要采用中文，尤其在编程环境下，容易产生其他问题。
- 当自定义命名时，尽量以英文单词命名，而少用缩略字符和数字编码命名，这是为了方便阅读，以准确理解其含义，这在大规模创建对象时非常重要。如果有一天自己定义的名称自己都不知道用来做什么，那么将是一件非常糟糕的事情！

好的命名举例：name、age、price、school_address、school_name 等；糟糕的命名举例：年龄、xxmc、10020202、？No 等。

1.5　MySQL Workbench 简介

本书的主要学习环境是通过 MySQL Workbench 工具提供的，由此需要掌握其基本用法。另外，还需要简单了解一下 MySQL 数据库引擎，以方便后续学习。

1.5.1　主界面功能

在 Windows 的“开始”菜单里选择 MySQL Workbench，弹出如图 1.19 所示的登录窗口。选择 root 用户，在弹出的 Connect to MySQL Server 对话框的 Password 文本框中输入登录密码（密码为 1.3 节设置的 cats123.），单击 OK 按钮，进入如图 1.20 所示的窗口。

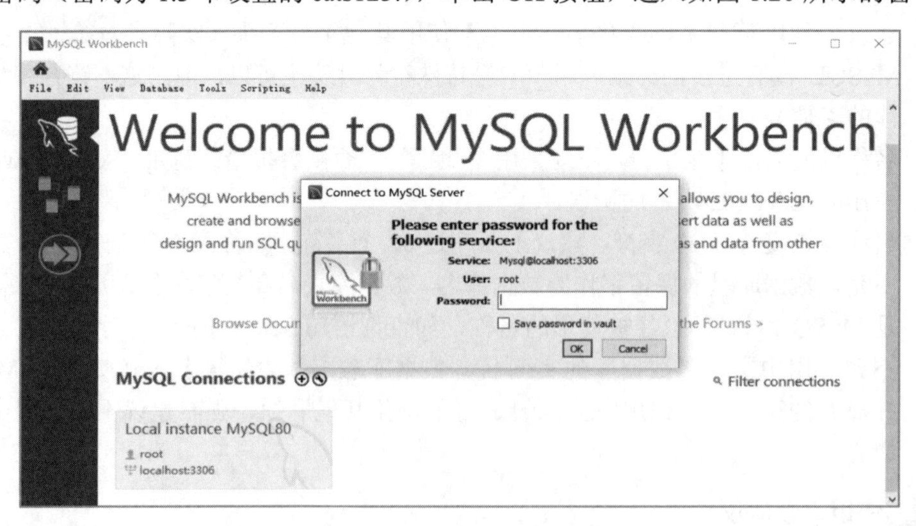

图 1.19　MySQL Workbench 登录窗口

下面主要介绍一些常用的功能。

1. 导航栏

在图 1.20 的左侧有一个名为 Navigator 的导航栏，其中有 Administration 和 Schemas 两个标签，可以通过鼠标进行切换显示。

- Schemas：模式树状列表，是数据库和表等操作最频繁的功能之一，主要用于数据库的建立和表的建立等操作。默认安装情况下已经提供了 sakila、sys 和 world 三个数据库。单击对应的数据库名称，可以展开树状结构。例如单击 world，其下包括 Tables（表）、Views（视图）、Stored Procedures（存储过程）和 Functions（自定义函数）。
- Administration：数据库管理树状列表，主要提供 MySQL 数据库管理（MANAGEMENT）、数据库实例（INSTANCE）操作、数据库运行性能（PERFORMANCE）分析三个功能。

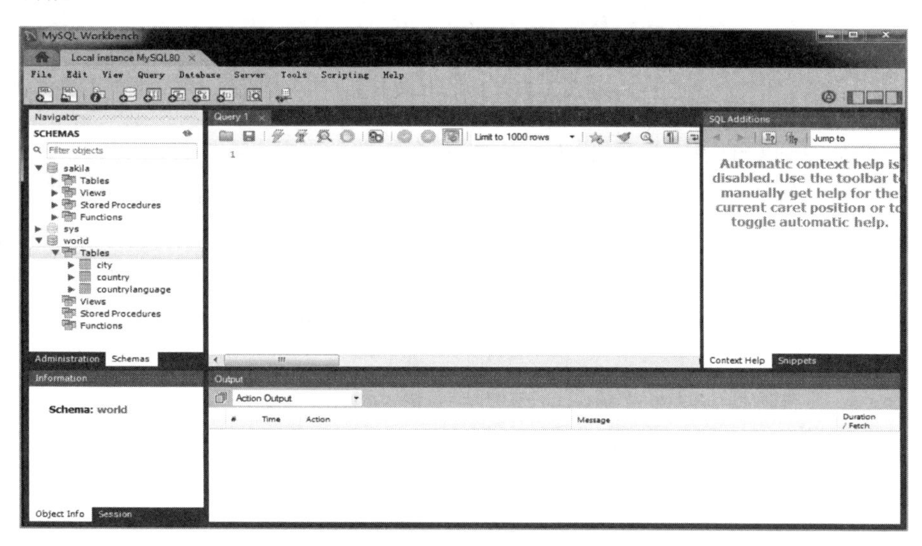

图 1.20　MySQL Workbench 窗口

📖提示：数据库管理系统（Database Management System，DBMS）、数据库实例（又称数据库服务器软件）和数据库的区别如下：

- 本书将数据库管理系统统一称为 MySQL 数据库，包括前端、服务器端的一整套 MySQL 8.x 软件。
- 数据库实例是指部署在服务器端的 MySQL 数据库服务器软件系统。一般而言，一个物理服务器部署一个数据库实例。客户端用户可以通过如图 1.19 所示的 Database 菜单选择其中的 Connect to Database 选项，从而连接到不同服务器的 MySQL 数据库实例上。

- 数据库就是指图 1.20 中 Schemas 标签里的数据库对象，如 sys 和 sakila 等，数据库主要用于创建和管理表。

2. SQL编辑区域

SQL 编辑区域（SQL Query Tab）是经常用于操作的区域（图 1.20 中间的空白区域），主要用于编辑 SQL 等命令，然后被调试或执行。具体使用方法见 1.5.2 小节。

3. 执行输出区域

当执行编辑好的 SQL 语句或相关命令后，会在执行输出区域（Output）显示执行结果。

4. 主工具栏快捷按钮

在 MySQL 8.x 的 Workbench 中，主工具栏上的快捷按钮有 10 个，如图 1.21 所示。

图 1.21　10 个快捷按钮

下面按从左到右的顺序简单介绍一下这 10 个按钮的功能。

- ：创建新的 SQL 标签。单击该按钮将在如图 1.20 所示的 SQL 编辑区域新建一个 SQL 编辑界面（其对应的扩展名为.sql 的 SQL 脚本文件），默认标签名的顺序是 Query1、Query2……，在标签名的右侧单击×按钮可以关闭对应的 SQL 编辑区域。
- ：打开 SQL 脚本文件按钮。经过编辑并保存的 SQL 脚本文件，可以单击该按钮打开。
- ：检查器按钮。单击该按钮前需要先选择 SCHEMAS 列表里的数据库名、表名和字段索引名，显示对应的相关解释或统计信息，如图 1.22 所示。
- ：创建新数据库。单击该按钮将出现数据库创建界面（详细过程见 2.2.1 小节）。
- ：创建表。选中展开的 Tables，然后单击该按钮，就可以显示创建新表界面（详细过程见 3.2.1 小节）。
- ：创建视图。选中数据库后，单击该按钮将显示视图创建界面（详见第 9 章的相关内容）。
- ：创建存储过程。选中数据库后，单击该按钮将显示存储过程创建界面（详见第 10 章的相关内容）。
- ：创建自定义函数。选中数据库后，单击该按钮将显示自定义函数创建界面（详见第 7 章的相关内容）。
- ：在指定的数据库中搜索指定的字符。选中数据库后，单击该按钮将在数据库的所有表文本字段里搜索指定的字符。
- ：重新连接数据库实例。该功能在查询数据库中的最新数据时非常有用（类似于确保刷新时获取的是最新的数据这个功能），以避免读取的数据不是最新的。

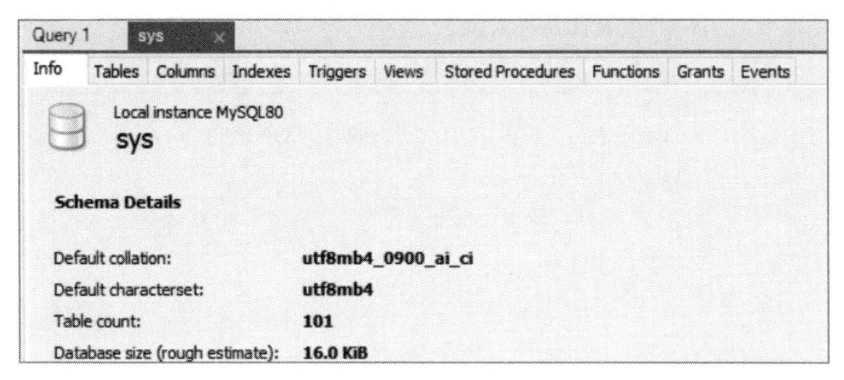

图 1.22　查看 sys 数据库的相关信息

5．主菜单栏

主菜单栏（Main Menu Bar）提供具有操作功能的所有菜单项，主要包括 File（文件相关操作）、Edit（代码编辑）、View（界面切换浏览）、Query（SQL 语句执行及限制）、Database（数据库实例相关操作）、Server（数据库使用与运行的相关操作）、Tools（备份配置等操作）、Scripting（脚本的相关操作）和 Help（MySQL 数据库使用说明）。

6．相关操作对象信息

例如单击数据库、表等对象后，就会在 Information 区域显示相关的信息，并提供连接该数据库实例的客户端 Session 信息。

7．SQL脚本代码共享等信息输出区域

在如图 1.20 所示的 SQL 编辑区域单击按钮，SQL 脚本代码将被共享到 SQL Additions 区域，供其他数据库实例使用。

1.5.2　数据库引擎

从图 1.17 中可以看出，MySQL 数据库有很多数据库引擎，用于对数据库文件里的数据进行存储和操作。这里用 MySQL Workbench 工具的数据库命令查看 MySQL 8.x 版本中到底有哪些数据库引擎。

在 SQL 编辑界面里输入数据库引擎查询语句 show engines，单击如图 1.23 所示的“闪电”按钮执行该 SQL 语句，结果如图 1.24 所示。

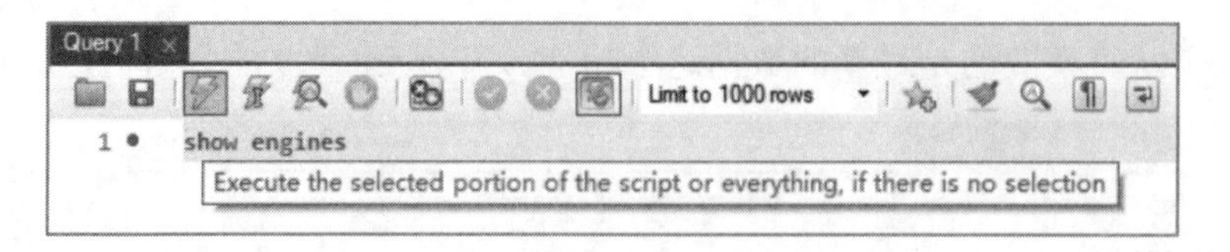

图 1.23　单击“闪电”按钮执行 SQL 语句

Limit to 1000 rows

1 show engines

Result Grid | Filter Rows: | Export: | Wrap Cell Content:

Engine	Support	Comment	Transactions	XA	Savepoints
MEMORY	YES	Hash based, stored in memory, useful for temp...	NO	NO	NO
MRG_MYISAM	YES	Collection of identical MyISAM tables	NO	NO	NO
CSV	YES	CSV storage engine	NO	NO	NO
FEDERATED	NO	Federated MySQL storage engine	NULL	NULL	NULL
PERFORMANCE_SCHEMA	YES	Performance Schema	NO	NO	NO
MyISAM	YES	MyISAM storage engine	NO	NO	NO
InnoDB	DEFAULT	Supports transactions, row-level locking, and fo...	YES	YES	YES
BLACKHOLE	YES	/dev/null storage engine (anything you write to ...	NO	NO	NO
ARCHIVE	YES	Archive storage engine	NO	NO	NO

图 1.24　MySQL 8.x 中的数据库引擎

从图 1.24 中可以看出，MySQL 8.x 数据库系统支持 InnoDB、MEMORY、MyISAM、MRG_MYISAM、CSV、ARCHIVE、PERFORMANCE_SCHEMA、FEDERATED 和 BLACKHOLE 共 9 种数据库引擎。

- InnoDB：MySQL 5.5 版本之后的默认数据库引擎，支持事务（详见第 12 章）、行级锁和外键。
- MEMORY：内存存储引擎。优点：由于数据存储在内存里，所以其读写速度很快，适用于高数据响应场合；缺点：一旦计算机出现故障，则存在数据丢失的可能。另外，数据不能超过内存的最大可用空间。
- MyISAM：MySQL 5.5 版本之前的默认数据库引擎，读写速度比 InnoDB 快，但是不支持事务。
- MRG_MYISAM：将 MyISAM 引擎的多个表聚合起来，在超大规模数据存储时很有用。
- CSV：基于 CSV 格式文件存储数据的数据库引擎，用于跨平台数据交换。
- ARCHIVE：将数据压缩后进行存储的一种数据库引擎，只适合存档的数据使用，且只能进行插入和查询操作。
- PERFORMANCE_SCHEMA：监控数据库实例运行性能的数据库引擎。
- FEDERATED：访问在远程数据库实例中表数据的引擎，以方便数据同步操作。
- BLACKHOLE：接收数据但是不存储数据的数据库引擎，专用于日志服务器、虚拟主服务器和增量备份服务器等。

1.6　命令行客户端

安装完成后的 MySQL 数据库，便提供便捷的命令行客户端。在 MySQL Workbench 中能执行的数据库命令或 SQL 语句都可以在该客户端上执行。

如图 1.25 所示，第一个选项仅为英文字符命令行客户端，第二个选项支持中文输入（最右边多了一个 Unicode，图中无法展开显示，用…代替了）。

没有安装 MySQL Workbench 可视化操作工具的数据库工程师或者 MySQL 管理高手，往往喜欢用命令行客户端工具。

在图 1.25 中选择任意一个命令行客户端选项，输入 root 登录密码后回车，即可进入如图 1.26 所示的窗口。

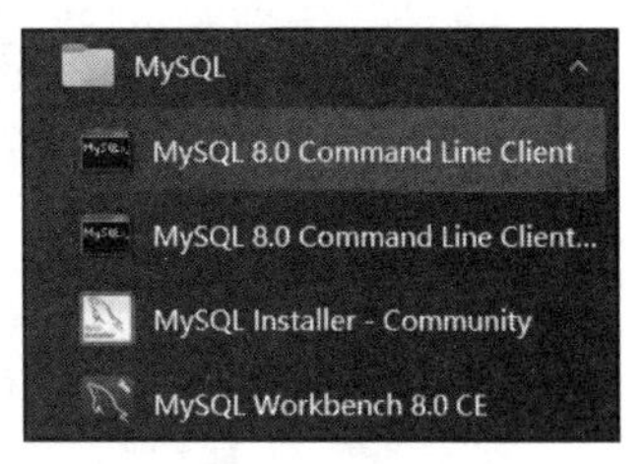

图 1.25　命令行客户端

在 mysql>命令提示符后输入数据库命令或 SQL 语句，就可以执行相应的操作。如图 1.26 所示，执行 show database;命令，查看所有数据库，可以看到已安装的 sakila、sys 和 world 等数据库信息。继续在命令提示符后输入 exit 命令，退出该窗口。

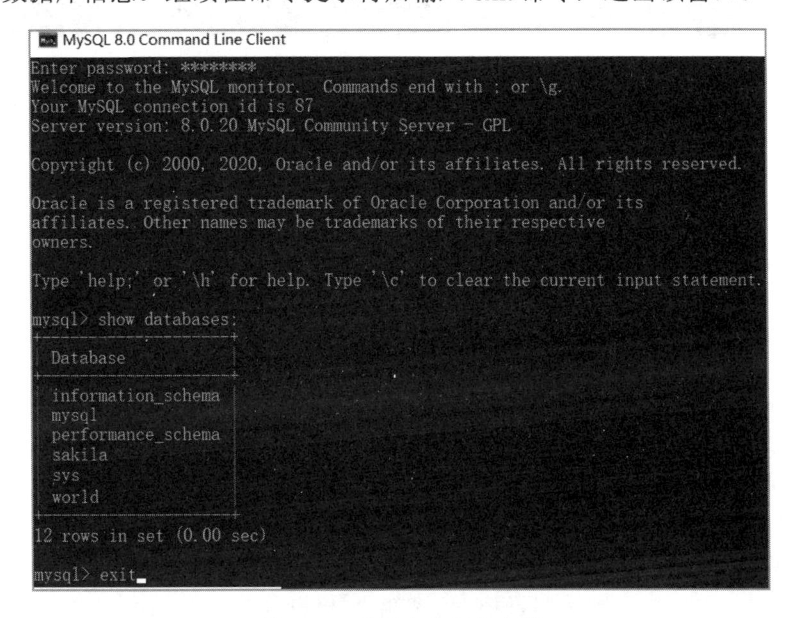

图 1.26　使用命令行客户端

注意： 在命令行中输入命令后必须以引号（;）结束才能回车执行该命令，否则回车后会转入下一行，只能继续输入新的命令，表示连续输入几行命令。

要查看命令行客户端命令，可以在命令提示符后输入 help 命令，如图 1.27 所示。

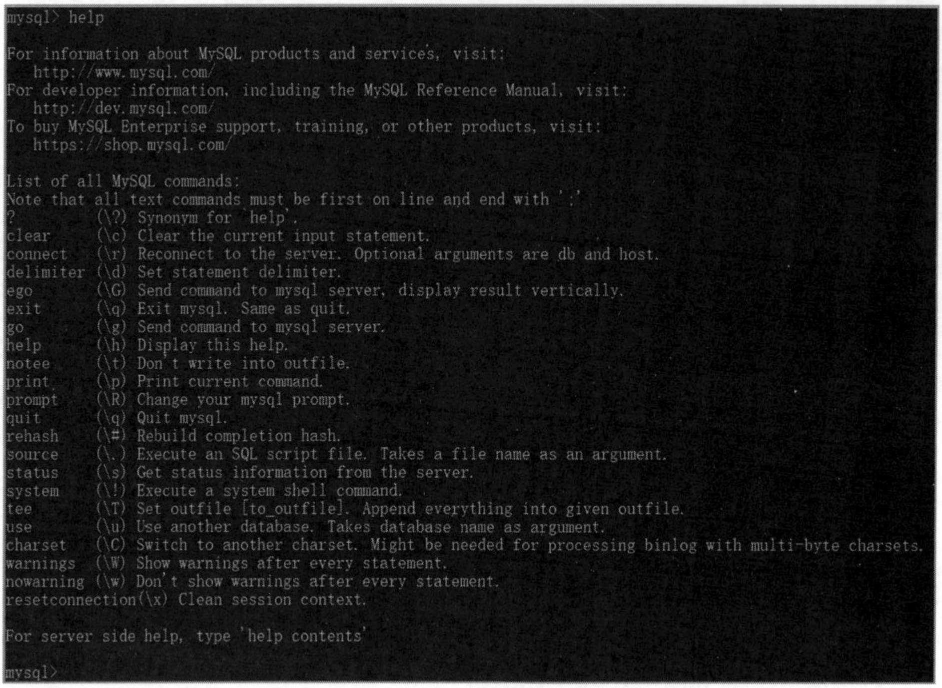

```
mysql> help

For information about MySQL products and services, visit:
   http://www.mysql.com/
For developer information, including the MySQL Reference Manual, visit:
   http://dev.mysql.com/
To buy MySQL Enterprise support, training, or other products, visit:
   https://shop.mysql.com/

List of all MySQL commands:
Note that all text commands must be first on line and end with ';'
?         (\?) Synonym for `help'.
clear     (\c) Clear the current input statement.
connect   (\r) Reconnect to the server. Optional arguments are db and host.
delimiter (\d) Set statement delimiter.
ego       (\G) Send command to mysql server, display result vertically.
exit      (\q) Exit mysql. Same as quit.
go        (\g) Send command to mysql server.
help      (\h) Display this help.
notee     (\t) Don't write into outfile.
print     (\p) Print current command.
prompt    (\R) Change your mysql prompt.
quit      (\q) Quit mysql.
rehash    (\#) Rebuild completion hash.
source    (\.) Execute an SQL script file. Takes a file name as an argument.
status    (\s) Get status information from the server.
system    (\!) Execute a system shell command.
tee       (\T) Set outfile [to_outfile]. Append everything into given outfile.
use       (\u) Use another database. Takes database name as argument.
charset   (\C) Switch to another charset. Might be needed for processing binlog with multi-byte charsets.
warnings  (\W) Show warnings after every statement.
nowarning (\w) Don't show warnings after every statement.
resetconnection(\x) Clean session context.

For server side help, type 'help contents'

mysql>
```

图 1.27　查看客户端命令清单

1.7　练习和实验

一、练习

1. 填空题

1）目前，主流观点认为数据库的发展史分为（　　）、（　　）和（　　）三个阶段。

2）RDB 是指用（　　）来组织数据的数据库。

3）MySQL 分为（　　）版、（　　）版和（　　）版，后者是免费的。

4）Schemas、（　　）树状列表是本书数据库和表等操作最频繁的功能之一。

5）（　　）是 MySQL 5.5 版本之后的默认数据库引擎，它支持（　　）、行级锁和外键。

2. 判断题

1）TRDB、NoSQL 和 NewSQL 是三类没有任何技术联系的数据库。　　　　（　　）

2）MySQL 数据库在分布式技术应用前是中小型数据库，采用了分布式技术后变成了大型数据库。（　　）

3）MySQL 数据库支持在 Windows、Linux、UNIX 和 macOS 操作系统下进行安装和使用。（　　）

4）MySQL 数据库命名不区分大小写。（　　）

5）MEMORY 是内存存储引擎，其运行速度快，使用不受限制。（　　）

二、实验

实验：安装 MySQL 8.x。

1）记录安装环境（操作系统版本、内存、磁盘的基本存储容量）。

2）记录安装过程（截屏）。

3）验证安装是否成功。

4）形成实验报告。

第 2 章　数据库操作

安装好 MySQL 数据库系统后，一项重要的任务是建立属于自己的数据库，只有建立数据库，才能在其内建立数据库表。本章对数据库的操作都是利用 MySQL Workbench 工具完成的，以方便初学者快速、直观地学习。本章的主要内容如下：

- 数据库的基本实现原理；
- 数据库的基本操作；
- 多库操作；
- 数据库的导出与导入。

2.1　数据库的基本实现原理

MySQL 数据库遵循关系型数据库的特点，它建立在关系模型的数据库表的基础上，支持 SQL 语句操作，是存储数据的仓库。它在数据库管理系统中所处位置如图 2.1 所示。

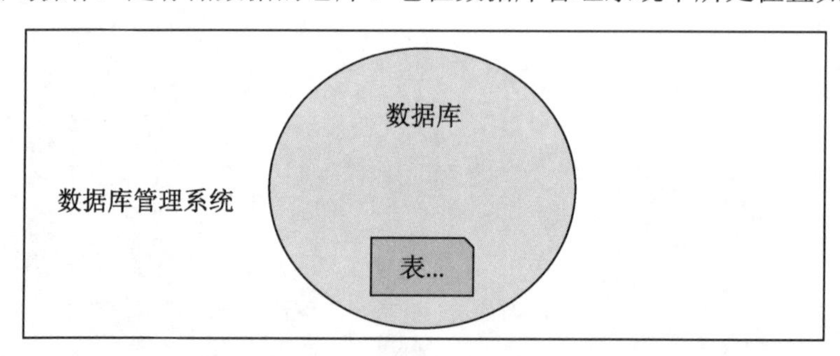

图 2.1　数据库所处的位置

从图 2.1 中可以看出，数据库是数据库系统的核心部分，主体功能对应于图 1.17 的第五层数据存储层。根据官网信息可知，一个数据库理论上可以管理 20 亿个表，在实际项目中建议最多控制在 200～500 个。

为了验证数据库是仓库的特点，我们可以去 MySQL 数据库安装路径下查看一下。如图 2.2 所示，在 Data 的子文件夹里将会看到默认安装的 sys、world 和 sakila 这 3 个数据库对应的子文件夹。打开 world 子文件夹，将会看到该数据库对应的 3 个表文件（可以用

MySQL Workbench 工具查看）。由此可以确认 MySQL 数据库就是带文件夹的一系列数据文件，它们都默认存放于 Data 子文件夹下。因此，MySQL 数据库也可以看作带特定格式要求的文件系统。另外，这也说明一个数据库管理系统在一台计算机上可以管理多个数据库。

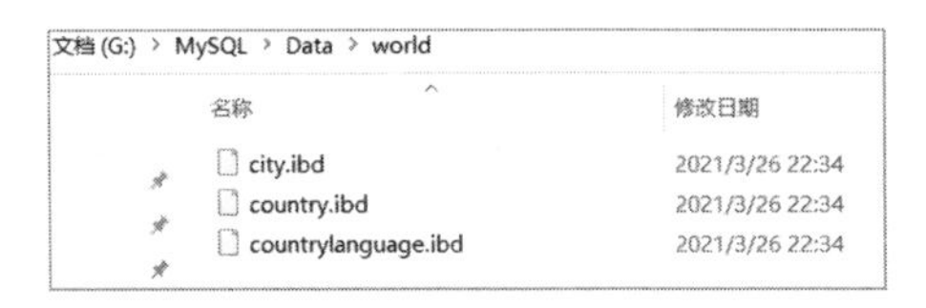

图 2.2　world 文件夹里包含 3 个表文件

提示：笔者在如图 2.2 所示的文件夹里尝试复制一个数据库表到另外一个文件夹中竟然成功了。这意味着有计算机使用权限的用户，可以把一个表连同数据一起“偷走”，而无须拥有 MySQL 的使用权限。

2.2　数据库的基本操作

有了数据库才能存储表，有了表才能存储数据，因此我们要先学会创建数据库、修改数据库和删除数据库。

2.2.1　创建数据库

使用 MySQL Workbench 工具创建数据库很简单，只有固定的几个步骤，下面通过一个例子说明创建数据库的过程。

1）登录 MySQL Workbench，参考图 1.19 所示。

2）创建数据库。在图 2.3 所示的窗口中有两种方式可以创建新的数据库：

- 单击快捷按钮；
- 在 SCHEMAS 列表的空白处右击，弹出快捷菜单，选择 Create Schema 命令。

3）输入数据库名称。在弹出的图 2.4 所示的对话框中输入新的数据库名称，命名规则需要遵守 1.4.2 小节的约定。在 Name 文本框中输入需要新建的数据库名称 first_db，单击 Apply 按钮，提交设置。

4）创建数据库脚本。提交设置后，进入图 2.5 所示的创建数据库 SQL 脚本（SQL Script）确认对话框。这里的 SQL 脚本就是“CREATE SCHEMA ` first_db`”语句，用于执行数据库的创建，第 5 章会详细介绍其使用方法。这里由于是可视化操作，无须改动，直接单击 Apply 按钮，就可以在图 2.3 所示的 SCHEMAS 列表里发现新建立的数据库名称 first_db。

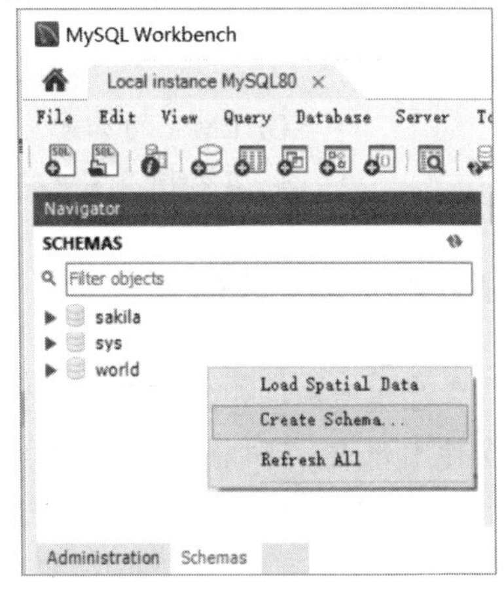

图 2.3　创建数据库

5）在弹出的对话框中单击 Finish 按钮完成新数据库的创建（这一步操作不要忽略，它是真正把新创建的数据库写入磁盘中的步骤）。

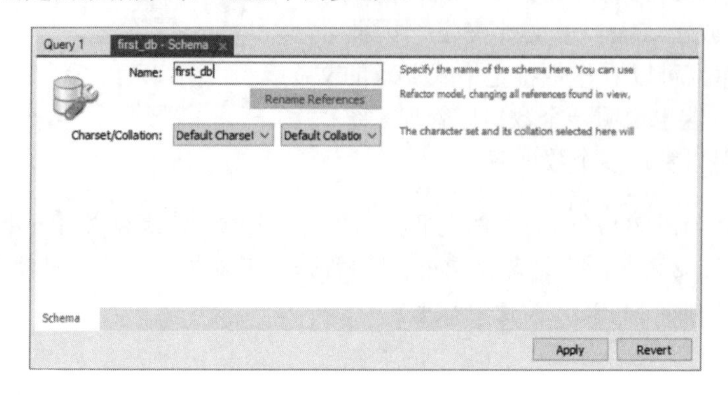

图 2.4　输入数据库名称

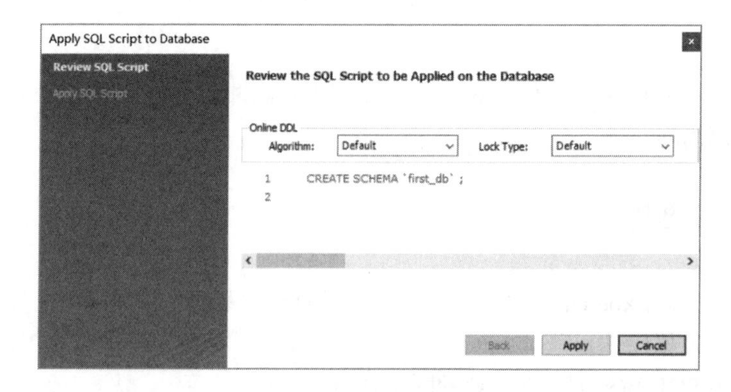

图 2.5　创建数据库 SQL 脚本

说明：

- SCHEMA 的本意是模式、图式、概要，这里主要指数据库；
- 图 2.4 和图 2.5 中的其他设置信息可以忽略，采用默认状态即可。

2.2.2　修改数据库

如果发现创建的数据库所支持的字符集和校对规则①（Charset & Collation）不符合实际使用要求，比如想支持 UTF-8 字符，可以进行如下修改。

1）在 first_db 数据库名称上右击，在弹出的快捷菜单中选择 Alter Schema 命令，如图 2.6 所示。

① 字符集是一套字符和编码的集合，校对规则是用于比较字符集的一套规则。

2）在如图 2.7 所示的窗口中选择 Charset/Collation 下拉列表框中的 utf8（默认选项是 utf8mb4），然后单击 Apply 按钮，即可完成数据库参数修改。

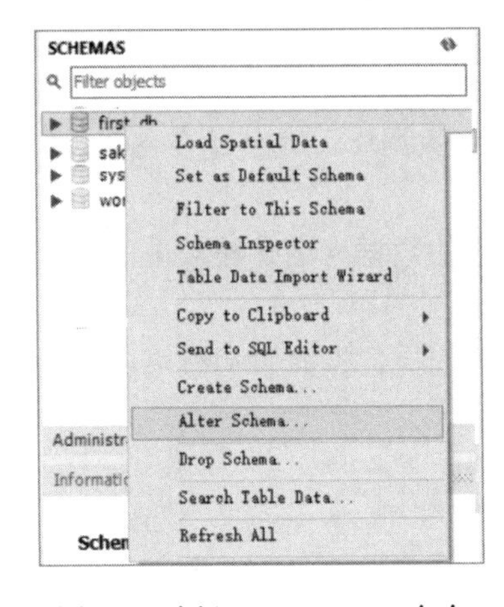

图 2.6　选择 Alter Schema 命令

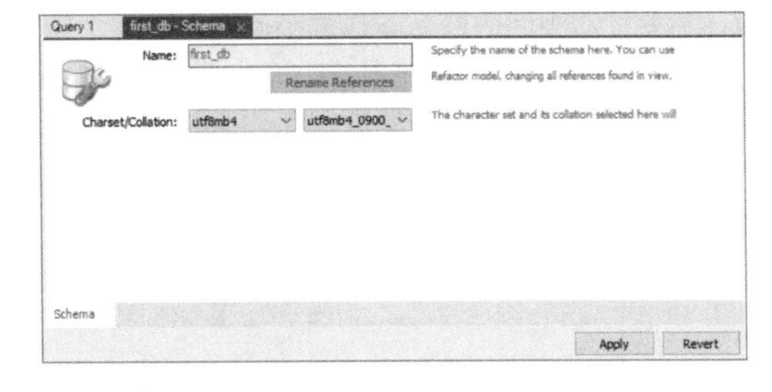

图 2.7　设置 Charset/Collation 项参数

🔔注意：

- 除非必要，否则在工作环境下勿随意修改该选项！
- 修改库的字符集会影响后续新创建表的默认定义；对于已创建表的字符集不受影响。

2.2.3　删除数据库

有时需要删除已经建立的数据库，可以采用如下操作方式。

1）先选中需要删除的数据库名称如 first_db，然后在其上右击，在弹出的快捷菜单中选择 Drop Schema 命令（见图 2.6）。

2）在弹出的对话框中选择 Drop Now，就完成了删除当前数据库 first_db 的操作，如图 2.8 所示。

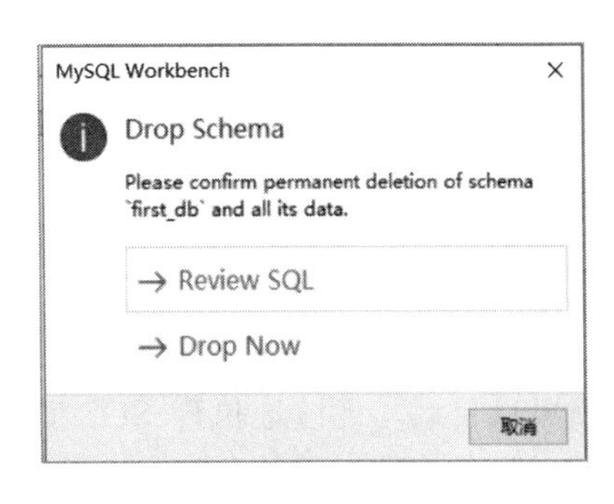

图 2.8　选择 Drop Now

🔔注意：

- 该操作需要非常谨慎，一般用于学习中；
- 在工作环境下将业务数据库删除，后果将是灾难性的！"程序员删库跑路"的冷笑话就是指这个操作。

2.3　多库操作

当数据库实例中存在多个数据库时，有时需要切换当前数据库，尤其是在 SQL 编辑区域，需要针对不同的数据库执行不同的数据操作任务。

在 MySQL Workbench 工具中，双击 SCHEMAS 列表中的数据库名，被双击的数据库名将会加黑且自动变成当前的数据库，这种数据库切换操作很简单。

在 SQL 编辑区域执行 SQL 脚本语句时，如果希望通过选择数据库语句就可以自动切换数据库，则必须用“use 数据库名”的方式，如图 2.9 所示。

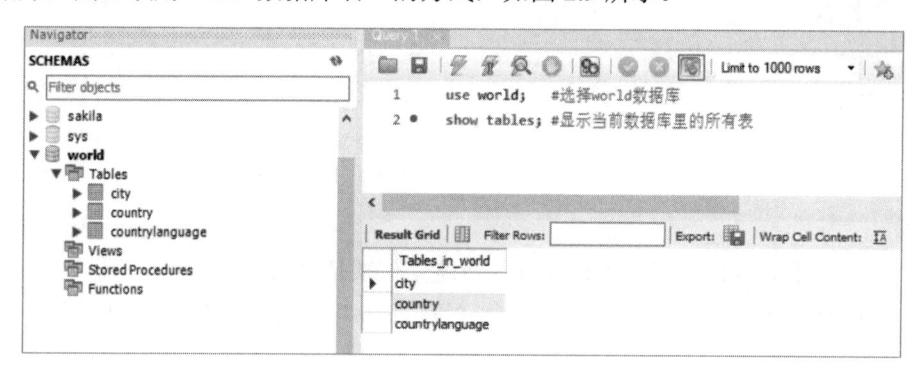

图 2.9　切换数据库，显示当前数据库中的所有表

在图 2.9 所示的 SQL 编辑区域依次输入以下两行 SQL 语句，然后单击闪电按钮（外形类似一个闪电）开始执行。

```
use world;                                    #选择 world 数据库
show tables;                                  #显示当前数据库里的所有表
```

执行结果是 world 数据库里显示有 city、country 和 countrylanguage 3 个表名，与图 2.9 SCHEMAS 列表里 world 下 Tables 里显示的 3 个表名一样。

这也体现了采用 SQL 语句自动执行的优势，只需要写好 SQL 语句，单击执行按钮，就可以自动、连续地执行 SQL 语句，大幅提高了执行效率；同时，还可以通过单击按钮以脚本文件（其扩展名为.sql）形式保存 SQL 语句，供以后反复调用。

说明： MySQL 数据库的注释分单行注释和多行注释，注释语句不被执行，仅起阅读辅助作用。

- 单行注释可以用#开头，也可以用--加一个空格开头；
- 多行注释，用/* 注释内容 */。

2.4　数据库的导出与导入

有时需要把整个数据库导出，然后再将其导入其他服务器的 MySQL 数据库实例中，这里通过 MySQL Workbench 来实现。

2.4.1　数据库的导出

MySQL 数据库的数据库导出、导入功能，在 MySQL Workbench 工具导航栏 Navigator 列表的 Administration 标签的 MANAGEMENT 分类项内，分别为 Data Export 和 Data Import/Restore 选项，如图 2.10 所示。

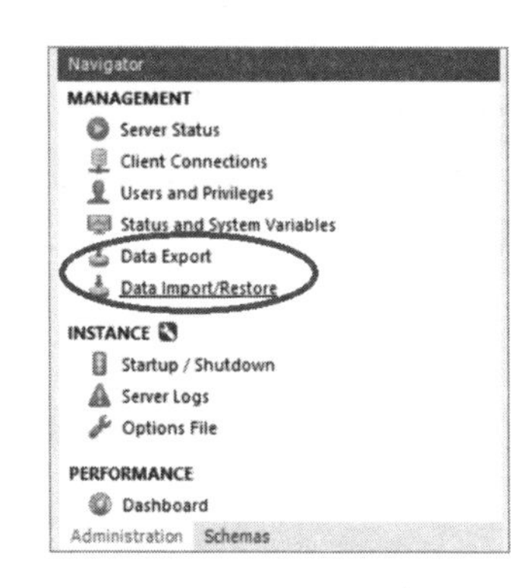

图 2.10　导出数据库操作选择项

假设我们需要把 world 数据库整体导出到一个文件中，在图 2.10 中选择 Data Export 选项，弹出如图 2.11 所示的导出数据库对话框。

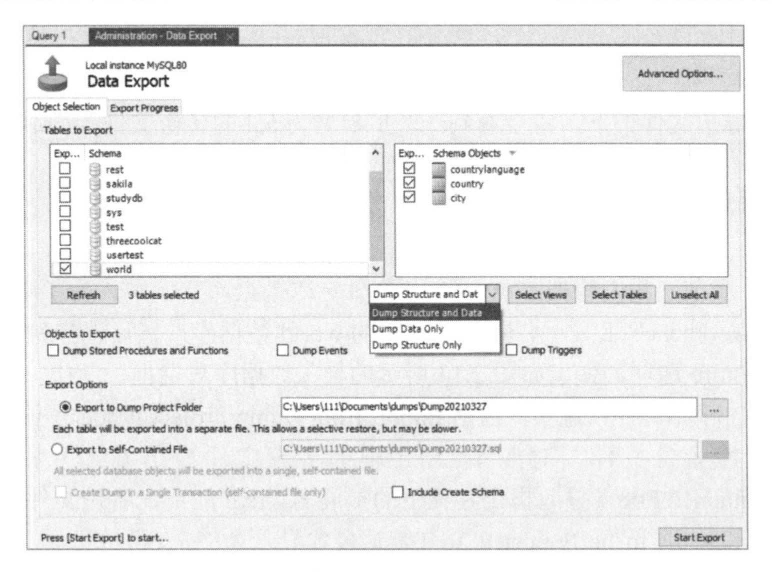

图 2.11　导出数据库

其中：

- Tables to Export 为选择需要导出的数据库；其下显示出了需要导出的数据库表，默认全打勾为都准备导出，可以取消不想导出的表（取消前面的勾）。
- 列表下面的中间位置为导出内容的下拉选项，分别有 Dump Structure and Data（导出数据表结构和数据）、Dump Data Only（仅需要导出数据）和 Dump Structure Only

（仅需要导出数据表结构）3 项。

- Objects to Export 选项包括 Dump Stored Procedures and Functions （导出存储过程和自定义函数）、Dump Events（导出事件）和 Dump Triggers（导出触发器）3 项。
- Export Options，选项包括 Export to Dump Project Folder（导出到指定文件夹下，每个表存储为一个文件）和 Export to Self-Contained File（导出到单一文件中，所有表都存放在一个扩展名为.sql 的文件里）选项。勾选 Include Create Schema 复选框表示包含创建数据库的语句。
- StartExport 为执行导出按钮。

这里将 world 数据库的 3 个表导出到一个.sql 文件里，导出数据表结构和数据，包含创建数据库的语句，单击 StartExport 按钮，导出完成，结果如图 2.12 所示。

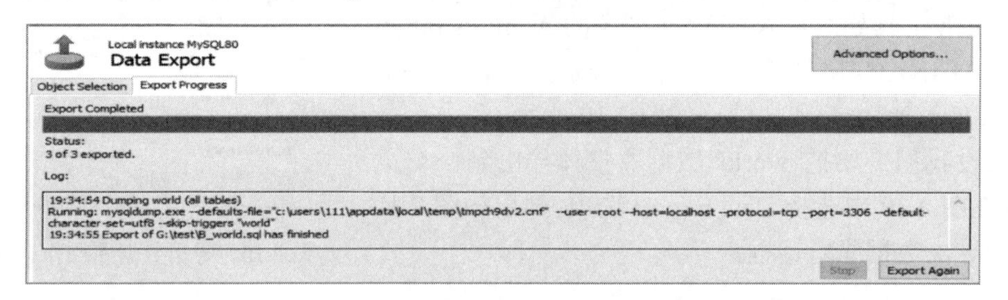

图 2.12　导出完成提示

在指定的导出文件夹下，将会看到一个扩展名为.sql 的备份文件，如 B_world.sql。

2.4.2　数据库的导入

接着 2.4.1 小节，我们想把 B_world.sql 文件导入数据库实例中。为了避免重名问题，先在 MySQL Workbench 工具里删除已经存在的 world 数据库。然后选择如图 2.10 所示的 Data Import/Restore 选项，弹出如图 2.13 所示的导入数据库对话框。其中：

- Import Options：导入选项，包括 Import from Dump Project Folder（导入指定路径下的数据库备份文件，对应图 2.11 中的多表文件导出方式）和 Import from Self-Contained File（导入指定路径下的扩展名为.sql 的单一备份文件）两个选项。
- Default Schema to be Imported To（默认模式导入功能选项）：其中，Default Target Schema 选项表示如果事先在 SCHEMA 里创建了空的数据库，则可以在其下拉列表框里选取，否则采用导入数据库名的方式。
- Select Database Objects to Import (only available for Project Folders)：当备份数据库文件为 Export to Dump Project Folder 模式时，显示可以导入的数据库和表名，可以选择是否导入。
- 选择列表下面有 3 种导入方式：Dump Structure and Data（导入数据表结构和数据）、

Dump Data Only（仅需要导入数据）和 Dump Structure Only（仅需要导入数据表结构）。

- Start Import 为开始导入按钮。

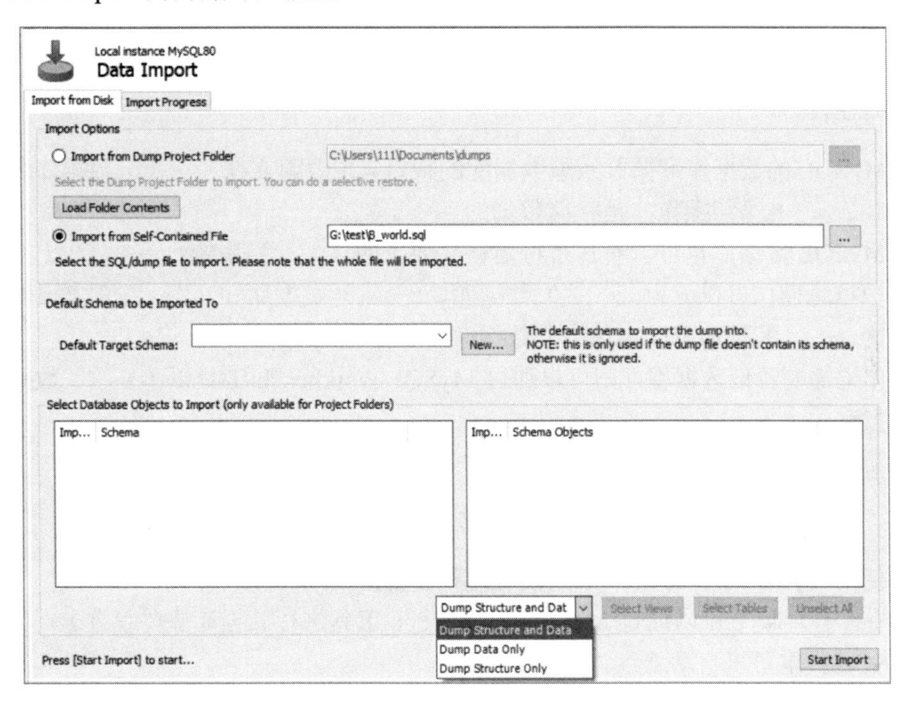

图 2.13　导入数据库

这里选择 B_world.sql 备份文件，并选择默认的数据表结构和数据导入方式，单击 Start Import 按钮正式导入数据库。成功导入数据库后如图 2.14 所示。

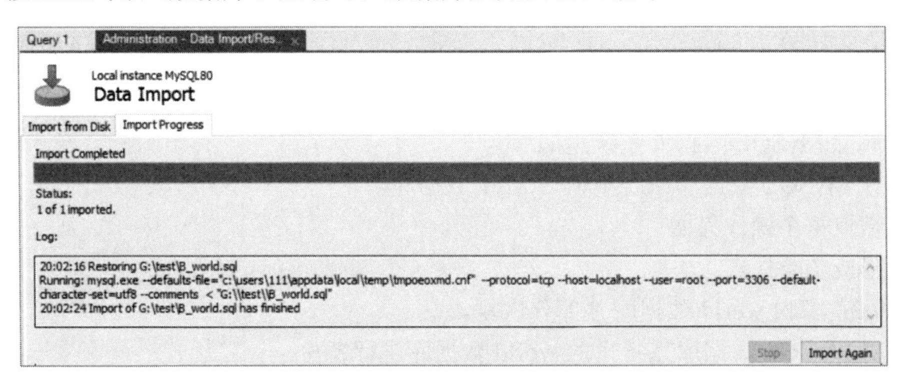

图 2.14　导入数据库成功

从 MySQL Workbench 工具的 SCHEMAS 列表切换到 Schemas 标签，在列表中右击，在弹出的快捷菜单中选择 Refresh All 命令，刷新列表，即可看到刚刚导入的数据库 world。

2.5　练习和实验

一、练习

1．填空题

1）MySQL 的数据库遵循关系型数据库的特点，主要建立在（　　）数据库表的基础上，支持（　　）语句操作，是存储数据的（　　）。

2）MySQL 数据库也可以看作带特定格式要求的（　　）系统。

3）数据库操作可以分为（　　）数据库、（　　）数据库和（　　）数据库。

4）用（　　）语句可以实现当前数据库的选择。

5）如果需要备份数据库，则可以通过 MySQL Workbench 工具以（　　）数据库文件的方式进行。

2．判断题

1）一个 DBMS 在一台计算机上可以管理很多 Database。（　　）

2）使用 MySQL Workbench 工具仅有两种创建数据库的操作方式。（　　）

3）在工作环境下可以通过 MySQL Workbench 工具进行数据库删除操作。（　　）

4）SQL 脚本可以自动连续执行 SQL 语句。（　　）

5）对于扩展名为.sql 的数据库备份文件，可以用 MySQL Workbench 工具的 Data Import/Restore 导入恢复。（　　）

二、实验

实验 1：创建并备份数据库。

1）新创建数据库 My1。

2）备份 My1。

3）删除 MySQL 数据库系统里的 My1。

4）在 MySQL 数据库系统里恢复 My1 数据库。

5）截取每个操作界面。

6）形成实验报告。

实验 2：备份 world 数据库并部分恢复。

1）对 MySQL 数据库系统里的 world 数据库进行备份。

2）删除 MySQL 数据库系统里的 world。

3）恢复 world 数据库里的一个表。

4）截取每个操作界面。

5）形成实验报告。

第3章　表　操　作

数据库表操作是 MySQL 使用的一个核心技能，其可以通过 MySQL Workbench 可视化操作实现，也可以通过执行 SQL 语句实现。可视化操作简单易学，SQL 语句脚本执行灵活，本章将通过 MySQL Workbench 工具实现表的相关操作。本章的主要内容如下：

- 表的基础知识；
- 单表操作；
- 表数据操作；
- 表设计的三大范式。

3.1　表的基础知识

数据库设计的核心就是设计表，这是学习数据库知识的重点。对于关系型数据库表，需要先了解表结构和字段类型。

3.1.1　表结构

在 MySQL 中，数据库的一个表在物理上对应一个文件，可以回看一下 2.1 节的图 2.2（world 文件夹里包含三个表的文件），每个文件里存放数据的表结构——关系型二维表结构，在表结构里存储不同类型的数据。由此，表分为表结构和数据两部分。

关系型二维表结构示例如表 3.1 所示。

表 3.1　采购清单表结构

采购序号	品　名	数　量	单　价	单　位	产　地	说　明

表 3.1 只有表结构，没有数据，其构成如下：

1. 列

表 3.1 中的每一列（Column），在关系数据库表里叫作字段（Field），通过不同的字段，

确定列存放数据的类型。例如存放鱼数量的字段，需要定义为数字类型的字段，只有这样计算机才能识别，才能做数学运算。由此，相同类型的一列就形成了一个数据集，每个字段由一个字段名（Field Name）标识，如数量、单价等。

2. 行

不同的字段横向形成一条记录关系，这就是表格里的一行（Row）。显然，有多条一样关系的记录，可以产生多行。

3. 关系模型

由行和列组成的二维表，就是关系型数据库的关系模型（Relational Model），它用于记录对应关系的数据。

如表 3.2 为包含数据的采购清单表。

从横向的每条记录中可以获得产品的完整信息，如“品名”为黄鱼，它的数量是 5.2，单价是 50 元，单位是斤，产地是东海，说明是养殖，满足了三酷猫日常海产品采购记录的要求。

从竖向的每一个字段中可以知道同类字段的值（Value）是哪些，如“品名”字段里包含多少海鲜产品，这样可以方便使用者进行查询等操作。

表 3.2　采购清单表（含数据）

采购序号	品名	数量	单价/元	单位	产地	说明
1	黄鱼	5.2	50	斤	东海	养殖
2	青蟹	10	80	只	东海	野生
…	……					

数据之间关系清晰，其计算和查询等操作方便，这些都是关系模型二维表的优点。

说明：其实，数据表结构还有层状和网状等，这类数据表结构的数据库就是非关系型数据库。实际的表结构是通过 C 或 C++等语言用数据结构算法实现的，如树、网络和图等。

3.1.2　字段类型

由 3.1.1 小节可以知道，关系模型的二维表主要由不同的字段组成。在 MySQL 8.x 数据库里，可以用于字段定义的字段类型分为数字类型、日期和时间类型、字符串类型、空间几何数据类型和 JSON 数据类型 5 类。

1. 数字类型

数字类型（Numeric Data Types）用来表示数学里的各种数值，如 11、200.1、−2 和 10100010100 等。数字类型可以分为整型、浮点型和定点类型三类，具体的字段类型如表 3.3 所示。

表 3.3　数字类型

序号	分　类	类　型	大小	数 值 范 围	中文名称及说明
1	整型	INTEGER	4bytes	(−2 147 483 648，2 147 483 647)	整型*（INT是INTEGER的简写）
2		INT	4bytes		
3		TINYINT	1byte	(−128，127)	极小整型
4		SMALLINT	2bytes	(−32 768，32 767)	小整型
5		MEDIUMINT	3bytes	(−8 388 608，8 388 607)	中型整型
6		BIGINT	8bytes	(−9,223,372,036,854,775,808，9 223 372 036 854 775 807)	大整型
7	浮点型（近似值）	FLOAT	4bytes	(−3.402823466E+38，−1.175494351E-38)	单精度浮点型*
8		DOUBLE	8bytes	(−1.7976931348623157E+308，−2.2250738585072014E−308)	双精度浮点型*
9	定点类型（精确值）	DECIMAL(M,D)	依赖于M和D	依赖M和D的值，M的最大数字是65位，受实际操作系统的限制	精确小数型*
10		NUMERIC(M,D)			

表 3.3 的说明如下：

- 浮点型和定点类型都可以用(M, D)来表示，其中，M 称为精度，表示数字的总位数（整数位数+小数位数）；D 称为标度，表示小数的位数。
- 表里的“大小”字段，指存储空间的大小，不同的字段类型其存储空间不一样。
- 在进行表字段的实际设计时（详见 3.2.1 小节），需要根据业务情况，合理选择字段类型。

注意：

- 不论是定点类型还是浮点类型，如果用户指定的精度超出精度范围，则会四舍五入。
- 小数点后的 E-n 表示 10 的-n 次方，如 E-38 表示 10 的−38 次方（10^{-38}）。

2. 日期和时间类型

日期和时间类型（Date and Time Data Types）用于表示日常的日期和时间信息，如 2021-3-30 8:27:00、2000、10:50:13 等，具体字段类型如表 3.4 所示。

表 3.4　日期和时间类型

序号	类　型	大小	值 范 围	格　式	中文名称及说明
1	DATE	3bytes	1000-01-01到9999-12-31	YYYY-MM-DD	日期*
2	YEAR	1byte	1901到2155	YYYY	年
3	TIME	3bytes	-838:59:59到838:59:59	HH:MM:SS	时间或持续时间*
4	DATETIME	8bytes	1000-01-01 00:00:00.000000 到 9999-12-31 23:59:59.999999	YYYY-MM-DD HH:MM:SS(.fraction)	日期和时间*
5	TIMESTAMP	4bytes	1970-01-01 00:00:01.000000 到 2038-01-19 03:14:07.999999	YYYYMMDD HHMMSS(.fraction)	时间戳

3．字符串类型

字符串类型（String Data Types）如表 3.5 所示。

表 3.5　字符串类型

序号	分　类	类　型	大　小	说　明
1	字符为单位，字符形式（存储内容）	CHAR(M)	0～255 bytes	设置固定长度字符串*
2		VARCHAR(M)	0～65535 bytes	可变长度字符串*
3		TEXT	L+2字节$L < 2^{16}$	小的固定长度字符串
4		SET	1、2、3、4或8bytes	字符串对象集合，可以没有值或有多个值，每个值必须从创建表时指定的允许值列表中进行选择（最多64个值）
5		ENUM	1或2bytes	枚举类型，只能有一个枚举字符串值（最大值为65535）
6	字节为单位，二进制形式（存储内容）	BIT(M)	(M+7)/8bytes	位字段类型*
7		BINARY(M)	M bytes	固定长度二进制字符串，以字节为单位*
8		VARBINARY(M+1)	M+1 bytes	可变长度二进制字符串，以字节为单位
9		TINYBLOB (L+1)	L+1bytes，$L < 2^{8}$	小二进制大对象
10		BLOB (L+2)	L+2bytes，$L < 2^{16}$	二进制大对象*
11		MEDIUMBLOB (L+3)	L+3bytes，$L < 2^{24}$	中二进制大对象
12		LONGBLOB (L+4)	L+4 bytes，$L < 2^{32}$	大二进制大对象

表 3.5 说明如下：

- M 表示每个值的位数，范围为 1～64 字节位。如果 M 被省略，默认值为 1。
- BLOB 的全称为 Binary Large Object，是二进制类型的字段，主要用于存储图片等二进制对象。

- BIT 类型常用于逻辑判断（其值为 True 或 False）。

4. 空间几何数据类型

MySQL 的空间几何数据类型（Spatial Data Types）用于存储与 OpenGIS[①]类对应的数据类型，空间几何数据类型如表 3.6 所示。

表 3.6　空间几何数据类型

序　号	类　型	大　小	说　明
1	GEOMETRY	4bytes	简单几何
2	POINT	4bytes	简单点
3	LINESTRING	4bytes	简单线
4	POLYGON	4bytes	简单面
5	MULTIPOINT	4bytes	多点
6	MULTILINESTRING	4bytes	多线
7	MULTIPOLYGON	4bytes	多面
8	GEOMETRYCOLLECTION	4bytes	任何几何集合

MyISAM、InnoDB、NDB 和 ARCHIVE 数据引擎支持空间几何数据类型。

5. JSON数据类型

从 MySQL 5.7 开始增加了 JSON 数据类型（JSON Data Type）的支持，以方便在数据库表里对 JSON 数据直接操作。JSON 数据类型如表 3.7 所示。

表 3.7　JSON数据类型

序　号	类　型	大　小	说　明
1	JSON	JSON字段存储空间大小与LONGBLOB的存储空间大小要求类似	*

注意：在表 3.3 至表 3.7 中，“说明”部分带“*”的表示该类型的字段更常用或更重要，需要熟记，其他类型只需要了解即可。

3.2 单表操作

单表操作主要包括创建表、查看表、修改表和删除表，这里继续使用 MySQL Workbench 工具进行操作。

① OpenGIS（Open Geodata Interoperation System）为开放式地理信息系统。

3.2.1　创建新表

创建新表是存储数据的前提条件，而表需要存储到指定的数据库中。创建一个新表的过程如下：

1）利用 MySQL Workbench 工具创建一个新的数据库（study_db[①]），也可以选择一个现有的数据库。

2）在如图 3.1 所示的 Tables 上右击，在弹出的快捷菜单中选择 Create Table 命令。

3）创建表结构。

创建表结构的操作界面如图 3.2 所示。

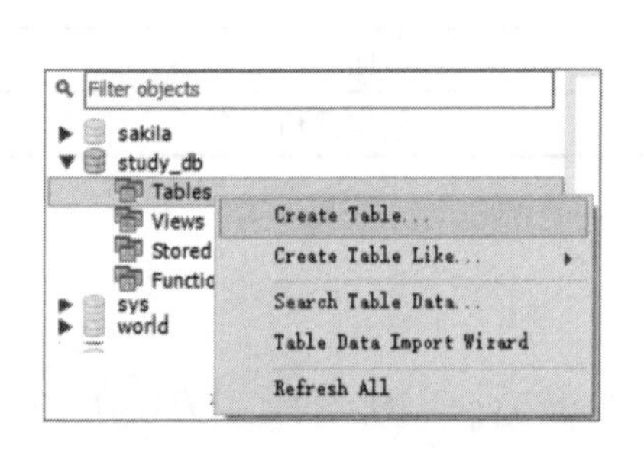

图 3.1　选择 Create Table 命令

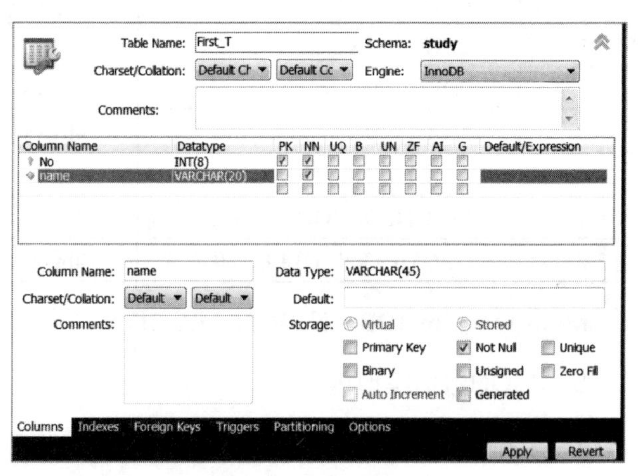

图 3.2　创建表结构界面

其中：

- Table Name：输入需要创建的新表的名称，如 First_T；
- Charset/Collation：选择表支持的字符集，可以采用默认值；
- Engine：数据库引擎选择，默认为 InnoDB；
- Comments：表功能说明，可以不填写；
- 字段设置列表框（Comments 下面）：为表字段设置提供选择项。

每个字段需要明确字段名（Column Name）、字段数据类型（Data Type）和相关的约束项。相关约束项功能说明如下：

- PK（Primary Key）：声明所在字段为主键字段，该字段的值要求唯一性，而且不能有空值（Not Null），一个表只能有一个主键。同时，该字段具有索引（详见第 8 章）功能（支持数据值排序和快速检索功能）。例如，一个班级的学号是唯一的，可以

① 本书的基础篇和提高篇中的所有表都存储于 study_db 数据库中。

用作主键字段。

注意：大多数表在设计时必须考虑主键，除了保证记录的唯一性外，还需要考虑查找数据的性能。

- NN（Not Null）：选择该选项，意味着对应的字段值不能为空，如一个班级的姓名不能为空，但是特长说明可以为空。
- UQ（Unique）：如果选择该选项，则对应字段为唯一的索引字段。
- B（Binary）：如果选择该选项，则对应字段为二进制数据字段。
- UN（Unsigned）：如果选择该选项，则对应字段为无符号（非负数）字段。
- ZF（Zero Fill）：如果选择该选项，空字节填 0，如设置 Int(3)字段值为 1，则显示 001。
- AI（Auto Increment）：如果选择该选项，则对应字段为自增 1 值字段，每插入一条记录时，该字段值会进行自动增 1 处理，其经常用于需要唯一性处理的主键字段中。
- G（Generated）：如果选择该选项，则对应字段支持生成列规范（生成列是指将表里其他列值做算术运算和字符串拼接的结果作为该列的值）。

这里以表 3.8 成绩单为例设置表字段。

表 3.8　成绩单

学　号	姓　名	课　程　名	成　绩	说　明
2021001	三酷猫	语文	96	
2021002	加菲猫	语文	92	
2021003	凯蒂猫	语文	90	
2021004	大脸猫	语文	70	重点关心对象
2021005	叮当猫	语文	88	

在如图 3.2 所示的字段设置对话框里进行如下设置：

1）选中 PK 复选框，后面的 NN 复选框将会自动选上，然后在左侧的 Column Name 中双击，会出现一个文本框，输入学号字段名 No，在右侧的 Data Type 下拉列表框中选择 INT(8)。

2）在字段列表框 No 的下一行空白处单击，输入新的姓名字段名 name，将字段数据类型设置为 VARCHAR(20)，并勾选 NN 选项。

依次设置其他字段如下：

- 课程名（course）字段数据类型为（CHAR(8)），勾选 NN 选项；
- 成绩（score）字段数据类型为（FLOAT），勾选 NN 选项；
- 说明（explain）字段数据类型为（VARCHAR(60)）。

设置完上述表结构后单击 Apply 按钮（见图 3.2）进入如图 3.3 所示的新表结构创建 SQL 脚本确认对话框，单击 Apply 按钮创建表结构，完成后单击 Finish 按钮即可。

说明： 从图 3.3 中可以看出，虽然目前通过 MySQL Workbench 工具实现了新表可视化创建过程，但是其实质也是通过执行 SQL 语句来实现新表的创建。利用 SQL 语句创建新表的详细内容见 5.2 节。

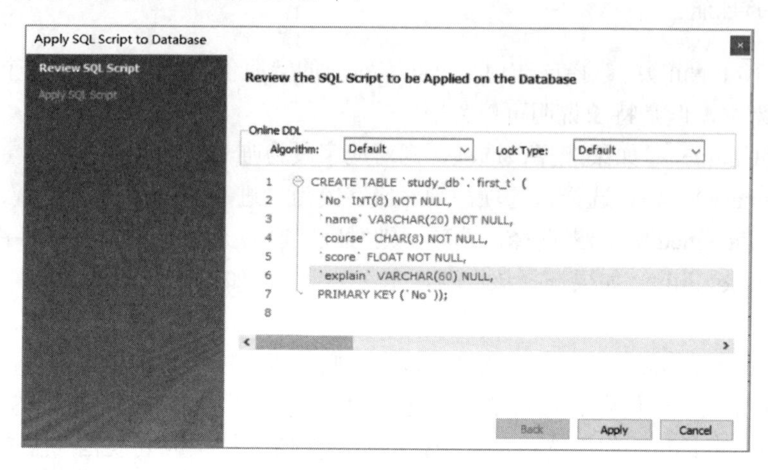

图 3.3　创建新表结构

3.2.2　查看、修改和删除表

对于 3.2.1 小节建立的新表，可以查看其基本信息、修改表结构、删除表操作。

1. 查看表的基本信息

在 study_db 数据库下 Tables 的 first_t 上右击，在弹出的快捷菜单中选择 Table Inspector 命令，可以查看表的基本信息，如图 3.4 所示。

查看表的基本信息主要包括 Info、Columns、Indexes、Triggers、Foreign keys、Partitions、Grants 和 DDL 几项。

- Info（基本信息）：当前表的基本信息，如使用的数据库引擎、字段数量、表中记录的数据条数、表所占用的存储空间情况等。
- Columns（列）：当前表字段定义的详细内容，如字段名、数据类型和是否为空等。
- Indexes（索引）：当前表建立的索引情况，此外还可以修改和建立新索引。
- Triggers（触发器）：当前表相关触发器的定义情况。
- Foreign keys（外键）：当前表配套外键设置情况。
- Partitions（分区）：当前表分区设置情况。
- Grants（授权）：当前表可以访问的数据库用户清单。
- DDL（Data Definition Language，数据库定义语言）：当前表创建 SQL 语句的脚本内容。

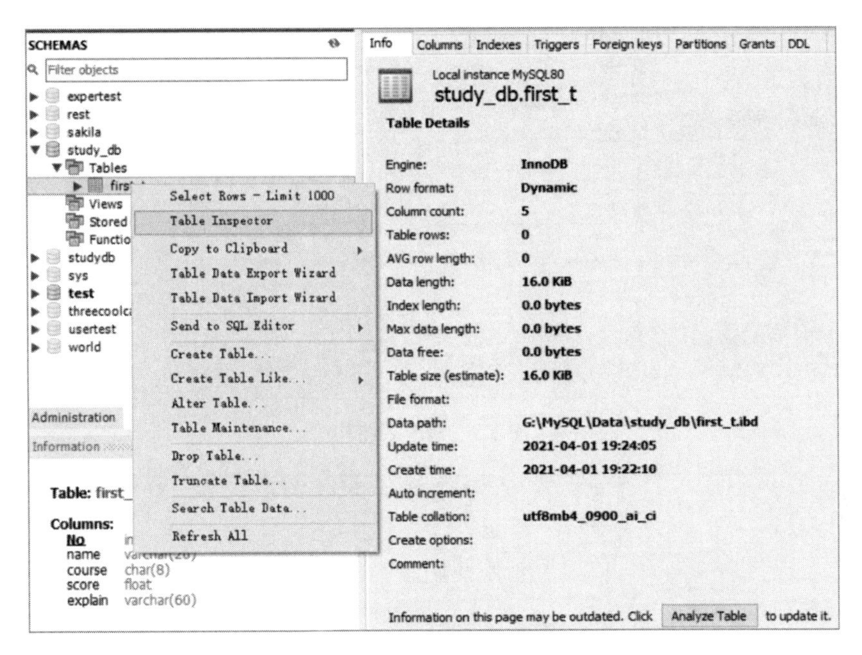

图3.4　查看表的基本信息

说明：查看表的基本信息的部分功能，需要结合后续章节来学习和理解，初学在这里有个初步印象，知道它是干什么用的就可以了。

2．修改表结构

已经创建的表结构，可以根据实际情况的变化，调整相应字段的内容，MySQL Workbench工具提供了对应的表结构修改功能。

如图3.5所示，右击study_db数据库下Tables的first_t表名，在弹出的快捷菜单中选择Alter Table命令，进入表结构修改界面（见图3.5的右半部分），该界面操作跟创建新表的方法一样。

- 增加字段：可以直接在图3.5所示的字段框里单击最下面一行的空白处，然后进行字段名等设置。
- 删除字段：如图3.6所示，在需要删除的字段名上右击，在弹出的快捷菜单中选择Delete Selected命令，在弹出的Apply按钮，删除SQL语句确认对话框中再单击Apply按钮，最后再单击Finish按钮，完成删除字段的操作。
- 调整字段顺序：可以通过图3.6的弹出菜单来调整字段的顺序，如选择Move Up命令（字段上移）或Move Down（字段下移）命令。

此外，也可以对字段进行复制（Copy）、剪切（Cut）和粘贴（Paste）操作，方便对字段进行快速修改和定义。

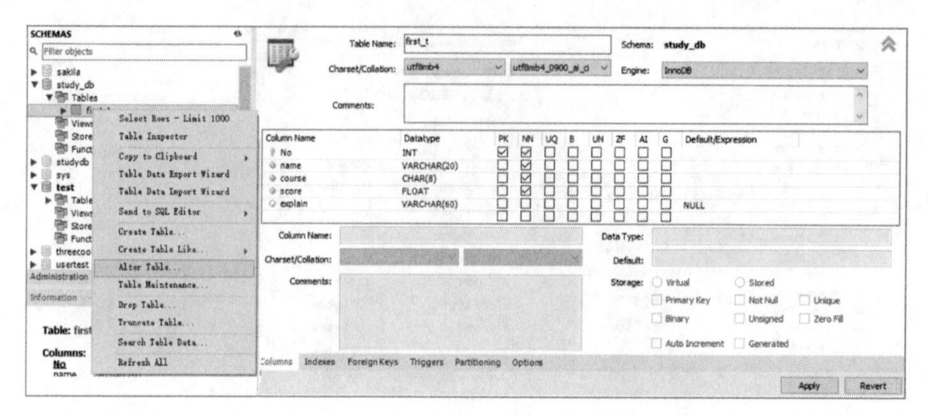

图 3.5　修改表结构

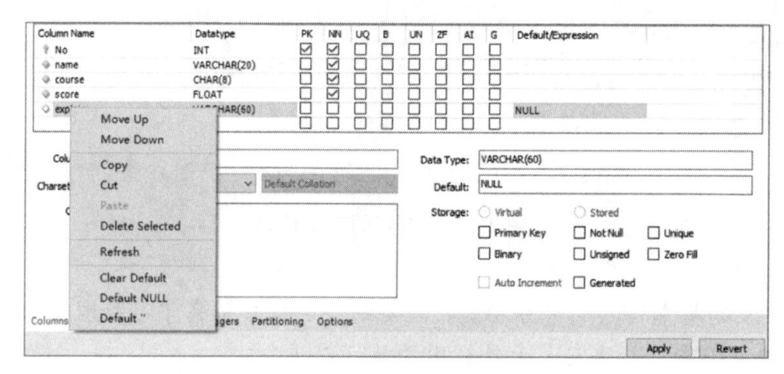

图 3.6　修改表结构

3．删除表

对于确定不需要的表，可以在数据库中直接删除。操作方式如图 3.7 所示。

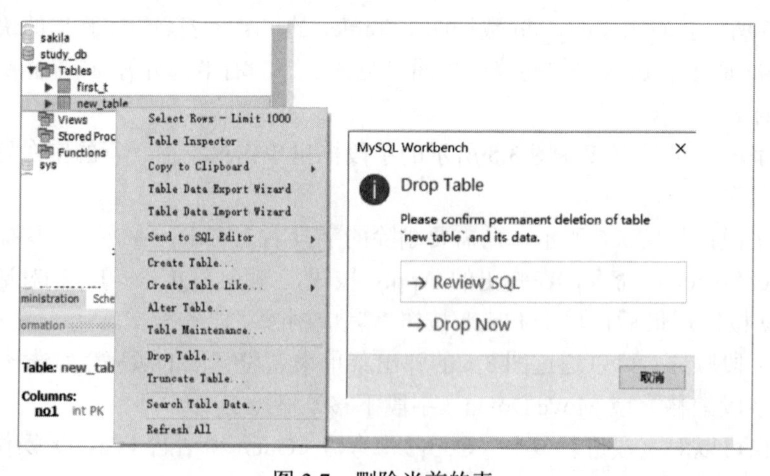

图 3.7　删除当前的表

为了演示方便，先创建一个新表 new_table，然后在其上右击，在弹出的快捷菜单中选择 Drop Table 命令，然后在弹出的提示框里选择 Drop Now，即可完成表的删除操作。

注意：在表内有数据的情况下，对表结构进行修改和删除必须谨慎，在确保数据安全的前提下再进行相应操作，除非表内数据不重要！

3.3　表数据操作

创建表是为了存储数据，并方便用户进行数据查找等操作。表数据的操作包括查找记录、插入新记录、修改记录和删除记录。

1．查找记录

在 MySQL Workbench 工具上右击对应的表名，如图 3.8 所示，在弹出的快捷菜单中选择 Select Rows -Limit 1000 命令就可以查看当前表的记录，默认最多能显示的记录为 1000 条（可以在图 3.8 右上角的 Limit to 1000 rows 处选择显示的条数）。

例如查看 first_t 表记录，在图 3.8 右下角区域将显示该表的相关记录。当然，刚刚建立的新表自然没有记录。右上角是 SQL 语句显示区域，这里显示的是“SELECT * FROM study_db.first_t;”查询语句，具体使用方法见 4.2 节。

2．插入新记录

单击图 3.8 右下角区域的记录显示框，然后依次输入表中每个字段的数据。例如，在 No 下输入“1”，在 name 下输入“三酷猫”，在 course 下输入“语文”，在 score 下输入“98”，explain 可空，然后单击右下角的 Apply 按钮，在弹出的窗体里单击插入新记录 SQL 脚本确认按钮 Apply，再单击 Finish 按钮完成一条记录的插入。

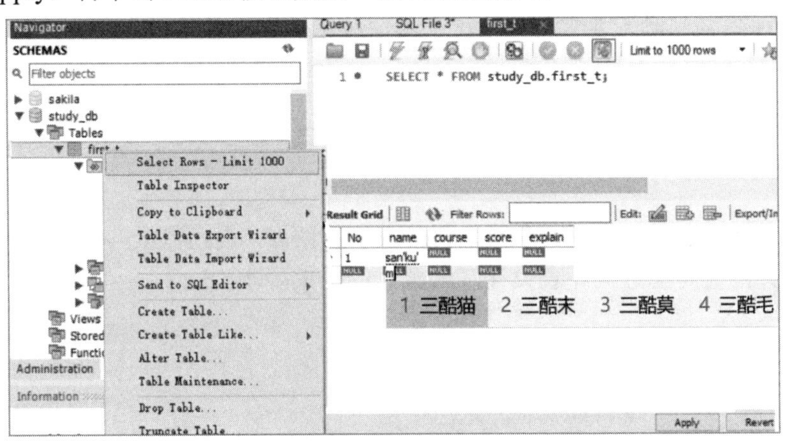

图 3.8　插入新记录

3．修改记录

如图 3.9 所示为修改记录操作界面。在 explain 字段下双击空白处，然后输入“优秀”，单击 Apply 按钮，在弹出的修改 SQL 语句确认对话框中单击 Apply 按钮，再单击 Finish 按钮完成记录修改操作。

4．删除记录

对于不需要的记录，可以右击该记录，在弹出的快捷菜单中选择 Delete Row(s)命令，如图 3.10 所示，记录框里的一条记录将消失（这是假的删除，仅仅是没有显示！单击闪电按钮，查询语句就可以显示出来了），想要真正删除，需要单击右下角的 Apply 按钮，在删除 SQL 语句确认对话框中单击 Apply 按钮，最后再单击 Finish 按钮完成删除操作。

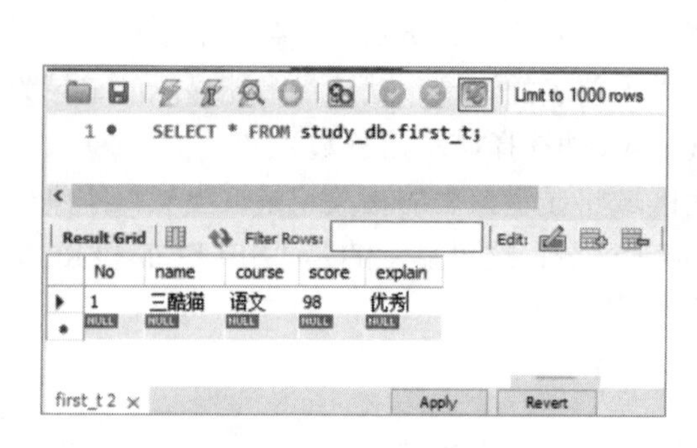

图 3.9　修改记录

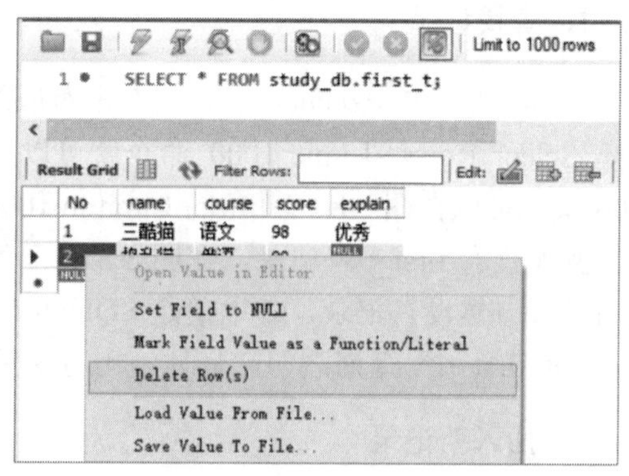

图 3.10　删除一条记录

🔔注意：在 MySQL Workbench 中执行 SQL 语句时，单击两次 Apply 按钮仅完成执行 SQL 语句的生成和确认工作，真正要执行 SQL 语句，需要单击 Finish 按钮完成执行操作。在操作数据时尤其需要注意这一点，防止产生假操作，导致数据混乱。

3.4　表设计的三大范式

为了使设计的表结构合理，更好地利用表中的数据，提高数据的读写效率等，有经验的数据库设计师会考虑数据库表设计三大范式的约束要求。

3.4.1　第一范式

第一范式（First Normal Form，1NF）是指所设计的表的每个字段值都是不可分割的原子值。

例如，学生的个人档案信息表里的“地址”字段存储了一条地址“天津市河西区桃园街广东路 5 号人民公园西门”，这个地址值不满足原子性要求，它还可以进一步拆分，存放到对应的字段里。例如，把地址字段拆分为城市字段、地区字段、街道字段、路号和居住楼栋，其对应的字段值如表 3.9 所示。

作为天津市的学生档案地址，拆分成如表 3.9 所示的原子性，就具备了 1NF 的要求。老师可以利用该表做学生分布区域统计，如哪个区哪个街道的学生最多，为家访提供选择依据。

表 3.9　符合 1NF的表字段设计

字段名	城市字段	地区字段	街道字段	路号	居住楼栋
字段值	天津市	河西区	桃园街	广东路5号	人民公园西门

如果地址仅仅用来邮寄学习成绩单，没有其他需求，虽然它不符合 1NF 要求，但是一个“地址”字段也是允许的。显然，1NF 要求是一个相对要求，数据库工程师在设计表格时需要根据实际需要合理取舍。

实际上，我们要接受 1NF 设计思想，尽量遵循其设计理念。例如表 3.8 成绩单，其把字段分为学号、姓名、课程名、成绩和说明，就是严格遵循了 1NF 设计理念。

3.4.2　第二范式

第二范式（Second Normal Form，2NF）是指所设计的表必须有主键（Primary Key），其他字段的值与主键字段值具有一一对应关系。

这里的关系是指内容关联关系，如一个班级里的学号是唯一的，它作为主键，可以和姓名、课程、成绩和说明字段产生一条有意义的记录，来说明一个学生的成绩情况。但是不能以姓名作为主键，因为一个班级里可能会存在重名的问题，姓名字段的值就不唯一了。

另外，不建议加与学号无关的字段，如“老师姓名”字段，跟学号没有直接关系，而是跟老师的工号有关系，显然要设计另外一个新的表了。

表 3.8 成绩单只有一个唯一的主键学号字段，其他字段值跟学号有紧密的关系，很好地采纳了 2NF 的设计要求。

第二范式建立在第一范式的基础上，第一范式确定了字段，第二范式才能确定主键。

3.4.3　第三范式

第三范式（Third Normal Form，3NF）指所设计的表的每个字段值都和主键值在业务关系上直接相关，而不是间接相关。

如表 3.10 所示，主键字段为课程名、教材名称、总课时、老师都与课程名有直接关系，但是与表 3.8 成绩单中的学号关键字段没有直接关系，只有通过“课程名”产生间接关系。

而在表 3.8 中强制增加“教材名称”字段，则意味着表 3.8 的课程名与“教材名称”产生了直接关系，进而“教材名称”与学号关键字段产生了间接关系，这不符合 3NF 的要求。因此根据 3NF 的要求，表 3.8 成绩单中不能有“教材名称”字段，应该将其放到表 3.10 中。

表 3.10　课程信息

课　程　名	教 材 名 称	总　课　时	老　　师
语文	语文八年级（上）	45	泡芙
数学	数学八年级（上）	45	海绵宝宝
英语	英语八年级（上）	40	派大星

其实表 3.8 和表 3.10 可以通过设置外键产生关联关系，详见 5.2.5 小节。

第三范式体现了多表设计思路，相关的字段放在一个表里，不相关的字段放在另外相关的表里。第三范式在第二范式的基础上提出了更进一步的设计要求。

对于数据库表设计的三大范式要求，一句话总结就是：第一范式要求字段值原子性，第二范式要求有主键，第三范式要求把不直接相关的字段放到别的表里去。

3.5　案例——三酷猫的销售明细账单

三酷猫喜欢吃鱼，于是它干脆做起了贩卖鱼的生意，开了一家海鲜零售店。每天需要产生销售明细表和汇总表。

销售明细表用于记录每天销售的每一笔业务，如表 3.11 所示；销售汇总表用于记录当天销售的整体情况，如表 3.12 所示。

表 3.11　销售明细表

流　水　号	品　　名	数　　量	单　　位	单价/元	销 售 时 间	销售员工号
1	黄鱼	20.6	斤	80	2021-4-3 8:25:15	1-001
2	带鱼	1	盒	200	2021-4-3 9:25:15	1-002
3	大礼包	2	大盒	1000	2021-4-3 17:25:15	1-003
4	活对虾	5.8	斤	40	2021-4-3 12:25:15	1-001
5	活青蟹	8	只	50	2021-4-3 10:25:15	1-001
6	海蜇头	100	斤	30	2021-4-3 19:25:15	1-001
7	活龙虾	20	只	90	2021-4-3 20:25:15	1-002

表 3.12　销售汇总表

日　期	结账时间	营业额/元	店　名	统计记录员	说　明
2021-4-3	22:10:00	9280	三酷猫1号海鲜店	三酷猫	现金收入

根据上述业务情况，用 MySQL 数据库创建对应的两个表，并且插入对应的记录。

1．设计表

表 3.11 的设计结果如表 3.13 所示，表名为 SaleDetail_T。

表 3.13　销售明细表结构设计

字 段 名	字 段 类 型	关　键　字	是 否 为 空	说　明
no	INT	PK	NN	AI自增字段
name	CHAR(12)		NN	品名
number	FLOAT(7,2)		NN	数量
unit	CHAR(6)		NN	单位
price	DECIMAL(7,2)		NN	单价
sale_time	Datetime		NN	销售时间
cashier_no	CHAR(6)		NN	销售员工号

- 品名字段根据最长的海鲜名称来确定字段长度，这里设置为 12。
- 数量字段必须考虑小数位数，由于对数量的小数位数精度要求不高，这里采用浮点类型，整数部分取 5 位，小数部分精确到小数点后 2 位。
- 单价字段的整数部分取 5 位（最多为 99 999 元），小数部分取 2 位（精确到分）。
- 字符类型采用固定长度字符类型（CHAR），而没有采用可变长度字符类型（VARCHAR），考虑到明细记录的数量将会很多，要求对数据操作的速度尽可能快，因而接受部分空间的浪费。

说明：固定长度字符类型是在表创建时已经为字段预留了固定的空间；可变长度字符类型是将数据插入字段时，根据实际数据的大小分配存储空间。

表 3.12 的设计结果如表 3.14 所示，表名为 SaleMain_T。

表 3.14　销售汇总表结构设计

字 段 名	字 段 类 型	关　键　字	是 否 为 空	说　明
sale_date	DATE	PK	NN	日期
record_time	TIME		NN	结账时间
amount	DECIMAL(8,2)		NN	金额
shop	VARCHAR(30)		NN	店名
operator	CHAR(10)		NN	统计记录员
explain	VARCHAR(60)			说明

2．创建表

根据表 3.13 和表 3.14 的设计结果，在 MySQL Workbench 工具中创建这两个表。

销售明细表（SaleDetail_T）的主要字段设置内容如图 3.11 所示，设置完成后单击两次 Apply 按钮，最后再单击 Finish 按钮完成新表创建。

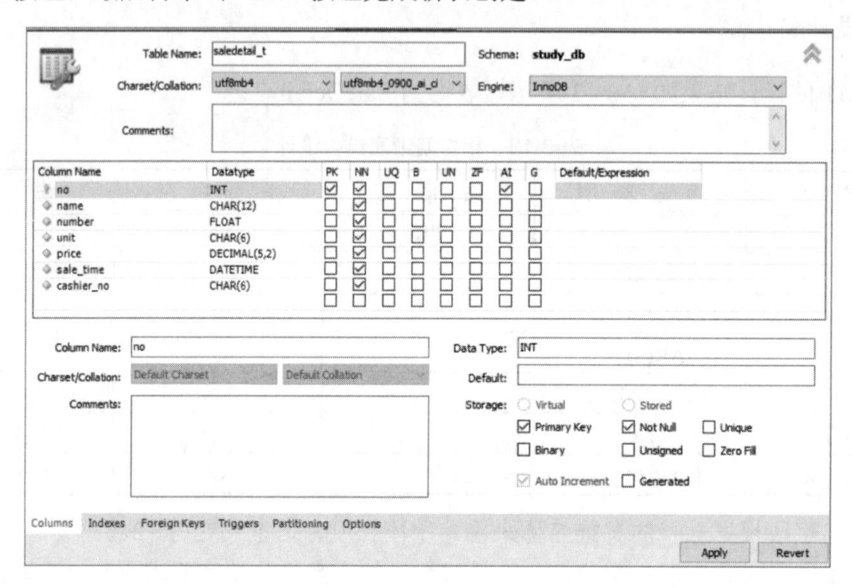

图 3.11　创建销售明细表

注意，DATETIME 字段类型要去掉小括号()，下拉选择时默认会带小括号。

销售汇总表（SaleMain_T）创建过程与销售明细表类似，不再赘述。

3．插入记录

根据表 3.11 所示的记录内容，通过 MySQL Workbench 工具向 SaleDetail_T 中插入所有记录，结果如图 3.12 所示。SaleMain_T 表的插入结果如图 3.13 所示。

```
1 ●   SELECT * FROM study_db.saledetail_t;
```

no	name	number	unit	price	sale_time	cashier_no
1	黄鱼	20.6	斤	80.00	2021-04-03 08:25:15	1-001
2	带鱼	1	盒	200.00	2021-04-03 09:25:15	1-002
3	大礼包	2	大盒	1000.00	2021-04-03 17:25:15	1-003
4	活对虾	5.8	斤	40.00	2021-04-03 12:25:15	1-001
5	活青蟹	8	只	50.00	2021-04-03 10:25:15	1-001
6	海蜇头	100	斤	30.00	2021-04-03 19:25:15	1-001
7	活龙虾	20	只	90.00	2021-04-03 20:25:15	1-002
NULL	NULL	NULL	NULL	NULL	NULL	NULL

图 3.12　插入数据后的 SaleDetail_T 表

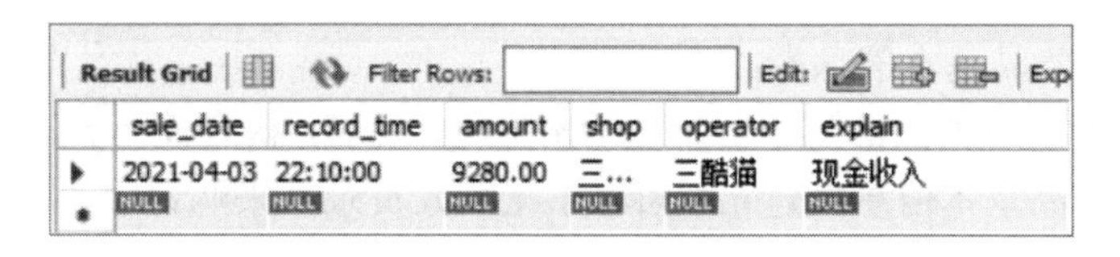

sale_date	record_time	amount	shop	operator	explain
2021-04-03	22:10:00	9280.00	三...	三酷猫	现金收入
NULL	NULL	NULL	NULL	NULL	NULL

图 3.13　插入数据后的 SaleMain_T 表

3.6　练习和实验

一、练习

1．填空题

1）MySQL 数据库中的一个表在物理上对应一个（　　）。

2）表分（　　）和（　　）两部分。

3）每一竖列，在关系数据库表里叫（　　）。

4）由（　　）和（　　）组成的二维表，就是关系数据库的关系模型。

5）字段定义的字段类型分（　　）类型、日期和时间类型、（　　）类型、空间类型、JSON 数据类型 5 类。

2．判断题

1）关系模型表的所有字段之间存在关系，形成一条有意义的记录。（　　）

2）数字类型可以分整型、浮点型、定点类型、逻辑类型 4 类。（　　）

3）可变字符串类型与固定字符串类型的主要区别是字段插入数据速度不一样。（　　）

4）MySQL Workbench 工具可以通过查询表记录的方式输入新的记录。（　　）

5）使用 MySQL Workbench 工具可以查看每个表的存储空间。（　　）

二、实验

实验 1：分析表 3.12（表 3.14）设计的局限性。

1）假设收银方式存在现金、欠账、赠送、损耗和退回几种情况。

2）给出完善后的表设计结果。

3）创建新的明细表 sale_main_e。

4）插入 2 条记录。

5）形成实验报告。

实验2：设计商品基本信息表。

三酷猫销售的海鲜商品的基本信息包括条形码、品名、拼音简码、单位、规格、产地、单价和折扣比；商品基本信息表建立后可以供采购人员录入采购记录，为前台销售人员提供商品检索信息。

1）请根据基本信息设计商品基本信息表。

2）创建商品基本信息表 good_inf_e。

3）插入两条记录。

4）形成实验报告。

第 4 章 SQL 语句基础

在前面 3 章中，对 MySQL 数据库的操作都是通过 MySQL Workbench 工具来完成的，以所见即所得的方式实现对数据库及表的操作。这种操作方式对于初学者尤其友善，可以帮助初学者快速掌握对数据库的基本操作。

要想成为一名专业的数据库工程师或软件开发工程师，必须掌握用 SQL 语句操作数据库的方法。SQL 语句可以替代所有可视化的操作，而且其脚本代码非常灵活。学好 SQL 语句也是学习关系型数据库的基本要求之一。

本章将会介绍 SQL 语句的基本使用方法，主要内容如下：

- SQL 语句基础知识；
- select 语句；
- insert 语句；
- update 语句；
- delete 语句。

4.1 SQL 语句基础知识

SQL（Structured Query Language，结构化查询语言）既是一门可以编程的面向关系型数据库的高级语言，也是操作关系型数据库的标准。在使用 SQL 语句之前需要简单了解一下 SQL 产生的历史、主要功能和作用范围。

1. SQL历史

20 世纪 60 年代末至 70 年代初，关系型数据库开始出现，并出现了不同的关系型数据库。不同的关系型数据库的操作方式不尽相同，给使用者带来了麻烦。IBM 公司的博伊斯（Boyce）和钱伯林（Chamberlin）敏锐地感觉到，应该为所有的关系型数据库提供一套标准统一的数据库操作语言，方便用户学习和使用，也有利于关系型数据库系统的发展。于是他们在 IBM 公司研究的关系型数据库 System R 上实现了 SQL 语言，该语言一经推出，广受欢迎，1980 年获得美国国家标准局（ANSI）数据库委员会的批准，成为关系型数据库语言的美国标准（简称 ANSI SQL 标准）。1987 年，国际标准化组织（ISO）也采纳了该标准作为国际标准。之后，一些数据库厂家在 SQL 标准的基础上扩展了自己的私有标准。

2. 主要功能

根据 ANSI SQL 文档内容，SQL 对数据库的操作功能主要包括数据定义、数据操作和数据控制三大部分，如图 4.1 所示。

图 4.1　SQL 的三大功能

- 数据定义（Data Create）：主要包括数据库、表、视图、触发器、存储过程等对象的 SQL 创建，上述对象创建过程的 SQL 语句中都有关键字 CREATE，该部分内容详见第 5 章。
- 数据操作（Data Operating）：主要包括增加（Insert）、删除（Delete）、修改（Update）和查找（Select）数据的功能，简称增、删、改、查或 CRUD①，这是本章重点介绍的内容。
- 数据控制（Data Control）：主要指数据授权访问，用于管理数据被访问对象的使用权限，在第 5 章将会简要介绍。

3. 作用范围

SQL 的作用范围是所有支持 SQL 标准的数据库。SQL 语句除了可以在 MySQL 数据库使用外，还可以在其他关系型数据库中使用，如 SQL Server、Oracle 和 PostgreSQL 等，这就是 SQL 作为关系型数据库标准语言的优势。

4.2　select 语句

select 语句用于查询数据库表中的数据并将结果返回客户端。这里的客户端可以是其他编程语言编写的应用程序，也可以是 MySQL 自带的 MySQL Workbench 工具界面、命令行客户端（Command Line Client）等。

select 语句的基本语法格式如下：

```
select [all | distinct | distinctrow] <字段或表达式列表>
   from <表名>
   where <条件表达式>
   group by <字段名或表达式>
   having <条件表达式>
   order by <字段名或字段位置或表达式> [asc | desc]
   limit [偏移量,]行数
```

① CRUD 中的 C 代表 Create new records（建立新记录）对应 Insert，R 代表 Retrieve（检索）对应 Select，U 代表 Update（更新），D 代表 Delete（删除）。

各子句的语法细节会在后面详细介绍。

4.2.1　完全条件查询

所谓完全条件查询，指在 select 语句中不附带查询条件，获取当前表中的所有记录。其基本语法如下：

```
select 字段名 1,字段名 2,...  from 表名
```

或：

```
select  *  from 表名
```

这里的字段名之间可以用逗号分隔，*号代表当前表的所有字段，*号前后至少需要空一个空格，“字段名”前后也至少需要空一个空格。Select 不分大小写，也可以写为 select。

【示例 4.1】用*代表所有字段查询表中的所有记录。

1）在 MySQL Workbench 工具中单击 study_db 数据库，将其作为当前数据库。

2）单击快捷工具栏上的第一个按钮，如图 4.2 所示，产生新的 SQL 脚本代码编写文件（这里默认是 SQL File 11）。

3）在新的文件中依次输入如下 SQL 查询语句：

```
select *  from sale_main_e;                          -- 用*代表表中的所有字段
```

单击闪电按钮，查询语句的执行结果如图 4.3 所示。

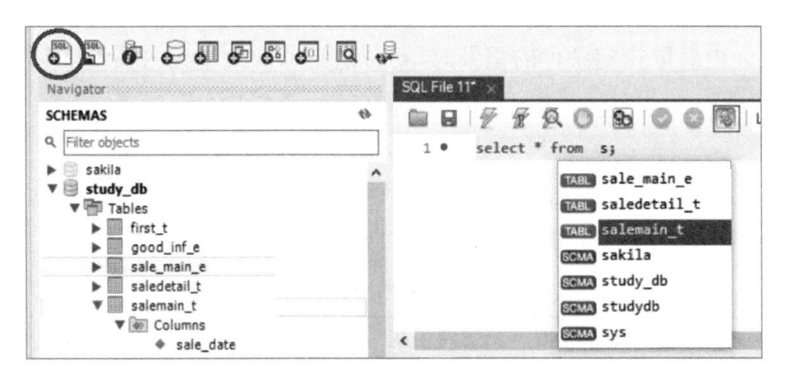

图 4.2　完全条件查询

注意：在图 4.2 中输入 s 时，MySQL Workbench 会提供智能补全选择功能，用户只需要在显示的列表中用键盘上的上、下方向键选择需要的表名，然后回车即可。

	sale_date	record_time	amount	shop	operator	explain
▶	2021-04-03	22:10:00	9280.00	三酷猫1号海鲜店	三酷猫	现金收入
*	NULL	NULL	NULL	NULL	NULL	NULL

图 4.3　完全条件查询结果

【示例 4.2】用字段名指定几个字段，查询表中的所有记录。

1）在 SQL 脚本代码文件里输入如下代码：

```
select sale_date,amount,shop  from salemain_t;   -- sale_date,amount,shop 为指定字段
```

2）单击闪电按钮，执行结果如图 4.4 所示，该记录仅显示与指定字段相关的内容。

其实，可以直接在表名上右击，选择右键快捷菜单中的 Select Rows -Limit 1000 命令（如图 4.5 所示），也会显示图 4.3 所示的查询结果。作为 SQL 的初学者，不建议频繁使用这个“懒惰”的用法，强烈建议一个字母一个字母地输入命令，以加深对 SQL 语句的熟悉程度。

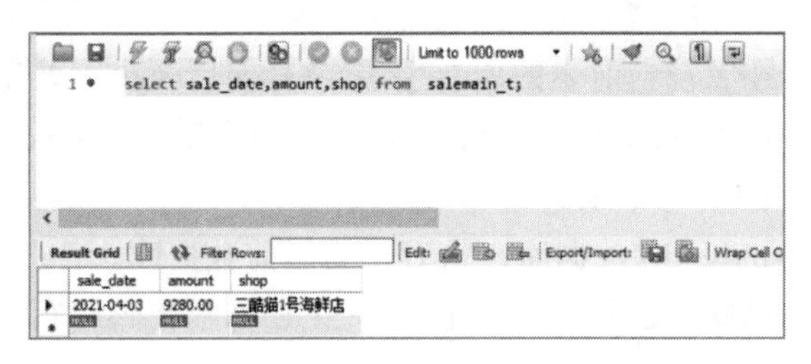

图 4.4　指定字段查询表中的所有记录

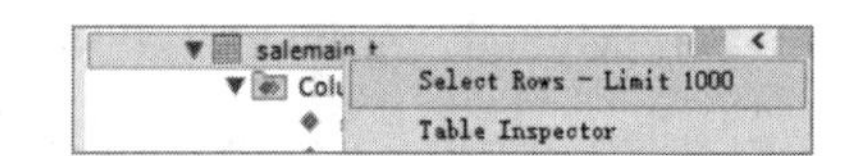

图 4.5　选择 Select Rows -Limit 1000 命令

4.2.2　过滤条件查询

当需要从表中获取指定条件的记录时，可以通过 where 子句来实现。其语法格式如下：

```
select 字段名1,字段名2,... from 表名 where 条件表达式
```

或：

```
select  *  from 表名 where 条件表达式
```

where 子句中常用的运算符如表 4.1 所示。

表 4.1　where子句中常用的运算符

序号	分　类	运　算　符	运算符说明	示　例
1	比较运算符	=	等于	where cashier_no='1-001'
2		<>或!=	不等于	where cashier_no<>'1-001'
3		>	大于	where price>200
4		<	小于	where price<200
5		>=	大于或等于	where price>=200
6		<=	小于或等于	where price<=200
7	逻辑运算符	and	与	where price<200 and cashier_no='1-001'
8		or	或	where name='黄鱼' or name='带鱼'
9		not	非	where not name='黄鱼'

续表

序号	分　　类	运　算　符	运算符说明	示　　例
10	其他常用运算符	between v1 and v2	判断值是否在v1和v2之间	where number between 20 and 100
11		like	字符模糊匹配，用匹配符%	where name like '%鱼'，查找“鱼”结束的值； where name like '活%'，查找“活”开始的值； where name like '%对%'，查找含“对”的值；
12		is	判断值是否为空	where name is null where　name is not null
13		In(v1,v2,...)	判断值是否在字段里	where cashier_no in('1-001','1-002') where cashier_no not in('1-001','1-002')

提示：

- 表 4.1 为常用的运算符组成的条件表达式，完整的运算符及优先级使用方法，见 6.1 节。
- 表 4.1 中的示例字段引用的是表 saledetail_t 中的内容，见图 3.12。

在 MySQL Workbench 工具的 saledetail_t 里进行如下操作：

【示例 4.3】查找包含鱼的记录。

```
select * from saledetail_t where name like '%鱼%';        -- 字段里只要包含“鱼”字，就符合条件
```

执行结果如图 4.6 所示。

【示例 4.4】查找工号为 1-001 的员工的海鲜销售记录。

```
select * from saledetail_t where cashier_no='1-001';
```

执行结果如图 4.7 所示。

no	name	number	unit	price	sale_time	cashier_no
1	黄鱼	20.60	斤	80.00	2021-04-03 08:25:15	1-001
2	带鱼	1.00	盒	200.00	2021-04-03 09:25:15	1-002

图 4.6　查找包含鱼的记录

no	name	number	unit	price	sale_time	cashier_no
1	黄鱼	20.60	斤	80.00	2021-04-03 08:25:15	1-001
4	活对虾	5.80	斤	40.00	2021-04-03 12:25:15	1-001
5	活青蟹	8.00	只	50.00	2021-04-03 10:25:15	1-001
6	海蜇头	100.00	斤	30.00	2021-04-03 19:25:15	1-001

图 4.7　查找工号为 1-001 的员工的海鲜销售记录

【示例 4.5】查找单价在 40～80 元的海鲜销售记录。

```
select * from saledetail_t where price between 40 and 80;
```

执行结果如图 4.8 所示。

注意：price between 40 and 80 等价于 price>=40 and price<=80。
示例 5 也可以改为：select * from saledetail_t where price>=40 and price<=80。

【示例 4.6】查找工号为 1-001 和 1-003 的员工的海鲜销售记录。

```
select * from saledetail_t where cashier_no in('1-001','1-003');
```

执行结果如图 4.9 所示。

no	name	number	unit	price	sale_time	cashier_no
1	黄鱼	20.60	斤	80.00	2021-04-03 08:25:15	1-001
4	活对虾	5.80	斤	40.00	2021-04-03 12:25:15	1-001
5	活青蟹	8.00	只	50.00	2021-04-03 10:25:15	1-001

图 4.8　查找单价在 40～80 元的海鲜销售记录

no	name	number	unit	price	sale_time	cashier_no
1	黄鱼	20.60	斤	80.00	2021-04-03 08:25:15	1-001
3	大礼包	2.00	大盒	1000.00	2021-04-03 17:25:15	1-003
4	活对虾	5.80	斤	40.00	2021-04-03 12:25:15	1-001
5	活青蟹	8.00	只	50.00	2021-04-03 10:25:15	1-001
6	海蜇头	100.00	斤	30.00	2021-04-03 19:25:15	1-001

图 4.9　查找工号为 1-001 和 1-003 的员工的海鲜销售记录

注意： cashier_no in('1-001','1-003')等价于 cashier_no='1-001' or cashier_no='1-003'。示例 6 也可以改为：select * from saledetail_t where cashier_no='1-001' or cashier no='1-003'。

【示例 4.7】查找 saledetail_t 表中的收银员工号，去掉重复的记录。

```
select distinct cashier_no from saledetail_t;
```

执行结果如图 4.10 所示，这里使用了 distinct 关键字，去掉了 cashier_no 列中所有的重复记录。

cashier_no
1-001
1-002
1-003

图 4.10　查找 saledetail_t 表中的收银员工号并去掉重复记录

注意： distinct 关键字用于从结果集中去掉重复的行，也可以用 distinctrow 关键字。语法格式如下：

```
select distinct 字段 from 表名;
```

4.2.3　排序查询

当 select 语句需要对查询记录进行排序时，可以通过 order by 子句来实现。语法格式如下：

```
order by 字段名 [asc | desc]
```

其中，asc 代表升序排序（默认排序，可以省略 asc），desc 代表降序排序。这里除了可以按照字段名对查询结果进行排序外，还可以是列的次序或表达式。

【示例 4.8】在销售明细表中查找所有的海鲜销售记录，要求查询记录结果按单价字段值进行升序排序。

```
select * from saledetail_t order by price;      -- 默认排序
```

或：

```
select * from saledetail_t order by 5;      -- price 在 saledetail_t 表中的字
                                             段次序是 5
```

执行结果如图 4.11 所示。

需要注意的是，order by 后面的字段可以是多个，用于解决当排序字段值相同时，进一步排序的情况。

【示例 4.9】在销售明细表中查找所有的海鲜销售记录，并对查询结果按工号升序排序，如果工号相同则按单价进行降序排序。

```
select * from saledetail_t order by cashier_no asc, price desc;
```

执行结果如图 4.12 所示。在 cashier_no 值都为“1-001”的情况下，对应的 price 值为降序排序。

no	name	number	unit	price	sale_time	cashier_no
6	海蜇头	100.00	斤	30.00	2021-04-03 19:25:15	1-001
4	活对虾	5.80	斤	40.00	2021-04-03 12:25:15	1-001
5	活青蟹	8.00	只	50.00	2021-04-03 10:25:15	1-001
1	黄鱼	20.60	斤	80.00	2021-04-03 08:25:15	1-001
7	活龙虾	20.00	只	90.00	2021-04-03 20:25:15	1-002
2	带鱼	1.00	盒	200.00	2021-04-03 09:25:15	1-002
3	大礼包	2.00	大盒	1000.00	2021-04-03 17:25:15	1-003

图 4.11　查询所有海鲜销售记录并按单价进行升序排序

no	name	number	unit	price	sale_time	cashier_no
1	黄鱼	20.60	斤	80.00	2021-04-03 08:25:15	1-001
5	活青蟹	8.00	只	50.00	2021-04-03 10:25:15	1-001
4	活对虾	5.80	斤	40.00	2021-04-03 12:25:15	1-001
6	海蜇头	100.00	斤	30.00	2021-04-03 19:25:15	1-001
2	带鱼	1.00	盒	200.00	2021-04-03 09:25:15	1-002
7	活龙虾	20.00	只	90.00	2021-04-03 20:25:15	1-002
3	大礼包	2.00	大盒	1000.00	2021-04-03 17:25:15	1-003

图 4.12　查询结果

order by 后也可以是表达式，根据表达式的值进行升序或降序排序。

【示例 4.10】在销售明细表中查找所有的海鲜销售记录，并对查询结果按总价升序排序。

```
select * from saledetail_t order by price*number;      -- 总价=单价*数量
```

执行结果如图 4.13 所示。

当查询结果集中包含的行数很多时，为了方便用户浏览和操作，可以使用 Limit 子句来限制结果集输出的行数。

【示例 4.11】在销售明细表中查找总价排在前 3 名的海鲜销售记录。

```
select * from saledetail_t order by price*number desc limit 3;
```

执行结果如图 4.14 所示。

no	name	number	unit	price	sale_time	cashier_no
2	带鱼	1.00	盒	200.00	2021-04-03 09:25:15	1-002
4	活对虾	5.80	斤	40.00	2021-04-03 12:25:15	1-001
5	活青蟹	8.00	只	50.00	2021-04-03 10:25:15	1-001
1	黄鱼	20.60	斤	80.00	2021-04-03 08:25:15	1-001
7	活龙虾	20.00	只	90.00	2021-04-03 20:25:15	1-002
3	大礼包	2.00	大盒	1000.00	2021-04-03 17:25:15	1-003
6	海蜇头	100.00	斤	30.00	2021-04-03 19:25:15	1-001

图 4.13　查询所有海鲜销售记录并按总价升序排序

no	name	number	unit	price	sale_time	cashier_no
6	海蜇头	100.00	斤	30.00	2021-04-03 19:25:15	1-001
3	大礼包	2.00	大盒	1000.00	2021-04-03 17:25:15	1-003
7	活龙虾	20.00	只	90.00	2021-04-03 20:25:15	1-002

图 4.14　查询总价排在前 3 名的海鲜销售记录

注意：limit 关键字用于限制结果集输出的行数。语法格式如下：

```
① limit n                    --前 n 行
② limit m,n                  --从第 m+1 行到 m+1+n 行
③ limit n offset m           --等价于 limit m,n
```

4.2.4　分组查询

所谓分组查询，是指根据某列数据的值进行分组统计，可以通过 group by 子句来实现。

其语法格式如下：

```
group by 字段名或表达式 [with rollup] [having 条件表达式]
```

其中，with rollup 用于汇总分组值，having 用于对分组后的结果进行进一步筛选。这里的 group by 后可以是字段名或表达式，还可以是查询列的次序。

分组查询用于对数据进行分组统计，其常常需要用到聚合函数。聚合函数用于对一组值进行汇总计算，返回一个单一的汇总值。常用的聚合函数如表 4.2 所示。

表 4.2　常用的聚合函数

函　　数	功　　能
count(*)	返回行数，对所有行进行统计，包括含有空值的行
count(字段名或表达式)	返回表达式中非空值的数目
max(字段名或表达式)	返回表达式中的最大值，用于数值列、字符列和日期列
min(字段名或表达式)	返回表达式中的最小值，用于数值列、字符列和日期列
sum(字段名或表达式)	返回表达式中所有值之和，用于数值列，忽略空值
avg(字段名或表达式)	返回表达式中所有值的平均值，用于数值列，忽略空值

提示：

- 表 4.2 仅提供了常用的聚合函数，更详细的聚合函数介绍见 7.1 节。
- 在表 4.2 中，除了 count(*)外，其他聚合函数都不计空值。
- 对于非数值型数据，sum()和 avg()的值为 0。

【示例 4.12】在销售明细表中统计所有海鲜销售的记录总数。

```
select count(*) from saledetail_t;
```

执行结果如图 4.15 所示，统计结果显示该表有 7 条记录。

注意： 在图 4.12 所示的查询结果中，列标题显示为表达式 count(*)，可以为查询结果的列标题设置别名。为列设置别名的语法为：表达式 as 别名。

【示例 4.13】在销售明细表中进行行数统计时，可以采用如下方式统计列标题的别名。

```
select count(*) as totalcount from saledetail_t;
```

执行结果如图 4.16 所示。

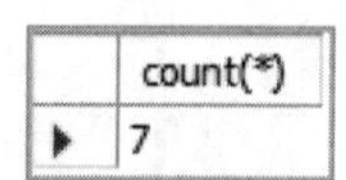

	count(*)
▶	7

图 4.15　统计所有海鲜销售的记录总数

	totalcount
▶	7

图 4.16　统计列标题的别名

【示例 4.14】在销售明细表中，统计所有海鲜销售记录中不同员工的销售数量。

```
select cashier_no, count(*) as totalcount from saledetail_t group by
cashier_no;
```

执行结果如图 4.17 所示。

【示例 4.15】 在销售明细表中，统计所有海鲜销售记录中不同员工的销售数量，并且只输出数量大于或等于 2 的分组。

```
select cashier_no, count(*) as totalcount from saledetail_t group by
cashier_no
having  count(*)>=2;
```

执行结果如图 4.18 所示。

	cashier_no	totalcount
▶	1-001	4
	1-002	2
	1-003	1

图 4.17　统计不同员工的销售数量

	cashier_no	totalcount
▶	1-001	4
	1-002	2

图 4.18　统计数量大于或等于 2 的分组

having 子句与前面的 where 子句都用于对表中的数据进行筛选，二者的区别是：

- where 子句用于分组之前从表中筛选满足条件的数据，而 having 子句用于对分组后的数据进行进一步筛选。
- 语法上 where 子句位于 group by 子句之前，having 子句位于 group by 子句之后。
- having 子句中的表达式可以使用聚合函数，但 where 子句不可以，并且 having 子句必须跟 group by 一起使用。

【示例 4.16】 在销售明细表中，统计所有海鲜销售记录中不同员工的销售数量，并用 with rollup 汇总分组值。

```
select cashier_no, count(*) as totalcount
from saledetail_t group by cashier_no
with rollup having  count(*)>=2;
```

执行结果如图 4.19 所示，其中，最下面的 7 为汇总分组值。

	cashier_no	totalcount
▶	1-001	4
	1-002	2
	1-003	1
	NULL	7

图 4.19　使用 with rollup 汇总分组值

4.2.5　连接表查询

所谓连接表查询，是指从两个或多个表中查询数据，查询结果中出现的行和列来自两个或多个表，以解决用户需要的数据不在一张表中的情况。其语法格式如下：

```
select 查询列表
from 表 1 连接类型 表 2
[on 连接条件]
```

其中，连接类型包括内连接（inner join）、外连接（outer join）和交叉连接（cross join）。

下面以表 cashier_inf_t[①]和 saledetail_t 为例，分别对这几种连接的用法做详细介绍。两表中的数据如图 4.20 和图 4.21 所示。

no	cashiername	pwd	sex	birth	phone	salary
1-001	三酷猫	shanshan	女	2000-05-17	15633445566	4400.00
1-002	大脸猫	kaiwang98	男	1998-12-12	15757571212	4500.00
1-003	凯蒂猫	yangou11	女	2001-11-24	15757570202	4200.00
1-004	叮当猫	3939339	女	2001-03-30	13933339999	5100.00

图 4.20　cashier_inf_t 表中的数据

no	name	number	unit	price	sale_time	cashier_no
1	黄鱼	20.60	斤	80.00	2021-04-03 08:25:15	1-001
2	带鱼	1.00	盒	200.00	2021-04-03 09:25:15	1-002
3	大礼包	2.00	大盒	1000.00	2021-04-03 17:25:15	1-003
4	活对虾	5.80	斤	40.00	2021-04-03 12:25:15	1-001
5	活青蟹	8.00	只	50.00	2021-04-03 10:25:15	1-001
6	海蜇头	100.00	斤	30.00	2021-04-03 19:25:15	1-001
7	活龙虾	20.00	只	90.00	2021-04-03 20:25:15	1-002

图 4.21　saledetail_t 表中的数据

1. 内连接

内连接只返回满足连接条件的数据行，是默认的连接类型，inner 关键字可以省略。在内连接中，使用 inner join 连接运算符，并且使用 on 指定连接条件。内连接的语法格式如下：

```
select 查询列表
from 表1 inner join 表2
on 表1.字段名1 比较运算符 表2.字段名2;
```

或：

```
select 查询列表
from 表1,表2
where 表1.字段名1 比较运算符 表2.字段名2;
```

其中，连接条件中的比较运算符可以是=、!=、>、>=、<、<=等，一般用=号时居多。

【示例 4.17】查看三酷猫的销售记录，输出收银员编号、姓名、商品名称、数量和销售时间。

```
select cashier_inf_t.no,cashiername,name,number,sale_time
from cashier_inf_t inner join saledetail_t
on cashier_inf_t.no=saledetail_t.cashier_no
where cashiername='三酷猫';
```

或：

```
select cashier_inf_t.no,cashiername,name,number,sale_time
from cashier_inf_t,saledetail_t
where cashier_inf_t.no=saledetail_t.cashier_no
and cashiername='三酷猫';
```

查询结果如图 4.22 所示，结果中显示的是姓名为“三酷猫”、编号为“1-001”的收银员，其销售的商品名称、单价、销售时间情况。这里的姓名来自 cashier_inf_t 表，其他内

① cashier_inf_t 为收银员信息表，本书出现新表时，一般不再单独介绍表结构生成和数据如何输入，读者可以参考附赠的数据库备份文件，也可以通过手工操作来实现。

容来自 saledetail_t 表，它们通过查询内连接关系实现了数据关联。

no	cashiername	name	number	sale_time
1-001	三酷猫	黄鱼	20.60	2021-04-03 08:25:15
1-001	三酷猫	活对虾	5.80	2021-04-03 12:25:15
1-001	三酷猫	活青蟹	8.00	2021-04-03 10:25:15
1-001	三酷猫	海蜇头	100.00	2021-04-03 19:25:15

图 4.22　多表内连接查询结果

注意：

- 在多表连接查询中，如果两个表中的字段有重名，在使用时要加上表名作为前缀，以区分字段来自哪个表，即：表名.字段名。
- 如果表的名称较长，可以为其设置别名，以简化脚本。为表设置别名语法为：表名 as 别名，as 可以省略。

【示例 4.18】采用表别名的方式实现多表内连接查询。

```
select c.no,cashiername,name,number,sale_time
from cashier_inf_t as c inner join saledetail_t as s
on c.no=s.cashier_no
where cashiername='三酷猫';
```

执行结果与图 4.22 一致。内连接方式是最常用的多表连接查询方式。

2. 外连接

外连接除了返回满足连接条件的数据行之外，还会返回左表或右表中不满足连接条件的行，另一个表中如果没有对应记录，则相应字段将会显示空值。使用外连接可以显示被连接的表中的所有数据，无论表中的数据在另一个表中是否包含匹配行。

外连接分为左外连接（left outer join）和右外连接（right outer join），其中，outer 关键字均可省略。

（1）左外连接

左外连接返回左表中的所有数据行，当右表中无相匹配的记录时，右表中相应的字段为 NULL。左外连接的语法格式如下：

```
select 查询列表
from 表1 left join 表2
on 表1.字段名1=表2.字段名2;
```

【示例 4.19】用左外连接的方式查看所有收银员的销售记录，输出收银员的编号、姓名，以及商品的名称、数量和销售时间。

```
select c.no,cashiername,name,number,sale_time
from cashier_inf_t as c left join saledetail_t as s
on c.no=s.cashier_no;
```

执行结果如图 4.23 所示，这里的 no 和 cashiername 来自左表 cashier_inf_t，其他列均来自右表 saledetail_t。右表中没有与编号“1-004”相匹配的记录，因此右表中的列均显示为 NULL。

（2）右外连接

右外连接返回右表中的所有数据行，当左表中无相匹配的记录时，左表中的相应字段为 NULL。右外连接的语法格式如下：

```
select 查询列表
from 表1 right join 表2
on 表1.字段名1=表2.字段名2;
```

【示例 4.20】用右外连接方式连接 saledetail_t 和 cashier_inf_t 表的记录。

```
select c.no,cashiername,name,number,sale_time
from saledetail_t as s right join cashier_inf_t as c
on c.no=s.cashier_no;
```

执行结果如图 4.24 所示。

no	cashiername	name	number	sale_time
1-001	三酷猫	海蜇头	100.00	2021-04-03 19:25:15
1-001	三酷猫	活青蟹	8.00	2021-04-03 10:25:15
1-001	三酷猫	活对虾	5.80	2021-04-03 12:25:15
1-001	三酷猫	黄鱼	20.60	2021-04-03 08:25:15
1-002	大脸猫	活龙虾	20.00	2021-04-03 20:25:15
1-002	大脸猫	带鱼	1.00	2021-04-03 09:25:15
1-003	凯蒂猫	大礼包	2.00	2021-04-03 17:25:15
1-004	叮当猫	NULL	NULL	NULL

图 4.23　左外连接查询结果

no	cashiername	name	number	sale_time
1-001	三酷猫	海蜇头	100.00	2021-04-03 19:25:15
1-001	三酷猫	活青蟹	8.00	2021-04-03 10:25:15
1-001	三酷猫	活对虾	5.80	2021-04-03 12:25:15
1-001	三酷猫	黄鱼	20.60	2021-04-03 08:25:15
1-002	大脸猫	活龙虾	20.00	2021-04-03 20:25:15
1-002	大脸猫	带鱼	1.00	2021-04-03 09:25:15
1-003	凯蒂猫	大礼包	2.00	2021-04-03 17:25:15
1-004	叮当猫	NULL	NULL	NULL

图 4.24　右外连接查询结果

注意：从图 4.23 和图 4.24 所示的运行结果中可以看出，“表 1 left join 表 2”等价于“表 2 right join 表 1”。

3. 交叉连接

交叉连接用于返回两个表的笛卡儿积。在交叉连接中，使用 cross join 连接运算符，而且不需要指定连接条件。交叉连接的语法格式如下：

```
select 查询列表
from 表1 cross join 表2
```

【示例 4.21】对 cashier_inf_t 和 saledetail_t 两个表进行交叉连接。

```
select
c.no,cashiername,name,number,sale_time
from cashier_inf_t as c cross join
saledetail_t as s;
```

执行结果如图 4.25 所示。

no	cashiername	name	number	sale_time
1-004	叮当猫	黄鱼	20.60	2021-04-03 08:25:15
1-003	凯蒂猫	黄鱼	20.60	2021-04-03 08:25:15
1-002	大脸猫	黄鱼	20.60	2021-04-03 08:25:15
1-001	三酷猫	黄鱼	20.60	2021-04-03 08:25:15
1-004	叮当猫	带鱼	1.00	2021-04-03 09:25:15
1-003	凯蒂猫	带鱼	1.00	2021-04-03 09:25:15
1-002	大脸猫	带鱼	1.00	2021-04-03 09:25:15
1-001	三酷猫	带鱼	1.00	2021-04-03 09:25:15
1-004	叮当猫	大礼包	2.00	2021-04-03 17:25:15
1-003	凯蒂猫	大礼包	2.00	2021-04-03 17:25:15
1-002	大脸猫	大礼包	2.00	2021-04-03 17:25:15
1-001	三酷猫	大礼包	2.00	2021-04-03 17:25:15
1-004	叮当猫	活对虾	5.80	2021-04-03 12:25:15
1-003	凯蒂猫	活对虾	5.80	2021-04-03 12:25:15
1-002	大脸猫	活对虾	5.80	2021-04-03 12:25:15
1-001	三酷猫	活对虾	5.80	2021-04-03 12:25:15
1-004	叮当猫	活青蟹	8.00	2021-04-03 10:25:15
1-003	凯蒂猫	活青蟹	8.00	2021-04-03 10:25:15
1-002	大脸猫	活青蟹	8.00	2021-04-03 10:25:15
1-001	三酷猫	活青蟹	8.00	2021-04-03 10:25:15
1-004	叮当猫	海蜇头	100.00	2021-04-03 19:25:15
1-003	凯蒂猫	海蜇头	100.00	2021-04-03 19:25:15
1-002	大脸猫	海蜇头	100.00	2021-04-03 19:25:15
1-001	三酷猫	海蜇头	100.00	2021-04-03 19:25:15
1-004	叮当猫	活龙虾	20.00	2021-04-03 20:25:15
1-003	凯蒂猫	活龙虾	20.00	2021-04-03 20:25:15
1-002	大脸猫	活龙虾	20.00	2021-04-03 20:25:15
1-001	三酷猫	活龙虾	20.00	2021-04-03 20:25:15

图 4.25　交叉连接查询结果

注意：两个表做交叉连接时，返回的结果集的行数为两个表行数的乘积。从图 4.25 中可以看到，共返回了 28 条记录（4×7）。交叉连接在实际中的应用较少，读者简单了解即可。

4.2.6　嵌套查询

所谓嵌套查询，是指一个查询语句嵌套在另一个查询语句中。外层查询称为父查询，内层查询称为子查询。子查询是一个 select 语句，它嵌套在 select、insert、update、delete 语句或其他子查询语句中，语法上需要用圆括号把子查询括起来。

嵌套查询可以把一个复杂的查询在逻辑上进行步骤分解，将复杂查询转化为单个的 Select 问题，当一个查询依赖于另一个查询的结果时，用嵌套查询很方便。

在子查询中通常会使用比较运算符、in、any、all 和 exists 等关键字。下面以图 4.26 和图 4.27 所示的表 cashier_inf_t 和 saledetail_t 为例，介绍常见的子查询的用法。

1. 带比较运算符的子查询

当子查询的返回结果为单个值时，通常使用比较运算符进行父查询与子查询之间的连接，语法格式如下：

```
select 查询列表
from 表名
where 字段名或表达式 比较运算符 (子查询);
```

其中，比较运算符可以是>、>=、<、<=、=、!=等，子查询要用圆括号括起来。

no	cashiername	pwd	sex	birth	phone	salary
1-001	三酷猫	shanshan	女	2000-05-17	15633445566	4400.00
1-002	大脸猫	kaiwang98	男	1998-12-12	15757571212	4500.00
1-003	凯蒂猫	yangou11	女	2001-11-24	15757570202	4200.00
1-004	叮当猫	3939339	女	2001-03-30	13933339999	5100.00
1-005	加菲猫	0505005	男	2001-12-30	15757571212	4000.00

图 4.26　cashier_inf_t 表中的数据

no	name	number	unit	price	sale_time	cashier_no
1	黄鱼	20.60	斤	80.00	2021-04-03 08:25:15	1-001
2	带鱼	1.00	盒	200.00	2021-04-03 09:25:15	1-002
3	大礼包	2.00	大盒	1000.00	2021-04-03 17:25:15	1-003
4	活对虾	5.80	斤	40.00	2021-04-03 12:25:15	1-001
5	活青蟹	8.00	只	50.00	2021-04-03 10:25:15	1-001
6	海蜇头	100.00	斤	30.00	2021-04-03 19:25:15	1-001
7	活龙虾	20.00	只	90.00	2021-04-03 20:25:15	1-002

图 4.27　saledetail_t 表中的数据

【示例 4.22】查询工资低于平均工资的收银员的编号、姓名和工资金额。

```
select no,cashiername,salary from cashier_inf_t
where salary<(select avg(salary) from cashier_inf_t);
```

执行结果如图 4.28 所示。该查询的执行过程是，先执行子查询语句，统计出所有收银员的平均工资，然后将该值用于外层查询的查询条件中，查找满足条件的记录。

【示例 4.23】查询年龄比三酷猫小的收银员的编号、姓名和出生日期。

```
select no,cashiername,birth from cashier_inf_t
where birth>(select birth from cashier_inf_t where cashiername='三酷猫');
```

执行结果如图 4.29 所示。这里只需要收银员的出生日期，因此无须其计算年龄，只进行出生日期的比较即可。需要注意的是，年龄越小，出生日期越大。

	no	cashiername	salary
▶	1-001	三酷猫	4400.00
	1-002	大脸猫	4500.00
	1-003	凯蒂猫	4200.00

图4.28　查询工资低于平均工资的收银员的编号、姓名和工资金额

	no	cashiername	birth
▶	1-003	凯蒂猫	2001-11-24
	1-004	叮当猫	2001-03-30

图4.29　查询年龄比三酷猫小的收银员的编号、姓名和出生日期

2．带in关键字的子查询

当子查询的返回结果为一个单列的集合时，通常使用 in 关键字来判断外层循环中的某列或表达式是否在子查询的结果集中，语法格式如下：

```
select 查询列表
from 表名
where 字段名或表达式 in (子查询);
```

这里的in前面可以加not，用于判断不在子查询的结果集中。

【示例4.24】查询在销售明细表saledetail_t中没有销售记录的收银员编号和姓名。

```
select no,cashiername from cashier_inf_t
where no not in(select cashier_no from saledetail_t);
```

执行结果如图4.30所示，这里的no和cashiername来自表cashier_inf_t，只有编号为“1-004”和“1-005”的记录没有出现在表saledetail_t中。

	no	cashiername
▶	1-004	叮当猫
	1-005	加菲猫

图4.30　查询没有销售记录的收银员编号和姓名

3．带any或all关键字的子查询

当子查询的返回结果为多个值时，可以使用any或all关键字对比较运算符进行限制，注意，当使用any或all时必须同时使用比较运算符，语法格式如下：

```
select 查询列表
from 表名
where 字段名或表达式 比较运算符 any或all (子查询);
```

这里的any表示任意一个值，即当表达式只要与子查询的结果集中的任意一个值满足比较关系时，则会返回true，否则返回false。all表示所有值，即只有当表达式与子查询的结果集中所有值都满足比较关系时才会返回true，否则返回false。

带any关键字的子查询示例如下：

【示例4.25】查询比任意一个女收银员工资高的男收银员的编号、姓名和工资。

```
select no,cashiername,salary from cashier_inf_t
where sex='男' -- 外层查询条件
and salary>any(select salary from cashier_inf_t where sex='女');
```

其执行结果如图4.31所示。

注意：在示例25中查询“比任意一个女收银员工资高”可以理解为“只要比所有女收

银员的最低工资高即可”。因此该示例也可以这样实现：

```
select no,cashiername,salary from cashier_inf_t where sex='男'
and salary>(select min(salary) from cashier_inf_t where sex='女');
```

带 all 关键字的子查询示例如下：

【示例 4.26】查询比所有女收银员工资都低的男收银员的编号、姓名和工资。

```
select no,cashiername,salary from cashier_inf_t
where sex='男' and salary<all(select salary from cashier_inf_t where sex='女');
```

执行结果如图 4.32 所示。

	no	cashiername	salary
▶	1-002	大脸猫	4500.00

图 4.31　带 any 关键字的子查询的查询结果

	no	cashiername	salary
▶	1-005	加菲猫	4000.00

图 4.32　带 all 关键字的子查询的查询结果

注意：在示例 26 中查询“比所有女收银员工资都低”可以理解为“只要比所有女收银员的最低工资低即可”。因此该示例也可以这样实现：

```
select no,cashiername,salary from cashier_inf_t where sex='男'
and salary<(select min(salary) from cashier_inf_t where sex='女');
```

4．带exists关键字的子查询

exists 关键字表示存在，带 exists 的子查询不返回任何数据，只返回一个逻辑值。当子查询返回 true 时，将执行外层查询；当返回值为 false 时，将不执行外层查询。带 exists 关键字的子查询语法格式如下：

```
select 查询列表
from 表名
where exists(子查询);
```

这里的 exists 前可以加 not 表示不存在。因为这里的子查询只返回一个逻辑值，因此子查询中不用给出字段名，通常用*表示。

【示例 4.27】查询在 saledetail_t 表中有销售记录的收银员编号和姓名。

```
select no,cashiername from cashier_inf_t
where exists(select * from saledetail_t where cashier_no=cashier_inf_t.no);
```

执行结果如图 4.33 所示。

	no	cashiername
▶	1-001	三酷猫
	1-002	大脸猫
	1-003	凯蒂猫

图 4.33　带 exists 关键字的子查询的查询结果

需要注意的是，嵌套查询在执行时，会将子查询的执行结果应用于外层查询的查询条件中，而根据内层查询是否需要外层查询中的数据作为查询条件来分，通常将子查询分为无关子查询和相关子查询。

在前面的几个子查询示例中，子查询都是可以单独执行的，它的执行与外层查询无关。这种查询通常称为无关子查询。无关子查询是较简单的一类子查询。而在示例 27 中，子查询是无法单独执行的，子查询的执行要依赖外层查询，这类子查询称为相关子查询。

🔔注意：同一个查询可以有多种实现方法，而不同的方法执行效率可能会有差别，更多查询优化知识可参考第 15 章。

4.2.7　派生表查询

所谓派生表查询，是指子查询可以出现在 from 子句中，此时子查询生成的临时表成为主查询的查询对象，该临时表称为派生表。派生表查询的语法格式如下：

```
select 查询列表
from (子查询) as 别名
where 条件表达式;
```

这里的子查询生成的派生表必须定义别名，as 可以省略。注意，别名位于子查询的圆括号外。

【示例 4.28】查询工资超过 4500 元的收银员编号和姓名。

```
select no,cashiername
from (select no,cashiername,salary from cashier_inf_t where salary>4500) as t;
```

执行结果如图 4.34 所示，这里的 no 和 cashiername 均来自派生表 t 中的列。注意，主查询中只能使用派生表 t 中的列，而 cashier_inf_t 表中除了 no、cashiername 和 salary 外的其他列均无法在主查询中使用。

【示例 4.29】统计每个收银员的销售额，并输出收银员姓名和销售总额。

```
select cashiername, totalsales
from (select cashier_no,sum(number*price) as totalsales from saledetail_t
    group by cashier_no) as t,cashier_inf_t
where t.cashier_no=cashier_inf_t.no;
```

执行结果如图 4.35 所示，这里的 cashiername 来自 cashier_inf_t 表，totalsales 来自派生表 t。

no	cashiername
1-004	叮当猫

图 4.34　查询工资超过 4500 元的收银员编号和姓名

cashiername	totalsales
三酷猫	5280.00
大脸猫	2000.00
凯蒂猫	2000.00

图 4.35　统计每个收银员的销售额

🔔注意：派生表默认取子查询中的列名，如果子查询的查询列表中有聚合函数或其他表达式，需要为这样的列指定别名，将其作为派生表的列名。

4.2.8　联合查询

所谓联合查询，是指使用 union 操作符将两个及以上的 select 语句的返回结果组合到一个结果集中，语法格式如下：

```
select …
union [all]
Select …
```

这里如果不使用 all 关键字，系统会自动去除重复行。select 语句可以从同一个表中查询数据，也可以从不同表中查询数据，但是要求合并的结果集的列数和顺序必须相同，而且相应列的数据类型必须兼容。

【示例 4.30】查询女收银员或工资超过 4300 元的收银员编号和姓名。

```
select no,cashiername from cashier_inf_t where sex='女'
union
select no, cashiername from cashier_inf_t where salary>4300;
```

执行结果如图 4.36 所示，这里的女收银员信息及工资超过 4300 元的收银员信息的重复行部分只输出了一次，系统自动去重了。如果将代码中的 union 换成 union all，则不会去掉重复行，结果如图 4.37 所示。

no	cashiername
1-001	三酷猫
1-003	凯蒂猫
1-004	叮当猫
1-002	大脸猫

图 4.36　union 查询结果

no	cashiername
1-001	三酷猫
1-003	凯蒂猫
1-004	叮当猫
1-001	三酷猫
1-002	大脸猫
1-004	叮当猫

图 4.37　union all 查询结果

4.2.9　案例——三酷猫统计销售员当天的销售额

三酷猫的海鲜零售店开张后，每天打烊前需要统计每个销售员的销售额，以方便移交现金。学了 select 语句后，就具备了自动统计的能力。

在 3.5 节的案例操作结果基础上，对销售明细表进行统计，统计要求如下：

- 分销售员统计；
- 只统计当天的销售额；
- 在统计结果中显示销售员编号和销售额；
- 统计出当天的销售总额。

在 MySQL 脚本代码文件里输入如下代码：

```
use study_db;              --选择当前的数据库
select cashier_no,sum(number*price) as '销售额（元）' from saledetail_t where year(sale_time)=2021 and month(sale_time)=4 and day(sale_time)=3 group by cashier_no with rollup;
```

执行上述代码，结果如图 4.38 所示。这里的日期函数 year()、month()和 day()的详细用法见 7.2 节。

cashier_no	销售额（元）
1-001	5280.00
1-002	2000.00
1-003	2000.00
NULL	9280.00

图 4.38　销售员当天的销售额统计

4.3　insert 语句

insert 语句用于向表中插入数据。使用 insert 语句可以插入单行数据也可以插入多行数据，还可以从已存在的表中的现有数据中插入数据行。

4.3.1　单行插入

所谓单行插入，是指一次向表中插入一行数据。单行插入时，可以为表的所有字段插入数据，也可以为部分字段插入数据。

1．为表的所有字段插入数据

通常情况下，插入数据会包含表的所有字段，语法格式如下：

```
insert into 表名(字段 1,字段 2,…) values(值 1,值 2,…)
```

这里字段列表的顺序可以和定义顺序相同，也可以不同。但要注意的是，值列表要和字段列表的个数、顺序和数据类型一一对应。

【示例 4.31】准备一个新表 cashier_test，其表结构与 cashier_info_t 表完全相同。向 cashier_test 表中插入一行数据。

```
create table cashier_test like cashier_inf_t; --复制 cashier_inf_t 表的表结构
insert into cashier_test(no,cashiername,pwd,sex,birth,phone,salary)
values('1-001','三酷猫','shanshan','女','2000-05-17','15633445566',4400.00);
```

执行以上代码，插入成功后，查看表中插入的数据。

```
select * from cashier_test where no='1-001';
```

执行结果如图 4.39 所示。

	no	cashiername	pwd	sex	birth	phone	salary
▶	1-001	三酷猫	shanshan	女	2000-05-17	15633445566	4400.00

图 4.39　全字段插入数据后的查询结果

注意：create table cashier_test like cashier_inf_t 语句用于复制表结构快速创建新表。语法格式如下：

```
Create table 新表 like 旧表;
```

创建表的详细内容见第 5 章。

给所有字段插入数据时，可以省略字段列表，语法格式如下：

```
insert into 表名 values(值 1,值 2,…)
```

但要注意的是，在省略字段列表的情况下，值列表的顺序必须和表中字段定义的顺序一致。示例 31 也可以这样实现：

```
insert into cashier_test
values('1-001','三酷猫','shanshan','女','2000-05-17','15633445566',4400.00);
```

2．为表的部分字段插入数据

如果没有必要给所有字段指定值，插入数据时也可以只包含部分字段，语法格式如下：

```
insert into 表名(字段 1,字段 2,…) values(值 1,值 2,…)
```

在给部分字段插入值时应该注意，可以省略的字段必须有默认值或者可以取空值，否则必须为字段指定值才可以成功插入。

【示例 4.32】 向 cashier_test 表中插入一行数据，只指定 no、cashiername 和 pwd 列。

```
insert into cashier_test(no,cashiername,pwd) values('1-002','大脸猫',
'kaiwang98');
```

执行以上代码，插入成功后，查看表中插入的数据。

```
select * from cashier_test where no='1-002';
```

执行结果如图 4.40 所示，这里在 no、cashiername 和 pwd 列中都插入了指定的数据，而其他列全部为 NULL。

	no	cashiername	pwd	sex	birth	phone	salary
▶	1-002	大脸猫	kaiwang98	NULL	NULL	NULL	NULL

图 4.40　给部分字段插入数据后的查询结果

4.3.2　多行插入

所谓多行插入，是指一次向表中插入多行数据，语法格式如下：

```
insert into 表名(字段 1,字段 2,…) values(值 1,值 2,…), (值 1,值 2,…), (值 1,值
2,…),…
```

这里多个值列表之间要用逗号隔开，并且值列表要和字段列表的个数、顺序和数据类型一一对应。

【示例 4.33】 向 cashier_test 表中插入 3 行数据。

```
insert into cashier_test(no,cashiername,pwd,sex,birth,phone,salary)
values('1-003','凯蒂猫','yangou11','女','2001-11-24','15757570202', 4200),
('1-004','叮当猫','3939339','女','2001-03-30','13933339999', 5100),
('1-005','加菲猫','0505005','男','2001-12-30','15757571212', 4000);
```

执行以上代码，插入成功后，查看表中插入的数据。

```
select * from cashier_test where no in('1-003','1-004','1-005');
```

执行结果如图 4.41 所示。

no	cashiername	pwd	sex	birth	phone	salary
1-003	凯蒂猫	yangou11	女	2001-11-24	15757570202	4200.00
1-004	叮当猫	3939339	女	2001-03-30	13933339999	5100.00
1-005	加菲猫	0505005	男	2001-12-30	15757571212	4000.00

图 4.41　多行插入数据后的查询结果

4.3.3　复制表记录

所谓复制表记录，是指将已经存在的表中的数据插入另外一张表中，可以通过 insert…select…语句实现，语法格式如下：

```
insert into 表1(字段1,字段2,…) select 字段1,字段2,… from 表2
```

在这里，insert 的字段列表和 select 的字段列表的个数、顺序和数据类型要完全一致，select 语句将表 2 的查询结果插入表 1 中。

【示例 4.34】首先准备一个新表 cashier_test1，其表结构与 cashier_info_t 表完全相同。将 cashier_info_t 表中女收银员的信息插入 cashier_test1 表中。

```
create table cashier_test1 like cashier_inf_t; --复制cashier_inf_t表的表结构
insert into cashier_test1 select * from cashier_inf_t where sex='女';
```

执行以上代码，插入成功后，查看表中插入的数据。

```
select * from cashier_test1;
```

执行结果如图 4.42 所示，cashier_inf_t 表中女收银员的信息全部插入了 cashier_test1 表中。

no	cashiername	pwd	sex	birth	phone	salary
1-001	三酷猫	shanshan	女	2000-05-17	15633445566	4400.00
1-003	凯蒂猫	yangou11	女	2001-11-24	15757570202	4200.00
1-004	叮当猫	3939339	女	2001-03-30	13933339999	5100.00

图 4.42　复制表记录后查询结果

4.3.4　冲突变为更新

向表中插入数据时，如果不能确定表中的主键值是否存在，可能会出现主键冲突的情况。例如，cashier_inf_t 表主键是 no，已知编号"1-001"已存在，再插入编号为"1-001"的数据时，系统会提示主键冲突。代码及执行结果如图 4.43 所示。

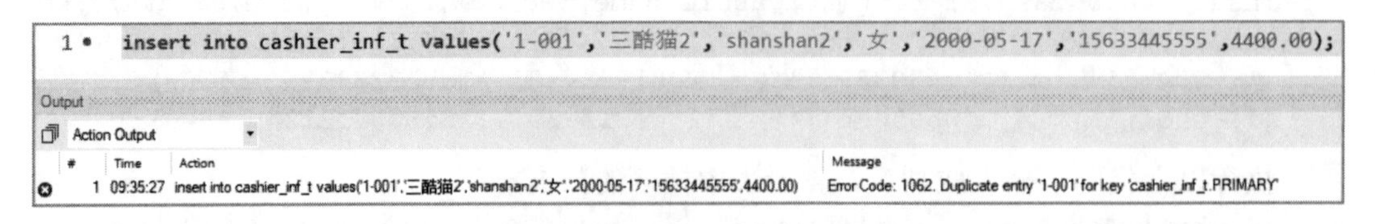

图 4.43　插入数据时主键冲突错误

为解决主键冲突问题，MySQL 提供了两种实现方式：主键冲突更新和主键冲突替换。

1．主键冲突更新

所谓主键冲突更新是指，如果插入数据时发生主键冲突，则插入操作用更新的方式实现，语法格式如下：

```
insert into 表名(字段 1,字段 2,…) values(值 1,值 2,…)
on duplicate key update 字段 1=值 1,字段 2=值 2,…
```

在 insert 后添加 on duplicate key update 用于当发生主键冲突时，通过“字段 1=值 1,字段 2=值 2,...”中设置的值更新这一条记录。

【示例 4.35】首先查看 cashier_info_t 表中编号为“1-001”的记录，如图 4.44 所示，然后通过主键冲突更新插入编号“1-001”的数据，插入成功后查看执行结果。

```
select * from cashier_inf_t where no='1-001';  -- 插入前
insert into cashier_inf_t(no,cashiername,pwd) values('1-001','三酷猫 2',
'shanshan2')
on duplicate key update cashiername='三酷猫 2',pwd='shanshan2';
select * from cashier_inf_t where no='1-001';  -- 插入后
```

执行结果如图 4.45 所示，插入数据后，在编号为“1-001”的记录中 cashiername 和 pwd 的值都更新为了新值，而其他列值没有发生变化。

	no	cashiername	pwd	sex	birth	phone	salary
▶	1-001	三酷猫	shanshan	女	2000-05-17	15633445566	4400.00

图 4.44　主键冲突更新前的数据

	no	cashiername	pwd	sex	birth	phone	salary
▶	1-001	三酷猫2	shanshan2	女	2000-05-17	15633445566	4400.00

图 4.45　主键冲突更新后的数据

2．主键冲突替换

所谓主键冲突替换是指，如果插入数据时发生主键冲突，则删除原记录行并插入新行，语法格式如下：

```
replace into 表名(字段 1,字段 2,…) values(值 1,值 2,…)
```

replace 语法与 insert 类似，区别在于 replace 每执行一次，都会发生先删除后插入两个操作。

【示例 4.36】通过主键冲突替换插入编号为“1-001”的数据，插入成功后查看执行结果。

```
replace into cashier_inf_t(no,cashiername,pwd) values('1-001','三酷猫 3',
'shanshan3');
select * from cashier_inf_t where no='1-001';  -- 插入后
```

执行结果如图 4.46 所示，插入数据后，在编号为“1-001”的记录中 cashiername 和 pwd 的值都更新为了新值，同时其他列值都被更新为了 NULL。

	no	cashiername	pwd	sex	birth	phone	salary
▶	1-001	三酷猫3	shanshan3	NULL	NULL	NULL	NULL

图 4.46　主键冲突替换的执行结果

4.4　update 语句

update 语句用于更新表中已存在的数据。使用 update 语句可以实现单表更新操作，还可以实现查表更新操作。

4.4.1　单表更新

所谓单表更新，是指使用 update 语句更新单个表，语法格式如下：

```
update 表名
set 字段=值 1,字段 2=值 2,…
where 条件表达式
```

其中，set 后跟“字段=值”的形式，用于更新某个字段的值。如果需要更新多个字段的值，则用“字段=值 1,字段 2=值 2,…”的形式，之间用逗号隔开。

【示例 4.37】将编号为“1-002”的收银员的工资上涨 5%，修改成功后查看执行结果。

```
select * from cashier_inf_t where no='1-002';    -- 更新前
update cashier_inf_t set salary=salary*1.05 where no='1-002';
select * from cashier_inf_t where no='1-002';    -- 更新后
```

数据更新前如图 4.47 所示，更新后如图 4.48 所示，在编号为“1-001”的记录中 salary 字段的值上涨了 5%。

	no	cashiername	pwd	sex	birth	phone	salary
▶	1-002	大脸猫	kaiwang98	男	1998-12-12	15757571212	4500.00

图 4.47　更新前的数据

	no	cashiername	pwd	sex	birth	phone	salary
▶	1-002	大脸猫	kaiwang98	男	1998-12-12	15757571212	4725.00

图 4.48　更新后的数据

注意：使用 update 语句更新数据时，应该认真考虑 where 条件。如果在 update 语句中没有添加 where 子句，那么表中的所有行对应的字段都会被修改。因此，在修改数据时要谨慎操作。建议在使用 update 语句更新数据前，先使用 select 语句进行条件验证。

4.4.2　查表更新

所谓查表更新，是指基于多表查询更新数据，语法格式如下：

```
update 表 1 inner join 表 2 on 表 1.字段 1=表 2.字段 2
set 字段=值,…
```

或：

```
update 表 1,表 2
set 字段=值,…
where 表 1.字段 1=表 2.字段 2
```

其中，set 后跟“字段=值”的形式，用于更新某个字段的值。如果需要更新多个字段的值，则用“字段=值 1,字段 2=值 2,…”的形式，之间用逗号隔开。“表 1.字段 1=表 2.字段 2”是表 1 和表 2 的连接条件。

下面以表 goods_info 和 goods_info2 为例，介绍查表更新。两表中的数据如图 4.49 和图 4.50 所示。

	no	name	price
▶	1	黄鱼	80.00
	2	带鱼	200.00
	3	大礼包	1000.00
	4	活对虾	40.00
	5	活青蟹	50.00
	6	海蜇头	30.00
	7	活龙虾	90.00

图 4.49　goods_info 表数据

	no	name	price
▶	1	黄鱼	NULL
	2	带鱼	NULL
	3	大礼包	NULL
	4	活对虾	NULL
	5	活青蟹	NULL
	6	海蜇头	NULL
	7	活龙虾	NULL

图 4.50　goods_info2 表数据

【示例 4.38】根据 goods_info 表中相应的列值，更新 goods_info2 表中的 price 列。

```
update goods_info inner join goods_info2 on goods_info.no=goods_info2.no
set goods_info2.price=goods_info.price;
select * from goods_info2;                          -- 更新后
```

或：

```
update goods_info,goods_info2 set goods_
info2.price=goods_info.price
where goods_info.no=goods_info2.no;
select * from goods_info2;          -- 更新后
```

数据更新后查看 goods_info2 表中的数据，执行结果如图 4.51 所示，在 goods_info2 表中，price 列都更新为了 goods_info 表中的相应值。

	no	name	price
▶	1	黄鱼	80.00
	2	带鱼	200.00
	3	大礼包	1000.00
	4	活对虾	40.00
	5	活青蟹	50.00
	6	海蜇头	30.00
	7	活龙虾	90.00

图 4.51　更新后的 goods_info2 表数据

4.5　delete 语句

delete 语句用于删除表中的数据，语法格式如下：

```
delete from 表名 where 条件表达式
```

其中，where 子句可以省略，如果省略，则会删除表中的全部数据。因此，与更新数据一样，删除数据时也要谨慎操作，避免误删除。

【示例 4.39】 删除在 goods_info2 表中单价大于 100 的商品信息。

```
delete from goods_info2 where price>100;
```

执行以上代码，删除成功后查看表中的数据。

```
select * from goods_info2;
```

执行结果如图 4.52 所示，在 goods_info2 表中，单价大于 100 的商品已全部删除。

	no	name	price
▶	1	黄鱼	80.00
	4	活对虾	40.00
	5	活青蟹	50.00
	6	海蜇头	30.00
	7	活龙虾	90.00

图 4.52　删除后的 goods_info2 表数据

truncate table 命令也可以删除数据，功能是清空表中的全部数据，语法格式如下：

```
truncate table 表名
```

在 truncate table 命令中不能带 where 子句，table 关键字可以省略。

【示例 4.40】 用 truncate table 命令删除 goods_info2 表中的全部数据。

```
truncate table goods_info2;
```

执行以上代码，goods_info2 表中的数据全部被删除。

注意：

- truncate table 命令与不带 where 子句的 delete 语句的功能相同。
- truncate table 比 delete 速度快且不记录日志，占用的系统资源少。

4.6　案例——三酷猫账单的 CRUD

三酷猫开的海鲜店的店长有权限对商品销售明细表的信息表进行新增、修改、删除、查询操作，以适应销售产品的变化。例如，店长需要实现如下操作要求：

- 为某顾客提供一个赠送品，需要在明细表里进行记录。
- 修改赠送品数量。
- 查看赠送品。
- 删除赠送品记录。

下面接 3.5 节的案例执行结果，实现上述需求的 SQL 语句。

1）在销售明细表（saledetail_t）里插入一条赠送记录。

```
INSERT INTO study_db.saledetail_t(name,number,unit,price,sale_time,
cashier_no)
VALUES('三酷猫布兜',1,'只',0,now(),'1-003');
```

在脚本代码文件里执行上述 SQL 语句，就可以把赠送记录插入销售明细表中，如图 4.53 所示。

	no	name	number	unit	price	sale_time	cashier_no
	1	黄鱼	20.60	斤	80.00	2021-04-03 08:25:15	1-001
	2	带鱼	1.00	盒	200.00	2021-04-03 09:25:15	1-002
	3	大礼包	2.00	大盒	1000.00	2021-04-03 17:25:15	1-003
	4	活对虾	5.80	斤	40.00	2021-04-03 12:25:15	1-001
	5	活青蟹	8.00	只	50.00	2021-04-03 10:25:15	1-001
	6	海蜇头	100.00	斤	30.00	2021-04-03 19:25:15	1-001
	7	活龙虾	20.00	只	90.00	2021-04-03 20:25:15	1-002
▶	8	三酷猫布兜	1.00	只	0.00	2021-04-03 18:44:33	1-003

图 4.53　将赠送的记录插入销售明细表中

2）修改赠送品数量。

店长发现有位顾客购买了很多海产品，一个赠送布兜不够用，于是决定再赠送一个。SQL 语句如下：

```
update study_db.saledetail_t set number=2 where no=8;
```

3）查看赠送记录。

```
select * from study_db.saledetail_t where price=0;
```

这里借助赠送品的单价为 0，其他海产品的单价不为 0 的特点，查找赠送品。这种处理方式只是权宜之计，在正式的商业环境下，商品销售明细表应该增加一个字段，用于区分销售产品、赠送产品和自用产品等。

4）删除赠送品记录。

不过该顾客非常讲究环保，客气地拒绝了店长的赠送请求。于是店长需要删除该赠送记录。SQL 语句如下：

```
delete from study_db.saledetail_t where no=8;
```

说明： 在实际商业环境下，无论是程序员还是数据库管理员，经常需要通过 SQL 语句实现记录的增、改、查、删操作。

4.7　练习和实验

一、练习

1．填空题

1）SQL对数据库的操作功能主要包括数据（　　）、数据（　　）和数据（　　）。

2）在SQL语句中查询语句用（　　）关键字开头，删除语句用（　　）关键字开头。

3）分组查询用于对数据进行分组统计，常常需要用到（　　）函数。

4）insert语句、（　　）语句和delete语句都实现了对存储在磁盘上的表数据的更改。

5）可以用（　　）语句实现对表结构一致的两个表之间的数据的完整复制。

2．判断题

1）SQL既是面向数据库的高级编程语言，又是关系型数据库操作标准。（　　）

2）排序只能对一个字段值进行排序。（　　）

3）查询条件关键字和分组查询关键字之间没有先后关系。（　　）

4）当派生表可以被不同查询语句反复使用时，具有提高查询效率的作用。（　　）

5）根据where关键字指定的条件，相应的SQL语句可以同时做多记录和多字段修改。（　　）

二、实验

实验1：对4.6节案例里的明细表进行修改，以满足下列要求。

1）三酷猫想分别了解赠送商品、自用商品和售后退回商品的记录情况。

2）用SQL语句插入3条销售记录、1条赠送记录、1条售后退回记录和2条自用记录。

3）用SQL语句一次性统计当天不同用途产品的情况。

实验2：新建班级基本信息表并进行统计。

1）班级基本信息表包括班级名称、班主任姓名、学号、学生姓名和性别。

2）用SQL语句插入10条学生记录。

3）用SQL语句修改班主任的姓名。

4）用SQL语句删除1条记录。

5）用SQL语句统计学生总人数、男生总人数、女生总人数，要求在一张表中体现，并且表列名都为中文。

第 5 章　SQL 语句提高

如果把第 4 章所讲的内容定位于一般数据库使用人员的常用 SQL 语句操作，那么本章所讲的就是高级数据库系统管理员和软件开发工程师需要关注的内容。

通过 SQL 脚本代码动态实现对数据库建库、建表等操作，在实际软件项目中经常会碰到，这也是快速创建数据库的必要技能。本章的主要内容如下：

- 用 SQL 语句操作数据库；
- 用 SQL 语句操作表；
- 正则表达式；
- 横向派生表；
- CTE 简介；
- 带 JSON 字段的表操作；
- 授权控制。

5.1　用 SQL 语句操作数据库

本节所讲的数据库操作主要是通过 SQL 脚本代码，动态实现对数据库的创建和删除操作。

5.1.1　用 SQL 语句创建数据库

创建数据库就是在系统磁盘上划分一块区域用来存储和管理数据。在 MySQL 中，可以通过 create database 命令创建数据库，语法格式如下：

```
create database [if not exists] 数据库名
[character set 字符集] [collate 校验规则];
```

- create database 语句也可以用 create schema 语句替代，数据库名在同一台服务器的实例上唯一。
- if not exists 选项为可选项，用于在创建数据库之前先判断其是否存在，如果不存在则创建，如果已存在也不会报错。
- character set 和 collate 选项都是可选项，分别用于指定字符集和校验规则，如果省略则取默认值。在 MySQL 8.0 中，字符集默认为 utf8mb4，校验规则默认为 utf8mb4_0900_ai_ci。

create database 语句的示例如下：

【示例 5.1】创建名为 study_db 的数据库。

在 Workbench 工具的脚本文件里执行如下 SQL 语句：

```
create database study_db;
```

执行以上代码，创建成功后，可以通过 show databases 命令查看所有的数据库，也可以通过 show create database 命令查看数据库的定义。show create database 命令的语法格式如下：

```
show create database 数据库名;
```

查看数据库定义的示例如下：

【示例 5.2】查看 study_db 数据库的定义。

在 Workbench 工具的脚本文件里执行如下 SQL 语句：

```
show create database study_db;
```

执行结果如图 5.1 所示。

	Database	Create Database
▶	study_db	CREATE DATABASE `study_db` /*!40100 DEFAULT CHARACTER SET utf8mb4 COLLATE utf8mb4_0900_ai_ci */ /*!80016 DEFAULT ENCRYPTION='N' */

图 5.1　查看 study_db 数据库的定义

📖提示：把上述 SQL 语句保存到指定名称的 SQL 脚本文件里，这个文件就可以在不同的 MySQL 数据库服务器里执行了。这就是 SQL 脚本代码使用的优势。软件系统部署人员无须现场编写 SQL 语句，执行一行简单的脚本代码，就可以实现数据库的相应操作，非常方便。

5.1.2　用 SQL 语句删除数据库

删除数据库是指将已存在的数据库从数据库系统中删除，原来分配的空间将被收回。采用 SQL 语句动态删除数据库的语法格式如下：

```
drop database [if exists] 数据库名;
```

if exists 为可选项，用于在删除数据库之前先判断其是否存在，如果存在则删除，如果不存在也不会报错。如果没有此选项的话，当删除不存在的数据库时会报错。

【示例 5.3】删除 study_db 数据库。

```
drop database study_db;
```

执行以上代码，数据库 study_db 被删除。

注意：删除数据库时，会同时删除该数据库中的所有表和表中的数据，而且在执行 drop database 命令时，MySQL 没有任何提示确认信息，因此使用 drop database 命令时一定要谨慎！建议删除前做好备份。

5.2 用 SQL 语句操作表

完成数据库的创建后，接下来就可以在数据库中进行表相关的操作了。表操作主要包括表的创建、修改和删除。

5.2.1 用 SQL 语句创建表

创建表是指在已经建好的数据库中创建新表。在创建数据表之前，首先应使用“Use 数据库名”命令指定在哪个数据库中进行操作。创建表的 SQL 语句格式如下：

```
create table 表名(
列名 1 数据类型 [列级完整性约束] [comment '列注释'],
列名 2 数据类型 [列级完整性约束] [comment '列注释'],
…
[表级完整性约束]);
```

- 创建表时需要定义每一列的列名和数据类型，如果包含多列，则列的定义之间用逗号隔开。
- Comment 短语用于对列加注释内容，可以省略。
- 列级完整性约束是指创建表的同时通常还可以定义与该表有关的完整性约束条件。当用户对表中的数据进行增、删、改操作时，MySQL 会自动检查该操作是否违背这些完整性约束规则。如果完整性约束条件涉及该表的多个属性列，则必须定义成表级完整性约束，否则既可以定义成表级完整性约束，也可以定义成列级完整性约束。在定义表时，表的完整性约束条件可以省略，其相关详细内容见 5.2.5 小节。

【示例 5.4】创建收银员信息表 cashier_inf。

```
create table cashier_inf                                #建立新表 cashier_inf
#定义编号字段，字符串型、主键和字段值不能为空
(no char(5) not null primary key comment '编号',
cashiername varchar(20) not null comment '姓名',      #定义姓名字段
sex varchar(2) comment '性别',                          #定义性别字段
birth date comment '出生日期',                          #定义出生日期字段
phone char(11) comment '联系电话',                      #定义联系电话字段
salary decimal(7,2) comment '工资'                      #定义工资字段
);
```

执行以上代码，通过 desc cashier_inf 命令查看表结构。

```
desc cashier_inf;
```

执行结果如图 5.2 所示，可以清楚地看到表中各列的列名、数据类型、是否可取空值等相关信息。

Field	Type	Null	Key	Default	Extra
no	char(5)	NO	PRI	NULL	
cashiername	varchar(20)	NO		NULL	
sex	varchar(2)	YES		NULL	
birth	date	YES		NULL	
phone	char(11)	YES		NULL	
salary	decimal(7,2)	YES		NULL	

图 5.2　查看 cashier_inf 表结构

5.2.2　用 SQL 语句修改表结构

修改表结构是指对已经存在的数据表进行表结构的修改。alter table 语句用于修改表结构，语法格式如下：

```
alter table 表名
{add 列名 数据类型 [列级完整性约束]
| modify column 列名 新类型
| change column 旧列名 新列名 新类型
| drop column 列名};
```

对表结构的修改主要包括添加列、修改列的数据类型、修改列名和删除列等操作。下面对 alter table 语句的用法进行详细介绍。

1. 添加列

添加列是在原表上新增加一个字段，语法格式如下：

```
alter table 表名 add 列名 数据类型 [列级完整性约束][first | after 已有列的列名];
```

其中，列级完整性约束可以省略。新添加的列默认添加到所有列的最后位置。当需要调整列的位置时，first 表示将新添加的列设置为表的第一列，after 表示将新列添加到指定列的后面。添加列时，无论原表中是否已有数据，新增加的列一律为空值。

【示例 5.5】为 cashier_inf 表添加 address 列。

```
alter table cashier_inf add address varchar(30);
```

执行以上代码，通过 desc cashier_inf 命令查看表结构。

```
desc cashier_inf;
```

执行结果如图 5.3 所示，可以看到，address 列已被添加到了 cashier_inf 表的最后。

Field	Type	Null	Key	Default	Extra
no	char(5)	NO	PRI	NULL	
cashiername	varchar(20)	NO		NULL	
sex	varchar(2)	YES		NULL	
birth	date	YES		NULL	
phone	char(11)	YES		NULL	
salary	decimal(7,2)	YES		NULL	
address	varchar(30)	YES		NULL	

图 5.3　查看为 cashier_inf 表添加 address 列的结果

2. 修改列的数据类型

可以将数据表中原有列的数据类型修改为新的类型，语法格式如下：

```
alter table 表名 modify column 列名 新类型;
```

修改后的列的数据类型会变为新类型。

【示例 5.6】将 cashier_inf 表的 address 的类型更改为 varchar(50)。

```
alter table cashier_inf modify address varchar(50);    #column 关键字可省略
```

执行以上代码，通过 desc cashier_inf 命令查看表结构。

```
desc cashier_inf;
```

执行结果如图 5.4 所示，可以看到 address 列的数据类型变成了 varchar(50)。

Field	Type	Null	Key	Default	Extra
no	char(5)	NO	PRI	NULL	
cashiername	varchar(20)	NO		NULL	
sex	varchar(2)	YES		NULL	
birth	date	YES		NULL	
phone	char(11)	YES		NULL	
salary	decimal(7,2)	YES		NULL	
address	varchar(50)	YES		NULL	

图 5.4　查看修改 address 列数据类型的结果

3．修改列名

可以将数据表中原有列的列名修改为新的名称，语法格式如下：

```
alter table 表名 change column 旧列名 新列名 新类型;
```

修改后的列名将更新为新的列名，如果不需要修改列的数据类型，将新类型设置为与原来一样即可。

【示例 5.7】将 cashier_inf 表中的 address 列名修改为 addr。

```
alter table cashier_inf change address addr varchar(50);
```

执行以上代码，通过 desc cashier_inf 命令查看表结构。

```
desc cashier_inf;
```

执行结果如图 5.5 所示，可以看到，address 列的列名更新为了 addr。

4．删除列

数据表中不再需要的列可以将其删除，语法格式如下：

```
alter table 表名 drop column 列名;
```

表中的列一旦删除将不可恢复，如果列中有记录，则会丢失删除的列中的数据，因此删除列时需要慎重考虑。

【示例 5.8】将 cashier_inf 表中的 addr 列删除。

```
alter table cashier_inf drop column addr;
```

执行以上代码，通过 desc cashier_inf 命令查看表结构。

```
desc cashier_inf;
```

执行结果如图 5.6 所示，addr 列被成功删除。

Field	Type	Null	Key	Default	Extra
no	char(5)	NO	PRI	NULL	
cashiername	varchar(20)	NO		NULL	
sex	varchar(2)	YES		NULL	
birth	date	YES		NULL	
phone	char(11)	YES		NULL	
salary	decimal(7,2)	YES		NULL	
addr	varchar(50)	YES		NULL	

图 5.5　查看修改 address 列名的结果

Field	Type	Null	Key	Default	Extra
no	char(5)	NO	PRI	NULL	
cashiername	varchar(20)	NO		NULL	
sex	varchar(2)	YES		NULL	
birth	date	YES		NULL	
phone	char(11)	YES		NULL	
salary	decimal(7,2)	YES		NULL	

图 5.6　查看删除 addr 列的结果

5.2.3　用 SQL 语句重命名表

重命名表指修改表的名称，其 SQL 语法格式如下：

```
alter table 旧表名 rename [to] 新表名;
```

其中，关键字 to 为可选项。重命名表不影响表的结构及表中的数据，只是给表换了一个名称而已。重命名表后，可以通过 show tables 命令查看数据库中表的变化，也可以在重命名前后分别通过 desc 命令查看旧表和新表的结构。

【示例 5.9】 将 cashier_inf 表重命名为 cashier_inf1。

```
alter table cashier_inf rename to cashier_inf1;
```

执行以上代码，cashier_inf 表被重命名为 cashier_inf1。

5.2.4　用 SQL 语句删除表

当某个表不再需要时，可以使用 drop table 命令将它删除，SQL 语法格式如下：

```
drop table [if exists] 表名;
```

这里 if exists 选项为可选项，用于在删除表之前先判断其是否存在，如果存在则删除，如果无此选项，那么在删除不存在的表时会报错。使用 drop table 命令一次可以删除多个表，表名之间以逗号隔开。

【示例 5.10】 删除 cashier_inf1 表。

```
drop table cashier_inf1;
```

执行以上代码，cashier_inf1 表被成功删除。

注意： 使用 drop table 命令删除数据表时请谨慎操作，一旦删除，则会将表结构和表中的数据全部删除。

5.2.5　完整性约束

数据完整性是指存储在数据库表中的数据的一致性和准确性。当用户对表中的数据进行增、删、改操作时，MySQL 会自动检查该操作是否违背完整性规则。完整性约束条件可以通过 create table 或 alter table 命令实现。当用 create table 时，如果完整性约束条件涉及该表的多个属性列，则必须定义成表级完整性约束，否则即可以定义成表级完整性约束，也可以定义成列级完整性约束。

MySQL 支持的常用约束条件有 7 种：主键约束（Primary Key）、唯一约束（Unique）、外键约束（Foreign Key）、默认值约束（Default）、检查约束（Check）、非空约束（Not Null）和自增约束（Auto_increment）。

1. 主键约束

主键用于唯一标识表中的记录，在一张表中只允许定义一个主键，且主键字段值不允许为 null（空）。主键约束通过 primary key 定义，可以在创建表时定义主键，也可以为已存在的表添加主键约束。

（1）创建表时定义主键约束

在创建表时定义主键，可以定义成列级，也可以定义成表级。定义列级主键约束的语法格式如下：

```
create table 表名(
列名 数据类型 primary key,
…);
```

定义表级主键约束的语法格式如下：

```
create table 表名(
列名 数据类型,
…
primary key(列名 1,列名 2,…));
```

如果主键约束定义在单列上，则其可以定义成列级，也可以定义成表级。如果主键约束定义在多列上（复合主键），则其必须定义成表级。

所谓的复合主键，指由多个列值组合成唯一性记录。例如，超市里的收银前台的终端号（代表一台收银机）和收银流水号（当前收银机所结账单的顺序号）可以组合成一个唯一的记录。

【示例 5.11】创建收银员信息表 cashier_inf 并定义主键约束。

```
create table cashier_inf
(no char(5) not null primary key,                    #列级主键约束
cashiername varchar(20) not null,
sex varchar(2),
birth date,
phone char(11),
salary decimal(7,2)
);
```

或：

```
create table cashier_inf
(no char(5) not null,
cashiername varchar(20) not null,
sex varchar(2),
birth date,
phone char(11),
salary decimal(7,2),
primary key(no)                                      #表级主键约束
);
```

执行以上代码，通过 desc cashier_inf 命令查看表结构。

```
desc cashier_inf;
```

执行结果如图 5.7 所示，可以看到，no 字段的 Key 值为 PRI，说明在 no 字段上定义了主键约束。

Field	Type	Null	Key	Default	Extra
no	char(5)	NO	PRI	NULL	
cashiername	varchar(20)	NO		NULL	
sex	varchar(2)	YES		NULL	
birth	date	YES		NULL	
phone	char(11)	YES		NULL	
salary	decimal(7,2)	YES		NULL	

图 5.7　cashier_inf 表的主键约束

（2）修改表时添加主键约束

可以为已存在的表添加主键约束，语法格式如下：

```
alter table 表名 add [constraint 约束名] primary key(列名);
```

其中，可以通过"constraint 约束名"选项为主键约束命名，该选项如果省略，则系统会自动为主键约束命名。

【示例 5.12】创建收银员信息表 cashier_inf1，然后修改表时添加主键约束。

```
create table cashier_inf1
(no char(5) not null,
cashiername varchar(20) not null,
sex varchar(2),
birth date,
phone char(11),
salary decimal(7,2)
);
alter table cashier_inf1 add primary key(no);
```

执行以上代码，通过 desc cashier_inf1 命令查看表结构。

```
desc cashier_inf1;
```

执行结果如图 5.8 所示，可以看到，no 字段的 Key 值为 PRI，说明在 no 字段上定义了主键约束。

（3）删除主键约束

可以为已存在的表删除主键约束，语法格式如下：

```
alter table 表名 drop primary key;
```

【示例 5.13】删除 cashier_inf1 表的主键约束。

```
alter table cashier_inf1 drop primary key;
```

执行以上代码，通过 desc cashier_inf1 命令查看表结构。

```
desc cashier_inf1;
```

执行结果如图 5.9 所示，可以看到，no 字段的 Key 值没有了 PRI 标识，说明 no 字段的主键约束已经删除。

Field	Type	Null	Key	Default	Extra
no	char(5)	NO	PRI	NULL	
cashiername	varchar(20)	NO		NULL	
sex	varchar(2)	YES		NULL	
birth	date	YES		NULL	
phone	char(11)	YES		NULL	
salary	decimal(7,2)	YES		NULL	

图 5.8　cashier_inf1 表的主键约束

Field	Type	Null	Key	Default	Extra
no	char(5)	NO		NULL	
cashiername	varchar(20)	NO		NULL	
sex	varchar(2)	YES		NULL	
birth	date	YES		NULL	
phone	char(11)	YES		NULL	
salary	decimal(7,2)	YES		NULL	

图 5.9　查看 cashier_inf1 表删除主键约束后的结果

2. 唯一约束

唯一约束用于保证表中任意两行的同一列都不能有相同的值。添加唯一约束后，如果插入重复记录则会失败。唯一约束通过 unique 定义，可以在创建表时定义唯一约束，也可以为已存在的表添加唯一约束。

（1）创建表时定义唯一约束

在创建表时，唯一约束可以定义成列级，也可以定义成表级。定义列级唯一约束的语法格式如下：

```
create table 表名(
列名 数据类型 unique,
…);
```

定义表级唯一约束的语法格式如下：

```
create table 表名(
列名 数据类型,
…
unique (列名 1,列名 2,…));
```

如果唯一约束定义在单列上，则其可以定义成列级也可以定义成表级。如果唯一约束定义在多列上，则其必须定义成表级。

【示例 5.14】创建收银员信息表 cashier_inf2，在身份证号 pid 字段定义唯一约束。

```
create table cashier_inf2
(no char(5) not null primary key,
cashiername varchar(20) not null,
pid char(18) unique,
sex varchar(2),
birth date,
phone char(11),
salary decimal(7,2)
);
```

或：

```
create table cashier_inf2
(no char(5) not null primary key,
cashiername varchar(20) not null,
pid char(18),
sex varchar(2),
birth date,
phone char(11),
salary decimal(7,2),
unique(pid)
);
```

执行以上代码，通过 desc cashier_inf2 命令查看表结构。

```
desc cashier_inf2;
```

执行结果如图 5.10 所示，可以看到，pid 字段的 Key 值为 UNI，说明在 pid 字段中定义了唯一约束。

（2）修改表时添加唯一约束

可以为已存在的表添加唯一约束，语法格式如下：

```
alter table 表名 add [constraint 约束名] unique(列名)
```

其中，可以通过“constraint 约束名”选项为唯一约束命名，该选项如果省略，则系统会自动为唯一约束命名。

【示例 5.15】 创建收银员信息表 cashier_inf3，然后修改表，为其添加唯一约束。

```
create table cashier_inf3
(no char(5) not null primary key,
cashiername varchar(20) not null,
pid char(18),
sex varchar(2),
birth date,
phone char(11),
salary decimal(7,2)
);
alter table cashier_inf3 add unique(pid);
```

执行以上代码，通过 desc cashier_inf3 命令查看表结构。

```
desc cashier_inf3;
```

执行结果如图 5.11 所示。

Field	Type	Null	Key	Default	Extra
no	char(5)	NO	PRI	NULL	
cashiername	varchar(20)	NO		NULL	
pid	char(18)	YES	UNI	NULL	
sex	varchar(2)	YES		NULL	
birth	date	YES		NULL	
phone	char(11)	YES		NULL	
salary	decimal(7,2)	YES		NULL	

图 5.10　cashier_inf 表的主键约束

Field	Type	Null	Key	Default	Extra
no	char(5)	NO	PRI	NULL	
cashiername	varchar(20)	NO		NULL	
pid	char(18)	YES	UNI	NULL	
sex	varchar(2)	YES		NULL	
birth	date	YES		NULL	
phone	char(11)	YES		NULL	
salary	decimal(7,2)	YES		NULL	

图 5.11　cashier_inf3 表的唯一约束

（3）删除唯一约束

在 MySQL 中，定义了唯一约束的列，其会自动创建唯一索引。索引的相关知识详见第 8 章。如果要删除唯一约束，只需要删除对应的唯一索引即可。语法格式如下：

```
alter table 表名 drop index 唯一约束名;
```

如果在创建唯一约束时没有定义约束名，则系统会自动创建一个约束名称。可以通过“show create table 表名”或“show index from 表名”查看表的约束信息，获取约束名。

【示例 5.16】 删除 cashier_inf3 表的唯一约束。

```
show index from cashier_inf3;                    #删除前
alter table cashier_inf3 drop index pid;
show index from cashier_inf3;                    #删除后
```

执行结果如图 5.12 和图 5.13 所示，可以通过 Key_name 列查看约束名称，通过对比图 5.12 和图 5.13，可以看到唯一约束删除前后的变化。

Table	Non_unique	Key_name	Seq_in_index	Column_name	Collation	Cardinality	Sub_part	Packed	Null	Index_type	Comment	Index_comment	Visible	Expression
cashier_inf3	0	PRIMARY	1	no	A	0	NULL	NULL		BTREE			YES	NULL
cashier_inf3	0	pid	1	pid	A	0	NULL	NULL	YES	BTREE			YES	NULL

图 5.12　唯一约束删除前

Table	Non_unique	Key_name	Seq_in_index	Column_name	Collation	Cardinality	Sub_part	Packed	Null	Index_type	Comment	Index_comment	Visible	Expression
cashier_inf3	0	PRIMARY	1	no	A	0	NULL	NULL		BTREE			YES	NULL

图 5.13　唯一约束删除后

注意： 主键约束和唯一约束都保证了值的唯一，二者的区别是：

- 在一个表中主键只能有一个，但唯一键可以有多个。
- 主键列的值不允许为 null，但定义了 unique 列的值可以取 null。

3. 外键约束

外键约束用来强制参照完整性。所谓外键，是指在一个表中引用另一个表中的一列或多列，被引用的表称为主表，外键表称为从表，被引用的列必须具有 primary key 约束或 unique 约束。可以在创建表时定义外键，也可以为已存在的表添加外键。

（1）创建表时定义外键

在创建表时，外键可以定义成列级，也可以定义成表级。定义列级外键的语法格式如下：

```
create table 表1(
列名 数据类型 references 表2(列名),
…);
```

定义表级外键的语法格式如下：

```
create table 表1(
列名 数据类型,
…
foreign key(表1的列) references 表2(表2的列));
```

如果外键定义在单列上，则其既可以定义成列级，也可以定义成表级。如果外键定义在多列上，则其必须定义成表级。外键列的数据类型和主表中被引用列的数据类型要一致。

【示例 5.17】 创建销售明细表 saledetail，并定义主键和外键。

```
create table saledetail                              #定义从表，含外键
(no int primary key,
cashier_no char(5) references cashier_inf(no),       #定义外键约束
goodsname varchar(30) not null,
number int,
price decimal(7,2)
);
```

或：

```
create table saledetail
(no int primary key,
cashier_no char(5),
goodsname varchar(30) not null,
number int,
price decimal(7,2),
foreign key(cashier_no) references  cashier_inf(no)
);
```

执行以上代码，通过 desc saledetail 命令查看表结构。

```
desc saledetail;
```

执行结果如图 5.14 所示，可以看到 cashier_no 字段的 Key 值为 MUL，表示非唯一性索引（Multiple Key），值可以重复。在创建外键时，MySQL 会自动为没有索引的外键列创建索引。

Field	Type	Null	Key	Default	Extra
no	int	NO	PRI	NULL	
cashier_no	char(60)	YES	MUL	NULL	
goodsname	varchar(30)	NO		NULL	
number	int	YES		NULL	
price	decimal(7,2)	YES		NULL	

图 5.14　saledetail 表外键约束

（2）修改表时添加外键约束

可以为已存在的表添加外键。语法格式如下：

```
alter table 表 1
add [constraint 约束名] foreign key(表 1 的列) references 表 2(表 2 的列);
```

其中，可以通过“constraint 约束名”选项为外键约束命名，该选项如果省略，则系统会自动为外键命名。

【示例 5.18】创建销售明细表 saledetail1，然后修改表添加外键。

```
create table saledetail1
(no int primary key,
cashier_no char(5),
goodsname varchar(30) not null,
number int,
price decimal(7,2)
);
alter table saledetail1 add foreign key(cashier_no) references cashier_
inf(no);
```

执行以上代码，通过 show create table saledetail1 命令查看表的定义。

```
show create table saledetail1;
```

为方便截图，这里通过 cmd 命令进入命令行，连接 MySQL 之后，执行以上代码，执行结果如图 5.15 所示，发现外键系统自动命名为 saledetail1_ibfk_1，同时 MySQL 自动为外键列 cashier_no 创建了同名索引。

（3）删除主键约束

可以为已存在的表删除外键，语法格式如下：

```
alter table 表名 drop foreign key 外键名
```

如果创建外键时没有指定外键名，则此处的外键名是系统指定的外键名。

```
mysql> show create table saledetail1\G
*************************** 1. row ***************************
       Table: saledetail1
Create Table: CREATE TABLE `saledetail1` (
  `no` int NOT NULL,
  `cashier_no` char(5) DEFAULT NULL,
  `goodsname` varchar(30) NOT NULL,
  `number` int DEFAULT NULL,
  `price` decimal(7,2) DEFAULT NULL,
  PRIMARY KEY (`no`),
  KEY `cashier_no` (`cashier_no`),
  CONSTRAINT `saledetail1_ibfk_1` FOREIGN KEY (`cashier_no`) REFERENCES `cashier_inf` (`no`)
) ENGINE=InnoDB DEFAULT CHARSET=utf8mb4 COLLATE=utf8mb4_0900_ai_ci
1 row in set (0.00 sec)
```

图 5.15　查看 saledetail1 表外键

【示例 5.19】删除 saledetail1 表的外键。

```
alter table saledetail1 drop foreign key saledetail1_ibfk_1;
```

执行以上代码，通过 show create table saledetail1 命令查看表的定义。

```
show create table saledetail1;
```

命令执行结果如图 5.16 所示，发现外键已经被删除。

```
mysql> show create table saledetail1\G
*************************** 1. row ***************************
       Table: saledetail1
Create Table: CREATE TABLE `saledetail1` (
  `no` int NOT NULL,
  `cashier_no` char(5) DEFAULT NULL,
  `goodsname` varchar(30) NOT NULL,
  `number` int DEFAULT NULL,
  `price` decimal(7,2) DEFAULT NULL,
  PRIMARY KEY (`no`),
  KEY `cashier_no` (`cashier_no`)
) ENGINE=InnoDB DEFAULT CHARSET=utf8mb4 COLLATE=utf8mb4_0900_ai_ci
1 row in set (0.00 sec)
```

图 5.16　删除外键后查看 saledetail1 表

注意：定义外键时需要注意：

- 创建时必须先创建主表再创建从表；删除时先删除从表再删除主表。
- 定义外键时，被引用的列必须具有 primary key 约束或 unique 约束。
- 定义外键时，外键列和被引用列的列名可以不同，但外键列的数据类型必须和主表中被引用列的数据类型一致或兼容。

4．默认值约束

默认值约束用来为表中的字段指定默认值，当向表中插入数据时，如果没有给该字段赋值，则系统会自动为该字段插入默认值。默认值约束通过 default 定义，可以在创建表时定义默认值，也可以为已存在的表添加默认值约束。

（1）创建表时定义默认值约束

在创建表时定义默认值约束的语法格式如下：

```
create table 表(
列名 数据类型 default 默认值,
…);
```

默认值约束只能定义为列级约束。

【示例 5.20】创建表 cashier_inf4，为 sex 列定义默认值。

```
create table cashier_inf4
(no char(5) not null primary key,
cashiername varchar(20) not null,
pid char(18) unique,
sex varchar(2) default '男',
birth date,
phone char(11),
salary decimal(7,2)
);
```

执行以上代码，通过 desc cashier_inf4 命令查看表结构，执行结果如图 5.17 所示，可以看到 sex 列的 Default 值为“男”。

（2）修改表时添加默认值约束

可以为已存在的表添加默认值约束。语法格式如下：

```
alter table 表名 modify 列名 数据类型 default 默认值;
```

或：

```
alter table 表名 alter column 列名 set default 默认值;
```

以上两种方式都可以实现为指定列定义默认值约束。

【示例 5.21】修改 cashier_inf4 表的 salary 列的默认值为 4000。

```
alter table cashier_inf4 modify salary decimal(7,2) default 4000;
```

或：

```
alter table cashier_inf4 alter column salary set default 4000;
```

执行以上代码，通过 desc cashier_inf4 命令查看表结构，执行结果如图 5.18 所示，发现 salary 列的 Default 值为 4000.00。

Field	Type	Null	Key	Default	Extra
no	char(5)	NO	PRI	NULL	
cashiername	varchar(20)	NO		NULL	
pid	char(18)	YES	UNI	NULL	
sex	varchar(2)	YES		男	
birth	date	YES		NULL	
phone	char(11)	YES		NULL	
salary	decimal(7,2)	YES		NULL	

图 5.17　定义 sex 列的默认值后查看表结构

Field	Type	Null	Key	Default	Extra
no	char(5)	NO	PRI	NULL	
cashiername	varchar(20)	NO		NULL	
pid	char(18)	YES	UNI	NULL	
sex	varchar(2)	YES		男	
birth	date	YES		NULL	
phone	char(11)	YES		NULL	
salary	decimal(7,2)	YES		4000.00	

图 5.18　定义 salary 列的默认值后查看表结构

（3）删除默认值约束

可以删除表上的默认值约束，语法格式如下：

```
alter table 表名 modify 列名 数据类型;
```

或：

```
alter table 表名 alter column 列名 drop default;
```

以上两种方式都可以删除默认值约束。

【示例 5.22】删除 cashier_inf4 表的 sex 列和 salary 列的默认值约束。

```
alter table cashier_inf4 modify sex varchar(2);     #删除 sex 列默认值约束
#删除 salary 列默认值约束
alter table cashier_inf4 alter column salary drop default;
```

执行以上代码，通过 desc cashier_inf4 命令查看表结构，执行结果如图 5.19 所示，发现 sex 列和 salary 列的默认值约束都已被删除。

Field	Type	Null	Key	Default	Extra
no	char(5)	NO	PRI	NULL	
cashiername	varchar(20)	NO		NULL	
pid	char(18)	YES	UNI	NULL	
sex	varchar(2)	YES		NULL	
birth	date	YES		NULL	
phone	char(11)	YES		NULL	
salary	decimal(7,2)	YES		NULL	

图 5.19　删除默认值约束后查看表结构

5. 检查约束

检查约束用来限定列的取值必须满足指定的条件，是指当向表中插入数据时，不满足条件的数据将无法插入。检查约束通过 check 定义，可以在创建表时定义检查约束，也可以为已存在的表添加检查约束。

（1）创建表时定义检查约束

在创建表时定义检查约束，可以定义成列级，也可以定义成表级。定义列级检查约束的语法格式如下：

```
create table 表(
列名 数据类型 check(条件表达式),
…);
```

定义表级检查约束的语法格式如下：

```
create table 表名(
列名 数据类型,
…
check(条件表达式));
```

如果检查约束定义在单列上，则可以定义成列级也可以定义成表级。如果检查约束定义在多列上，则必须定义成表级。

【示例 5.23】创建表 cashier_inf5，sex 列的取值只能是“男”或“女”。

```
create table cashier_inf5
(no char(5) not null primary key,
cashiername varchar(20) not null,
pid char(18) unique,
sex varchar(2) check(sex in('男','女')) default '男',
birth date,
phone char(11),
salary decimal(7,2)
);
```

或：

```
create table cashier_inf5
(no char(5) not null primary key,
cashiername varchar(20) not null,
pid char(18) unique,
sex varchar(2) default '男',
birth date,
phone char(11),
salary decimal(7,2),
check(sex in('男','女'))
);
```

执行以上代码，通过 show create cashier_inf5 命令查看表的定义。

```
show create table cashier_inf5;
```

命令执行结果如图 5.20 所示，发现在 sex 列中定义了名为 cashier_inf5_chk_1 的 check 约束。

```
mysql> show create table cashier_inf5\G
*************************** 1. row ***************************
       Table: cashier_inf5
Create Table: CREATE TABLE `cashier_inf5` (
  `no` char(5) NOT NULL,
  `cashiername` varchar(20) NOT NULL,
  `pid` char(18) DEFAULT NULL,
  `sex` varchar(2) DEFAULT '男',
  `birth` date DEFAULT NULL,
  `phone` char(11) DEFAULT NULL,
  `salary` decimal(7,2) DEFAULT NULL,
  PRIMARY KEY (`no`),
  UNIQUE KEY `pid` (`pid`),
  CONSTRAINT `cashier_inf5_chk_1` CHECK ((`sex` in (_utf8mb4'男',_utf8mb4'女')))
) ENGINE=InnoDB DEFAULT CHARSET=utf8mb4 COLLATE=utf8mb4_0900_ai_ci
1 row in set (0.00 sec)
```

图 5.20　定义 sex 列的 check 约束后查看表结构

（2）修改表时添加检查约束

可以为已存在的表添加默认值约束，语法格式如下：

```
alter table 表名 add [constraint 约束名] check(条件表达式) ;
```

其中，“constraint 约束名”可选，如果省略，则系统会自动为约束命名。

【示例 5.24】修改 cashier_inf5 表中 salary 列的值必须大于或等于 0。

```
alter table cashier_inf5 add check(salary>=0);
```

执行以上代码，通过 show create cashier_inf5 命令查看表的定义。

```
show create table cashier_inf5;
```

命令执行结果如图 5.21 所示，发现在 salary 列中定义了名为 cashier_inf5_chk_2 的 check 约束。

（3）删除检查约束

可以删除表中的检查约束，语法格式如下：

```
alter table 表名 drop check 检查约束名;
```

可以一次删除一个或多个检查约束，如果要删除多个检查约束，则约束名之间需要用逗号隔开。

```
mysql> show create table cashier_inf5\G
*************************** 1. row ***************************
       Table: cashier_inf5
Create Table: CREATE TABLE `cashier_inf5` (
  `no` char(5) NOT NULL,
  `cashiername` varchar(20) NOT NULL,
  `pid` char(18) DEFAULT NULL,
  `sex` varchar(2) DEFAULT '男',
  `birth` date DEFAULT NULL,
  `phone` char(11) DEFAULT NULL,
  `salary` decimal(7,2) DEFAULT NULL,
  PRIMARY KEY (`no`),
  UNIQUE KEY `pid` (`pid`),
  CONSTRAINT `cashier_inf5_chk_1` CHECK ((`sex` in (_utf8mb4'男',_utf8mb4'女'))),
  CONSTRAINT `cashier_inf5_chk_2` CHECK ((`salary` >= 0))
) ENGINE=InnoDB DEFAULT CHARSET=utf8mb4 COLLATE=utf8mb4_0900_ai_ci
1 row in set (0.00 sec)
```

图 5.21　定义 salary 列的 check 约束后查看表结构

【示例 5.25】 删除 cashier_inf5 表的 sex 列和 salary 列的检查约束。

```
alter table cashier_inf5 drop check cashier_inf5_chk_1;    -- 删除 sex 列的检查约束
alter table cashier_inf5 drop check cashier_inf5_chk_2;    -- 删除 salary 列的检查约束
```

执行以上代码，通过 show create cashier_inf5 命令查看表的定义，命令执行结果如图 5.22 所示，发现在 sex 列和 salary 列中的 check 约束都已被删除。

```
mysql> show create table cashier_inf5\G
*************************** 1. row ***************************
       Table: cashier_inf5
Create Table: CREATE TABLE `cashier_inf5` (
  `no` char(5) NOT NULL,
  `cashiername` varchar(20) NOT NULL,
  `pid` char(18) DEFAULT NULL,
  `sex` varchar(2) DEFAULT '男',
  `birth` date DEFAULT NULL,
  `phone` char(11) DEFAULT NULL,
  `salary` decimal(7,2) DEFAULT NULL,
  PRIMARY KEY (`no`),
  UNIQUE KEY `pid` (`pid`)
) ENGINE=InnoDB DEFAULT CHARSET=utf8mb4 COLLATE=utf8mb4_0900_ai_ci
1 row in set (0.00 sec)
```

图 5.22　删除 sex 列和 salary 列的 check 约束后查看表结构

6. 非空约束

所谓非空约束，是指表中字段的值不能为 null。在 MySQL 中，非空约束通过 not null 来定义，语法格式如下：

```
create table 表(
列名 数据类型 not null,
…);
```

可以根据业务需要来定义表中的列是否可以取空值。定义列时默认为可以取空值。

【示例 5.26】创建表 cashier_inf6，编号和姓名均不能为空，其他列可以取空值。

```
create table cashier_inf6
(no char(5) not null primary key,
cashiername varchar(20) not null,
pid char(18) unique,
sex varchar(2) check(sex in('男','女')),
birth date,
phone char(11),
salary decimal(7,2)
);
```

执行以上代码，通过 desc cashier_inf6 命令查看表结构，执行结果如图 5.23 所示。可以看到，除了 no 字段和 cashiername 字段的 Null 值为 NO，其他字段的 Null 值都为 YES。

Field	Type	Null	Key	Default	Extra
no	char(5)	NO	PRI	NULL	
cashiername	varchar(20)	NO		NULL	
pid	char(18)	YES	UNI	NULL	
sex	varchar(2)	YES		男	
birth	date	YES		NULL	
phone	char(11)	YES		NULL	
salary	decimal(7,2)	YES		NULL	

图 5.23　定义非空约束后查看表结构

7．自增约束

自增约束是指当每次向表中插入新记录时，字段的值由系统自动生成唯一值。在 MySQL 中，自增约束通过 auto_increment 来定义，语法格式如下：

```
create table 表(
列名 数据类型 auto_increment,
…);
```

一个表中只能有一个字段使用 auto_increment 约束，该字段的数据类型必须是整数类型，并且必须定义为 primary key 或 unique。默认情况下，该字段值的初值为 1，增量为 1。

【示例 5.27】创建表 saledetail，其中，编号定义为自增列。

```
create table saledetail
(no int primary key auto_increment,
cashier_no char(5),
goodsname varchar(30) not null,
number int,
unit varchar(10),
price decimal(7,2)
);
```

执行以上代码，通过 desc saledetail 命令查看表结构，执行结果如图 5.24 所示，字段 no 的 Extra 值为 auto_increment。

向表中插入如下记录后，查看表中的数据。

```
insert into saledetail(cashier_no,goodsname,number,unit,price)
values('1-001','章鱼',20.6,'斤',80.00);
insert into saledetail(cashier_no,goodsname,number,unit,price)
values('1-002','带鱼',1,'盒',200.00);
insert into saledetail(cashier_no,goodsname,number,unit,price)
values('1-003','大礼包',2,'大盒',1000.00);
insert into saledetail(cashier_no,goodsname,number,unit,price)
```

```
values('1-001','活对虾',5.8,'斤',40.00);
select * from saledetail;
```

执行结果如图 5.25 所示，在查询结果中，no 列逐行加 1，每插入一行，该列的值都自动增 1。

Field	Type	Null	Key	Default	Extra
no	int	NO	PRI	NULL	auto_increment
cashier_no	char(5)	YES		NULL	
goodsname	varchar(30)	NO		NULL	
number	int	YES		NULL	
unit	varchar(10)	YES		NULL	
price	decimal(7,2)	YES		NULL	

图 5.24　定义 auto_increment 约束后查看表结构

no	cashier_no	goodsname	number	unit	price
1	1-001	章鱼	20.8	斤	80.00
2	1-002	带鱼	1	盒	200.00
3	1-003	大礼包	2	大盒	1000.00
4	1-001	活对虾	5.8	斤	40.00

图 5.25　查看定义 auto_increment 后表中的数据

5.3　正则表达式

4.2.2 小节介绍了 like 运算符用于做字符模糊匹配的用法，除此之外，MySQL 也支持正则表达式匹配。正则表达式描述了一种字符串匹配的模式，用于匹配或查找符合某些规则的字符串，可以快速、准确地完成复杂的查找或替换等要求。

5.3.1　REGEXP 和匹配方式

正则表达式由元字符及其不同组合构成，通过巧妙地构造正则表达式，可以匹配具有共同特征的字符串并完成查找和替换等复杂的字符串处理任务。某个字符串匹配某个正则表达式，通常是指这个字符串里有一部分（或几部分分别）能满足表达式给出的条件。正则表达式常用的元字符如表 5.1 所示。

MySQL 中使用 REGEXP 操作符进行正则表达式的匹配，REGEXP 的一个同义词是 RLIKE，语法格式如下：

```
select 查询列表 from 表名
where 字段名 [not] regexp 表达式;
```

这里 not 为可选项，正则表达式经常用于 where 子句中，对查询条件进行字符串匹配，也可以用于其他使用条件表达式的场合。

表 5.1　正则表达式常用的元字符

元 字 符	功 能 说 明	示　　例
.	匹配 '\n '之外的任意单个字符	s.q匹配s和q间有任意一个字符，如sql、sal
*	匹配*之前的字符或子模式0次或多次	*a匹配a前有任意多个字符，如a、ba、cba
+	匹配*之前的字符或子模式1次或多次	+a匹配a前至少一个字符，如ba、dcba

续表

元 字 符	功 能 说 明	示　　例
?	匹配?之前的0个或1个字符	?a匹配a前0个或1个字符，如a、ba
^	匹配字符串的开始字符	^a匹配a开头的字符串，如abc、aaaa
$	匹配字符串的结束字符	$a匹配a结尾的字符串，如bca、aaaa
[]	匹配[]内的任意一个字符	[abcd]匹配a或b或c或d [a-zA-Z0-9]匹配任意的字母或数字
[^]	匹配不在[]内的任意一个字符	[^0-9]匹配非数字字符
|	匹配位于|之前或之后的字符	a|b|c匹配a或b或c，a|sql匹配a或sql，(a|s)ql匹配aql或sql
{n}	匹配前面的字符n次	a{2}匹配baac中的a
{n,}	匹配前面的字符至少n次	a{2,}匹配baac中的a，但不能匹配bac中的a
{m,n}	匹配前面的字符至少m次，至多n次，m<=n	a{2,4}匹配baaac中的a，但不能匹配baaaaac中的a

5.3.2　使用举例

在实际开发过程中，经常会有查找符合某些复杂规则的字符串的需要，如查找邮箱或电话号码等，正则表达式就用于匹配或查找符合某些规则的字符串，当表中的记录包含这个字符串时，就可以将该记录查询出来。

【示例 5.28】 创建用户表 user(uname,pwd,phone)，要求密码长度必须在 6～16 位。

```
create table user
(uname varchar(20) primary key,
pwd varchar(16) not null,
phone char(11),
check(pwd regexp '.{6,16}')
);
```

成功执行以上代码后，向表中插入如下数据：

```
insert into user values('sankumao','shan','15633445555');
```

执行以上代码，系统会提示违反 check 约束的错误，原因是 pwd 列的值 shan 字符串长度小于 6，错误提示如图 5.26 所示。

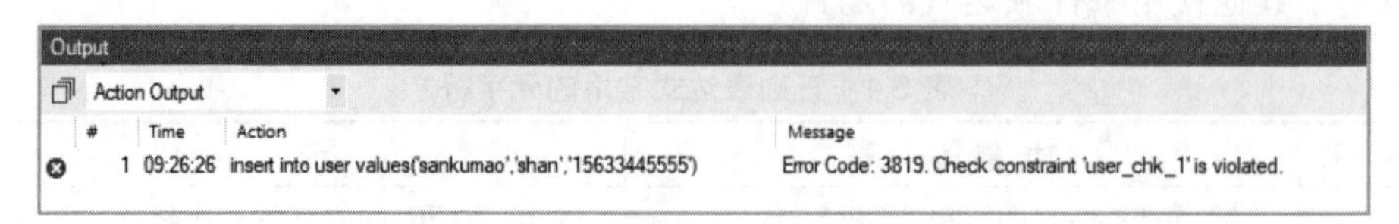

图 5.26　违反 check 约束的错误提示

继续向表中插入如下数据：

```
insert into user values('sankumao','shanshan','15633445555');
insert into user values('dalianmao','kaiwang98','15757571212');
insert into user values('kaitimao','yangou11','15757570202');
insert into user values('dingdangmao','3939339','13933339999');
```

执行结果如图 5.27 所示，4 行全部成功插入。

【示例 5.29】查询手机号在 156～157 号段的用户信息。

```
select * from user where phone regexp '^156|157';
```

执行结果如图 5.28 所示。

	uname	pwd	phone
▶	dalianmao	kaiwang98	15757571212
	dingdangmao	3939339	13933339999
	kaitimao	yangou11	15757570202
	sankumao	shanshan	15633445555

图 5.27　user 表中的数据

	uname	pwd	phone
▶	dalianmao	kaiwang98	15757571212
	kaitimao	yangou11	15757570202
	sankumao	shanshan	15633445555

图 5.28　手机号在 156～157 号段的用户信息

也可以使用如下代码：

```
s select * from user where phone like '156%' or phone like '157%';
```

执行结果与图 5.28 相同。

5.4　横向派生表

在 MySQL 8.0.14 版本之前，派生表的执行不能依赖于其他表，即派生表不能引用其所在的查询语句之外的表。从 MySQL 8.0.14 版本开始，派生表支持使用 lateral 前缀，即横向派生表，允许派生表引用它所在的 from 子句中的其他表。横向派生表可以解决普通派生表无法实现或者效率低下的问题。其语法格式如下：

```
select 查询列表 from 表 1, lateral(派生表查询) as 派生表名;
```

这里的 lateral 是派生表的前缀，其后面括号中的派生表查询语句可以引用表 1。表 1 和派生表之间的连接类型可以是内连接、外连接或交叉连接。

使用横向派生表时要注意如下问题：

- 横向派生表只能出现在 from 子句中，包括使用逗号分隔的表或者标准的连接语句（join、inner join、cross join、left join 和 right join）。
- 如果横向派生表位于连接操作的右侧，并且引用了左侧的表，则连接类型必须为 inner join、cross join 或 left join。
- 如果横向派生表位于连接操作的左侧，并且引用了右侧的表，则连接类型必须为 inner join、cross join 或 right join。
- 如果横向派生表引用了聚合函数，则该函数的聚合查询不能是横向派生表所在的 from 子句所在的查询语句。

- 根据 SQL 标准，表函数拥有一个隐式的 lateral，这与 MySQL 8.0.14 之前的 MySQL 8.0 版本相同。但是，根据标准，json_table()函数之前不能有 lateral 关键字，包括隐式的 lateral。

【示例 5.30】查询每位收银员所收的销售金额最大的三笔销售记录，输出姓名和销售金额，按姓名升序排序，同一用户按金额降序排序。

```
select cashiername,t.totalprice from cashier_i
nf,
lateral(select cashier_no,price*number as
totalprice from saledetail_t
where saledetail_t.cashier_no=cashier_inf.no
order by cashier_no,totalprice desc limit 3) as t;
```

执行结果如图 5.29 所示。

	cashiername	totalprice
▶	三酷猫	3000.00
	三酷猫	1648.00
	三酷猫	400.00
	大脸猫	1800.00
	大脸猫	200.00
	凯蒂猫	2000.00

图 5.29　横向派生表查询结果

5.5　CTE 简介

CTE（Common Table Expression，公共表表达式）是 MySQL 8.0 新引入的功能，CTE 是一个命名的临时结果集，类似于使用子查询时的派生表，仅在单个 SQL 语句的执行范围内存在。另外，CTE 产生的数据一般存储在内存中，不会持久化存储，避免了从磁盘重复读取表数据的问题。在一定程度上，CTE 简化了复杂的连接查询和子查询，提高了 SQL 的可读性和执行性能。

5.5.1　创建 CTE

创建 CTE 时使用 with 关键字，CTE 的结构包括名称、可选列列表和定义 CTE 的查询，其语法格式如下：

```
with CTE 名称(字段列表) as (select 语句)
select 查询列表 from CTE 名称;
```

这里的 CTE 名称后的字段列表可以省略，如果省略，则 CTE 使用定义 CTE 的 as 后查询的字段列表；如果不省略，则二者的字段个数要一致。定义 CTE 后，就可以在后面的查询语句中引用，可以把 CTE 看作提前创建的临时表，以便于在后面的查询主体中进行引用。

【示例 5.31】应用 CTE 查询编号为“1-001”的收银员销售商品的商品名称和单价。

在 saledetail 表基础上执行如下 CTE 代码。

```
with cte001 as (select goodsname,price from saledetail where cashier_no=
'1-001')
select goodsname,price from cte001;
```

或：

```
with cte001(goodsname,price) as (select goodsname,price from saledetail
where cashier_no='1-001') select * from cte001;
```

执行结果如图 5.30 所示。首先创建名为 cte001 的 CTE，然后在查询主体中对其进行引用，在结果集中输出商品名称和单价。

【示例 5.32】应用 CTE 查询销售总额在 1000 元以上的收银员编号和总金额，并将结果按总金额降序输出。

```
with sale_totalprice as (select cashier_no,sum(price*number) as totalprice
                    from saledetail group by cashier_no)
select * from sale_totalprice
where totalprice>1000
order by totalprice desc;
```

执行结果如图 5.31 所示，首先创建名为 sale_totalprice 的 CTE，用于统计每个收银员的销售总额，然后在查询主体中对 sale_totalprice 进行引用，查询销售总额在 1000 元以上的记录并按总金额降序排序。

	goodsname	price
▶	章鱼	80.00
	活对虾	40.00

图 5.30　创建 CTE 查询结果

	cashier_no	totalprice
▶	1-003	2000.00
	1-001	1920.00

图 5.31　查询销售总额在 1000 元以上的收银员编号和总金额

5.5.2　复杂的 CTE 用法

使用 with 语法定义 CTE 时，可以定义一个或者多个 CTE，并且可以在后面的查询语句中引用一次或多次。

【示例 5.33】应用 CTE 查询每位收银员收款金额最大的一笔销售记录，并输出姓名和最大金额，结果按收款金额降序排序。

```
with cte1 as (select cashier_no,max(price*number) as maxprice
              from saledetail group by cashier_no),
cte2 as (select cashiername,maxprice
         from cashier_inf,cte1 where cashier_inf.no=cte1.cashier_no)
select * from cte2 order by maxprice desc;
```

执行结果如图 5.32 所示，这里创建了两个 CTE，分别为 cte1 和 cte2。其中，cte1 用于统计每位收银员收取的最大销售额的记录，cet2 将 cashier_inf 表与 cte1 进行连接获取收银员的姓名，然后在查询主体中对 cte2 进行引用，输出收银员姓名和最大金额并按金额降序排序。

	cashiername	maxprice
▶	凯蒂猫	2000.00
	三酷猫	1680.00
	大脸猫	200.00

图 5.32　查询每位收银员收取的金额最大的一笔销售记录

除了 select 语句之外，CTE 还可以用于 update 和 delete 语句中。其语法格式如下：

```
with CTE 名称(字段列表) as (select 语句)
update 或 delete …
```

这里的 update 和 delete 语句可以对创建的 CTE 进行引用。

【示例 5.34】为销售业绩排在销售榜单前两名的收银员工资增加 5%。

```
with ctetop2 as (select cashier_no,sum(price*number) as totalprice
    from saledetail group by cashier_no order by totalprice desc limit 2)
update cashier_inf set salary=salary*1.05 where no in (select cashier_no
from ctetop2);
```

这里创建了名为 ctetop2 的 CTE，用于查询业绩排在销售榜单前两名的收银员，然后在 update 语句中对 ctetop2 进行引用，更新 cashier_inf 表中这两名收银员的工资。命令执行前后分别对 cashier_inf 表中的数据进行查看，结果如图 5.33 和图 5.34 所示，可以看到，业绩排在前两位编号为“1-001”和“1-003”的收银员工资各涨了 5%。

no	cashiername	sex	birth	phone	salary
1-001	三酷猫	女	2000-05-17	15633445566	4400.00
1-002	大脸猫	男	1998-12-12	15757571212	4725.00
1-003	凯蒂猫	女	2001-11-24	15757570202	4200.00
1-004	叮当猫	女	2001-03-30	13933339999	5100.00
1-005	加菲猫	男	2001-12-30	15757571212	4000.00

图 5.33　update 之前 cashier_inf 表数据

no	cashiername	sex	birth	phone	salary
1-001	三酷猫	女	2000-05-17	15633445566	4620.00
1-002	大脸猫	男	1998-12-12	15757571212	4725.00
1-003	凯蒂猫	女	2001-11-24	15757570202	4410.00
1-004	叮当猫	女	2001-03-30	13933339999	5100.00
1-005	加菲猫	男	2001-12-30	15757571212	4000.00

图 5.34　update 之后 cashier_inf 表数据

5.6　带 JSON 字段的表操作

在 MySQL 5.7 中增加了对 JSON 数据类型的支持。JSON（JavaScript Object Notation）是一种轻量级的文本数据交换格式，其语法支持字符串、数字、对象和数组等类型。其中，对象用花括号括起来，数据结构为{key1:value1,key2:value2,...}，key 用字符串表示，value 可以是任意类型。数组使用方括号括起来，数据结构为[value1,value2,...]，值可以为任意类型。

JSON 对象示例：

```
{"sex":"femal",
"age":20,
"hobby":["swimming","football"]}
```

MySQL 提供了多个 JSON 函数用于对 JSON 字段进行操作，常用的 JSON 函数如表 5.2 所示。

表 5.2　常用的JSON函数

函　　数	描　　述
json_object(key1,value1,key2,value2,...)	快速创建JSON对象
json_array(value1,value2,...)	快速创建JSON数组
json_contains(json_doc,value[,path])	查询JSON文档是否在指定的path中包含指定的数据
json_exact(json_doc,path[,path,…])	从JSON文档里抽取数据
->	同json_exact函数的功能一样
->>	去掉->返回结果中的双引号

续表

函　　数	描　　述
json_search(json_doc,one_or_all, search_str[,escape_char[,path]])	查询包含指定字符串的paths，返回一个JSON数组
json_keys(json_doc[,path])	获取JSON文档在指定路径下的所有键值，返回一个JSON数组
json_value(json_doc,value)	在JSON数据中查找指定值
json_array_append(json_doc,path,value [,path,value]…)	追加数据到JSON数组尾部
json_array_insert(json_doc,path,value [,path,value]…)	在path指定的JSON数组元素中插入value，原位置及其以右的元素顺次右移。如果指定的元素下标超过JSON数组的长度，则插入尾部
json_insert(json_doc,path,value[,path, value] ...)	将数据插入JSON文档中，如果path已存在，则忽略此value
json_replace (json_doc,path,value[,path, value] ...)	替换指定路径下的数据，如果某个路径不存在则忽略
json_set(json_doc,path,value[,path, value] ...)	设置指定路径下的数据，不管其是否存在
json_remove(json_doc,path[,path] ...)	删除指定路径的JSON数据

下面从含有 JSON 类型字段的表的 CRUD 角度，分别对 JSON 字段进行具体介绍。

1. 创建含JSON字段的表

【示例 5.35】创建 person 表，其中的 info 字段定义为 JSON 类型。

```
create table person
(id int primary key auto_increment,
name varchar(20) not null,
info json);
```

创建成功后，通过 desc person 命令查看 person 表结构，执行结果如图 5.35 所示，info 列为 JSON 类型。

2. 插入数据

JSON 数据其实就是一串字符串，只是其中的元素使用特定的符号进行标注。MySQL 对 JSON 数据的存储本质上还是字符串的存储操作。因此，赋值时直接赋值字符串即可，也可以使用 json_object()和 json_array()函数来构造。

【示例 5.36】以 person 表数据插入为例，向 person 表中插入数据。

```
insert into person(name,info)
values('sankumao','{"sex":"femal","age":20,"hobby":["swimming",
"football"]}');
insert into person(name,info) values('dalianmao',
json_object("sex","male","age",18,"hobby",json_array("swimming",
"dancing")));
```

插入成功后，查看 person 表中的数据，结果如图 5.36 所示。注意，info 字段直接赋值字符串时，其值要加单引号。

	Field	Type	Null	Key	Default	Extra
▶	id	int	NO	PRI	NULL	auto_increment
	name	varchar(20)	NO		NULL	
	info	json	YES		NULL	

图 5.35　person 表结构

	id	name	info
▶	1	sankumao	{"age": 20, "sex": "female", "hobby": ["swimming", "football"]}
	2	dalianmao	{"age": 18, "sex": "male", "hobby": ["swimming", "dancing"]}

图 5.36　查看 person 表中数据

3. 查询数据

当查询数据时，可以通过->或->>操作来获取 JSON 字段中的部分内容，并返回正常的表字段形式，二者的区别是，->>返回结果会去掉字符串外面的双引号。$表示 JSON 字段本身。可以通过“.”获取下一级属性，通过“[]”获取数组元素，[*]表示当前数组中的所有成员值。

【示例 5.37】查看所有人的姓名、年龄和个人爱好。

```
select name,info->>'$.age' as age,info->>'$.hobby[*]' as hobby from person;
```

执行结果如图 5.37 所示，其中，hobby 列以数组的形式输出。

【示例 5.38】查看 20 岁以下喜欢游泳的人的姓名和年龄。

```
select name,info->'$.age' as age from person
where info->'$.age'<20 and json_search(info,'one','swimming',null,'$.hobby');
```

执行结果如图 5.38 所示。通过 json_search()函数可以查询包含指定字符串的 JSON 字段。

	name	age	hobby
▶	sankumao	20	["swimming", "football"]
	dalianmao	18	["swimming", "dancing"]

图 5.37　查看姓名、年龄和个人爱好

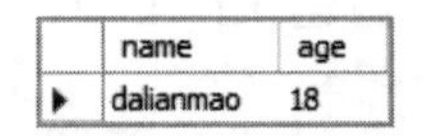

	name	age
▶	dalianmao	18

图 5.38　20 岁以下喜欢游泳的人的姓名和年龄

需要注意的是，json_search()函数用于在 JSON 字段中查询包含指定字符串的数据，格式如下：

```
json_search(json_doc,one_or_all,search_str[,escape_char[,path]])
```

其中：json_doc 表示 JSON 字段；在 one_or_all 中，one 表示查询到一个数据后即返回，如果返回所有数据则用 all；search_str 表示要查询的字符串，这里可以使用通配符“%”或“_”进行匹配，path 表示在指定的路径下查找。

4. 更新数据

MySQL 提供了 json_replace、json_set 和 json_insert 等一系列的函数支持 JSON 数据的更新操作，其中包括对 JSON 字段值的增加、修改和删除操作。更新数据示例如下：

【示例 5.39】为 sankumao 增加爱好 mountainclimbing。

```
update person set info=json_array_append(info,'$.hobby','mountainclimbing')
```

```
where name='sankumao';
```

成功执行后，查看 person 表中的数据。

```
update person set info=json_array_append(info,'$.hobby','mountainclimbing')
where name='sankumao';
```

执行结果如图 5.39 所示，可以发现，在 info 字段中，hobby 的值中新增了 mountainclimbing。

【示例 5.40】 把 sankumao 的年龄修改为 22 岁。

```
update person set info=json_replace(info,'$.age',22) where name='sankumao';
```

成功执行后，查看 person 表中的数据。

```
select name,json_value(info,'$.age') as age from person where name='sankumao';
```

执行结果如图 5.40 所示，可以发现，在 info 字段中，age 的值已被修改为 22。

name	hobby
sankumao	["swimming", "football", "mountainclimbing"]

图 5.39　更新 sankumao 的爱好

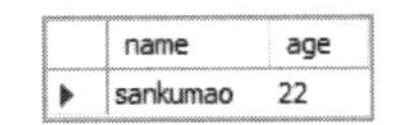

name	age
sankumao	22

图 5.40　更新 sankumao 的年龄

【示例 5.41】 删除 sankumao 的年龄。

```
update person set info=json_remove(info,'$.age') where name='sankumao';
```

成功执行后，查看 person 表中的数据。

```
select * from person where name='sankumao';
```

执行结果如图 5.41 所示，可以发现，在 info 字段中 age 已被删除。

【示例 5.42】 为 sankumao 移除爱好 mountainclimbing。

```
update person set info=json_remove(info,'$.hobby[2]') where name='sankumao';
```

成功执行后，查看 person 表中的数据。

```
select name, info->>'$.hobby[*]' as hobby from person where name=
'sankumao';
```

执行结果如图 5.42 所示，可以发现，在 info 字段中，hobby 的值 mountainclimbing 已被移除。

id	name	info
1	sankumao	{"sex": "female", "hobby": ["swimming", "football", "mountainclimbing"]}

图 5.41　删除 age 后 sankumao 的信息

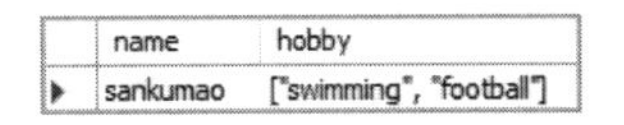

name	hobby
sankumao	["swimming", "football"]

图 5.42　删除 sankumao 的爱好

5.7　授权控制

MySQL 中的授权控制，是指对用户执行的数据库操作进行权限限制。对用户授权使用 grant 命令，指定授予的权限、授予权限级别（全局、数据库级别或数据库对象级别）

及授予的用户。授权使用 grant 命令，其语法格式如下：

```
grant 权限 1,权限 2,...
on 权限应用级别
to 用户 identified by 密码
with grant option;
```

如果授予用户多个权限，则每个权限之间以逗号（英文状态）隔开。常用的权限列表如表 5.3 所示。权限应用级别可以是全局(*.*)、数据库级(database.*)、表级(database.table)和列级。如果使用列权限级别，则必须在每个权限之后使用逗号分隔字段列表。“identified by 密码”为可选项，用于为用户设置新密码。with grant option 子句为可选项，表示允许此用户授予其他用户或从其他用户删除该用户拥有的权限。

表 5.3　常用的权限列表

权　　限	含　　义
all或all privileges	授予除了grant option之外的所有权限
select	允许用户使用select语句
insert	允许用户使用insert语句
update	允许用户使用update语句
delete	允许用户使用delete语句
create	允许用户创建数据库和表
alter	允许用户修改表结构
drop	允许用户删除数据库、表和视图
references	允许用户创建外键
index	允许用户创建和删除索引
create view	允许用户创建和修改视图
create user	允许用户使用create user、drop user、rename user和revoke all privileges语句
grant option	允许用户有权授予或撤销其他账户的权限

【示例 5.43】创建一个 cat 用户，并授予该用户所有权限。

```
create user cat@localhost identified by '123456';
```

执行成功后，使用 show grants 命令查看已分配给 cat 用户的权限。

```
show grants for cat@localhost;
```

执行结果如图 5.43 所示。

Grants for cat@localhost
GRANT USAGE ON *.* TO `cat`@`localhost`

图 5.43　查看 cat 用户权限

接下来，向 cat 用户授予所有权限。

```
grant all on *.* to cat@localhost with grant
option;
```

执行成功后，重新使用 show grants 命令查看已分配给 cat 用户的权限。

```
show grants for cat@localhost;
```

执行结果如图 5.44 所示，可以发现，cat 用户的权限已经更新了。

	Grants for cat@localhost
▶	GRANT SELECT, INSERT, UPDATE, DELETE, CREATE, DROP, RELOAD, SHUTDOWN, PROCESS, FILE, REFERENCES, INDEX, ALTER, SHOW DATABASES...
	GRANT APPLICATION_PASSWORD_ADMIN,AUDIT_ADMIN,BACKUP_ADMIN,BINLOG_ADMIN,BINLOG_ENCRYPTION_ADMIN,CLONE_ADMIN,CONNECTI...

图 5.44　授权后的 cat 用户权限

【示例 5.44】创建一个 cat2 用户，并授予该用户对 study_db 数据库中所有表的 select 权限。

```
create user cat2@localhost identified by '123456';
grant select on study_db.* to cat2@localhost;
```

执行成功后，在 cmd 命令行客户端使用 cat2 用户连接 MySQL 服务器，执行 delete 命令删除 cashier_inf 表中编号为“1-001”的记录。

```
delete from cashier_inf where no='1-001';
```

执行结果如图 5.45 所示。由于 cat2 用户没有 delete 权限，所以 MySQL 报错。

```
管理员: 命令提示符 - mysql -ucat2 -p
mysql> use study_db;
Database changed
mysql> delete from cashier_inf where no='1-001';
ERROR 1142 (42000): DELETE command denied to user 'cat2'@'localhost' for table 'cashier_inf'
```

图 5.45　授予 cat2 用户权限后操作数据的结果

5.8　案例——三酷猫自动创建销售主表

目前为止，三酷猫创建新表都是边输入边创建边测试。创建好的表，在正式的商业环境中部署时，不要重新一点点定义，可以直接导入或执行 SQL 脚本代码来生成。这样做的优势是，创建的 SQL 语句代码，在开发环境下已经经过测试和使用，所编写的代码质量有保障，而且用脚本代码执行创建的速度也较快。显然好处多多。

为了逼真地模拟自动创建表的过程，这里选择前面已经建立的销售主表，演示如何自动创建表。

1）选择需要自动创建的表。

通过 Workbench 工具，选择销售主表（salemain_t）并右击，在弹出的快捷菜单中选择 Send to SQL Editor | Create Statement 命令，将在新生成的脚本代码文件里自动生成销售表创建脚本代码，如图 5.46 所示。

新生成的脚本代码如下：

```
CREATE TABLE `salemain_tt` (                    #把创建的表名改为 salemain_tt
  `sale_date` date NOT NULL,
  `record_time` time NOT NULL,
  `amount` decimal(8,2) NOT NULL,
  `shop` varchar(30) NOT NULL,
  `operator` char(10) NOT NULL,
```

```
  `explain` varchar(60) DEFAULT NULL,
  PRIMARY KEY (`sale_date`)
) ENGINE=InnoDB DEFAULT CHARSET=utf8mb4 COLLATE=utf8mb4_0900_ai_ci;
```

为了避免在本机验证时，同名表发生冲突，把创建的表名改为 salemain_tt。

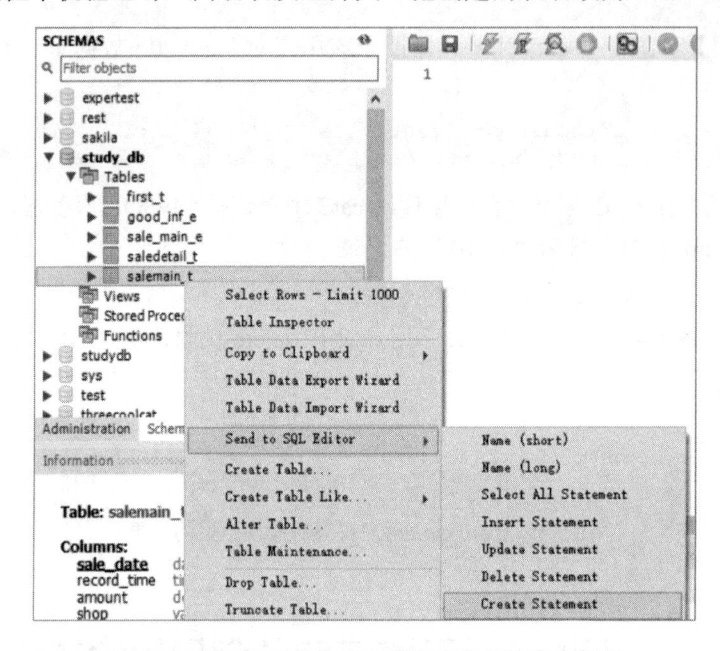

图 5.46　用 Workbench 工具获取表定义的脚本代码

2）保存脚本代码。

在 Workbench 工具中单击保存按钮，弹出如图 5.47 所示的保存对话框。选择保存路径，输入保存的 SQL 脚本代码文件名称（这里输入的是 CreateNewTabe），单击“保存”按钮，完成新表 SQL 脚本代码文件的保存。

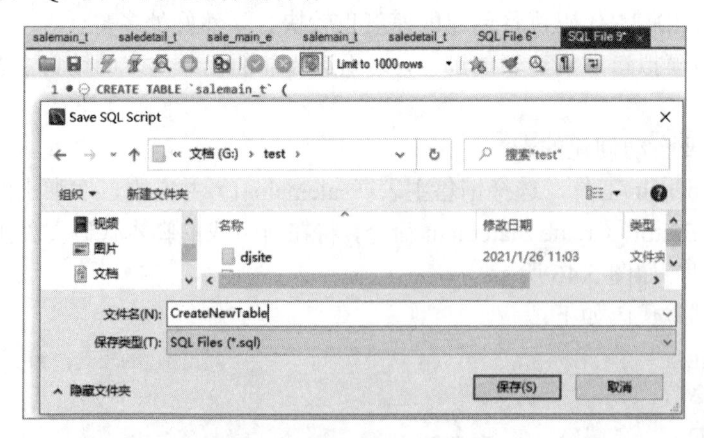

图 5.47　保存创建数据库 SQL 语句的脚本代码

3）验证自动创建销售主表。

在 Workbench 工具中单击打开 SQL 脚本按钮 （Open SQL Script），打开 CreateNewTabe.SQL 脚本文件，然后单击执行按钮，执行该脚本文件的 SQL 代码，执行结果如图 5.48 所示（第一次查看前需要刷新一下显示列表才能看到新创建的表名）。

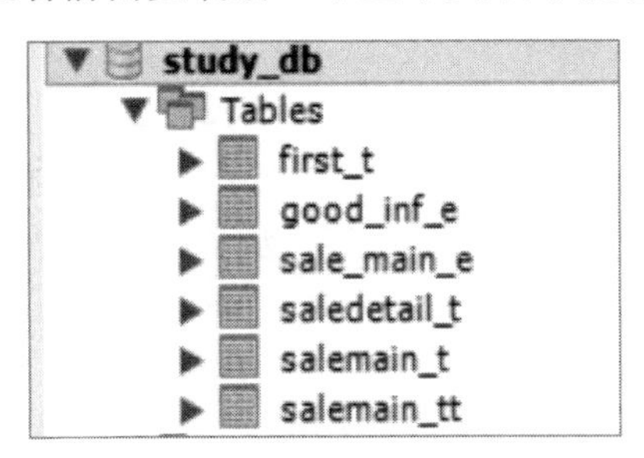

图 5.48　自动创建新表

从打开 CreateNewTabe.SQL 文件，到执行创建新表，短短几秒钟就完成了所有创建工作，这就是使用脚本 SQL 代码的好处。

5.9　练习和实验

一、练习

1．填空题

1）在 MySQL 中，可以通过（　　）命令创建数据库。

2）创建表的 SQL 命令为（　　）。

3）表操作主要包括表的（　　）、修改和（　　）。

4）在 MySQL 中使用（　　）操作符进行正则表达式匹配，其同义词是 RLIKE。

5）（　　）是一种轻量级的文本数据交换格式，其语法支持字符串、数字、对象和数组等类型。

2．判断题

1）Create database 语句也可以用 Create schema 语句替代，数据库名在同一台服务器的实例上必须唯一。（　　）

2）创建表是建立在指定数据库的基础上，往往通过 Use 语句指定。（　　）

3）从 MySQL 8.0.14 版开始，派生表支持使用 lateral 前缀，即横向派生表，允许派生表引用它所在的 from 子句中的其他表。（　　）

4）CTE 是一个命名的临时结果集，类似于使用子查询时的派生表，仅在单个 SQL 语句的执行范围内存在，只能读取一个物理表的数据。　　　　（　　）

5）grant 命令指定授予的权限、授予权限级别及授予的用户。　　　　（　　）

二、实验

实验 1：用 SQL 语句实现一个数据库和一个表的创建。

在实际开发环境中，创建应用系统对应的数据库，可以通过备份数据库的方式手工恢复创建，也可以通过 SQL 语句自动执行创建，后者更加灵活。

1）用 SQL 语句创建一个新的数据库，名为 newdb。

2）在 newdb 里创建一个读者个人信息表，字段自定。

3）用 Workbench 工具查看创建情况并截取显示界面。

4）形成实验报告。

实验 2：编写一个带 JSON 字段的表操作过程。

1）用 SQL 语句创建一个带 JSON 字段的新表。

2）在新表中插入两条记录（含 JSON 数据）。

3）修改一条 JSON 数据记录。

4）以 JSON 字段值为条件删除一条记录。

5）形成实验报告。

第 6 章　运算符与逻辑语句

第 4 章和第 5 章主要介绍了 SQL 语句的基本操作使用及 SQL 语句的进阶操作的相关知识。

本章将在前两章的基础上，介绍 MySQL 中的运算符和表达式，以及逻辑控制的相关知识。本章的主要内容如下：

- 运算符；
- 逻辑控制语句。

6.1　运　算　符

MySQL 中的运算符跟数学中的运算符类似，主要用于在计算机中进行各种计算和判断。MySQL 中的运算符主要有算术运算符、比较运算符、逻辑运算符和位运算符几种。这里的操作都在 Workbench 工具的代码编辑界面里实现。

6.1.1　算术运算符

算术运算符适用于数值类型的数据，常用算术运算包括加、减、乘、除和求余运算。MySQL 支持的算术运算符如表 6.1 所示。

表 6.1　MySQL支持的算术运算符

运　算　符	作　　用	示　　例
+	加法运算	select 10+3
-	减法运算	select 10-3
*	乘法运算	select 10*3
/	除法运算，如果除数为0则返回null	select 10/3
div	整除取整运算，如果除数为0则返回null	select 10 div 3
%，mod	取余运算，如果除数为0则返回null	select 10%3,10 mod 3

【示例 6.1】演示算术运算符的基本用法。

```
select 10+3, 10-3, 10*3, 10/3, 10 div 3, 10%3, 10 mod 3, 10/0;
```

执行结果如图 6.1 所示。需要注意的是，运算符“/”和 div 都能实现除法运算，二者的区别是，“/”运算返回浮点数，默认保留 4 位小数，而 div 运算返回整数，不能整除时返回整数部分。运算符“%”和 mod 都是取余数运算，二者的作用相同。

【示例 6.2】演示求余运算。

```
select 10%3, 10%-3, -10%3, -10%-3;
```

执行结果如图 6.2 所示。通过运算结果可知，求余运算结果的正负与%左侧的操作数符号相同，与右侧的操作数符号无关。

10+3	10-3	10*3	10/3	10 div 3	10%3	10 mod 3	10/0
13	7	30	3.3333	3	1	1	NULL

图 6.1　算术运算符示例

10%3	10%-3	-10%3	-10%-3
1	1	-1	-1

图 6.2　求余运算

【示例 6.3】演示 null 参与算术运算。

```
select 10+null,10-null,10*null,10/null,10%null,10 div null,10 mod null,
null+null;
```

执行结果如图 6.3 所示。通过运算结果可知，null 值参与的算术运算结果都为 null。

10+null	10-null	10*null	10/null	10%null	10 div null	10 mod null	null+null
NULL	NULL	NULL	NULL	NULL	NULL	NULL	NULL

图 6.3　null 参与的算术运算

6.1.2　比较运算符

比较运算符通常应用在条件表达式中，用于对左右操作数的值进行比较，如果比较结果为真则返回 1，为假则返回 0，不确定则返回 null。MySQL 支持的常用比较运算符如表 6.2 所示。

表 6.2　MySQL支持的比较运算符

运　算　符	作　　用
>	大于
<	小于
>=	大于或等于
<=	小于或等于
=	等于
<=>	严格比较两个null值是否相等。如果两个操作数均为null，则结果为1；如果一个操作数为null，则结果为0
<>、!=	不等于
between…and	是否在指定的闭区间范围内，如果在则返回1，不在则返回0

续表

运　算　符	作　　用
not between…and	是否不在指定的闭区间范围内，如果不在则返回1，如果在则返回0
in	在给定集合中
not in	不在给定集合中
is null	为null
is not null	不为null
like	模糊匹配，通配符%代表0个或多个字符，_代表任意单个字符
regexp或rlike	正则表达式匹配

【示例 6.4】演示比较运算符的基本用法。

```
select 10<20, 10>20, 10=10, 10!=10, 10<>10;
```

执行结果如图 6.4 所示。

【示例 6.5】演示 null 值参与比较运算。

```
select 10>null, 10>=null, 10<null, 10<=null, 10=null, 10!=null, 10<>null;
```

执行结果如图 6.5 所示。由运算结果可知，在 MySQL 中，比较运算符>、>=、<、<=、=、<>、!=在与 null 值进行比较时，结果都为 null。

10<20	10>20	10=10	10!=10	10<>10
1	0	1	0	0

图 6.4　比较运算符

10>null	10>=null	10<null	10<=null	10=null	10!=null	10<>null
NULL	NULL	NULL	NULL	NULL	NULL	NULL

图 6.5　null 值参与的比较运算

【示例 6.6】演示“=”与“<=>”的区别。

```
select null=null, null<=>null, null=10, null<=>10, 10=10, 10<=>10;
```

执行结果如图 6.6 所示。“=”与“<=>”均可用于比较两个值是否相等，不涉及 null 值时二者等价。区别是“<=>”可以严格比较两个 null 值是否相等，如果两个操作数均为 null，则结果为 1；如果一个操作数为 null，则结果为 0。

【示例 6.7】查找联系电话不为 null 且工资在 4000（含）到 4500（含）元之间的收银员信息。

```
select * from cashier_inf where phone is not null and salary between 4000
and 4500;
```

执行结果如图 6.7 所示。

null=null	null<=>null	null=10	null<=>10	10=10	10<=>10
NULL	1	NULL	0	1	1

图 6.6　“=”与“<=>”的区别

no	cashiername	sex	birth	phone	salary
1-003	凯蒂猫	女	2001-11-24	15757570202	4410.00
1-005	加菲猫	男	2001-12-30	15757571212	4000.00

图 6.7　联系电话不为 null 且工资在 4000（含）到 4500（含）元之间的收银员信息

注意：

- 想要判断某字段值是或者不是 null，需要用“字段名 is null”或“字段名 is not null”，而不能用“字段名=null”或“字段名!=null”。
- “between A and B”表示的范围是一个闭区间，且 A 必须小于或等于 B。not between…and 与 between…and 表示的含义正好相反，读者可自行测试，这里不再演示。

【示例 6.8】查找三酷猫和大脸猫的收银员信息。

```
select * from cashier_inf where cashiername in('三酷猫','大脸猫');
```

执行结果如图 6.8 所示。

【示例 6.9】查找电话号码以 157 开始且倒数第二位为 1 的收银员信息。

```
select * from cashier_inf where phone like '157%1_';
```

执行结果如图 6.9 所示。通配符%代表 0 个或多个字符，_代表任意单个字符。

	no	cashiername	sex	birth	phone	salary
▶	1-001	三酷猫	女	2000-05-17	15633445566	4620.00
	1-002	大脸猫	男	1998-12-12	15757571212	4725.00

图 6.8　查找三酷猫和大脸猫的收银员信息

	no	cashiername	sex	birth	phone	salary
▶	1-002	大脸猫	男	1998-12-12	15757571212	4725.00
	1-005	加菲猫	男	2001-12-30	15757571212	4000.00

图 6.9　电话号码以 157 打头且倒数第二位为 1 的收银员信息

示例 9 也可以通过 regexp 运算符实现。

```
select * from cashier_inf where phone regexp '157[0-9]{6}1[0-9]';
```

执行结果与图 6.9 相同。

提示：运算符 regexp 的用法在 5.3 节中已详细讲解过，此处不再赘述，读者可自行查阅 5.3 节。

6.1.3　逻辑运算符

逻辑运算符通常用于判断条件表达式的真假。如果判断结果为真，则返回 1；如果判断结果为假，则返回 0。MySQL 里的 0、0.0、false、字符串为假值，其他数值或 true 为真值，null 代表空值（非真、非假）。MySQL 支持的逻辑运算符如表 6.3 所示。

表 6.3　MySQL支持的逻辑运算符

运　算　符	使用格式	作　　用
and或&&	操作数1 and 操作数2	逻辑与。如果操作数全部为真，则结果为1；如果操作数有一个为假，则结果为0
or或||	操作数1 or 操作数2	逻辑或。只要有一个操作数为真，则结果为1；如果操作数都为假，则结果为0

续表

运　算　符	使 用 格 式	作　　用
not或!	not 操作数1	逻辑非。如果操作数为假，则结果为1；如果操作数为真，则结果为0
xor	操作数1 xor 操作数2	逻辑异或。如果操作数一个为真，一个为假，则结果为1；如果全部为真或全部为假，则结果为0

1. 逻辑运算示例

【示例 6.10】查找工资高于 4500 元的女收银员信息。

```
select * from cashier_inf where sex='女' and salary>4500;
```

执行结果如图 6.10 所示。可以看出，只有同时满足工资高于 4500 元且性别为女的收银员的信息才会被查找出来。

【示例 6.11】查找工资高于 4500 元的收银员及全部女收银员的信息。

```
select * from cashier_inf where sex='女' or salary>4500;;
```

执行结果如图 6.11 所示。可以看出，只要满足工资高于 4500 元或性别为女两个条件中的一个，相关信息就会被查找出来。

no	cashiername	sex	birth	phone	salary
1-001	三酷猫	女	2000-05-17	15633445566	4620.00
1-004	叮当猫	女	2001-03-30	13933339999	5100.00

图 6.10　工资高于 4500 元的女收银员信息

no	cashiername	sex	birth	phone	salary
1-001	三酷猫	女	2000-05-17	15633445566	4620.00
1-002	大脸猫	男	1998-12-12	15757571212	4725.00
1-003	凯蒂猫	女	2001-11-24	15757570202	4410.00
1-004	叮当猫	女	2001-03-30	13933339999	5100.00

图 6.11　工资高于 4500 元的收银员及全部女收银员的信息

2. null参与逻辑运算规则

需要注意的是，表 6.3 只考虑了真、假值的情况，当 null 值参与逻辑运算时：

- 逻辑“与”运算：当其中一个操作数为 null 时，如果另一个操作数为真，则结果为 null；如果另一个操作数为假，则结果为 0。
- 逻辑“或”运算：当其中一个操作数为 null 时，如果另一个操作数为真，则结果为 1；如果另一个操作数为假，则结果为 null。
- 逻辑“非”运算：逻辑非仅有一个操作数，当操作数为 null 时，结果为 null。
- 逻辑“异或”运算：当操作数含 null 时，结果为 null。

【示例 6.12】演示 null 值参与逻辑运算。

```
select 1 and null, 0 and null, 1 or null, 0 or null, not null, 1 xor null,
0 xor null, null xor null;
```

执行结果如图 6.12 所示。

	1 and null	0 and null	1 or null	0 or null	not null	1 xor null	0 xor null	null xor null
▶	NULL	0	1	NULL	NULL	NULL	NULL	NULL

图 6.12　null 值参与逻辑运算

🔔注意：

- 逻辑非运算符 not 和!虽然功能相同，但二者如果在一个表达式中同时出现，则!的优先级大于 not。
- and、or 和 not 的优先级为 not ＞ and ＞ or。

6.1.4　位运算符

位运算符用于对二进制数的每一位进行运算。进行位运算时，如果操作数为二进制，则直接按位运算并将结果转换为十进制数。如果操作数为十进制，则会先将其转换为二进制，然后进行按位运算，最后再将运算结果转换为十进制。MySQL 支持的位运算符如表 6.4 所示。

表 6.4　MySQL支持的位运算符

运　算　符	作　　用	示　　例
&	按位与	b'1010'&b'1011'结果为10
|	按位或	b'1010'|b'1011'结果为11
^	按位异或	b'1010'^b'1011'结果为1
~	按位取反	~~b'1010'结果为10
>>	右移	b'1010'>>2结果为2
<<	左移	b'1010'<<2结果为40

在“示例”列中，最左边的 b 表示二进制数，二进制数用引号括起。

【示例 6.13】演示位运算符的用法。

```
select b'1010'&b'1011',b'1010'|b'1011',b'1010'^b'1011',10&11,10|11,10^11;
```

执行结果如图 6.13 所示，可以发现，对于相同的操作数不管其是二进制还是十进制形式，运算结果均相同。

	b'1010'&b'1011'	b'1010'|b'1011'	b'1010'^b'1011'	10&11	10|11	10^11
▶	10	11	1	10	11	1

图 6.13　位运算

6.1.5　运算符的优先级

运算符优先级是指运算符在一个表达式中参与运算的先后顺序，优先级高的优先参与运算。在 MySQL 中，运算符优先级由高到低的顺序如表 6.5 所示。

表 6.5　运算符优先级

优　先　级	运　算　符
1	!
2	-（负号）、~（按位取反）
3	^
4	*、/、div、%、mod
5	-（减号）、+
6	<<、>>
7	&
8	|
9	=（比较）、<=>、>=、>、<=、<、<>、!=、is、like、regexp、in
10	between、case、when、then、else
11	not
12	and、&&
13	xor
14	or、||
15	=（赋值）

在表 6.5 中，同一行的运算符的优先级相同，当在同一个表达式中出现时，除了赋值运算符运算顺序从右向左之外，其余相同级别的运算符运算顺序均为从左向右。如果需要改变运算符的优先级，可以加小括号。

注意： 在实际开发中，建议为复杂的表达式适当添加小括号，这样既可以提高代码的可读性，又可以避免因不清楚运算符的优先级而导致运算错误。

6.2　逻辑控制语句

MySQL 数据库除了可以进行传统的增、删、改、查数据等操作之外，还提供了逻辑控制功能，包括变量的定义、选择结构、循环结构和跳转语句等。MySQL 支持的逻辑控制语句有 if 语句、case 语句、while 语句、loop 语句、repeat 语句、leave 语句和 iterate 语句。

6.2.1　变量

在 MySQL 中可以用变量来保存临时数据。根据变量的作用范围，可以把变量划分为系统变量、局部变量和用户变量。

1. 系统变量

系统变量也称为全局变量，是指 MySQL 系统内部定义的变量，其对所有的 MySQL 客户端均有效。可以通过 show variables 命令查看系统变量，语法格式如下：

```
show variables like '匹配模式';
```

如果“like 匹配模式”省略的话则可以查看所有的系统变量，如果需要带条件，则可以使用“where 条件表达式”或用“like 匹配模式”的形式限定条件。

【示例 6.14】查看以 sql_safe_开头的系统变量。

```
show variables like 'sql_safe_%';
```

执行结果如图 6.14 所示，可以发现，以 sql_safe_打头的系统变量只有一个，即 sql_safe_updates。

示例 14 也可以通过如下代码实现。

```
show variables where variable_name like 'sql_safe_%';
```

执行结果与图 6.14 相同。

如果需要查看某个给定的系统变量的值，可以用如下代码实现。

```
select @@sql_safe_updates;
```

执行结果如图 6.15 所示。注意，访问系统变量时，要在系统变量名前加“@@”。

	Variable_name	Value
▶	sql_safe_updates	OFF

图 6.14　查看系统变量

	@@sql_safe_updates
▶	1

图 6.15　查看系统变量 sql_safe_updates 的值

系统变量也可以根据实际需求对其值进行修改。根据修改的有效范围，可以将其分为局部修改和全局修改两种方式。

1）局部修改的语法格式如下：

```
set 变量名=值;
```

2）全局修改的语法格式如下：

```
set global 变量名=值;
```

或：

```
set @@变量名=值;
```

【示例 6.15】修改系统变量 sql_safe_updates 的值。

```
set sql_safe_updates=0;
select @@sql_safe_updates;
```

	@@sql_safe_updates
▶	0

图 6.16　查看系统变量 sql_safe_updates 修改后的值

执行结果如图 6.16 所示。

需要注意的是，以上命令仅在当前会话中有效。如果想在其他会话中生效，可以通过如下命令实现：

```
set global sql_safe_updates=0;
-- 或者
set @@sql_safe_updates=0;
```

以上命令均可实现对系统变量赋值并且在所有连接 MySQL 服务器的客户端中都有效。

2．局部变量

局部变量一般用于在存储过程或函数中存储临时结果，局部变量的作用域仅限于 begin…end 语句块之间，除此之外的任何地方都不能对其进行读取和修改。局部变量需要使用 declare 语句声明。声明局部变量的语法格式如下：

```
declare 变量名 1,变量名 2,…变量名 n 数据类型 default 默认值;
```

这里如果同时定义多个同类型变量，则变量名之间逗号隔开。不同类型的变量需要分别定义。default 选项用于为变量定义默认值，可以省略，如果省略则变量的默认值为 null。

声明局部变量之后，可以通过 set 语句或 select…into 语句为局部变量赋值，语法格式如下：

```
set 变量名=值;
```

或：

```
select 字段名 into 变量名 from 表名;
```

【示例 6.16】定义一个整型变量和两个字符型变量。

```
declare x int default 20;
declare s1,s2 varchar(20);
```

这里定义了一个 int 类型的变量 x，并定义了 x 的默认值为 20。同时，定义了两个字符型变量 s1 和 s2。

【示例 6.17】查询某收银员的薪金。

```
declare cname varchar(20);
declare csalary decimal(7,2);
set cname='三酷猫';
select salary into csalary from decimal where name=cname;
```

这里定义了两个变量 cname 和 csalary，并对 cname 进行了赋值，以 cname 的值作为查询条件，查找该收银员的薪金。

提示：声明局部变量的语句必须放在 begin…end 语句块中，具体应用将在 7.6 节及 10.2.1 小节中进行详细介绍。

3．用户变量

用户可以在表达式中使用自己定义的变量，这样的变量称为用户变量。与局部变量不同，用户变量不需要声明类型，定义用户变量时必须对其进行初始化，并且要在变量名前加“@”。对用户变量进行定义和赋值的方式有 3 种：使用 set 语句、使用 select…into 语句，以及在 select 语句中使用“:=”赋值符号赋值。

（1）set 语句

可以使用 set 语句定义并初始化用户变量，语法格式如下：

```
set @变量名=值;
```

值的类型由等号右边的值的类型决定。

【示例 6.18】定义一个用户变量 age，并将其初始化为 18。

```
set @age=18;
select @age;
```

执行结果如图 6.17 所示。

（2）使用 select…into 语句

可以使用 select…into 语句定义并初始化用户变量，语法格式如下：

```
select 字段 1,字段 2,… from 表名 into @变量 1,@变量 2,…;
```

这里的变量列表和字段列表要一一对应，into 子句也可以在字段列表之后。

【示例 6.19】将编号为 1-004 的收银员的姓名及薪金存储在变量中。

```
select cashiername,salary from cashier_inf where no='1-004' into @name,
@salary;
select @name as name,@salary as salary;
```

执行结果如图 6.18 所示。

	@age
▶	18

图 6.17　查看用户变量@age 的值

	name	salary
▶	叮当猫	5100.00

图 6.18　查看用户变量@name 和@salary 的值

（3）select 语句中使用“:=”赋值符号

可以在 select 语句中使用“:=”赋值符号进行赋值，定义并初始化用户变量，语法格式如下：

```
select @变量 1:=字段 1, @变量 2:=字段 2,… from 表名;
```

这里“:=”是 MySQL 中为变量赋值专门提供的赋值运算符，如果为多个变量赋值，则赋值语句之间以逗号隔开。

【示例 6.20】将编号为 1-004 的收银员的姓名及薪金存储在变量中。

```
select @name2:=cashiername,@salary2:=salary from cashier_inf where no=
'1-004';
select @name2 as name,@salary2 as salary;
```

执行结果与图 6.18 相同。

6.2.2 if 语句

if 语句通过条件进行判断，然后根据判断结果执行不同的语句。MySQL 中的 if 语句有两种用法，一种是作为流程控制语句进行使用，另一种是作为表达式进行使用。

1. if语句作为流程控制语句

if 语句用于流程控制语句的语法格式如下：

```
if 条件表达式 1  then 语句 1;
[elseif 条件表达式 2  then 语句 2;
...
else 语句 n;]
end if;
```

这里 if 语句可以是单分支、双分支或多分支结构，如果条件表达式为真，则执行对应的 then 后面的语句，如果为假，则会继续判断下一个条件表达式，以此类推。其中，“语句 1，语句 2，…，语句 *n*” 可以是一条语句，也可以是多条语句。注意，if 语句必须以 end if 结束。

【示例 6.21】定义存储过程 proc_isequal，判断两个数是否相等。

```
delimiter $$
create procedure proc_isequal(x int, y int)     #定义存储过程，详见第 10 章
begin
   if x=y then select 'x=y';
   else select 'x!=y';
   end if;
end$$
delimiter ;
```

成功执行后，通过 call 命令调用存储过程 proc_isequal。

```
call proc_isequal(10,20);
```

执行结果如图 6.19 所示。

需要说明的是，“delimiter $$”语句的作用是将语句的结束符由默认的“;”修改为“$$”。这样在存储过程中，每个 SQL 语句的结束符 “;” 就不会被 MySQL 解释成整个命令的结束符，从而避免程序出现错误。

提示：MySQL 的逻辑控制语句只能用在存储过程或函数中，本节仅对逻辑控制语句的知识进行讲解。存储过程及函数的定义请读者自行阅读 7.6 节和 10.2.1 小节的内容。

2. if语句用作表达式

MySQL 中的 if 语句除了可以作为流程控制语句使用之外，还可以作为表达式使用，语法格式如下：

```
if(条件表达式,表达式1,表达式2)
```

当条件表达式的值为真时，则返回表达式1，否则返回表达式2。

【示例6.22】查询每个收银员的薪金水平。

```
select cashiername,salary,if(salary>=5000,"高于5000","低于5000") as level
from cashier_inf;
```

执行结果如图6.20所示，当salary的值大于或等于5000时，返回“高于5000”，否则返回“低于5000”。

	x!=y
▶	x!=y

图6.19　调用存储过程proc_isequal的结果

	cashiername	salary	level
▶	三酷猫	4620.00	低于5000
	大脸猫	4725.00	低于5000
	凯蒂猫	4410.00	低于5000
	叮当猫	5100.00	高于5000
	加菲猫	4000.00	低于5000

图6.20　查询每个收银员的薪金水平

6.2.3　case语句

case语句也用于进行条件判断，根据判断结果来执行不同的语句。在MySQL中，case语句也有两种用法，一种是作为流程控制语句使用，另一种是作为表达式使用。

1. case语句作为流程控制语句

case语句作为流程控制语句的语法格式如下：

语法1：

```
case 条件表达式
when 表达式1  then 语句1;
when 表达式2  then 语句2;
    ...
else 语句n;]
end case;
```

语法2：

```
case
when 条件表达式1  then 语句1;
when 条件表达式2  then 语句2;
    ...
else 语句n;]
end case;
```

在语法1中，首先计算case后的条件表达式的值，然后依次和when后的表达式进行比较，如果相等则返回对应的then后的语句的值，如果不相等则继续和下一个when后的表达式进行比较，以此类推，如果都不相等则返回else后的语句的值。

在语法2中，依次计算when后的条件表达式的值，如果为真则执行then后的语句并返回，以此类推，如果都不为真则执行 else 后的语句。

注意，case 语句必须以 end case 结束。

【示例 6.23】 定义存储过程 proc_week，实现星期几的中英文转换。

```
delimiter $$
create procedure proc_week(weekday varchar(20))
begin
   case weekday
   when 'Mondy' then select '星期一';
   when 'Tuesday' then select '星期二';
   when 'Wednesday' then select '星期三';
   when 'Thursday' then select '星期四';
   when 'Friday' then select '星期五';
   when 'Saturday' then select '星期六';
   when 'Sunday' then select '星期日';
   end case;
end$$
delimiter ;
```

成功执行后，通过 call 命令调用存储过程。

```
call proc_week('Friday');
```

	星期五
▶	星期五

图 6.21　调用存储过程 proc_week 的结果

执行结果如图 6.21 所示。

示例 23 也可以用语法 2 实现，代码如下：

```
delimiter $$
create procedure proc_week1(weekday varchar(20))
begin
   case
   when weekday='Mondy' then select '星期一';
   when weekday='Tuesday' then select '星期二';
   when weekday='Wednesday' then select '星期三';
   when weekday='Thursday' then select '星期四';
   when weekday='Friday' then select '星期五';
   when weekday='Saturday' then select '星期六';
   when weekday='Sunday' then select '星期日';
   end case;
end$$
delimiter ;
```

2．case语句用作表达式

在 MySQL 中，case 语句除了可以作为流程控制语句使用之外，还可以作为表达式使用。

语法格式 1：

```
case 条件表达式
when 表达式 1 then 结果 1;
when 表达式 2 then 结果 2;
...
```

```
else 结果 n;]
end
```

语法格式 2：

```
case
when 条件表达式 1 then 结果 1;
when 条件表达式 2 then 结果 2;
...
else 结果 n;]
end
```

case 语句用作表达式的语法格式与用作流程控制语句时类似。不同之处在于：首先，二者的结束标识符不同，前者使用 end，后者使用 end case；其次，then 子句后的内容不同，前者只能是一个表达式，不能是 SQL 语句，而后者必须是一个或多个 SQL 语句。

【示例 6.24】查询每个商品的价格水平。

```
select goodsname,price,(case
    when price>=200 then '大额商品'
    when price>=50 then '平价商品'
    when price>=10 then '低价商品'
    else '小额商品'
    end) as pricedgrade
from saledetail;;
```

执行结果如图 6.22 所示，当 price 的值大于或等于 200 时，输出“大额商品”，当 price 的值小于 200 且大于或等于 50 时，输出“平价商品”，当 price 的值小于 50 且大于或等于 10 时，输出“低价商品”，其他小于 10 的则输出“小额商品”。

	goodsname	price	pricedgrade
▶	章鱼	80.00	平价商品
	带鱼	200.00	大额商品
	大礼包	1000.00	大额商品
	活对虾	40.00	低价商品

图 6.22　查询每个商品的价格水平

6.2.4　while 语句

MySQL 提供了 3 种循环语句：while 语句、loop 语句和 repeat 语句。while 语句可以实现一个带条件判断的循环结构，其语法格式如下：

```
[标签:]while 条件表达式 do
    循环体
end while[标签];
```

while 后的条件表达式为循环入口，只要条件表达式的值为真，就会重复执行 do 后面的循环体。循环体可由一条或多条语句组成。如果定义标签，则标签名字要符合 MySQL 标识符的命名规则，循环开始标签和结束标签均可省略。注意，循环体中必须包含能使循环结束的语句，避免死循环。

【示例 6.25】定义存储过程 proc_sum，计算 1～100 的累加和。

```
delimiter $$
create procedure proc_sum()
```

```
begin
    declare i,sum int;
    set i=1;
    set sum=0;
    while i<=100 do
        set sum=sum+i;
        set i=i+1;
    end while;
    select i,sum;
end$$
delimiter ;
call proc_sum();
```

执行结果如图 6.23 所示。循环变量 i 的初始值为 1，只要满足 i<100 就会让循环体执行累加操作，同时每次进入循环 i 的值都会增长，直到不满足循环入口条件时退出循环。由输出结果可知，循环结束后循环变量 i 的值变为 101。

	i	sum
▶	101	5050

图 6.23　proc_sum 执行的结果

6.2.5　loop 语句

loop 语句也可以实现简单循环，语法格式如下：

```
[标签:] loop
    循环体
end loop[标签];
```

在 loop 语句中，没有循环入口的判断，因此在循环体中要给出能使循环结束的语句，否则会死循环。通常需要通过 if 语句进行条件判断，使用“leave 标签”语句退出循环。

【示例 6.26】定义存储过程 proc_sum，计算 1～100 的累加和。

```
delimiter $$
create procedure proc_sum2()
begin
    declare i,sum int;
    set i=1;
    set sum=0;
    flag:loop
        set sum=sum+i;
        set i=i+1;
        if i>100 then leave flag;
        end if;
    end loop;
    select i,sum;
end$$
delimiter ;
call proc_sum2();
```

执行结果如图 6.24 所示。loop 循环是一种无条件进入循环体的循环结构，在循环体中每次都会判断 i>100 是否成立，当 i=101 时，执行 leave 语句，退出 flag 标签对应的循环结构。

	i	sum
▶	101	5050

图 6.24　proc_sum2 的执行结果

6.2.6　repeat 语句

repeat 语句也可以实现一个带条件判断的循环结构，语法格式如下：

```
[标签:] repeat
   循环体
    until 条件表达式 end repeat[标签];
```

与 while 语句不同的是，repeat 语句先执行一次循环体，然后才对条件进行判断，如果为真，则结束循环，否则会继续执行循环体。

【示例 6.27】定义存储过程 proc_sum，计算 1～100 的累加和。

```
delimiter $$
create procedure proc_sum3()
begin
    declare i,sum int;
    set i=1;
    set sum=0;
    flag:repeat
        set sum=sum+i;
        set i=i+1;
    until i>100 end repeat;
    select i,sum;
end$$
delimiter ;
call proc_sum3();
```

执行结果如图 6.25 所示，注意 until 后的条件表达式是结束条件。

	i	sum
▶	101	5050

图 6.25　proc_sum3 的执行结果

6.2.7　leave 语句

leave 语句用于终止循环，跳出循环体。其语法格式如下：

```
leave 标签名;
```

【示例 6.28】定义存储过程 proc_leave，leave 语句测试。

```
delimiter $$
create procedure proc_leave()
begin
    declare i,cnt int;
    set i=1;
    set cnt=0;
    flag:while i<5 do
        if i%2=0 then leave flag;
        end if;
        set cnt=cnt+1;
        set i=i+1;
    end while;
```

```
    select i,cnt;
end$$
delimiter ;
call proc_leave();
```

执行结果如图 6.26 所示。第 1 次进入循环时，i=1，i 是奇数，cnt 值加 1，当第 2 次进入循环时，i=2，i%2=0 成立，直接结束循环，跳出循环体。因此，循环结束后 cnt 的值还是 1。

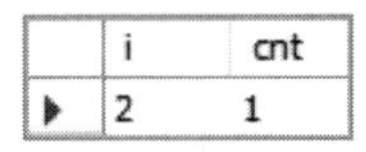

	i	cnt
▶	2	1

图 6.26　proc_leave 的执行结果

6.2.8　iterate 语句

iterate 语句用于结束本次循环，重新开始进入下一轮循环。其语法格式如下：

```
iterate 标签名;
```

【示例 6.29】定义存储过程 proc_iterate，用于进行 iterate 语句测试。

```
delimiter $$
create procedure proc_iterate()
begin
    declare i,cnt int;
    set i=1;
    set cnt=0;
    flag:while i<=5 do
        if i%2=0 then iterate flag;
        end if;
        set cnt=cnt+1;
        set i=i+1;
    end while;
    select i,cnt;
end$$
delimiter ;
call proc_iterate();
```

执行结果如图 6.27 所示。由运行结果可知，当调用存储过程 proc_iterate 时，发生了死循环。分析原因，当第 1 次进入循环体时，i=1，i 是奇数，cnt 值加 1，当第 2 次进入循环时，i=2，i%2=0 成立，则执行 iterate 语句，因此不会继续执行其后面的语句，重新进入下一次循环，由于 i=i+1 的语句一直得不到执行，i 的值不会发生变化，所以导致死循环。

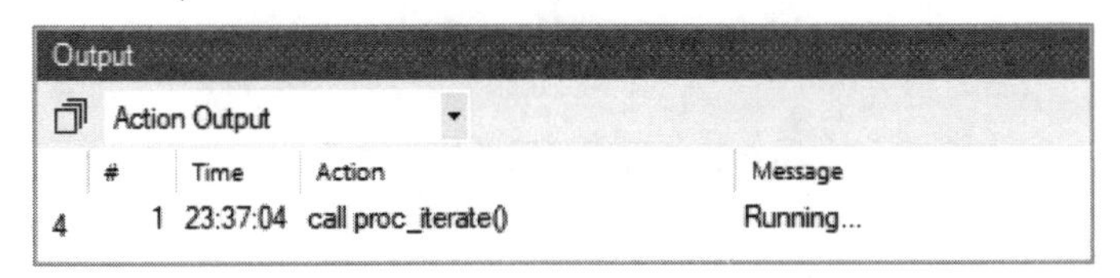

图 6.27　proc_iterate 的执行结果

需要注意的是，iterate 语句只能用在 while 语句、loop 语句和 repeat 语句等循环结构中，而 leave 语句除了可以用在循环结构中之外，还可以用于 begin…end 语句块中。

6.3　案例——三酷猫筛选销售记录

三酷猫针对海鲜零售店销售人员的每笔销售明细进行分析，如果每笔超过1000元，则以“★”标注并统一输出，方便给予销售人员奖励。具体要求如下：

1）查看当天的销售明细记录（读者可以自行在study_db.saledetail_t表里插入若干条销售记录）。

2）比较每笔销售额是否超过1000元，如果超过则标注并输出“★”、金额、销售人员编号。

3）如果当天没有销售明细，则需要给出中文提示。

根据上述要求，在SQL脚本代码文件里编写如下代码：

```
delimiter $$
create procedure proc_Find()                          #定义存储过程
begin
SELECT count(*) into  @cou FROM study_db.saledetail_t where year(sale_time)=
2021 and month(sale_time)=4 and day(sale_time)=3;
if @cou=0 then
   select '当前没有销售明细！' as Warning;
else
   SELECT cashier_no,number*price,'★' as flag FROM study_db.saledetail_t
where number*price>1000;
end if;
end $$
delimiter ;

all proc_Find();
```

执行上述代码，结果如图6.28所示。

	cashier_no	number*price	flag
▶	1-001	1648.00	★
	1-003	2000.00	★
	1-001	3000.00	★
	1-002	1800.00	★

图6.28　可以奖励的销售记录

注意：用脚本代码执行存储过程只能执行一次，再次执行时将报错“提示该存储过程已经存在”，可以在Workbench工具的左侧列表里刷新Stored Procedures，然后在其内右击，在弹出的右键快捷菜单中选择删除命令删除已经存在的存储过程。

6.4　练习和实验

一、练习

1. 填空题

1）10/0 计算结果返回（　　）。

2）逻辑运算结果，在不出英文提示错的情况下有 1、（　　）和（　　）3 种答案。

3）MySQL 的变量可以划分为系统变量、（　　）变量和（　　）变量。

4）MySQL 中 if 语句有两种用法，一种是作为（　　）语句使用，另一种是作为（　　）使用。

5）循环控制语句包括（　　）、（　　）和（　　）3 种。

2. 判断题

1）用户可以自定义全局变量。（　　）

2）判断某字段值是否为 null，只能通过 is null 或 is not null 进行比较。（　　）

3）not 1+1 与! 1+1 执行结果相等。（　　）

4）在 MySQL 运算符优先级中，小括号可以决定最优先级的运算符。（　　）

5）逻辑控制语句主要在存储过程里被使用。（　　）

二、实验

实验 1：三酷猫提成销售明细单。

三酷猫希望对当天销售额超过 2000 元的销售员提供 5%的提成奖励，具体要求如下：

1）在 3.5 节案例的基础上对不同销售员的销售额进行统计。

2）比较销售额，超过 2000 元的计算 5%的提成金额。

3）统一输出提成金额和销售员编号。

实验 2：实践逻辑控制语句并讨论逻辑控制语句运行性能问题。

三酷猫需要根据不同的销售额，为不同的客户提供打折比例，如一个顾客购买超过 100 元，给予 2%的优惠；超过 500 元，给予 10%的优惠；超过 1000 元给与 15%的优惠。

1）模拟建立一个含有销售额、销售日期、销售员编号的销售表，并自行添加 10 条左右的销售记录，要求满足上述优惠要求。

2）利用逻辑控制语句实现上述打折计算并统一输出结果。

3）在固定单一折扣中的情况下，通过软件终端处理折扣和通过存储过程进行折扣计算，哪种运行性能更加科学？（提示，可以想象超市里通过收银终端收银的情况）

第 7 章　函　　数

在 MySQL 语句中自带了很多内置函数，如 select 语句里的 count()和 sum()函数，用于数据统计非常方便，本章将对 MySQL 8.x 的常用函数和自定义函数进行介绍。本章主要内容如下：

- 聚合函数；
- 日期和时间函数；
- 字符串及其相关函数；
- 强制转换函数；
- 普通的数值函数；
- 自定义函数。

7.1 聚合函数

所谓聚合函数（Aggregate Function），是指对一组值执行计算并返回单一的值的函数，该函数常用于对一组值进行计数、求和、求平均值和求最值等操作。MySQL 中常用的聚合函数有 avg()、count()、sum()、min()、max()、group_concat()、std()和 stddev()等。下面对这些函数进行详细介绍，这些操作都是在 Workbench 工具的代码编辑界面里实现的。

7.1.1 求平均值函数

avg()函数用于计算一组值或表达式的平均值，该函数的用法如下：

```
avg(字段或表达式)
```

avg()函数的参数可以是字段也可以是表达式，参数类型必须是数值类型。如果参数为字符类型，则返回值为 0。

【示例 7.1】已知 cashier_inf 表中的数据如图 7.1 所示，统计所有收银员的平均薪金。

```
select avg(salary) as avgsalary from cashier_inf;
```

在 cashier_inf 表里用 avg()函数计算 salary 字段的平均薪金，通过 select 语句查询实现。为了方便阅读统计字段，这里用 as 为统计字段提供了一个别名：avgsalary。

执行结果如图 7.2 所示。

	no	cashiername	sex	birth	phone	salary
▶	1-001	三酷猫	女	2000-05-17	15633445566	4620.00
	1-002	大脸猫	男	1998-12-12	15757571212	4725.00
	1-003	凯蒂猫	女	2001-11-24	15757570202	4410.00
	1-004	叮当猫	女	2001-03-30	13933339999	5100.00
	1-005	加菲猫	男	2001-12-30	15757571212	4000.00
	1-006	汤姆猫	男	1995-11-12	NULL	6000.00

图 7.1　cashier_inf 表中的数据

	avgsalary
▶	4809.166667

图 7.2　所有收银员的平均薪金

7.1.2　统计行数函数

count()函数用于统计表中的行数，该函数的用法如下：

```
count(*)
```

或：

```
count(字段)
```

当 count()函数的参数为*号时，返回表中行的数量，不管行中是否含有 null；当参数为字段时，返回该字段值不为 null 的行的数量。

【示例 7.2】统计收银员总人数及有联系电话的收银员人数。

```
select count(*) as totalcnt, count(phone) as hasphonecnt from cashier_inf;
```

执行结果如图 7.3 所示，可以发现，总人数 totalcnt 的值为 6，有联系电话的人数的 hasphonecnt 值为 5，原因是表中的 phone 列存在一个 null 值，而当 count()函数参数为字段名时，不统计 null 值。

	totalcnt	hasphonecnt
▶	6	5

图 7.3　收银员总人数及有联系电话的收银员人数

注意：在用 count(字段)函数统计表中的行数时，如果不统计重复字段值的话，可以使用 count(distinct 字段)。

7.1.3　求和函数

sum()函数用于计算某一指定字段的一组数值或表达式的总和，该函数的用法如下：

```
sum(字段或表达式)
```

sum()函数的参数可以是字段也可以是表达式，参数类型必须是数值类型。如果参数为字符类型，则返回值为 0。

【示例 7.3】已知 saledetail 表中数据如图 7.4 所示，统计每名收银员的销售总金额。

```
select cashier_no,sum(number*price) as totalmoney from saledetail group by
cashier_no;
```

通过查询 saledetail 表记录，对所有行的金额（number*price）通过 group by cashier_no 进行分组求和，cashier_no 里的同一收银员编号归为一类。

执行结果如图 7.5 所示。

no	cashier_no	goodsname	number	unit	price
1	1-001	章鱼	21	斤	80.00
2	1-002	带鱼	1	盒	200.00
3	1-003	大礼包	2	大盒	1000.00
4	1-001	活对虾	6	斤	40.00

图 7.4　saledetail 表中的数据

cashier_no	totalmoney
1-001	1920.00
1-002	200.00
1-003	2000.00

图 7.5　统计每名收银员的销售总金额

7.1.4　求最小值和最大值函数

min()函数用于在某一字段的一组值中找到最小值，max()函数用于在一组值中找到最大值，这两个函数的用法如下：

```
min(字段或表达式)
max(字段或表达式)
```

min()和 max()这两个函数的参数可以是字段也可以是表达式，参数类型可以是数值类型、字符类型和日期类型。

【示例 7.4】使用 min()和 max()函数统计收银员薪金中的最大值和最小值。

```
select max(salary) as maxsalary,min(salary) as minsalary from cashier_inf;
```

执行结果如图 7.6 所示。

【示例 7.5】输出年龄最大的收银员编号、姓名和出生日期。

```
select no,cashiername,birth from cashier_inf
where birth=(select min(birth) from cashier_inf);
```

执行结果如图 7.7 所示。

maxsalary	minsalary
6000.00	4000.00

图 7.6　统计收银员薪金中的最大值和最小值

no	cashiername	birth
1-006	汤姆猫	1995-11-12

图 7.7　年龄最大的收银员编号、姓名和出生日期

7.1.5　分组统计函数

group_concat()函数用于将字符串从分组中连接成具有各种选项（如 distinct，order by 和 separator）的字符串，该函数的用法如下：

```
group_concat ([distinct]连接字段 [order by 排序字段 [asc|desc]) [separator
'分隔符'])
```

在 group_concat()函数的参数中，方括号内的内容都是可选项：

- distinct 可选项可以去掉重复值；
- 如果希望对结果中的值进行排序，可以使用 order by 子句，asc 表示升序，是默认值，desc 表示降序；
- separator 后的分隔符用于在连接字段值时，使用该分隔符进行连接，分隔符默认是逗号，也可以是下画线、冒号和分号等。

【示例 7.6】使用 group_concat()函数分别输出男女收银员的工资列表，工资按降序排序，工资之间以逗号分隔。

```
select sex,group_concat(salary order by salary desc separator ',') as
salarylist
from cashier_inf group by sex;
```

执行结果如图 7.8 所示，由结果可知，将收银员按照性别分组后，分别把男女收银员的工资通过逗号按降序连接成了一个字符串。由于分隔符默认的就是逗号，因此这里的 separator 子句可以省略。

	sex	salarylist
▶	女	5100.00,4620.00,4410.00
	男	6000.00,4725.00,4000.00

图 7.8　输出男女收银员的工资列表

7.1.6　标准偏差函数

标准偏差（Standard Deviation）是一种度量数据分布的分散程度的标准，用以衡量数据值偏离算术平均值的程度。如果数据集中的所有值都被纳入计算范围，则该标准偏差称为总体标准偏差（Population Standard Deviation）。如果将一个子集的值或一个样本作为计算，则该标准偏差称为样本标准偏差（Sample Standard Deviation）。

1．总体标准偏差公式和样本标准偏差公式

数学中的总体标准偏差公式如下：

$$\sigma=\sqrt{\frac{1}{N}\sum_{i=1}^{N}(X_i-\mu)^2} \tag{7.1}$$

公式 7.1 中的 μ 代表总体 X 的均值，N 为总样本数量，X_i 为第 i 个样本数值。

样本标准偏差公式如下：

$$S=\sqrt{\frac{1}{N-1}\sum_{i=1}^{N}(X_i-\overline{X})^2} \tag{7.2}$$

公式 7.2 中的 $\overline{X}$ 代表采用样本 X_1、X_2、$\cdots X_n$ 的均值，N 为采用样本数量，X_i 为第 i 个样本数值。

2. MySQL中总体标准偏差、样本标准偏差公式函数

MySQL 可以方便地计算总体标准偏差和样本标准偏差，常用的函数如下：

（1）std()函数用于返回表达式的总体标准偏差。如果没有匹配的行，则 std()函数返回 NULL。该函数的用法如下：

```
std(字段或表达式)
```

（2）stddev()函数也用于返回表达式的总体标准偏差。该函数的用法相当于 std()函数，仅提供与 Oracle 数据库兼容。该函数的用法如下：

```
stddev(字段或表达式)
```

（3）stddev_samp()函数用于返回表达式的样本标准偏差，该函数的用法如下：

```
stddev_samp(字段或表达式)
```

【示例 7.7】分别输出男女收银员工资的总体标准偏差、样本标准偏差和工资列表。

```
select sex,round(std(salary),2),round(stddev(salary),2),round(stddev_
samp(salary),2),
group_concat(salary) from cashier_inf group by sex;
```

执行结果如图 7.9 所示，其中总体标准偏差和样本标准偏差均保留 2 位小数，四舍五入函数 round()的用法详见 7.5.2 小节。

	sex	round(std(salary),2)	round(stddev(salary),2)	round(stddev_samp(salary),2)	group_concat(salary)
▶	女	288.79	288.79	353.69	4620.00,4410.00,5100.00
	男	826.72	826.72	1012.53	4725.00,4000.00,6000.00

图 7.9　总体标准偏差、样本标准偏差和工资列表

7.2　日期和时间函数

日期和时间函数（Date and Time Function）主要用于处理日期和时间的值，每个日期和时间类型的值范围及指定值的有效格式可以参阅 3.1.2 小节。常用的日期和时间函数如表 7.1 所示。

表 7.1　常用的日期和时间函数

函 数 名	描 述
adddate()	为指定日期加上一个时间间隔值
addtime()	为指定日期加上一个时间
curdate()	返回系统的当前日期
curtime()	返回系统的当前时间

续表

函 数 名	描　述
date()	提取日期或日期时间表达式的日期部分
date_add()	为指定日期加上一个时间间隔值
date_sub()	为指定日期减去一个时间间隔值
datediff()	返回两个日期间隔的天数
year()	返回指定日期中的年份
month()	返回指定日期中的月份
day()	返回指定日期中的天（1～31）
hour()	返回指定日期的时间或时间中的小时数
miniute()	返回指定日期的时间或时间中的分钟数
second()	返回指定日期的时间或时间中的秒数
dayname()	返回指定日期对应的星期名称（英文名称）
dayofmonth()	返回月份中的某一天（1～31）
dayofweek()	用于返回指定日期对应的星期几（周日为1，周一为2……）
dayofyear()	返回一年中的某一天（1～365）
weekday()	返回指定日期对应的星期几（周一为0，周二为1……）
now()	返回当前日期和时间
time()	提取时期时间表达式的时间部分
sysdate()	返回函数执行的时间
timediff()	返回两个时间的间隔
extract()	提取日期中的数据

为了让读者可以更好地理解，下面通过具体示例对部分常用的日期和时间函数的使用进行详细介绍。

1．获取系统日期和时间函数

MySQL 提供的获取系统日期和时间的函数有 now()、curdate()和 curtime()等。

- now()用于返回系统的当前日期和时间。
- curdate()用于返回系统的当前日期，其用法同 current_date()和 current_date。
- curtime()用于返回系统的当前时间，其用法同 current_time()和 current_time。
- sysdate()用于返回函数执行的时间。

【示例 7.8】查看系统当前的日期和时间。

```
select now(),curdate(),current_date(),current_date,curtime(),current_time(),
current_time;
```

执行结果如图 7.10 所示。

	now()	curdate()	current_date()	current_date	curtime()	current_time()	current_time
▶	2021-05-15 15:18:58	2021-05-15	2021-05-15	2021-05-15	15:18:58	15:18:58	15:18:58

图 7.10　查看系统当前的日期和时间

需要注意的是，now()函数返回的日期时间默认为“YYYY-MM-DD HH:MM:SS”格式，如果想要获取更加精确的时间信息，可以为函数传递一个整型参数（参数值可以是 0～6 的任意整数），用来设置时间的毫秒位数。

【示例 7.9】利用 now()函数查看系统当前的日期和时间（精确到 ms）。

```
select now(3);
```

执行结果如图 7.11 所示。28 后的 860 即为获取的毫秒数，其位数由 now()函数的参数值的大小来决定，参数取值范围最小值为 0，最大值为 6。

注意：在 MySQL 中，sysdate()函数与 now()函数一样都可以获取当前服务器的日期和时间，但 sysdate()函数获取的是动态的实时执行时间，而 now()函数获取的是语句开始执行的时间。

	now(3)
▶	2021-05-15 23:41:28.860

图 7.11　查看系统的当前日期和时间

【示例 7.10】利用 sysdate()函数与 now()函数查看系统时间。

```
select now(),sysdate(),sleep(2),now(),sysdate();
```

执行结果如图 7.12 所示。在该语句中 sleep(2)用于延迟 2s，本例中先使用 now()函数和 sysdate()函数获取系统的时间，2s 后再次使用这两个函数获取系统时间。通过对比执行结果可知，sysdate()函数获取的时间前后相差 2s，而 now()函数获取的是语句的开始执行时间，其值前后没有变化。

	sysdate()	now()	sleep(2)	sysdate()	now()
▶	2021-05-15 23:48:00	2021-05-15 23:48:00	0	2021-05-15 23:48:02	2021-05-15 23:48:00

图 7.12　利用 sysdate()函数与 now()函数查看系统时间

2. 日期时间计算函数

MySQL 提供的进行日期时间计算的函数有 adddate()、date_add()、date_sub()和 datediff()等。

1）adddate()用于为指定日期加上一个时间间隔，该函数的用法如下：

```
adddate(日期, interval 时间间隔数值 时间间隔的单位)
```

或：

```
adddate(日期, 时间间隔数值)
```

其中：第一种形式中的 interval 表达式用于表示时间间隔，数值单位可以是 year、month、

day 和 hour 等；第二种形式中的数值参数默认是天数，参数中的数值可以为负数。

【示例 7.11】adddate()函数的用法。

```
select adddate('2021-5-10',7),adddate('2021-5-10',interval 7 day),
adddate('2021-5-10',-7),adddate('2021-5-10',interval -7 day);
```

执行结果如图 7.13 所示。

	adddate('2021-5-10',7)	adddate('2021-5-10',interval 7 day)	adddate('2021-5-10',-7)	adddate('2021-5-10',interval -7 day)
▶	2021-05-17	2021-05-17	2021-05-03	2021-05-03

图 7.13　adddate()函数示例

2）date_add()用于为指定日期加上一个时间间隔，该函数的用法如下：

```
date_add(日期, interval 数值 数值的单位)
```

以上用法等同于 adddate()函数的第一种形式。

3）date_sub()用于为指定日期减去一个时间间隔，该函数的用法如下：

```
date_sub(日期, interval 数值 数值的单位)
```

参数的意义与 date_add()相同。

【示例 7.12】date_add()函数和 date_sub()函数的用法。

```
select date_add('2020-12-12',interval 1 year),date_add('2020-12-12',
interval -10 day),
date_sub('2020-12-12',interval 1 month);
```

执行结果如图 7.14 所示，结果中分别输出了“2020-12-12”日期的 1 年后、10 天前及 1 月前的日期。

	date_add('2020-12-12',interval 1 year)	date_add('2020-12-12',interval -10 day)	date_sub('2020-12-12',interval 1 month)
▶	2021-12-12	2020-12-02	2020-11-12

图 7.14　date_add()函数和 date_sub()函数示例

4）datediff()用于返回两个日期间隔的天数，该函数的用法如下：

```
datediff(日期1, 日期2)
```

其中，参数日期 1 和日期 2 可以是日期值也可以是日期时间值。计算时仅使用值的日期部分。

【示例 7.13】datediff()函数的用法。

```
select datediff('2021-5-20','2021-5-18'),datediff('2021-5-15','2021-5-18');
```

执行结果如图 7.15 所示。

	datediff('2021-5-20','2021-5-18')	datediff('2021-5-15','2021-5-18')
▶	2	-3

图 7.15　datediff()函数示例

3．获取日期的指定部分

MySQL 提供了一系列能够获取日期指定部分的函数，有 date()、time()、year()、month()、day()和 week()等。部分常用的函数用法如下：

- date()：返回日期和时间表达式中指定的日期。
- time()：返回日期和时间表达式中指定的时间。
- year()：返回指定日期的年份。
- month()：返回指定日期的月份。
- day()：返回指定日期中的天数。
- weekofyear()：返回指定日期的日历周，范围是数字 1～53。
- dayofyear()：返回指定日期是该年度的第多少天。
- dayname()：返回指定日期对应的星期名称（英文名称）。
- dayofweek()：返回指定日期对应的星期几（周日为 1，周一为 2……）。
- weekday()：返回指定日期对应的星期几（周一为 0，周二为 1……）。

【示例 7.14】获取指定日期的函数示例。

```
select year('2021-5-10'),month('2021-5-10'),day('2021-5-10') #返回年、月、日
,dayofyear('2021-5-10'),weekofyear('2021-5-10'); #返回年度第多少天、年度日历周
```

执行结果如图 7.16 所示。

	year('2021-5-10')	month('2021-5-10')	day('2021-5-10')	dayofyear('2021-5-10')	weekofyear('2021-5-10')
▶	2021	5	10	130	19

图 7.16　获取指定日期的函数

【示例 7.15】获取指定日期的函数。

```
select dayname('2021-5-10'),dayofweek('2021-5-10'),weekday('2021-5-10');
```

执行结果如图 7.17 所示。其中，dayofweek()和 weekday()函数的区别是参考的标准不同，dayofweek()函数的规则是周日为 1、周一为 2，以此类推。weekday()函数的规则是周一为 0、周二为 1，以此类推。

【示例 7.16】查询 20 岁以上的收银员的编号、姓名和年龄。

```
select no,cashiername,year(now())-year(birth) as age from cashier_inf
where year(now())-year(birth)>20;
```

执行结果如图 7.18 所示。其中，在 cashier_inf 表中只有出生日期 birth 列，而表达式 year(now())-year(birth)可以根据出生日期计算年龄。

🔔注意：列的别名不能用在 where 子句的条件表达式中。在示例 16 的 where 子句中不可以用 age＞20。

	dayname('2021-5-10')	dayofweek('2021-5-10')	weekday('2021-5-10')
▶	Monday	2	0

图 7.17　获取指定日期的函数

	no	cashiername	age
▶	1-001	三酷猫	21
	1-002	大脸猫	23
	1-006	汤姆猫	26

图 7.18　查询年龄为 20 以上的收银员的编号、姓名和年龄

另外，除了以上介绍的函数，extract()函数也用于提取日期时间中的指定部分，如年、月、日和分钟等。extract()的语法格式如下：

```
extract(日期部分 from 日期)
```

其中，参数日期部分的可取值如表 7.2 所示。

表 7.2　日期部分有效值

值	描　　述	值	描　　述
microsecond	毫秒	minute_microsecond	分钟:秒.毫秒
second	秒	minute_second	分钟:秒
minute	分钟	hour_microsecond	时:分:秒.毫秒
hour	时	hour_second	时:分:秒
day	天	hour_minute	时:分
week	周	day_microsecond	日 时:分:秒.毫秒
month	月	day_second	日 时:分:秒
quarter	季度	day_minute	日 时:分
year	年	day_hour	日 时
second_microsecond	秒.毫秒	year_month	月-日

【示例 7.17】演示 extract()函数的用法。

```
select extract(year from '2021-5-10 12:20:30')
,extract(minute from '2021-5-10 12:20:30')
,extract(year_month from '2021-5-10 12:20:30');
```

执行结果如图 7.19 所示，结果中分别提取出了指定日期的年份、分钟及年、月部分。

	extract(year from '2021-5-10 12:20:30')	extract(minute from '2021-5-10 12:20:30')	extract(year_month from '2021-5-10 12:20:30')
▶	2021	20	202105

图 7.19　extract()函数示例

7.3　字符串及其相关函数

MySQL 为字符串操作提供了字符串函数、字符集操作函数和正则表达式函数，下面分别进行介绍。

7.3.1　字符串函数

MySQL 提供了大量的字符串函数（String Function），主要用于对字符串进行比较、大小写转换、截取子串、获取长度和子串替换等操作。常用的字符串函数如表 7.3 所示。

表 7.3　常用的字符串函数

函　数　名	描　　述
char_length()	返回字符串包含的字符数
length()	返回字符串占用的字节数
lower()	将字符串中的全部字符转换为小写
upper()	将字符串中的全部字符转换为大写
reverse()	返回顺序反转后的字符串
locate()	返回子字符串第一次出现的位置
instr()	返回第一次出现的子串的位置
find_in_set()	返回子串在含有英文逗号分隔的字符串中第一次出现的位置
substring()	返回指定的子串
substr()	返回指定的子串
mid()	返回从指定位置开始的子字符串
left()	返回指定的最左边的字符
right()	返回指定的最右边的字符
trim()	删除前导和尾部空格
ltrim()	删除前导空格
rtrim()	删除尾部空格
repeat()	重复字符串指定的次数
space()	返回指定数量的字符串
replace()	替换指定字符串
insert()	在指定位置插入子串
strcmp ()	比较两个字符串
concat()	将参数连接成一个新的字符串
concat_ws()	用指定分隔符将参数连接成一个新的字符串

为了让读者更容易理解，下面通过具体示例对部分常用字符串函数的使用进行详细介绍。

1. 字符串长度

char_length()函数用于返回字符串中包含的字符个数，而 length()函数用于返回字符串占用的字节个数。根据 MySQL 的字符集设置不同，二者返回的结果会有所区别。

【示例 7.18】演示字符串长度函数的用法。

```
select char_length('MySQL8.0 版本'),length('MySQL8.0 版本');
```

执行结果如图 7.20 所示。其中，char_length()函数返回的是字符的个数，中英文字符包括数字和标点符号都作为一个字符，而 length()函数返回的是所有字符在内存中占用的字节数。默认的 MySQL 服务器的字符集为 utf8mb4，英文占 1 个字节，汉字占 3 个字节，因此返回的字节数为 14。

2. 字符串转换

lower()和 upper()函数都用于返回子串在字符串中第一次出现的位置，reverse()函数用于字符串的转换。

【示例 7.19】演示字符串转换函数的用法。

```
select lower('MySQL8.0'),upper('MySQL8.0'),reverse('MySQL8.0');
```

执行结果如图 7.21 所示，分别返回了将原字符串全部转换成小写、大写及逆序后的字符串。

	char_length('MySQL8.0版本')	length('MySQL8.0版本')
▶	10	14

图 7.20　字符串长度示例结果

	lower('MySQL8.0')	upper('MySQL8.0')	reverse('MySQL8.0')
▶	mysql8.0	MYSQL8.0	0.8LQSyM

图 7.21　字符串转换示例结果

3. 子串位置

locate()函数和 instr()函数都用于返回子串在字符串中第一次出现的位置（首字符位置是 1，以此类推），二者的语法规则如下：

1）locate()函数的语法格式如下：

```
locate(子串,原字符串)
```

或：

```
locate(子串,原字符串,起始位置)
```

locate()该函数的语法 1 返回子串在字符串中第一次出现的位置，而语法 2 可以设置起始位置，返回从某个起始位置开始的子串在字符串中第一次出现的位置。

2）instr()函数的语法格式如下：

```
instr(原字符串,子串)
```

instr()函数的用法与 locate()函数的语法 1 相同，区别只是参数的顺序不同。

3）find_in_set()函数的语法格式如下：

```
find_in_set(子串,原字符串)
```

其中，原字符串必须是由英文逗号分隔的多个子串组成的字符串列表。

【示例 7.20】利用 locate()函数查找子串的位置。

```
select locate('SQL','MySQL8.0,MySQL5.7'),locate('SQL','MySQL8.0,
MySQL5.7',5);
```

执行结果如图 7.22 所示，SQL 在“MySQL8.0,MySQL5.7”中第一次出现的位置是 3，而从第 5 个位置开始查找 SQL 第一次出现的位置则是 12。

【示例 7.21】演示 instr()函数的用法。

```
select instr('MySQL8.0','SQL'),find_in_set('SQL','Java,SQL,C,Python');
```

执行结果如图 7.23 所示，在 instr()函数中子串和原字符串参数的顺序与 locate()函数正好相反，find_in_set()函数返回的是子串在原字符串列表中的位置（SQL 是以逗号分隔的字符串列表“Java,SQL,C,Python”中的第 2 个子串）。

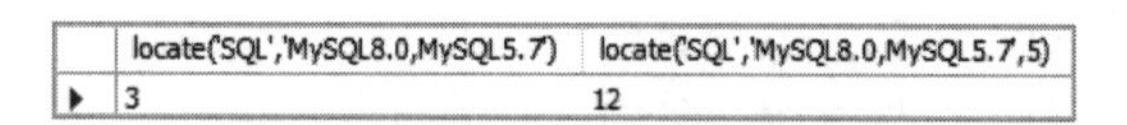

locate('SQL','MySQL8.0,MySQL5.7')	locate('SQL','MySQL8.0,MySQL5.7',5)
3	12

图 7.22　locate()函数用法示例

instr('MySQL8.0','SQL')	find_in_set('SQL','Java,SQL,C,Python')
3	2

图 7.23　instr()函数用法示例

4．截取子串

1）substr()函数用于从字符串中截取子串，其语法格式如下：

```
substr(原字符串,起始位置)
```

或：

```
substr(原字符串,起始位置,截取长度)
```

substr()函数的语法 1 返回子串在字符串中第一次出现的位置，而语法 2 可以设置起始位置，返回从某起始位置开始的子串在字符串中第一次出现的位置。

2）mid()函数也用于从字符串中截取子串，与 substr()函数语法 2 的用法相同。其语法规则如下：

```
mid(原字符串,起始位置,截取长度)
```

3）left()函数用于截取字符串从最左边开始指定长度的子串，其语法规则如下：

```
left(原字符串,长度)
```

4）right()函数用于截取字符串从最右边开始指定长度的子串，其语法规则如下：

```
right(原字符串,长度)
```

【示例 7.22】截取子串函数。

```
select substr('MySQL8.0',3),substr('MySQL8.0',3,4),mid('MySQL8.0',3,4),
left('MySQL8.0',5),right('MySQL8.0',3);
```

执行结果如图 7.24 所示。

	substr('MySQL8.0',3)	substr('MySQL8.0',3,4)	mid('MySQL8.0',3,4)	left('MySQL8.0',5)	right('MySQL8.0',3)
▶	SQL8.0	SQL8	SQL8	MySQL	8.0

图 7.24　截取子串函数结果

5. 字符串连接

1）concat()函数返回连接所有参数后产生的字符串，其语法格式如下：

```
concat(字符串 1,字符串 2,…)
```

其中，字符串参数可以是一个或多个。

2）concat_ws()函数也用于连接字符串，它用指定分隔符将参数连接成一个新的字符串，语法格式如下：

```
concat_ws(原字符串,起始位置,截取长度)
```

concat_ws()函数的第一个参数是其余参数的分隔符。分隔符被添加到要连接的字符串之间。

【示例 7.23】演示字符串连接函数的用法。

```
select concat('My','SQL','8.0'),concat_ws('-','2021','05','15');
```

执行结果如图 7.25 所示。

6. 去除字符串两端的空格

trim()函数用于去除字符串两端的空格，ltrim()函数用于去除字符串开始的空格，rtrim()函数用于去除字符串尾部的空格。

【示例 7.24】去除字符串两端的空格。

```
select concat('I',trim('  like  '),'study') as trim
,concat('I',ltrim('  like  '),'study') as ltrim
,concat('I',rtrim('  like  '),'study') as rtrim;
```

执行结果如图 7.26 所示。本例使用 concat()函数将去除空格后的字符串和其前后两个字符串进行连接，可以看出字符串“　like　”两端的空格都去除后和其他两个字符串之间无空格；去掉左端空格后，仅和 study 之间有空格；去掉右端空格后，仅和 I 之间有空格。

	concat('My','SQL','8.0')	concat_ws('-','2021','05','15')
▶	MySQL8.0	2021-05-15

图 7.25　字符串连接示例

	trim	ltrim	rtrim
▶	Ilikestudy	Ilike study	I likestudy

图 7.26　去除字符串两端的空格

7.3.2　字符集操作函数

MySQL 提供了字符集操作函数 charset()和 collation()，分别用于查看字符串的字符集和排序规则。字符集用来定义 MySQL 存储字符串的方式，而排序规则用来比较字符串。可以在同一台服务器、同一个数据库甚至同一个表中混合使用具有不同字符集或排序规则的字符串。MySQL 8.0 默认使用的字符集是 utf8mb4，默认的排序规则是 utf8mb4_0900_ai_ci。

一般情况下，对于 upper()、lower()、trim()、ltrim()、rtrim()、substr()、mid()和 repeat()等字符串函数，输出的字符集和排序规则与输入参数的字符集和排序规则相同。但是也有的字符串函数返回的字符串的字符集和排序规则会发生变化。可以使用 charset()和 collation()函数进行查看。

【示例 7.25】查看字符集和排序规则。

```
select charset('MySQL'),collation('MySQL')          #查看原字符串
#查看 upper()函数的返回值
,charset(upper('MySQL')),collation(upper('MySQL'))
#查看 charset()函数的返回值
,charset(charset('MySQL')),collation(charset('MySQL'));
```

执行结果如图 7.27 所示。可以发现，upper()函数返回的字符串的字符集和排序规则与原字符串相同，而 charset()函数返回的字符串的字符集和排序规则发生了变化。

	charset('MySQL')	collation('MySQL')	charset(upper('MySQL'))	collation(upper('MySQL'))	charset(charset('MySQL'))	collation(charset('MySQL'))
▶	utf8mb4	utf8mb4_0900_ai_ci	utf8mb4	utf8mb4_0900_ai_ci	utf8	utf8_general_ci

图 7.27　查看字符集和排序规则

7.3.3　正则表达式函数

正则表达式是为复杂搜索指定匹配模式的有效方法，在 5.3 节中我们已对正则表达式、regexp 操作符及匹配方式的具体应用进行了详细介绍。除了 regexp、not regexp 和 rlike 运算符之外，MySQL 还提供了用于正则表达式匹配的函数。常用的正则表达式函数如表 7.4 所示。

表 7.4　正则表达式函数

函　数	功　能
regexp_like()	字符串是否匹配正则表达式
regexp_substr()	返回匹配正则表达式的子字符串
regexp_instr()	子串匹配正则表达式的起始索引
regexp_replace()	替换与正则表达式匹配的子字符串

关于正则表达式的语法，读者可自行查看 5.3.1 小节。为方便读者对正则表达式函数的理解和认识，下面结合具体示例分别对以上函数进行讲解。

1．regexp_like()函数

regexp_like()函数用于判断字符串是否匹配正则表达式，其语法格式如下：

```
regexp_like(字符串,匹配模式)
```

其中，如果字符串与模式指定的正则表达式匹配，则返回 1，否则返回 0。如果字符串或者模式是 null 则返回 null。该函数的作用与运算符 regexp 和 rlike 相同。

【示例 7.26】 regexp_like()函数的用法。

```
select regexp_like('axy','^[a-c]'),'better' regexp '^[a-c]','cat' rlike
'^[a-c]';
```

执行结果如图 7.28 所示，可以发现，模式“^[a-c]”匹配任意以 a、b 或 c 打头的字符串。

【示例 7.27】 查询在 user 表中密码里包含数字的用户名和密码。

```
select uname,pwd from user where regexp_like(pwd,'[0-9]+');
```

执行结果如图 7.29 所示，密码中包含数字的用户全部被查询出来了。

	regexp_like('axy','^[a-d]')	'axy' regexp '^[a-d]'	'axy' rlike '^[a-d]'
▶	1	1	1

图 7.28　regexp_like()函数示例

	uname	pwd
▶	dalianmao	kaiwang98
	dingdangmao	3939339
	kaitimao	yangou11

图 7.29　密码中包含数字的用户名和密码

2．regexp_substr()函数

regexp_substr()函数用于返回匹配正则表达式的子字符串，其语法格式如下：

```
regexp_substr(字符串,匹配模式[,开始搜索的位置[,匹配次数])
```

regexp_substr()函数返回与模式指定的正则表达式匹配的字符串的子字符串，如果不匹配，则返回 null。如果字符串或者模式是 null，则返回 null。开始位置默认值为 1，可以省略。匹配次数默认值为 1，可以省略。

【示例 7.28】 regexp_substr()函数的用法。

```
select regexp_substr('three cool cats','c[a-z]+')  #默认起始位置为 1，匹配 1 次
,regexp_substr('three cool cats','c[a-z]+',1,2); #起始位置 1，匹配 2 次
```

执行结果如图 7.30 所示，分别输出了原字符串中第 1 个以 c 打头的单词 cool、第 2 个以 c 打头的单词 cats。

	regexp_substr('three cool cats','c[a-z]+')	regexp_substr('three cool cats','c[a-z]+',1,2)
▶	cool	cats

图 7.30　regexp_substr()函数示例

3．regexp_instr()函数

regexp_instr()函数用于返回子串匹配正则表达式的起始位置，其语法格式如下：

```
regexp_substr(字符串,匹配模式[,开始搜索的位置[,匹配次数])
```

regexp_instr()函数返回与模式指定的正则表达式匹配的字符串中子字符串的起始位置，如果不匹配，则返回 0。如果字符串或者模式是 null，则返回 null。开始搜索的位置默认值为 1，可以省略。匹配次数默认值为 1，可以省略。

【示例 7.29】regexp_instr()函数的用法。

```
select regexp_instr('three cool cats','cats')        #匹配字符串
,regexp_instr('three cool cats','c[a-z]+')           #起始位置为 1，匹配 1 次
,regexp_instr('three cool cats','c[a-z]+',1,2);      #起始位置为 1，匹配 2 次
```

执行结果如图 7.31 所示，分别输出了原字符串中单词 cats 的位置、第 1 个以 c 打头的单词 cool 的位置、第 2 个以 c 打头的单词 cats 的位置。

	regexp_instr('three cool cats','cats')	regexp_instr('three cool cats','c[a-z]+')	regexp_instr('three cool cats','c[a-z]+',1,2)
▶	12	7	12

图 7.31　regexp_instr()函数示例

4．regexp_replace()函数

regexp_replace()函数用于替换与正则表达式匹配的子字符串，其语法格式如下：

```
regexp_replace(字符串,匹配模式,替换字符串[,开始搜索的位置[,匹配次数])
```

regexp_replace()函数通过指定“匹配模式”参数（指定的正则表达式），把“字符串”参数中的字符串替换为需要的字符串，然后返回生成的字符串。如果字符串、模式或替换字符串为 null，则返回 null。开始搜索的位置默认值为 1，可以省略。匹配次数默认值为 1，可以省略。

【示例 7.30】regexp_replace ()函数的用法。

```
SELECT regexp_replace('abcba', 'b', 'B')                          #所有 b 替换为 B
,regexp_replace('three cool cats','[a-z]+','dogs',1,3);#起始位置 1，匹配 3 次
```

执行结果如图 7.32 所示，分别输出了将原字符串中所有的 b 替换为 B 后的字符串、第 3 个单词 cats 替换为 dogs 后的字符串。

	regexp_replace('abcba', 'b', 'B')	regexp_replace('three cool cats','[a-z]+','dogs',1,3)
▶	aBcBa	three cool dogs

图 7.32　regexp_replace()函数示例

7.4　强制转换函数

强制转换函数（Type Conversion Function）可将值从一种数据类型转换为另一种数据类型，MySQL 提供的强制转换函数有 binary()、cast()和 convert()。

7.4.1　binary()函数

binary()函数用于将值转换为二进制字符串，其语法格式如下：

```
binary(值)
```

binary()函数的功能相当于使用 cast(值 as binary)，cast()函数的用法见 7.4.2 小节。

【示例 7.31】binary()函数的用法。

```
select binary('abc');
```

执行结果如图 7.33 所示。在 MySQL Workbench 中二进制字符串使用十六进制表示法显示，这里输出内容显示 BLOB，在该内容上右击，选择快捷菜单中的 Open Value in Viewer 命令，可以查看其内容，如图 7.34 所示。

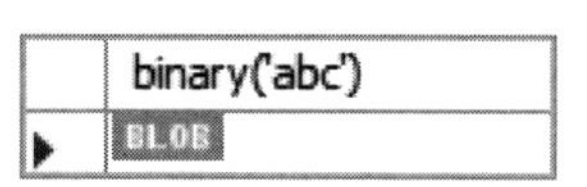

图 7.33　binary()函数示例

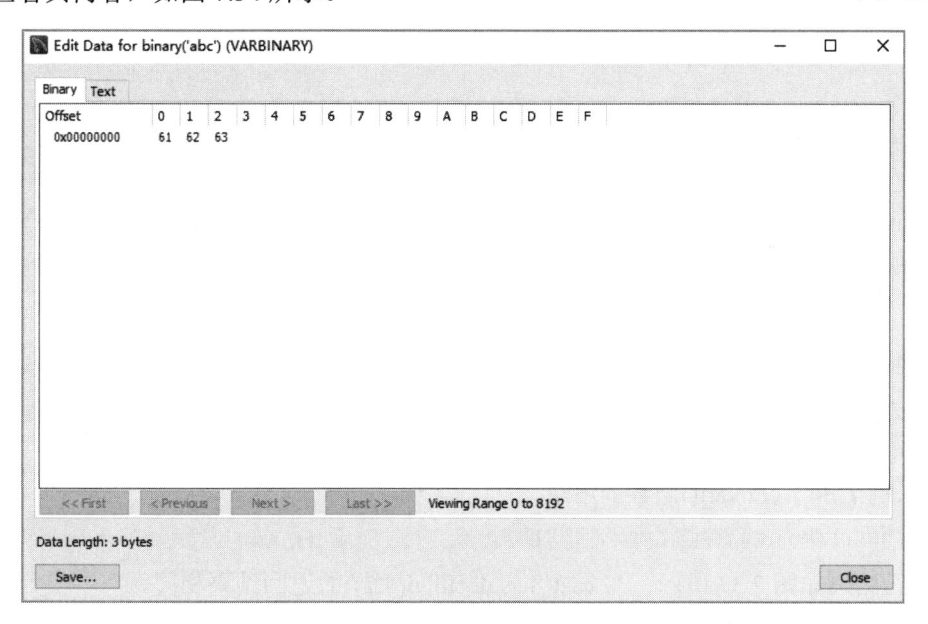

图 7.34　查看二进制字符串

7.4.2　cast()函数

cast()函数用于将值强制转换为特定类型，其语法格式如下：

```
cast(表达式 as 类型)
```

cast()函数可以把一种类型的表达式转换为指定类型并将其返回，如果不能转换则直接给出出错提示。

【示例 7.32】cast()函数的用法。

```
select cast(8 as decimal(4,2));
```

执行结果如图 7.35 所示，整数 8 转换为 decimal 类型，含两位小数。

	cast(8 as decimal(4,2))
▶	8.00

图 7.35　cast()函数示例

当类型转换失败时，cast()函数将给出英文出错提示。

【示例 7.33】将小数转换为整型时出错。

如图 7.36 所示，在 Workbench 工具的脚本代码文件里直接输入如下代码，把小数 11.1 转换为 int 时，在该界面中显示红叉出错提示，单击 select 关键字时，将给出英文出错提示信息。

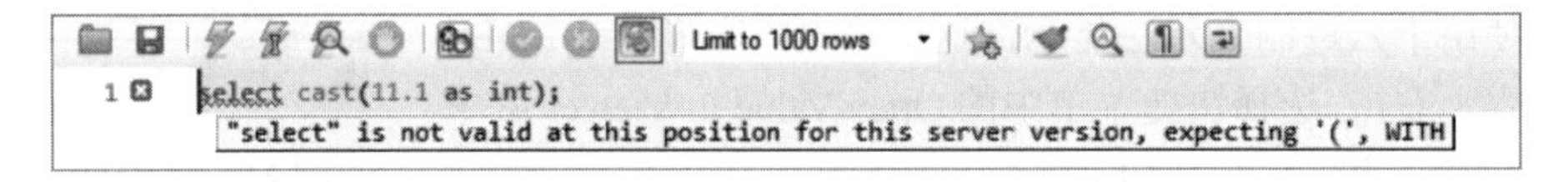

图 7.36　类型转换出错提示

7.4.3　convert()函数

convert()函数用于将值强制转换为指定的数据类型或字符集，其语法格式如下：

```
convert(表达式,类型)
```

或：

```
convert(表达式 using 字符集)
```

其中：语法 1 用于将表达式强制转换为指定的数据类型，与 cast(表达式 as 类型)等价；语法 2 用于在不同字符集之间转换数据。

【示例 7.34】convert()函数的用法。

```
select convert(8,decimal(4,2));
```

执行结果如图 7.37 所示，与 cast(8 as decimal(4,2))的返回结果相同。

【示例 7.35】利用 convert()函数转换字符集。

```
select charset('MySQL')                          #原字符集
,convert('MySQL' using utf8)                     #字符集转换
,charset(convert('MySQL' using utf8));           #转换后的字符集
```

执行结果如图 7.38 所示，字符串 MySQL 的字符集由原来的 utf8mb4 转换为 UTF-8。

	convert(8,decimal(4,2))
▶	8.00

图 7.37　convert()函数示例

	charset('MySQL')	convert('MySQL' using utf8)	charset(convert('MySQL' using utf8))
▶	utf8mb4	MySQL	utf8

图 7.38　利用 convert()函数转换字符集

7.5　普通的数值函数

MySQL 提供了丰富的数值函数（Numeric Function）来满足数据库操作与管理中的算术运算需求。常用的数值函数有三角函数、四舍五入函数、指数和对数函数、求绝对值函数、求余函数和随机函数等。

7.5.1　三角函数

三角函数主要包括正弦函数、余弦函数和求圆周率函数等，MySQL 中常用的三角函数如表 7.5 所示。

表 7.5　常用的三角函数

函　　数	描　　述
sin(x)	返回正弦
cos(x)	返回余弦
tan(x)	返回正切
cot(x)	返回余切
asin(x)	返回反正弦
acos(x)	返回反余弦
atan(x)	返回反正切
pi()	返回圆周率的值
radians(x)	将角度转换为弧度
degrees(x)	将弧度转换为角度

【示例 7.36】三角函数的用法。

```
select pi(),sin(pi()),cos(pi()),degrees(pi()/2);
```

执行结果如图 7.39 所示。

	pi()	sin(pi())	cos(pi())	degrees(pi()/2)
▶	3.141593	1.2246467991473532e-16	-1	90

图 7.39　三角函数示例

7.5.2　四舍五入函数

round()函数用于将数字四舍五入为指定的小数位数，其语法格式如下：

```
round(数值,小数位数)
```

其中，小数位数指四舍五入后要保留的小数位数，如果省略，则返回整数。

【示例 7.37】round()函数的用法。

```
select round(pi(),2);
```

	round(pi(),2)
▶	3.14

图 7.40　round()函数示例

执行结果如图 7.40 所示，圆周率 pi 的值保留 2 位小数。

7.5.3　指数和对数函数

指数和对数函数主要包括幂运算、求平方根和求对数等。MySQL 中常用的指数和对数函数如表 7.6 所示。

表 7.6　常用的指数和对数函数

函　　数	描　　述
pow(x,y)	计算x的y次方
power(x,y)	计算x的y次方
sqrt(x)	计算x的平方根
exp(x)	计算e的x次方
log(x)或log(x,y)	计算x的自然对数，或x的对数到指定的基数y
log10(x)	计算以10为底的x的对数
ln(x)	计算x的自然对数

【示例 7.38】指数和对数函数的用法。

```
select pow(2,3),log(2,4),log10(1000),ln(2),sqrt(2);
```

执行结果如图 7.41 所示。

	pow(2,3)	log(2,4)	log10(1000)	ln(2)	sqrt(2)
▶	8	2	3	0.6931471805599453	1.4142135623730951

图 7.41　指数和对数函数示例

7.5.4　其他常用的数学函数

常用的数学函数除了以上介绍的三角函数、四舍五入函数及指数和对数函数外，还包括其他的常用函数，比如 abs()求绝对值、mod()求模运算、rand()求随机数等函数，其用法如表 7.7 所示。

表 7.7　其他常用的数学函数

函　　数	描　　述
sign(x)	返回x的符号，如果为正数则返回1，如果为负数则返回-1
abs(x)	计算x的绝对值
mod(x,y)	求模，与x%y的功能相同
rand(x)	返回[0,1)之间的随机数

【示例 7.39】其他常用的数学函数示例。

```
select sign(10),abs(-10),mod(10,3),rand();
```

执行结果如图 7.42 所示，其中，rand()函数返回 0～1 的随机小数，每次运行该函数，返回值都是随机的。

	sign(10)	abs(-10)	mod(10,3)	rand()
▶	1	10	1	0.5726087648166425

图 7.42　其他常用的数学函数示例

7.6　自定义函数

前面几节介绍了 MySQL 中常用的内置函数，除此之外，MySQL 还支持用户自定义函数，用于实现特定的功能。

1．创建函数

在 MySQL 中使用 create function 命令创建自定义函数，语法格式如下：

```
create function 函数名(参数列表) returns 数据类型
begin
    #函数体
    return 返回值;
end;
```

在上述语法中，函数名的命名要符合 MySQL 中标识符的命名规范。

参数列表可以是任意的，每个参数都由参数名和参数类型组成，并且每个参数之间用逗号隔开。如果不需要参数，则参数列表可以省略。即使没有参数，在定义函数时，函数名后面也必须跟一个空的括号。

returns 后的数据类型指的是函数返回值的类型。

函数体必须包含 return 返回语句，并且返回值的类型要与函数头中 returns 后的数据类型一致或兼容。当函数体包含多条语句时，必须要把函数体放在语法结构 begin…end 中，即 begin 开头，end 结束。如果函数体仅包含一条 return 语句，则可以省略 begin…end，但通常情况下不推荐省略。

2．调用函数

自定义函数的调用与内置函数的调用相同，语法格式如下：

```
select 函数名([实参列表]);
```

调用函数时，实参列表的个数、顺序和数据类型要和函数定义时的形参一致。如果没有参数，则函数名后面空的括号也不能省略。

【示例 7.40】定义函数 fun_sum()，用于求任意两个整数的和。

```
delimiter $$
create function fun_sum(x int,y int) returns int
begin
   return x+y;
end$$
delimiter ;
```

创建成功后，对函数进行调用。

```
select fun_sum(10,20);
```

执行结果如图 7.43 所示。

其中，delimiter 命令用来改变 MySQL 语句默认的结束标志。MySQL 服务器处理语句默认以“;”为结束标志，但在函数或存储过程中的 SQL 语句需要以分号来结束，为了避免冲突，可以用 delimiter 命令将 MySQL 的结束符设置为其他字符，如“$$”。需要注意的是，当完成函数的自定义后，首先要使用新的结束符将函数的定义结束，然后要使用 delimiter 命令将结束符改回原来的“;”。

【示例 7.41】定义函数 fun_avgsalary()，求所有收银员的平均工资。

```
delimiter $$
create function fun_avgsalary() returns decimal(7,2)
begin
   return(select round(avg(salary),2) from cashier_inf);
end$$
delimiter ;
```

创建成功后，对函数进行调用。

```
select fun_avgsalary();
```

执行结果如图 7.44 所示。

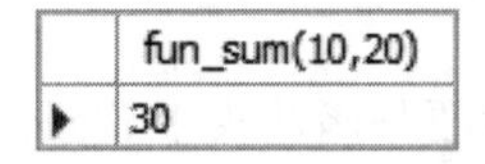

图 7.43　调用 fun_sum()函数

	fun_avgsalary()
▶	4809.17

图 7.44　调用 fun_avgsalary()函数

需要注意的是，当函数体 return 后的返回值为 select 语句时，要保证 select 的查询结果是一个单行单列的标量值。

注意： 创建函数时，如果遇到不能创建的情况，可以通过执行如下命令开启相应的功能：

set global log_bin_trust_function_creators=1;

3．查看函数

函数定义之后，可以通过 show 命令查看函数定义信息，语法格式如下：

```
show create function 函数名;
```

或：

```
show function status like '匹配模式';
```

其中，语法 1 可以查看指定函数的定义信息，语法 2 可以通过模糊匹配的方式查看匹配到的函数状态，如果 like 子句省略，则可以查看所有函数。

【示例 7.42】查看函数 fun_sum()的定义信息。

```
show create function fun_sum;
```

执行结果如图 7.45 所示，可以查看到函数名、SQL 模式、用户名及主机地址、创建语句、字符集及比较规则等信息。

Function	sql_mode	Create Function	character_set_client	collation_connection	Database Collation
fun_avgsalary	STRICT_TRANS_TABLES,NO_ENGINE_...	CREATE DEFINER=`root`@`localhost` FUNCTI...	utf8mb4	utf8mb4_0900_ai_ci	utf8mb4_0900_ai_ci

图 7.45　查看函数 fun_sum()的定义信息

【示例 7.43】查看函数名以“fun_”打头的函数状态信息。

```
show function status like 'fun_%';
```

执行结果如图 7.46 所示，可以看到数据库名、函数名、用户名及主机地址、创建时间、修改时间、字符集及比较规则等信息。

Db	Name	Type	Definer	Modified	Created	Security_ty	Cor	character_set_	collation_connectior	Database Collation
study_db	fun_avgsalary	FUNCT...	root@localhost	2021-05-1...	2021-05-1...	DEFINER		utf8mb4	utf8mb4_0900_ai...	utf8mb4_0900_ai_ci
study_db	fun_sum	FUNCT...	root@localhost	2021-05-1...	2021-05-1...	DEFINER		utf8mb4	utf8mb4_0900_ai...	utf8mb4_0900_ai_ci

图 7.46　查看以“fun_”打头的函数状态信息

4．删除函数

可以通过 drop function 命令删除自定义函数，语法格式如下：

```
drop function 函数名;
```

在函数名之前可以加 if exists 选项，否则当删除不存在的函数时系统会报错。

【示例 7.44】删除 fun_avgsalary()函数。

```
drop function fun_avgsalary;
```

执行以上语句，成功删除 fun_avgsalary()函数。

7.7　案例——三酷猫进行销售统计

利用 study_db 库里的 saledetail_t 表，三酷猫的海鲜零售店销售记录如图 7.47 所示。三酷猫希望在 MySQL 服务器端编写一段代码，按照如下要求自动进行销售统计。

1）按照年、月分类统计销售额。

2）计算总销售额。

3）小数点四舍五入保留 2 位。

4）字段名用中文显示。

实现代码如下：

```
with stat1 as (select number,price from study_db.saledetail_t)
  select year(sale_time) as '年',month(sale_time) as '月',round(sum(number*
price),2) as '销售额(元)' from study_db.saledetail_t group by year(sale_
time),month(sale_time)
with rollup;
```

在 Workbench 工具主界面里执行上述代码，统计结果如图 7.48 所示。结果中分别统计了 4、5 月份的销售金额，并给出了 2021 年全年销售总金额。

1 ● SELECT * FROM study_db.saledetail_t;

no	name	number	unit	price	sale_time	cashier_no
1	黄鱼	20.60	斤	80.00	2021-04-03 08:25:15	1-001
2	带鱼	1.00	盒	200.00	2021-04-03 09:25:15	1-002
3	大礼包	2.00	大盒	1000.00	2021-04-03 17:25:15	1-003
4	活对虾	5.80	斤	40.00	2021-04-03 12:25:15	1-001
5	活青蟹	8.00	只	50.00	2021-04-03 10:25:15	1-001
6	海蜇头	100.00	斤	30.00	2021-04-03 19:25:15	1-001
7	活龙虾	20.00	只	90.00	2021-04-03 20:25:15	1-002
8	比目鱼	9.50	斤	88.00	2021-05-23 10:04:35	1-103
9	马哈鱼	20.00	斤	120.00	2021-05-23 10:12:05	1-101
10	中华龙虾	30.00	斤	220.00	2021-05-23 10:31:22	1-102
11	特级章鱼	20.00	斤	70.00	2021-05-23 10:32:52	1-102
NULL	NULL	NULL	NULL	NULL	NULL	NULL

图 7.47　三酷猫的海鲜店销售记录

年	月	销售额(元)
2021	4	9280.00
2021	5	11236.00
2021	NULL	20516.00
NULL	NULL	20516.00

图 7.48　统计结果

7.8　练习和实验

一、练习

1. 填空题

1）（　　）函数用于计算一组值或表达式的平均值。

2）（　　）函数用于返回系统的当前日期和时间。

3）MySQL 为字符串操作提供了（　　）函数、字符集操作函数和（　　）函数。

4）MySQL 提供的强制转换函数有 binary()、（　　）和（　　）。

5）MySQL 提供了丰富的（　　）函数，用于满足数据库操作与管理中的算术运算需求。

2. 判断题

1）在 MySQL 服务器端，可以通过 SQL 编程执行自定义函数。（　　）

2）当参数为字段时，count()函数返回该字段值不为 null 的行的数量。（　　）

3）MySQL 8.0 默认使用的字符集是 utf8mb4，默认的排序规则是 utf8mb4_0900_ai_ci。（　　）

4）binary()函数用于将二进制值转换为字符串。（　　）

5）自定义函数名的命名要符合 MySQL 中标识符的命名规范。（　　）

二、实验

实验 1：抽取获奖人员。

为了激励海鲜零售店销售人员的积极性，三酷猫决定每月搞一次销售随机抽奖活动。要求在图 7.47 所示的记录中指定月份并随机抽取一名员工作为中奖人员，并通过自定义函数实现。

1）指定抽奖月份。

2）随机抽取当月的一条销售记录。

3）返回中奖员工编号。

实验 2：在 7.7 节的案例基础上修改统计方式。

1）按照产品名称统计销售金额。

2）从大到小排序销售金额。

3）给出品名和金额的中文字段名。

第 8 章　索　　引

索引（Index）用于在数据库里加快数据查询速度，在实际商业环境中能较好地优化数据库表操作性能。本章的主要内容如下：

- 索引的基础知识；
- 普通索引；
- 唯一索引；
- 主键索引；
- 组合索引；
- 全文索引。

8.1　索引的基础知识

当表的数据量比较大时，对表的查询操作会非常耗时。建立索引是加快查询速度的有效手段之一，能有效提高数据库的性能。

8.1.1　什么是索引

索引是数据库存储引擎用于快速找到记录的一种数据结构。其设计思路是把数据归类，并不断地缩小查找范围，以快速筛选需要查找的数据。

数据库索引类似于图书目录，能快速定位到需要查询的内容。例如，需要查找图书中的某部分内容，如果不使用目录，就需要从图书的正文中逐页查找。如果把内容标题提取出来构成图书目录，则只需要从目录中查找，根据目录中查找到的页码再读取该页中的内容，这样可以大大节省查找时间。

如图 8.1 所示，左边没有为数据建立索引，则只能一个个比较、查找，速度慢；右边为数据建立了索引数据结构，这个索引结构采用一定的排序方式构建（MySQL 常见的索引采用 B-树或 Hash 表构建），通过比较索引就可以快速定位需要查找的数据记录。索引数据结构里存放着某一列或几列具有一定顺序的数据，如存放了按照一定顺序排列的学号，则可以在索引结构里先找到指定的学号，再去数据库表里找对应学号的记录。

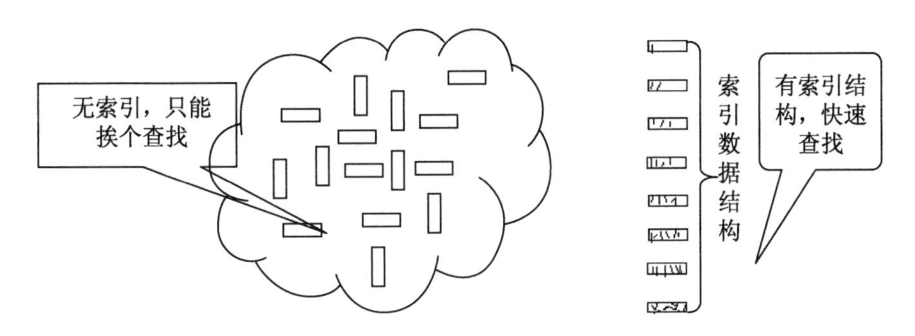

图 8.1　无索引数据和有索引数据

MySQL 中也采用了类似的方法，先在索引中找到对应的值，然后再根据匹配的索引值找到对应表中记录的位置。在实际应用中，用户可以根据环境需要在数据表中建立一个或多个索引，以提供多种存取路径，加快查找速度。

MySQL 的索引是一种特殊的数据库对象，由数据表中的一列或多列组合而成，可以用来快速查询数据表中有某一特定值的记录。索引就是根据表中的一列或多列按照一定顺序建立的列值与记录行之间的对应关系表。在进行数据库编程时，创建有效的索引，可以提高系统的性能，加快数据的查询速度，减少系统的响应时间。

8.1.2　索引的优缺点及分类

创建索引的目的是加快数据的查询速度，那么索引有没有缺点呢？MySQL 中都支持什么样的索引呢？

1. 索引的优缺点

索引有其明显的优点，也存在不可避免的缺点。索引的优点如下：

- 可以大大加快数据的检索速度，这是创建索引的主要原因。
- 通过创建唯一性索引，可以保证数据库表中每一行数据的唯一性。
- 可以加速表和表之间的连接。
- 在使用分组和排序子句进行数据检索时，可以明显减少查询中分组和排序的时间。

索引虽然能够加快数据库的查询速度，但需要占用一定的存储空间。索引的缺点如下：

- 创建和维护索引要耗费时间，随着数据量的增加所耗费的时间也会增加。
- 索引需要占用磁盘空间，除了数据表占数据空间以外，每一个索引还要占一定的物理空间。如果有大量的索引，索引文件会占用大量的存储空间。
- 当对表中的数据进行更新的时候，索引也要动态维护，这些都会增加数据库的负担。

鉴于上述的索引的优缺点，开发人员要根据实际应用的需要，有选择地创建索引。因此，在创建索引时，为了使索引更高效，要考虑如下注意事项：

- 索引并非越多越好。

- 对经常作为查询条件的字段建立索引。
- 对经常需要排序、分组和联合操作的字段建立索引。
- 避免在查询中很少使用的字段中建立索引。
- 避免在有大量重复值的字段中建立索引。
- 尽量不要在数据量小的表中建立索引。

2．索引分类

根据不同的分类标准，MySQL 的索引分为多种类型。索引分类如图 8.2 所示。

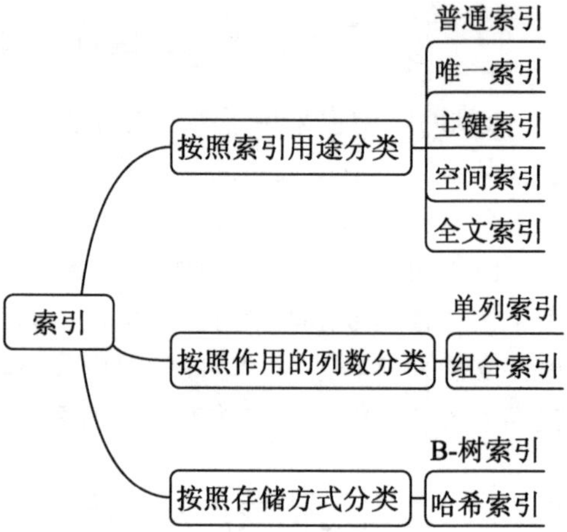

根据存储方式不同，MySQL 中的索引分为 B-树（B-Tree）索引和哈希（Hash）索引两类。其中，B-树索引是系统默认的索引存储类型。InnoDB 和 MyISAM 存储引擎支持 B-树索引，MEMORY 存储引擎支持 Hash 索引。

- 索引
  - 按照索引用途分类
    - 普通索引
    - 唯一索引
    - 主键索引
    - 空间索引
    - 全文索引
  - 按照作用的列数分类
    - 单列索引
    - 组合索引
  - 按照存储方式分类
    - B-树索引
    - 哈希索引

图 8.2　索引分类

根据索引作用的列数不同，分为单列索引和多列索引（或组合索引）。

- 单列索引：在表中的单个字段上创建索引，单列索引只根据该字段进行索引。
- 组合索引：也称为多列索引，是在表的多个字段上创建一个索引。该索引指向创建时对应的多个字段，可以通过这几个字段进行查询。但是，只有查询条件中使用了这些字段中第一个字段时，索引才会被使用。

根据索引的用途不同，MySQL 中的索引分为普通索引（Index）、唯一索引（Unique）、主键索引（Primary key）、空间索引（Spatil）和全文索引（Fulltext）。

- 普通索引：是最基本的索引，它没有任何限制，允许有空值和重复值，仅用于加快查询速度。在一个表中可以创建多个普通索引。
- 唯一索引：索引字段的值必须唯一，允许有空值。如果是组合索引，则字段值的组合必须唯一。在一个表中可以创建多个唯一索引。
- 主键索引：是一种特殊的唯一索引，要求取值唯一且不允许有空值。一般是在建表的同时创建主键索引，也可以在修改表时添加主键索引。在一个表中只能有一个主键索引。
- 空间索引：是在空间数据类型字段中建立的索引，主要用于地理数据的存储，其会通过所有维度来索引数据，查询时可以有效地使用任意维度进行组合查询。在 MySQL 中，空间索引只能建立在空间数据类型中且索引字段不允许为空值。对于初学者来说，这类索引很少会用到。
- 全文索引：在定义索引的字段中支持值的全文查找。该索引主要用来查找文本中的关键字，而不是直接与索引中的值相比较。该索引字段允许重复值和空值。在 MySQL 中，只能在类型为 Char、Varchar 和 Text 的字段中创建全文索引。在 MySQL 5.6 以前的版本中，只有 MyISAM 存储引擎支持全文索引，从 MySQL 5.6 开始，MyISAM 和 InnoDB 存储引擎均支持全文索引。需要注意的是，对于大容量的数据表，生成全文索引非常耗时和耗费磁盘空间。

8.2 普通索引

普通索引是最基本的索引，它没有任何限制，仅用于加快查询速度。下面对普通索引的创建、查看、修改和删除操作进行详细介绍。这里的操作都是在 Workbench 工具的代码编辑界面里完成的。

8.2.1 创建索引

所谓创建索引，是指在表的一列或多列中建立一个索引。MySQL 提供了 3 种创建索引的方法，即创建表时创建索引、对已存在的表使用 Alter table 命令创建索引，以及使用 Create index 命令创建索引。

1. 创建表时创建索引

可以在创建表时创建索引，其语法格式如下：

```
create table 表名(
列名 1 数据类型 [列级完整性约束],
列名 2 数据类型 [列级完整性约束],
…
index | key[索引名] (列名(长度) asc|desc)
);
```

在以上语法中，基本表的定义不再赘述。index 和 key 是关键词，此处可以任意使用其中的一个。索引名可以省略，如果省略则默认使用列名作为索引名称。索引的命名必须符合 MySQL 标准标识符的命名规则且索引名在表中必须唯一。列名后的长度用来指定索引的长度，如果省略则默认索引长度为该列的全部内容。asc 和 desc 表示创建索引时的排序方式，其中，asc 表示升序，desc 表示降序，默认为升序排序。如果需要在多个列中建立组合索引，则需要写多个列名，并且列名之间用逗号隔开。

【示例 8.1】 创建出纳员信息表 cashier_inf2，在姓名列中建立普通索引。

```
create table cashier_inf2
(no char(5) not null,
cashiername varchar(20) not null,
pid char(18),
```

```
    index(cashiername)
    );
```

执行以上代码，通过 show index from cashier_inf2;命令查看索引。查看索引的命令可以参阅 8.2.2 小节。

```
    show index from cashier_inf2;
```

执行结果如图 8.3 所示，可以看到，在 cashier_inf2 表的 cashiername 列中创建了一个名为 cashiername 的索引。在输出结果中，Table 列表示表名，Key_name 表示索引名，Column_name 表示索引列的列名，Collation 表示索引排序规则（A 表示升序，D 表示降序）。可以发现，如果创建索引时没有指定索引名，那么索引名和索引列名相同。

	Table	Non_unique	Key_name	Seq_in_index	Column_name	Collation	Cardinality	Sub_part	Packed	Null	Index_type
▸	cashier_inf2	1	cashiername	1	cashiername	A	0	NULL	NULL		BTREE

图 8.3　查看 cashier_inf2 表的索引

2．修改表时创建索引

可以对已存在的表使用 alter table 命令创建索引，其语法格式如下：

```
    alter table 表名
    add index | key[索引名] (列名(长度) asc|desc);
```

在以上语法中，关于索引的语法与创建表时创建索引的语法相同，此处不再赘述。

【示例 8.2】修改 cashier_inf2 表，在姓名列的前 8 个字符中建立名为 idx_cashiername 的普通索引。

```
    alter table cashier_inf2
    add index idx_cashiername(cashiername(8));
```

执行以上代码，通过 show index from cashier_inf2;命令查看索引。

```
    show index from cashier_inf2;
```

执行结果如图 8.4 所示，可以看到，除了示例 1 中创建的名为 cashiername 的索引外，还有一个新创建的名为 idx_cashiername 的索引。可以发现，在表的同一列中可以创建多个索引。

	Table	Non_unique	Key_name	Seq_in_index	Column_name	Collation	Cardinality	Sub_part	Packed	Null	Index_type
▸	cashier_inf2	1	cashiername	1	cashiername	A	0	NULL	NULL		BTREE
	cashier_inf2	1	idx_cashiername	1	cashiername	A	0	8	NULL		BTREE

图 8.4　查看 cashier_inf2 表的索引

3．在已存在的表中创建索引

可以对已存在的表使用 create index 命令创建索引，其语法格式如下：

```
    create index 索引名 on 表名(列名(长度) asc|desc);
```

在以上语法中，必须指定索引名。

【示例 8.3】在 cashier_inf2 表的 no 列建立名为 idx_no 的普通索引。

```
create index idx_no on cashier_inf2(no);
```

执行以上代码，通过 show index from cashier_inf2;命令查看索引。

```
show index from cashier_inf2;
```

执行结果如图 8.5 所示，可以看到，除了在示例 1 和示例 2 中创建的名为 cashiername 和 idx_cashiername 的索引外，输出结果的最后一行是新创建的名为 idx_no 的索引。

	Table	Non_unique	Key_name	Seq_in_index	Column_name	Collation	Cardinality	Sub_part	Packed	Null	Index_type
▶	cashier_inf2	1	cashiername	1	cashiername	A	0	NULL	NULL		BTREE
	cashier_inf2	1	idx_cashiername	1	cashiername	A	0	8	NULL		BTREE
	cashier_inf2	1	idx_no	1	no	A	0	NULL	NULL		BTREE

图 8.5　查看 cashier_inf2 表的索引

8.2.2　查看索引

在表中创建了索引之后，可以通过 show index 命令或 show create table 命令查看表中的索引。

1．使用show index命令查看索引

语法格式如下：

```
show index from 表名;
```

在以上语法中，默认从当前数据库的表中查看索引。如果想查看其他数据库中的表的索引，可以在表名前加数据库名作为前缀，即“数据库名.表名”。

2．使用show create table命令查看索引

语法格式如下：

```
show create table 表名;
```

通过这种方式不仅可以查看表结构，而且可以查看表的索引信息。

使用 show index 命令查看索引的示例见 8.2.1 小节。

【示例 8.4】使用 Show create table 命令查看 cashier_inf2 表的索引信息。

```
show create table cashier_inf2;
```

为了方便截图，这里通过 cmd 命令进入命令行，连接 MySQL 之后执行以上代码，结果如图 8.6 所示，从图中可以看到 cashier_inf2 表的索引信息。

另外，索引创建以后，可以使用 explain 语句查看索引的使用情况，其语法格式如下：

```
explain select * from 表名 where 条件表达式;
```

在以上语法中，where 子句中的条件表达式是包含索引列的条件表达式。

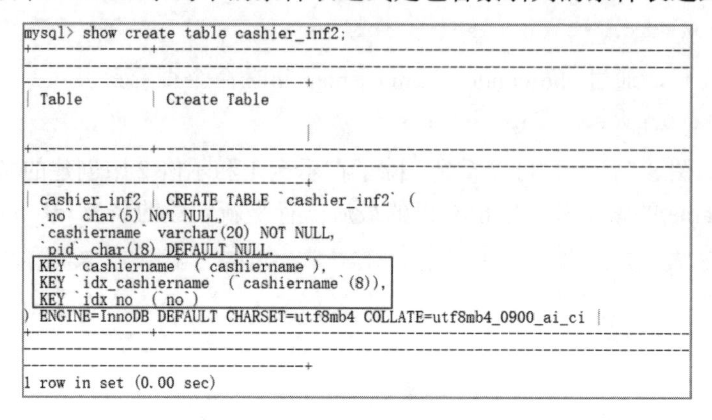

```
mysql> show create table cashier_inf2;
| Table        | Create Table |
| cashier_inf2 | CREATE TABLE `cashier_inf2` (
  `no` char(5) NOT NULL,
  `cashiername` varchar(20) NOT NULL,
  `pid` char(18) DEFAULT NULL,
  KEY `cashiername` (`cashiername`),
  KEY `idx_cashiername` (`cashiername`(8)),
  KEY `idx_no` (`no`)
) ENGINE=InnoDB DEFAULT CHARSET=utf8mb4 COLLATE=utf8mb4_0900_ai_ci |
1 row in set (0.00 sec)
```

图 8.6　查看 cashier_inf2 表的索引

【示例 8.5】使用 explain 语句查看索引的使用情况。

```
explain select * from cashier_inf2 where no='1-001';
```

执行结果如图 8.7 所示。可以看到，possible_keys 和 key 列的值都是 idx_no，说明索引 idx_no 已被使用。

	id	select_type	table	partitions	type	possible_keys	key	key_len	ref	rows	filtered	Extra
▶	1	SIMPLE	cashier_inf2	NULL	ref	idx_no	idx_no	20	const	1	100.00	Using index condition

图 8.7　使用 explain 语句查看索引使用情况 1

【示例 8.6】使用 explain 语句查看索引的使用情况。

```
explain select * from cashier_inf2 where cashiername='三酷猫';
```

执行结果如图 8.8 所示。可以看到，possible_keys 列的值有两个，分别是 cashiername 和 idx_cashiername，key 列的值是 cashiername，说明在 cashier_inf2 表的 cashiername 列中存在两个索引，而被使用的索引是 cashiername。

	id	select_type	table	partitions	type	possible_keys	key	key_len	ref	rows	filtered	Extra
▶	1	SIMPLE	cashier_inf2	NULL	ref	cashiername,idx_cashiername	cashiername	82	const	1	100.00	NULL

图 8.8　使用 explain 语句查看索引使用情况 2

当索引列存在多个索引时，可以在 select 语句中使用 use index 子句指定使用哪个索引。

```
explain select * from cashier_inf2 use index(idx_cashiername)
where cashiername='三酷猫';
```

执行结果如图 8.9 所示。可以看到，possible_keys 和 key 列的值都是 idx_cashiername，说明当索引列 cashiername 存在多个索引时，在指定使用 idx_cashiername 索引的情况下，该索引被使用。

	id	select_type	table	partitions	type	possible_keys	key	key_len	ref	rows	filtered	Extra
▶	1	SIMPLE	cashier_inf2	NULL	ref	idx_cashiername	idx_cashiername	34	const	1	100.00	Using where

图 8.9　使用 explain 语句查看索引使用情况 3

8.2.3　删除索引

当创建的索引不再使用时，可以将其删除。因为这些不经常使用的索引，不但占用系统资源，同时还会降低更新表的速度，影响数据表的性能。MySQL 提供了两种删除索引的方法，分别是通过 drop index 语句删除索引，以及使用 alter table 语句删除索引。

1. 使用drop index语句删除索引

语法格式如下：

```
drop index 索引名 on 表名;
```

2. 使用alter table语句删除索引

语法格式如下：

```
alter table 表名 drop index 索引名;
```

【示例 8.7】删除 cashier_inf2 表的索引 idx_no 和 idx_cashiername。

```
drop index idx_no on cashier_inf2;                        #删除 idx_no 索引
#删除 idx_cashiername 索引
alter table cashier_inf2 drop index idx_cashiername;
show index from cashier_inf2;                             #查看索引
```

执行结果如图 8.10 所示。可以看到，在 cashier_inf2 表中只有 cashiername 索引，而 idx_no 和 idx_cashiername 索引已被删除。

	Table	Non_unique	Key_name	Seq_in_index	Column_name	Collation	Cardinality	Sub_part	Packed	Null	Index_type
▶	cashier_inf2	1	cashiername	1	cashiername	A	0	NULL	NULL		BTREE

图 8.10　删除后查看索引

8.3　唯 一 索 引

唯一索引与普通索引类似，不同之处在于索引列的值必须唯一，但允许有空值。如果在多列的组合中建立组合索引，则列值的组合必须唯一。创建唯一索引时使用 unique 参数，其和创建普通索引的不同之处仅在于语法上，即需要在 index 之前加上 unique 关键字。如果在表的某列中定义了唯一约束，则会自动在该列创建唯一索引。

【示例 8.8】创建表 cashier_inf3，并在身份证列（pid）上创建唯一索引。

```
create table cashier_inf3                          #使用 create table 命令创建
(no char(5) not null,
cashiername varchar(20) not null,
pid char(18),
unique index(pid)
);
show index from cashier_inf3;                      #查看索引
```

执行结果如图 8.11 所示。可以看到，在 cashier_inf3 表中创建了和索引列同名的索引 pid。在输出结果中，Non_unique 列的值为 0，表示这是一个唯一索引。

	Table	Non_unique	Key_name	Seq_in_index	Column_name	Collation	Cardinality	Sub_part	Packed	Null	Index_type
▶	cashier_inf3	0	pid	1	pid	A	0	NULL	NULL	YES	BTREE

图 8.11　查看索引

和普通索引一样，除了可以在创建表的同时创建唯一索引之外，也可以使用 alter table 和 create index 命令为已存在的表创建唯一索引。

【示例 8.9】使用 create index 和 alter table 语句创建唯一索引。

```
#使用 create index 命令创建索引
create unique index idx_pid on cashier_inf3(pid);
#使用 alter table 命令创建索引
alter table cashier_inf3 add unique index idx_pid(pid);
show index from cashier_inf3;                              #查看索引
```

执行结果如图 8.12 所示。可以看到，在 cashier_inf3 表中除了示例 8 中创建的唯一索引 pid 之外，还创建了两个唯一索引 idx_pid 和 idx_pid2。

	Table	Non_unique	Key_name	Seq_in_index	Column_name	Collation	Cardinality	Sub_part	Packed	Null	Index_type
▶	cashier_inf3	0	pid	1	pid	A	0	NULL	NULL	YES	BTREE
	cashier_inf3	0	idx_pid	1	pid	A	0	NULL	NULL	YES	BTREE
	cashier_inf3	0	idx_pid2	1	pid	A	0	NULL	NULL	YES	BTREE

图 8.12　查看索引

注意：需要注意的是，在上面的两个示例中，3 个唯一索引都创建在了同一列 pid 中，只是为了演示唯一索引的 3 种创建方式。在实际应用中没有必要在同一列中创建多个唯一索引。

8.4　主键索引

主键索引是一种特殊的唯一索引，其不允许有空值。一般，如果在表中定义了主键，就会自动创建主键索引。一个表的主键索引只能有一个。和定义主键约束时一样，MySQL 中提供了两种创建主键索引的方式，分别是使用 create table 创建和 alter table 创建。create index 命令不能用来创建主键索引。主键索引的语法格式如下：

```
primary key [索引类型](索引列名);
```

在以上语法中，索引类型可以省略，默认为 BTREE 类型。索引列如果是多列，则列名之间用逗号隔开。

【示例 8.10】创建表 cashier_inf4，并在编号列（no）上创建主键索引。

```
create table cashier_inf4                          #使用 create table 创建主键索引
(no char(5) not null,
cashiername varchar(20) not null,
birth datetime,
primary key(no)
);
show index from cashier_inf4;                      #查看索引
```

执行结果如图 8.13 所示。可以看到，在 cashier_inf4 表的 no 列中创建了主键索引。输出结果中 Non_unique 列的值为 0，说明主键索引也是唯一索引。

	Table	Non_unique	Key_name	Seq_in_index	Column_name	Collation	Cardinality	Sub_part	Packed	Null	Index_type
▶	cashier_inf4	0	PRIMARY	1	no	A	0	NULL	NULL		BTREE

图 8.13　查看索引

主键索引在不需要时也可以将其删除。删除主键索引的语法格式如下：

```
alter table 表名 drop primary key;
```

注意，主键索引在一个表中只能有一个，删除时无须指定索引名。

【示例 8.11】删除 cashier_inf4 表的主键索引，然后再使用 alter table 命令重新创建主键索引。

```
alter table cashier_inf4 drop primary key;       #删除主键索引
#使用 alter table 创建主键索引
alter table cashier_inf4 add primary key(no);
show index from cashier_inf4;                    #查看索引
```

执行结果与图 8.13 相同。

注意：

- 创建主键约束时 MySQL 会自动生成主键索引，创建唯一约束时会自动创建唯一索引。如果创建时表中已有数据，则需要保证数据满足主键约束或唯一约束的条件，否则将创建失败。
- 主键索引是特殊的唯一索引。在一个表中只能有一个主键索引，但可以有一个或多个唯一索引。

8.5 组合索引

所谓组合索引，是指索引定义在多列上，也称为多列索引。

【示例 8.12】在 cashier_inf4 的 cashiername 和 birth 列中建立组合索引，其中，cashiername 为升序，birth 为降序。

```
create index idx_cashiername_birth on cashier_inf4(cashiername asc,birth
desc);                                              #组合索引
show index from cashier_inf4;                       #查看索引
```

执行结果如图 8.14 所示。可以看到，索引 idx_cashiername_birth 定义在表的 cashiername 和 birth 列上。A 表示升序，D 表示降序。

	Table	Non_unique	Key_name	Seq_in_index	Column_name	Collation	Cardinality	Sub_part
▶	cashier_inf4	0	PRIMARY	1	no	A	0	NULL
	cashier_inf4	1	idx_cashiername_birth	1	cashiername	A	0	NULL
	cashier_inf4	1	idx_cashiername_birth	2	birth	D	0	NULL

图 8.14　查看组合索引

8.6 全文索引

全文索引只能在类型为 Char、Varchar、Text 的字段上创建。从 MySQL 5.6 开始，InnoDB 存储引擎才支持全文索引，之前版本只有 MyISAM 索引支持全文索引。创建全文索引的关键词是 fulltext。

【示例 8.13】创建 new 表，在 title 列和 content 列上创建全文索引。

```
create table news
(no int primary key auto_increment,
title varchar(50) not null,
content text not null,
fulltext index idx_content(content)     #使用 create table 命令创建全文索引
);
#使用 create index 命令创建全文索引
create fulltext index idx_title on news(title);
show index from news;
```

执行结果如图 8.15 所示。可以看到，在 news 表的 no 列中创建了主键索引，其索引类型为 BTREE，分别在 title 和 content 列中创建了名为 idx_title 和 idx_content 的全文索引，其索引类型为 FULLTEXT。

Table	Non_unique	Key_name	Seq_in_index	Column_name	Collation	Cardinality	Sub_part	Packed	Null	Index_type
news	0	PRIMARY	1	no	A	0	NULL	NULL		BTREE
news	1	idx_content	1	content	NULL	0	NULL	NULL		FULLTEXT
news	1	idx_title	1	title	NULL	0	NULL	NULL		FULLTEXT

图 8.15　查看全文索引

需要注意的是，全文索引不是直接比较索引中的值，而是查找文本中的关键词然后进行比较。它的出现是为了解决“Where 字段名 like '%关键词%'”这类针对文本的模糊查询效率较低的问题。

8.7　案例——三酷猫找鱼

三酷猫开设的海鲜零售店生意日趋火爆，每月有几万条销售明细，随着数据的累积，后台财务人员发现，查找或统计指定鱼的销售金额时，会出现系统响应迟缓的现象，操作体验非常不好。该问题反映到三酷猫那里后，三酷猫仔细分析了 study_db 库里的 saledetail_t 表记录，发现月记录数据量过大，财务人员根据鱼的名称查找和统计销售金额时，系统响应缓慢是因为在查询语句里存在 like 模糊检索商品名称的子句。

根据上述问题，三酷猫决定为海鲜品名字段加一个全文索引。

```
#使用 create index 命令创建全文索引
create fulltext index idx_name on study_db.saledetail_t(name);
show index from study_db.saledetail_t
```

执行上述代码，结果如图 8.16 所示，意味着新增了一个全文索引。

Table	Non_unique	Key_name	Seq_in_index	Column_name	Collation	Cardinality	Sub_part	Packed	Null	Index_type	Co	Visible	Expression
saledetail_t	0	PRIMARY	1	no	A	11	NULL	NULL		BTREE		YES	NULL
saledetail_t	1	idx_name	1	name	NULL	11	NULL	NULL		FULLTEXT		YES	NULL

图 8.16　在品名字段创建全文索引

建立全文索引后，财务人员进行了品名查询测试，查询速度得到了明显改善。

8.8　练习和实验

一、练习

1．填空题

1）建立（　　）是加快表数据查询速度的有效手段之一。

2）索引是数据库存储引擎用于快速找到记录的一种（　　），用于存储索引信息。

3）索引的缺点是创建和维护索引需要耗费（　　）、索引本身需要占用（　　）空间，以及表数据更新会引起索引动态维护。

4）MySQL 提供了 3 种创建索引的方法，即创建表时创建索引、对已存在的表使用 alter table 命令创建索引，以及使用（　　）命令创建索引。

5）所谓（　　）索引，是指索引定义在多列中，也称为多列索引。

2．判断题

1）建立索引一定可以加快表数据的查询速度。（　　）

2）一个表中的索引并非越多越好。（　　）

3）当创建的索引不再使用时，可以将其删除。因为这些不经常使用的索引不但占用系统资源，同时还会降低更新表的速度，影响数据表的性能。（　　）

4）唯一索引与普通索引类似，不同之处在于索引列的值必须唯一，但允许有空值。（　　）

5）所谓主键索引，它是一种特殊的唯一索引，不允许有空值。（　　）

二、实验

实验 1：在 8.7 节案例的基础上为 saledetail-t 表增加一个组合字段索引。

1）可以根据商品名称和单位组合索引查询。

2）给出索引建立结果。

3）形成实验报告。

实验 2：在 8.7 节案例的基础上为 saledetail-t 表增加一个销售员编号字段的索引，发现索引过多严重影响财务人员进行金额统计，需要按照如下过程进行处理：

1）创建销售员编号字段的索引。

2）给出 saledetail-t 表的索引建立结果。

3）删除销售员编号字段的索引。

4）给出 saledetail-t 表的索引建立结果。

5）形成实验报告。

第 2 篇 进阶提高

本篇主要介绍使用频度相对少，难度相对更大的一些 MySQL 数据库的高级知识。作为高级数据库工程师，需要重视本篇的内容。

本篇的内容包括：

- 第 9 章　视图
- 第 10 章　存储过程和游标
- 第 11 章　触发器
- 第 12 章　事务
- 第 13 章　数据备份
- 第 14 章　日志
- 第 15 章　性能优化

第 9 章　视　　图

视图（View）是传统关系型数据库系统服务器端提供的一项功能，通过对物理表的服务器端再组合，形成所谓的虚拟表供客户端调用。

本章的主要内容如下：

- 视图的基础知识；
- 视图操作。

9.1　视图的基础知识

视图是 MySQL 中常用的数据库对象之一。通过视图可以为用户聚合数据，提高复杂 SQL 语句的复用性，隐藏数据库的复杂性，并能简化用户对权限的管理。

9.1.1　什么是视图

视图是一个虚拟表，它是从一个或者多个表及其他视图中通过 select 语句导出的表。同真实的数据库表一样，视图也由行和列组成，但行和列的数据都来自定义视图的查询所引用的基本表。用来创建视图的表称为基本表。在数据库中只存放了视图的定义，并没有存放视图对应的数据，这些数据仍存放在原来的基本表中。当使用视图查询数据时，数据库会从基本表中取出对应的数据。因此，一旦基本表中的数据发生变化，从视图中查询出的数据也会随之改变。

视图与基本表之间的数据对应关系如图 9.1 所示。该图中的视图有 4 个字段，dname 字段来自左下角的基本表，ename、job 和 hiredate 字段来自右下角的基本表。每执行一次该视图，就会从下面对应的两个基本表中获取最新的数据。

提示： 为了后续学习方便，请读者根据图 9.1 所示，先建立左下角的 dept 表和右下角的表 emp，并依照图 9.1 依次插入对应的记录。

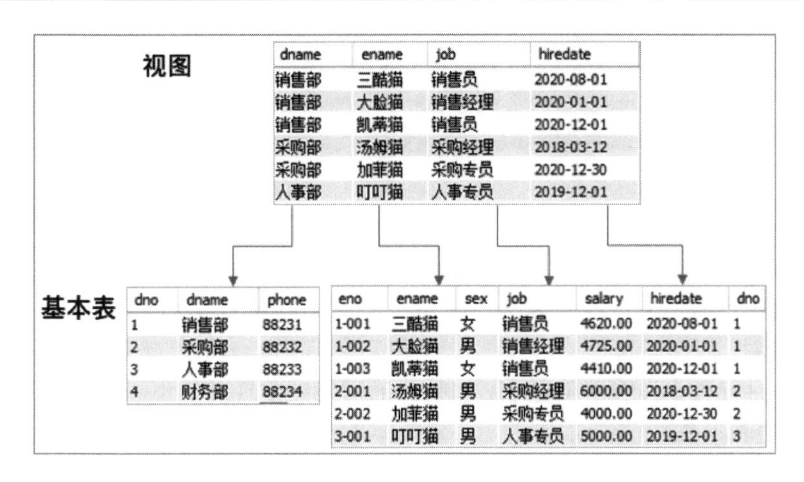

dname	ename	job	hiredate
销售部	三酷猫	销售员	2020-08-01
销售部	大脸猫	销售经理	2020-01-01
销售部	凯蒂猫	销售员	2020-12-01
采购部	汤姆猫	采购经理	2018-03-12
采购部	加菲猫	采购专员	2020-12-30
人事部	叮叮猫	人事专员	2019-12-01

dno	dname	phone
1	销售部	88231
2	采购部	88232
3	人事部	88233
4	财务部	88234

eno	ename	sex	job	salary	hiredate	dno
1-001	三酷猫	女	销售员	4620.00	2020-08-01	1
1-002	大脸猫	男	销售经理	4725.00	2020-01-01	1
1-003	凯蒂猫	女	销售员	4410.00	2020-12-01	1
2-001	汤姆猫	男	采购经理	6000.00	2018-03-12	2
2-002	加菲猫	男	采购专员	4000.00	2020-12-30	2
3-001	叮叮猫	男	人事专员	5000.00	2019-12-01	3

图 9.1　视图与基本表之间的数据对应关系

9.1.2　视图的优缺点

视图一经定义，就可以像表一样被查询、修改和删除。视图可以从原有的表中选取对用户有用的信息，那些对用户没用或者用户没有权限了解的信息，都可以直接屏蔽掉，作用类似于筛选。

1．视图的优点

与直接操作基本表相比，视图有如下优点：

- 定制用户数据。

在实际应用中，不同的用户对数据有不同的要求，可以通过视图为用户集中数据，不用看到数据表中的所有数据，只看到所需的数据即可。例如，公司有不同角色的工作人员，销售人员、采购人员和库管人员需要的数据有所不同，那些跟他们的业务无关的数据，对他们则没有任何意义。

- 可以简化查询。

视图可以简化查询语句，使复杂查询变得简单。在日常开发中，很多时候要用到聚合函数进行分组统计，可能还需要关联到其他表，SQL 语句可能会很长。如果这样的复杂查询经常使用的话，可以将其定义为视图，从而可以方便地重用查询，而不用知道它的具体实现细节。

- 提高数据的安全性。

视图可以使开发者只关心感兴趣的某些特定数据，只能看到视图中所定义的部分数据，而不是视图所引用的表中的所有数据。可以只授予用户访问视图的权限，而不授予其访问表的权限，从而保护基础数据的安全。

2. 视图的缺点

视图也存在一些缺点，主要有以下几点：

- 性能不可控。

视图的性能相对较差，通过视图查询数据时需要把视图查询转化为对基本表的查询，当该视图是由一个复杂的多表查询定义的，特别是该视图是基于其他视图创建的时候，查询速度会很慢，容易带来性能问题。

- 更新限制。

通过视图进行查询没有任何限制，但是对通过视图实现表的更新操作则有一定的限制条件（详见 9.2.5 小节）。

鉴于视图的优缺点，视图的使用场景主要有多角度查询分析数据、屏蔽敏感数据和权限管理等。除此之外，在实际项目中通常以 SQL 查询语句替代视图。

注意： 设计视图一定要考虑数据读写响应性能问题。如果涉及基本表将会存储很多的记录（如几万条以上），或基本表查询语句过于复杂，则要慎用视图。因为客户端用户对于响应缓慢的系统有可能会给予差评，进而不愿意使用该系统。

9.2　视图操作

视图是基于 SQL 语句的结果集的可视化的表，可以包含表的全部或者部分记录，也可以由一个表或者多个表或其他视图来创建。对视图的操作主要包括创建视图、查看视图、修改视图、删除视图和更新视图。本节的视图操作主要是在 Workbench 工具的代码编辑界面里实现的。

9.2.1　创建视图

当创建一个视图的时候，实际上是在数据库里执行 select 语句。select 语句包含字段名称、函数或表达式，用来向用户展示数据。创建视图前，要保证创建视图的用户必须具有 Create view 权限，同时要有查询涉及列的 select 权限。

1. 创建视图的语法格式

创建视图的语法格式如下：

```
create [or replace] view 视图名[(列名 1,列名 2,…)]
as
select 语句
[with check option]
```

这里的 or replace 为可选项，表示当有同名视图时，将替换已有视图。

视图名后面的(列名 1,列名 2,…)用于指定视图中各列的名称，为可选项，默认情况下与 select 语句查询的列名相同。

with check option 子句是对可更新视图进行数据操作时的检查条件，为可选项，如果省略则不进行检查。

2．创建视图示例

【示例 9.1】创建一个只包含职工姓名和职位的视图 view_emp_job。

```
create view view_emp_job
as
select ename,job from emp;
```

执行以上代码，视图 view_emp_job 创建成功，之后就可以像表一样对该视图进行查询操作了。

```
select * from view_emp_job;
```

执行结果如图 9.2 所示。

从图 9.2 中可以发现，视图的列名和定义视图的 select 语句的列名相同。如果想更改视图的列名，可以在 select 语句中设置列的别名或在视图名后面设置列的名称。尤其是当 select 语句中的查询列不是基本表中的原始列而是包含的表达式时，建议自定义列的名称。使用示例如下：

【示例 9.2】给视图列加别名。

```
create view view_emp_job
as
select ename as 姓名,job as 职位 from emp;
```

或者：

```
create view view_emp_job(姓名,职位)
as
select ename,job from emp;
```

视图创建成功后，通过 select * from view_emp_job;语句进行查询，结果如图 9.3 所示。可以看到，视图的列名为自定义的名称。

ename	job
三酷猫	销售员
大脸猫	销售经理
凯蒂猫	销售员
汤姆猫	采购经理
加菲猫	采购专员
叮叮猫	人事专员

图 9.2　view_emp_job 视图

姓名	职位
三酷猫	销售员
大脸猫	销售经理
凯蒂猫	销售员
汤姆猫	采购经理
加菲猫	采购专员
叮叮猫	人事专员

图 9.3　自定义列名的视图

注意：

- 当创建视图时，在视图名后设置列名来自定义列名称时，自定义列名称的顺序和数量要与 Select 查询列表的顺序和数量一致，否则 MySQL 会报错。
- 如果在视图名后设置了列名，在 Select 查询列表中也设置了列的别名，则前者生效。

【示例 9.3】 创建一个视图 view_avgsalary，用于计算每个部门的平均职工工资，包括部门名称和平均工资。

```
create view view_avgsalary                                    #定义视图
as
select dname,avg(salary) as avgsal from dept,emp
where dept.dno=emp.dno
group by dname;

select * from view_avgsalary;                                 #通过视图查询数据
```

执行结果如图 9.4 所示。

【示例 9.4】 基于视图 view_avgsalary 创建名为 view_avgsalaryview 的视图，只包含部门平均工资大于或等于 5000 的记录。

```
ccreate view view_avgsalaryview                               #定义视图
as
select * from view_avgsalary where avgsal>=5000;

select * from view_avgsalaryview;                             #通过视图查询数据
```

执行结果如图 9.5 所示，说明视图既可以基于基本表创建，也可以基于其他视图创建。

	dname	avgsal
▶	销售部	4585.000000
	采购部	5000.000000
	人事部	5000.000000

图 9.4　查询 view_avgsalary 视图

	dname	avgsal
▶	采购部	5000.000000
	人事部	5000.000000

图 9.5　查询 view_avgsalaryview 视图

9.2.2　查看视图

查看视图是指查看数据库中已经存在的视图的定义。查看视图必须有 Show view 权限。MySQL 提供了以下 4 种查看视图的方式。

1. 查看视图的字段信息

查看视图的字段信息与查看数据表的字段信息一样，都是使用 describe 或 desc 关键字来查看，语法格式如下：

```
describe 视图名;
```

或：

```
desc 视图名;
```

【示例 9.5】查看视图 view_avgsalary 的字段信息。

```
desc view_avgsalary;
```

执行结果如图 9.6 所示。可以发现，查看视图的字段内容与查看表的字段内容显示的格式是相同的。

	Field	Type	Null	Key	Default	Extra
▶	dname	varchar(30)	NO		NULL	
	avgsal	decimal(11,6)	YES		NULL	

图 9.6　查看视图 view_avgsalary 的字段信息

2. 查看视图的状态信息

查看视图的状态信息与查看数据表的状态信息一样，都是使用 show table status 语句，语法格式如下：

```
Show table status like '视图名';
```

【示例 9.6】查看视图 view_avgsalary 的状态信息。

```
show table status like 'view_avgsalary';
```

为方便截图，这里通过 cmd 命令进入命令行，连接 MySQL 之后执行以上代码，执行结果如图 9.7 所示。

```
mysql> show table status like 'view_avgsalary'\G
*************************** 1. row ***************************
           Name: view_avgsalary
         Engine: NULL
        Version: NULL
     Row_format: NULL
           Rows: NULL
 Avg_row_length: NULL
    Data_length: NULL
Max_data_length: NULL
   Index_length: NULL
      Data_free: NULL
 Auto_increment: NULL
    Create_time: 2021-06-11 08:49:57
    Update_time: NULL
     Check_time: NULL
      Collation: NULL
       Checksum: NULL
 Create_options: NULL
        Comment: VIEW
1 row in set (0.00 sec)
```

图 9.7　查看视图 view_avgsalary 的状态信息

由图 9.7 可以看到，Name 的值为视图名称，Create_time 的值为视图创建时间，Comment 的值为 VIEW，表示所查看的 view_avgsalary 是一个视图。

3．查看视图的创建语句

使用 show create view 语句可以查看视图的创建语句及视图的字符编码。语法格式如下：

```
show create view 视图名;
```

【示例 9.7】查看视图 view_avgsalary 的创建语句。

```
show create view view_avgsalary;
```

为方便截图，这里通过 cmd 命令进入命令行，连接 MySQL 之后执行以上代码，结果如图 9.8 所示。从图中可以看到视图 view_avgsalary 的名称、创建语句、字符编码及排序规则等信息。

```
mysql> show create view view_avgsalary\G
*************************** 1. row ***************************
                View: view_avgsalary
         Create View: CREATE ALGORITHM=UNDEFINED DEFINER=`root`@`localhost` SQL SECURITY DEFINER
 VIEW `view_avgsalary` AS select `dept`.`dname` AS `dname`,avg(`emp`.`salary`) AS `avgsal` from
(`dept` join `emp`) where (`dept`.`dno` = `emp`.`dno`) group by `dept`.`dname`
character_set_client: utf8mb4
collation_connection: utf8mb4_0900_ai_ci
1 row in set (0.00 sec)
```

图 9.8　查看视图 view_avgsalary 的创建语句

4．查看视图的详细信息

在 MySQL 中，所有视图的定义都存储在系统数据库 information_schema 的 views 表中，通过查询 views 表可以看到所有视图的详细信息。语法格式如下：

```
select * from information_schema.views where table_name='视图名';
```

【示例 9.8】查看视图 view_avgsalary 的详细信息。

```
select * from information_schema.views where table_name='view_avgsalary';
```

为方便截图，这里通过 cmd 命令进入命令行，连接 MySQL 之后执行以上代码，结果如图 9.9 所示。除了可以看到视图 view_avgsalary 的名称、创建语句、字符编码及排序规则等信息之外，还可以看到视图所在的数据库名称、拥有者及是否可更新等信息。

```
mysql> select * from information_schema.views where table_name='view_avgsalary'\G
*************************** 1. row ***************************
       TABLE_CATALOG: def
        TABLE_SCHEMA: study_db
          TABLE_NAME: view_avgsalary
     VIEW_DEFINITION: select `study_db`.`dept`.`dname` AS `dname`,avg(`study_db`.`emp`.`salary`) AS `avgsal`
 from `study_db`.`dept` join `study_db`.`emp` where (`study_db`.`dept`.`dno` = `study_db`.`emp`.`dno`) group
 by `study_db`.`dept`.`dname`
        CHECK_OPTION: NONE
        IS_UPDATABLE: NO
             DEFINER: root@localhost
       SECURITY_TYPE: DEFINER
CHARACTER_SET_CLIENT: utf8mb4
COLLATION_CONNECTION: utf8mb4_0900_ai_ci
1 row in set (0.00 sec)
```

图 9.9　查看视图 view_avgsalary 的详细信息

9.2.3　修改视图

修改视图是指修改数据库中已经存在的视图的定义。当基本表中的某些字段发生时，需要修改视图以保持与基本表的一致。MySQL 提供了两种修改视图的方式，分别是使用 create or replace view 语句和 alter view 语句来实现。

1. 使用create or replace view语句修改视图

使用 create or replace view 语句可以在创建视图时替换已有的同名视图，如果视图不存在则创建，如果已存在则修改已存在的视图，语法格式如下：

```
create [or replace] view 视图名[(列名 1,列名 2,…)]
as
select 语句
[with check option]
```

语法与创建视图一致。

【示例 9.9】通过 create or replace view 语句修改已存在的视图 view_emp_job，要求除了包含原有的职工姓名和职位之外，还要包含工资。

```
dcreate or replace view view_emp_job                # 修改视图定义
as
select ename,job,salary from emp;

select * from view_emp_job;                         # 查询视图
```

执行结果如图 9.10 所示。从查询结果中可以看到，结果中多了一个 salary 列，视图 view_emp_job 被修改成功。

2. 使用alter view语句修改视图

使用 alter view 语句也可以修改视图，语法格式如下：

```
alter view 视图名[(列名 1,列名 2,…)]
as
select 语句
[with check option]
```

语法与创建视图的语法不同，create 换成了 alter，alter 后的各部分子句与 create view 中的各子句含义相同。

【示例 9.10】通过 alter view 语句修改已存在的视图 view_emp_job，要求只包含销售部的职工姓名、职位和工资。

```
alter view view_emp_job                             # 修改视图
as
select ename,job,salary from emp where dno in(select dno from dept where
dname='销售部');
```

```
select * from view_emp_job;                                # 查询视图
```

执行结果如图 9.11 所示。从查询结果中可以看出，视图 view_emp_job 被修改成功。

ename	job	salary
三酷猫	销售员	4620.00
大脸猫	销售经理	4725.00
凯蒂猫	销售员	4410.00
汤姆猫	采购经理	6000.00
加菲猫	采购专员	4000.00
叮叮猫	人事专员	5000.00

图 9.10　视图 view_emp_job 中的数据

ename	job	salary
三酷猫	销售员	4620.00
大脸猫	销售经理	4725.00
凯蒂猫	销售员	4410.00

图 9.11　查询视图 view_emp_job 中的数据

9.2.4　删除视图

当不再需要视图时，可以将其删除。删除视图只是删除视图的定义，对表中的数据无任何影响。删除视图的语法格式如下：

```
drop view [if exists] 视图名 1[,视图名 2,…];
```

这里 if exists 选项可选，用于删除视图之前先判断其是否存在，如果存在则删除，如果无此选项，当删除不存在的视图时会报错。drop view 命令一次可以删除多个视图，视图名之间以逗号隔开。

【示例 9.11】删除视图 view_emp_job。

```
drop view view_emp_job;
```

执行以上代码，通过 select * from view_emp_job;语句查询视图，执行结果如图 9.12 所示，查询结果提示视图 view_emp_job 不存在，说明视图被成功删除。

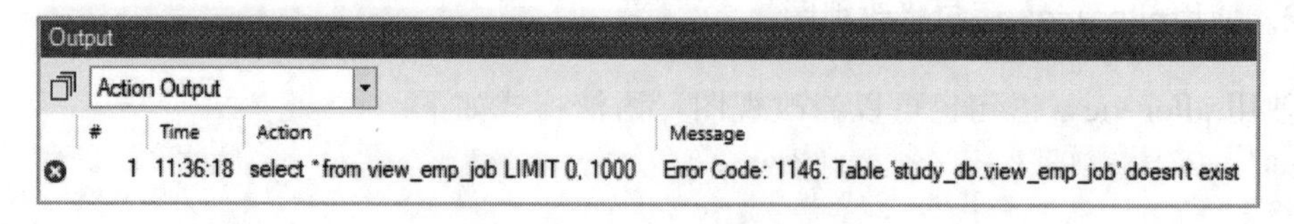

图 9.12　验证视图删除后的结果

9.2.5　更新视图

更新视图是指通过视图对数据进行插入、修改和删除操作。因为视图是一个虚拟表，不保存数据，因此，通过视图进行的插入、修改和删除操作，本质上是更新视图所引用的基本表中的数据。

1. 更新视图示例

下面举例说明更新视图的操作及注意事项。已知 dept 表中的数据如图 9.13 所示。

【示例 9.12】 创建包含部门号和部门名称的视图 view_dept，并通过该视图向表中插入数据。

```
create view view_dept                                  # 创建视图
as
select dno,dname from dept;
insert into view_dept values(5,'仓储部');               # 通过视图插入数据
select * from view_dept;                               # 查询视图
```

执行结果如图 9.14 所示，插入数据成功。

dno	dname	phone
1	销售部	88231
2	采购部	88232
3	人事部	88233
4	财务部	88234

图 9.13　dept 表中的数据

dno	dname
1	销售部
2	采购部
3	人事部
4	财务部
5	仓储部

图 9.14　查询视图 view_dept

接着，通过 select * from dept;语句查看基本表中的数据，执行结果如图 9.15 所示，可以看到，通过视图添加的数据保存在了基本表 dept 中。

dno	dname	phone
1	销售部	88231
2	采购部	88232
3	人事部	88233
4	财务部	88234
5	仓储部	NULL

图 9.15　dept 表的查询结果

需要注意的是，以上对视图的 insert 操作能够执行成功的前提是，基本表 dept 的 phone 列必须允许取空值或者定义了默认值，否则会插入失败。因此，并不是所有视图都可以更新，通过视图更新表中的数据时必须满足更新条件。

2. 视图更新约束

如果视图中包含下列情况中的任何一种，则是不可更新的。

- 定义视图的 select 语句的字段列表中包含聚合函数或表达式。
- 视图中包含 distinct、union、union all、group by 和 having 等关键字。
- 视图对应的基本表中含有不能为空且无默认值的列，而这些列没有包含在视图里。
- 视图包含连接查询或子查询。
- 视图是基于不可更新的视图而创建的。

3. 视图更新条件检查

如果在创建视图时使用了 with check option 选项，则对视图进行更新时会进行条件检查。为了使读者更清楚地理解该选项的功能，举例如下。

【示例9.13】创建视图view_dept1，要求包含部门号小于10的部门编号和部门名称，并通过该视图向表中插入数据，验证with check option的功能。

1）创建视图时，不使用with check option选项。

```
#1.创建视图，不使用with check option选项
create view view_dept1
as
select dno,dname from dept where dno<10;
#2.更新视图
#插入满足dno<10条件的数据
insert into view_dept1 values(6,'后勤部-1');
#插入不满足dno<10条件的数据
insert into view_dept1 values(11,'后勤部-2');
#3.查询基本表
select dno,dname from dept;
```

执行以上代码，执行结果如图9.16所示，由查询结果可知，通过视图插入数据时，编号为6和11的数据都被成功插入，说明无论是否满足“dno＜10”条件的数据均被成功插入。

2）修改视图view_dept1，使用with check option选项。

```
#1.修改视图，使用with check option选项
alter view view_dept1
as
select dno,dname from dept where dno<10 with check option;
#2.更新视图
#插入满足dno<10条件的数据
insert into view_dept1 values(7,'客服部-1');
#插入不满足dno<10条件的数据
insert into view_dept1 values(12,'客服部-2');
#3.查询基本表
select dno,dname from dept;
```

执行以上代码，执行结果如图9.17所示，由查询结果可知，通过视图插入数据时，编号为7的数据插入成功，而编号为12的数据插入失败，说明当视图的定义使用with check option选项时，只有满足“dno＜10”条件的数据才会被成功插入。

	dno	dname
▶	1	销售部
	2	采购部
	3	人事部
	4	财务部
	5	仓储部
	6	后勤部-1
	11	后勤部-2

图9.16　更新视图结果1

	dno	dname
▶	1	销售部
	2	采购部
	3	人事部
	4	财务部
	5	仓储部
	6	后勤部-1
	7	客服部-1
	11	后勤部-2

图9.17　更新视图结果2

在通过视图插入编号为12的不满足条件的数据（即无法通过视图进行查看的行）时，

数据库服务器会拒绝该操作并显示错误，输出结果如图 9.18 所示。

图 9.18 更新视图失败

注意：

- with check option 子句用于对可更新视图进行数据操作时的条件检查，对于没有 where 条件的视图不起作用。
- 创建视图时如果使用了 with check option 子句，更新视图时的检查方式有两种：cascaded 和 local。默认情况下使用 cascaded，表示级联检查；如果使用 local，则只检查本视图定义的条件，对本视图基于的其他视图中定义的条件则不进行检查。

9.3 案例——三酷猫的商业秘密

随着海鲜零售店的顺利运行，使用数据库的业务人员也越来越多。三酷猫觉得 study_db 库里的 saledetail_t 表记录了商品销售单价，这属于商业秘密，不能被不相关的人员查看。于是三酷猫为不需要知道单价的业务人员提供了一个独立的视图，要求如下：

- 只能查看自己权限范围内的业务数据，如销售员只能看自己的销售数据。
- 不能显示单价字段。

视图实现代码如下：

```
create view view_detail
as
select no,name,number,unit,sale_time,cashier_no from study_db.saledetail_t
```

调用视图的 SQL 查询语句如下：

```
select * from study_db.view_detail where cashier_no='1-001'
```

执行结果如图 9.19 所示。

no	name	number	unit	sale_time	cashier_no
1	黄鱼	20.60	斤	2021-04-03 08:25:15	1-001
4	活对虾	5.80	斤	2021-04-03 12:25:15	1-001
5	活青蟹	8.00	只	2021-04-03 10:25:15	1-001
6	海蜇头	100.00	斤	2021-04-03 19:25:15	1-001

图 9.19 通过视图获取指定的数据

9.4　练习和实验

一、练习

1. 填空题

1）通过视图，可以为用户聚合数据，提高复杂 SQL 语句的复用性，隐藏数据库的（　　）并能简化用户对（　　）的管理。

2）视图是一个（　　），它是从一个或者多个表及其他视图中通过 select 语句导出的表。

3）视图一经定义，就可以像表一样执行（　　）、（　　）和删除操作。

4）创建视图前，要保证创建视图的用户必须具有（　　）执行命令的权限，同时要有查询涉及列的 select 权限。

5）用（　　）语句来查看视图状态信息。

2. 判断题

1）视图的数据会随着基础表的数据更新而同步更新。（　　）

2）视图的行和列都来自定义视图的查询所引用的基本表。（　　）

3）对视图中的数据进行查询、修改和删除时没有任何限制。（　　）

4）视图创建时可以替换同名视图。（　　）

5）修改视图是指修改数据库中已经存在的视图中的数据。（　　）

二、实验

实验 1：利用 9.3 节的案例统计指定员工的销售数量，要求如下。

1）按照品名分类统计销售数量。

2）给出中文字段。

3）显示品名和数量合计。

4）形成实验报告。

实验 2：通过视图对象更新一条销售数量的记录。

1）随意取一条记录，更新其销售数量（增加 2）。

2）验证基本表数据是否更新。

3）形成实验报告。

第 10 章　存储过程和游标

存储过程在服务器端利用 MySQL 数据库系统本身的运行环境，为服务器端复杂的数据处理提供了相应的代码逻辑操作功能。在存储过程读取查询结果中的数据往往需要游标的配合。

本章的主要内容如下：

- 存储过程的基础知识；
- 存储过程涉及的操作；
- 异常；
- 游标。

10.1　存储过程的基础知识

在前面的章节中，主要学习的是针对一个表或几个表的单条 SQL 语句，但是在数据库的实际操作中，经常需要用多条 SQL 语句处理多个表来完成业务处理要求，这就要用到存储过程（Stored Procedure）。存储过程可以将这些复杂的 SQL 语句集合封装成一个代码块，需要时可以重复调用，避免了开发人员重复编写相同的 SQL 语句的问题。本节将介绍存储过程的一些基础知识。

10.1.1　什么是存储过程

存储过程是在 MySQL 中常用的数据库对象，它是一组为了完成特定功能的预编译的 SQL 语句集合。存储过程是一种命名的程序块，在第一次经过编译之后，再次调用时就不用再编译了，因此执行效率较高。

将常用或复杂的业务逻辑预先用 SQL 语句书写并用一个指定的名称存储起来，这个过程经编译和优化后被存储在数据库服务器中，因此称为存储过程，使用时只需调用即可。

说明： SQL 语言本身是一种脚本编程语言，利用存储过程加上第 6 章介绍的逻辑控制语句等，就可以在服务器端实现代码编程的效果。

10.1.2　存储过程的优缺点

存储过程一般由一组 SQL 语句和一些特殊的控制结构组成，当希望在不同的应用程序或平台上执行相同的特定功能时，存储过程非常适用。它支持用户声明的变量、条件执行和其他强大的编程功能。

1. 存储过程的优点

存储过程具有如下优点：

- 封装性：存储过程把业务规则封装在了存储过程体中，对外界隐藏了具体实现细节。对于调用者来说，只需要简单调用，无须考虑逻辑功能的具体实现过程，并且一次定义，可以多次调用。当业务规则发生变化时，只需要修改存储过程即可，不会影响调用它的应用程序源代码。
- 执行速度快：存储过程是预编译的，一个存储过程在首次执行时，查询优化器会对其进行分析、优化，并将最终执行计划存储在服务器上，当再次执行时则不需要再对其进行编译和优化了，因此执行效率高。它提供了在服务器端快速执行 SQL 语句的有效途径。如果某个操作包含大量的事务处理代码并且被多次执行，则使用存储过程要比批处理的执行速度快很多。
- 减少了网络流量：如果某个操作包含大量的 SQL 语句，将其组织成存储过程使用的网络流量比逐条执行 SQL 语句大大减少。因为在调用该存储过程时，网络中传送的只是一条调用存储过程的语句，会大大降低客户机和服务器的交互次数。
- 安全性：数据库管理员可以通过设置用户的权限，只授予特定用户访问存储过程的权限，避免非授权用户对数据的访问，从而提高了数据的安全性。

2. 存储过程的缺点

存储过程也存在一些缺点，具体如下：

- 可移植性差：存储过程依赖于具体的数据库，不同的数据库厂商对数据类型及流程控制语句的语法有所不同。当需要实现数据库移植时，如从 MySQL 移植到 Oracle 上，由于语法不兼容，存储过程往往需要重新编写。
- 维护问题：如果对存储过程的修改涉及存储过程的输入和输出参数，或者要更改其返回的数据，这时还要更新应用程序中的源代码，维护起来不方便。

10.2　存储过程涉及的操作

对存储过程的操作主要包括创建、查看、调用、修改和删除。本节的操作主要在

Workbench 工具的代码编辑界面里实现的。下面对存储过程的操作进行详细介绍。

10.2.1 创建存储过程

在 MySQL 服务器端创建存储过程一般是在脚本代码文件里实现的。

1. 创建存储过程的命令

在 MySQL 中使用 create procedure 命令来创建存储过程，语法格式如下：

```
create procedure 存储过程名([参数列表])
begin
    存储过程体
end
```

关于以上语法需要注意的是：

参数列表由“参数模式 参数名 参数类型”组成，参数模式表示输入和输出类型，可以是 in、out 或 inout。其中：in 是默认类型，表示由调用者输入参数值；out 表示输出参数，该参数可以作为返回值输出；inout 表示输入和输出参数，既可以作为输入也可以作为输出。如果存储过程不需要参数，则参数列表可以省略，但小括号不能省略。

begin...end 用于包裹一个语句块，相当于 C 或 Java 中的一对花括号。如果在存储过程体中包含多条 SQL 语句，则其要放在 begin...end 中。如果在存储过程体中只包含一条语句，则 begin 和 end 可以省略。

在存储过程体中的每条 SQL 语句都要以分号结束。而 MySQL 默认的一条语句结束标志也是分号，如果还以分号作为结束标志，则会在存储过程体中第一条语句执行完毕（第一个分号）时认为程序已经结束，这显然是不符合要求的。为了区分存储过程体中的一条 SQL 语句和存储过程的结束，需要在存储过程创建之前和之后使用 delimiter 命令对 MySQL 的结束标志进行设置。delimiter 的语法格式如下：

```
delimiter $$
```

这里的$$是用户定义的结束符，它可以是任意的特殊字符，注意不要选用常用的字符。存储过程创建结束之后要用“delimiter ;”恢复设置。

2. 创建存储过程示例

【示例 10.1】创建一个存储过程 proc_user_insert，模拟用户注册操作，向 user 表中插入用户名和密码。

```
delimiter $$                                                  #设置结束标志$$
create procedure proc_user_insert(in username varchar(20),in userpwd
varchar(20))                                                  #创建
begin
  insert into user(uname,pwd) values(username,userpwd);
```

```
end $$
delimiter ;                                              #恢复结束标志为;
call proc_user_insert('admin','123456');                 # 调用存储过程
```

在以上代码中，username 和 userpwd 是存储过程 proc_user_insert 的两个输入参数，调用该存储过程时，根据传递进来的参数值向 user 表中插入数据。需要注意的是，存储过程创建成功后，只有调用它时存储过程体中的代码才得以执行。存储过程的调用可以参看 10.2.2 小节。存储过程调用后，查看 user 表中的数据，验证是否插入成功。

```
select uname,pwd from user where uname='admin';
```

执行结果如图 10.1 所示。可以发现，通过调用存储过程，成功向 user 表中插入了数据。

【示例 10.2】创建一个存储过程 proc_user_login，模拟用户登录操作。

```
delimiter $$                                             #设置结束标志$$
create procedure proc_user_login(in username varchar(20),in userpwd
varchar(20))                                             #创建
begin
if exists(select * from user where uname=username and pwd=userpwd) then
select '登录成功';
else
select '登录失败';
end if;
end $$
delimiter ;                                              #恢复结束标志为;
call proc_user_login('admin','123456');                  # 调用存储过程
```

在以上代码中，根据两个输入参数 username 和 userpwd 传入的用户名和密码，查看 user 表中是否有满足条件的记录，如果有则输出“登录成功”，否则输出“登录失败”。执行结果如图 10.2 所示。因为在 user 表中存在用户名为 admin，密码为 123456 的记录，所以输出“登录成功”。

	uname	pwd
▶	admin	123456

图 10.1　查看调用 proc_user_insert 后 user 表中的数据

	登录成功
▶	登录成功

图 10.2　存储过程 proc_user_login 的执行结果

【示例 10.3】创建一个存储过程 proc_user_updatepwd，模拟用户修改密码的操作，要求输入用户名、原密码和新密码。如果用户名不存在，则返回 1；如果用户名已经存在但输入的原密码不正确，则返回 2；如果修改成功，则返回 3。要求用输出参数返回结果。

```
delimiter $$                                          #设置结束标志$$
# 创建存储过程
create procedure proc_user_updatepwd(in username varchar(20),in oldpwd
varchar(20),
in newpwd varchar(20),out result int)                 #3 个输入参数，1 个输出参数
begin
if (select count(*) from user where uname=username)=0 then
set result=1;
```

```
elseif (select count(*) from user where uname=username and pwd=oldpwd)=0
then
set result=2;
else
update user set pwd=newpwd where uname=username and pwd=oldpwd;
    set result=3;
end if;
end $$
delimiter ;                                          #恢复结束标志为;
```

在以上代码中，根据 3 个输入参数 username、oldpwd 和 newpwd 传入的用户名、原密码和新密码，查看 user 表中的数据，如果用户名不存在，则输出参数 result 的值为 1；如果用户名已经存在但输入的原密码不正确，则 result 的值为 2；如果修改成功，则 result 的值为 3。

创建成功后，调用该存储过程。第 4 个参数为输出参数，调用时需要传入一个变量。

```
set @result=0;                                                  # 声明用户变量
call proc_user_updatepwd('admin','123456','888888',@result); #调用存储过程
select @result;                                                 # 查看返回结果
```

执行结果如图 10.3 所示，说明 update 语句成功执行。

接下来可以通过查看 user 表中的数据，验证是否修改成功。

```
select uname,pwd from user where uname='admin';
```

执行结果如图 10.4 所示，从输出结果中可以看到，admin 用户的密码被成功修改为 888888。

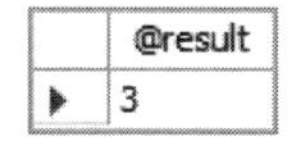

	@result
▶	3

图 10.3　存储过程 proc_user_updatepwd 的执行结果

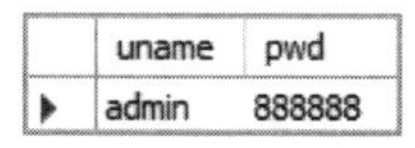

	uname	pwd
▶	admin	888888

图 10.4　查看 user 表中的数据

【示例 10.4】创建一个存储过程 proc_getpwdByname，模拟用户密码找回操作，要求输入用户名和手机号，返回用户密码。

```
delimiter $$                                   #设置结束标志$$
# 创建存储过程
create procedure proc_getpwdByname(in username varchar(20), in userphone
char(11),
out userpwd varchar(20))                       #2 个输入参数，1 个输出参数
begin
select pwd into userpwd from user where uname=username and phone=userphone;
end $$
delimiter ;                                    #恢复结束标志为;
```

在以上代码中，根据两个输入参数 username、userphone 传入的用户名和手机号，从 user 表中查找密码并赋值给输出参数 userpwd。

创建成功后，调用该存储过程。第 3 个参数为输出参数，调用时需要传入一个变量。

```
set @uphone=null;                                              # 声明用户变量
call proc_getpwdByname('sankumao','15633445555',@uphone);  #调用存储过程
select @uphone;                                                # 查看返回结果
```

执行结果如图 10.5 所示，可以看到，成功返回了该用户的密码。

注意：

- 存储过程的参数在作用域上相当于局部变量，仅限于存储过程体内使用。一旦参数名与存储过程体中的 SQL 语句使用的表字段同名，注意字段名前要加表名作为前缀，即“表名.字段名”，否则会被认为是局部变量。
- 尽量避免局部变量与存储过程使用的表中的字段同名。

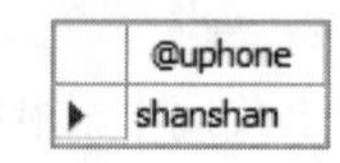

@uphone
shanshan

图 10.5　存储过程 proc_getpwdByname 的执行结果

10.2.2　调用存储过程

存储过程创建成功后，要想使存储过程发挥作用，必须使用 call 语句进行调用。调用存储过程的语法格式如下：

```
call 存储过程名([实参列表]);
```

在以上语法中，实参列表表示调用时向存储过程的形参传递的参数，注意实参列表的个数、类型和顺序要和形参列表一致。当形参被指定为 in 时，对应的实参可以是常量也可以是变量；当形参被指定为 out 或 inout 时，对应的实参必须是一个变量，用于接收返回给调用者的数据。如果存储过程没有参数，则存储过程名后的括号不能省略。

【示例 10.5】调用存储过程 proc_user_login。

```
call proc_user_login('admin','111');
```

执行结果如图 10.6 所示。user 表中虽然存在名为 admin 的用户，但其密码不是 111，所以输出“登录失败”。

登录失败
登录失败

图 10.6　存储过程 proc_user_login 的执行结果

10.2.3　查看存储过程

存储过程创建成功后，可以通过 show status 语句查看存储过程的状态，也可以通过 show create 语句查看存储过程的定义，还可以通过系统数据库 information_schema 的 routines 表查看存储过程的详细信息。

1．查看存储过程的状态

在 MySQL 中可以通过 show status 语句查看存储过程的状态，其语法格式如下：

```
show procedure status like '视图名';
```

在以上语法中，like 关键词后可以跟具体的存储过程名，也可以跟匹配模式表示模糊匹配，如“like proc%”表示所有名称中以 proc 开头的存储过程。

【示例 10.6】查看存储过程 proc_user_insert 的状态信息。

```
show procedure status like 'proc_user_insert';
```

执行结果如图 10.7 所示。可以看到，Db 的值为存储过程所属的数据库，Name 的值为存储过程名称，Created 的值为存储过程创建时间，Modified 的值为修改时间，其他状态信息不再解释。

Db	Name	Type	Definer	Modified	Created	Security_	character_set_	collation_conne	Database Collation
study_db	proc_user_insert	PROCEDURE	root@localhost	2021-06-1...	2021-06-1...	DEFIN...	utf8mb4	utf8mb4_09...	utf8mb4_0900_ai_ci

图 10.7　查看存储过程 proc_user_insert 的状态信息

2．查看存储过程的创建语句

使用 show create procedure 语句可以查看存储过程的创建语句及字符编码，语法格式如下：

```
show create procedure 存储过程名;
```

【示例 10.7】查看存储过程 proc_user_insert 的创建语句。

```
show create procedure proc_user_insert;
```

为方便截图，这里通过 cmd 命令进入命令行，连接 MySQL 之后执行以上代码，结果如图 10.8 所示。从结果中可以看到存储过程 proc_user_insert 的名称、创建语句、字符编码及排序规则等信息。

```
mysql> show create procedure proc_user_insert\G
*************************** 1. row ***************************
           Procedure: proc_user_insert
            sql_mode: STRICT_TRANS_TABLES,NO_ENGINE_SUBSTITUTION
    Create Procedure: CREATE DEFINER=`root`@`localhost` PROCEDURE `proc_user_insert`
(in username varchar(20),in userpwd varchar(20))
begin
  insert into user(uname,pwd) values(username,userpwd);
end
character_set_client: utf8mb4
collation_connection: utf8mb4_0900_ai_ci
  Database Collation: utf8mb4_0900_ai_ci
1 row in set (0.00 sec)
```

图 10.8　查看存储过程 proc_user_insert 的创建语句

3．查看存储过程的详细信息

在 MySQL 中，所有存储过程的定义都存储在系统数据库 information_schema 的 routines 表中，通过查询 routines 表可以看到所有存储过程的详细信息，语法格式如下：

```
select * from information_schema.routines where routine_name='存储过程名';
```

【示例 10.8】查看存储过程 proc_user_insert 的详细信息。

```
select * from information_schema.routines where routine_name='proc_user_
insert';
```

为方便截图，这里通过 cmd 命令进入命令行，连接 MySQL 之后执行以上代码，结果如图 10.9 所示。

```
mysql> select * from information_schema.routines where routine_name='proc_user_insert'\G
*************************** 1. row ***************************
           SPECIFIC_NAME: proc_user_insert
         ROUTINE_CATALOG: def
          ROUTINE_SCHEMA: study_db
            ROUTINE_NAME: proc_user_insert
            ROUTINE_TYPE: PROCEDURE
               DATA_TYPE:
CHARACTER_MAXIMUM_LENGTH: NULL
  CHARACTER_OCTET_LENGTH: NULL
       NUMERIC_PRECISION: NULL
           NUMERIC_SCALE: NULL
      DATETIME_PRECISION: NULL
      CHARACTER_SET_NAME: NULL
          COLLATION_NAME: NULL
          DTD_IDENTIFIER: NULL
            ROUTINE_BODY: SQL
      ROUTINE_DEFINITION: begin
  insert into user(uname,pwd) values(username,userpwd);
end
           EXTERNAL_NAME: NULL
       EXTERNAL_LANGUAGE: SQL
         PARAMETER_STYLE: SQL
        IS_DETERMINISTIC: NO
         SQL_DATA_ACCESS: CONTAINS SQL
                SQL_PATH: NULL
           SECURITY_TYPE: DEFINER
                 CREATED: 2021-06-17 15:33:52
            LAST_ALTERED: 2021-06-17 15:33:52
                SQL_MODE: STRICT_TRANS_TABLES,NO_ENGINE_SUBSTITUTION
         ROUTINE_COMMENT:
                 DEFINER: root@localhost
    CHARACTER_SET_CLIENT: utf8mb4
    COLLATION_CONNECTION: utf8mb4_0900_ai_ci
      DATABASE_COLLATION: utf8mb4_0900_ai_ci
1 row in set (0.00 sec)
```

图 10.9　查看存储过程 proc_user_insert 的详细信息

从图 10.9 中可以看到存储过程 proc_user_insert 的名称、创建语句、所属的数据库名称、创建时间、最后修改时间、拥有者、字符编码及排序规则等信息。

10.2.4　修改存储过程

所谓修改存储过程，是指修改存储过程的特性，用于应对在实际数据库管理中业务需求的更改。在 MySQL 中可以使用 alter procedure 语句修改存储过程的特性，语法格式如下：

```
alter procedure 存储过程名 存储过程特性;
```

“存储过程特性”选项的默认可取值及其说明如下：

- Language sql：默认值，表示存储过程是使用 SQL 语言编写的，暂时只支持 SQL。
- Contains sql：子程序包含 SQL 语句，但不包含读或写数据的语句。
- No sql：子程序中不包含 SQL 语句。
- Reads sql data：子程序中包含读数据的语句。
- Modifies sql data：子程序中包含写数据的语句。

- Sql security definer：只有定义者才有权限执行存储过程。
- Sql security invoker：调用者有权执行存储过程。
- Comment '注释内容'：注释信息。

上述存储过程特性的选项也可以在创建存储过程（create procedure）时进行设定，语法格式如下：

```
create procedure 存储过程名([参数列表]) 存储过程特性
begin
    存储过程体
end
```

如果需要在创建存储过程时设定其特性，语法上，存储过程特性应该排在参数列表之后。

【示例 10.9】修改存储过程 proc_getpwdByname 的安全类型为调用者可以执行，并设置注释信息。

```
alter procedure proc_getpwdByname sql security invoker
comment '根据用户名和手机号查找用户密码';
```

修改完成后，查看存储过程 proc_getpwdByname 的详细信息。

```
select routine_name,security_type,routine_comment from information_
schema.routines
where routine_name='proc_getpwdByname';
```

执行结果如图 10.10 所示，可以发现，存储过程 proc_getpwdByname 的安全类型和注释内容都已经修改成功。

	ROUTINE_NAME	SECURITY_TYPE	ROUTINE_COMMENT
▶	proc_getpwdByname	INVOKER	根据用户名和手机号查找用户密码

图 10.10　修改存储过程 proc_getpwdByname 的特性

注意：alter procedure 语句只能修改存储过程的特性，不能更改存储过程的参数和存储过程体。如果需要更改存储过程的参数和存储过程体，则需要先删除存储过程，再重新创建存储过程。

10.2.5　删除存储过程

当某个存储过程不再需要时，可以将其删除。删除存储过程的语法格式如下：

```
drop procedure [if exists] 存储过程名;
```

这里 if exists 选项为可选项，用于在删存储过程之前先判断其是否存在，如果存在则删除，如果无此选项则删除不存在的存储过程时会报错。另外，在删除之前，必须确认该存储过程没有任何依赖关系，否则会导致其他与之关联的存储过程无法运行。

【示例 10.10】删除存储过程 proc_user_insert。

```
drop procedure proc_user_insert;
```

执行以上代码，成功后，通过 show create procedure proc_user_insert;语句查看该存储过程，结果如图 10.11 所示，查询结果提示存储过程 proc_user_insert 不存在，说明该存储过程被成功删除。

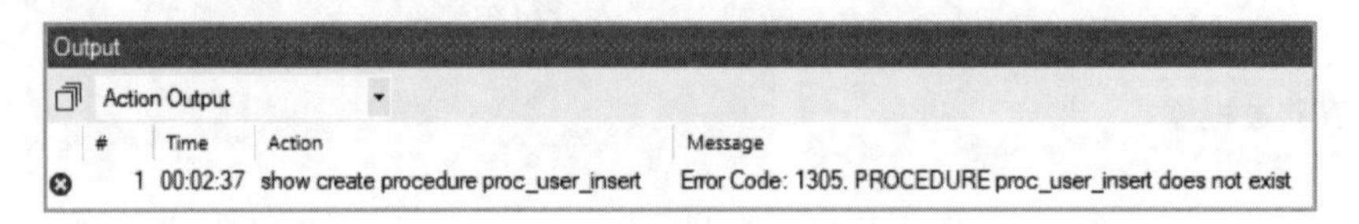

图 10.11　查询存储过程是否删除

10.2.6　案例——三酷猫销售单数据检查

三酷猫海鲜零售店销售人员的每笔销售明细进行插入时，都要对输入的数据进行数据检查，具体要求如下：

1）向 saledetail_t 表中插入销售明细记录。

2）检查销售员编号在销售员表中是否存在。

3）检查销售数量是否为负数。

根据上述要求，在 SQL 脚本代码文件里编写如下代码。

```
delimiter $$
create procedure proc_saledetail_insert(in sname varchar(20),in snum int,
# 定义存储过程
in sunit varchar(10),in sprice decimal(7,2),in scashierno char(6))
begin
if not exists(select * from cashier_inf where no=scashierno) then
select '该销售员不存在！' as Warning;
elseif snum<0 then
select '销售数量不能为负数' as Warning;
else
insert into saledetail_t(name,number,unit,price,sale_time,cashier_no)
# 插入数据，销售时间取系统当前时间
values(sname,snum,sunit,sprice,now(),scashierno);
end if;
end $$
delimiter ;

# 第 1 次调用存储过程
call proc_saledetail_insert('带鱼',2,'盒',200.00,'1-010');
# 第 2 次调用存储过程
call proc_saledetail_insert('带鱼',-10,'盒',200.00,'1-001');
# 第 3 次调用存储过程
call proc_saledetail_insert('带鱼',2,'盒',200.00,'1-001');
```

```
# 查询编号为 1-001 的销售员的最近销售记录
select * from saledetail_t where cashier_no='1-001' order by sale_time desc
limit 1;
```

执行上述代码，第 1 次调用存储过程 proc_saledetail_insert，编号为 1-010 的销售员不存在，输出结果如图 10.12 所示。

第 2 次调用存储过程 proc_saledetail_insert，销售数量为负数，输出结果如图 10.13 所示。

	Warning
▶	该销售员不存在!

图 10.12　第 1 次调用 proc_saledetail_insert

	Warning
▶	销售数量不能为负数

图 10.13　第 2 次调用 proc_saledetail_insert

第 3 次调用存储过程 proc_saledetail_insert，插入成功，查询刚刚插入的编号为 1-001 的销售员的销售记录，输出结果如图 10.14 所示。

	no	name	number	unit	price	sale_time	cashier_no
▶	8	带鱼	2.00	盒	200.00	2021-06-20 14:52:21	1-001

图 10.14　第 3 次调用 proc_saledetail_insert

10.3　异　　常

在数据库操作过程中难免会出现一些异常情况，针对这些异常情况，MySQL 提供了异常处理机制。下面对自定义异常和异常处理分别进行详细介绍。

10.3.1　自定义异常

所谓自定义异常，是指事先定义程序在执行过程中遇到的问题。MySQL 的 SQL 语句为异常问题提供了自定义异常功能。

1. 自定义异常的语法格式

MySQL 中使用 declare...condition for 语句来声明异常，语法格式如下：

```
declare 异常名称 condition for 异常类型;
```

在上述语法中，condition for 后面跟的异常类型有以下两种可选值：

- sqlstate '长度为 5 的字符串类型的错误代码';
- 数值类型的错误代码。

2. 自定义异常示例

【示例 10.11】为 ERROR 1305(42000)服务器错误代码声明一个异常名称 can_not_found。

```
delimiter $$
create procedure proc_cond()
begin
declare can_not_found condition for sqlstate '42000'; # 定义异常方法一
end $$
delimiter ;
```

或者：

```
delimiter $$
create procedure proc_cond1()
begin
declare can_not_found condition for 1305;              # 定义异常方法二
end $$
delimiter ;
```

在以上代码中，使用 declare...condition for 分别以字符串错误代码和数值类型错误代码两种方法定义了名为 can_not_found 的异常。

10.3.2　异常处理

为异常命名之后，需要设置在遇到这些异常时应当采取的处理方式和解决办法，从而保证存储过程在遇到警告或错误时能继续执行。

1. 声明异常处理的语法格式

MySQL 中使用 declare...handler for 语句来声明异常，语法格式如下：

```
declare 异常处理方式 handler for 异常类型 程序语句块;
```

在上述语法中，declare 后面跟的异常处理方式有以下两个可选值：

- continue：遇到错误时不会终止后面代码的执行。
- exit：遇到错误时马上退出。

MySQL 中目前只支持以上两种异常处理方式，通常情况下，遇到错误时最好执行 exit 操作。如果事先能够预测错误的类型并且进行相应的处理，那么可以执行 continue 操作。

handler for 后面跟的异常类型有以下 6 种可选值：

- sqlstate '长度为 5 的字符串类型错误代码'。
- 数值类型错误代码。
- 用 declare 定义的异常名称。
- sqlwarning：匹配所有以 01 开头的长度为 5 的字符串类型错误代码。

- not found：匹配所有以 02 开头的长度为 5 的字符串类型错误代码。
- sqlexception：匹配所有没有被 sqlwarning 和 not found 捕获的长度为 5 的字符串类型错误代码。

程序语句块是指在遇到定义的异常时，需要执行的语句块。

2. 异常处理示例

为了让读者更容易理解，下面通过示例演示异常定义和异常处理方式。

【示例 10.12】对错误代码为 23000 的插入重复值异常进行处理。

```
create table test01(id int primary key);          # 创建 test01 表，id 为主键
delimiter $$
create procedure proc_exception()
begin
# 异常处理，处理方式为 continue
declare continue handler for sqlstate '23000' set @x=1;
insert into test01 values(10);                    # 插入 10
set @x=2;
insert into test01 values(10);                    # 插入重复值
set @x=3;
end $$
delimiter ;
call proc_exception();                            # 调用存储过程
select @x;                                        # 查看用户变量@x 的值
```

在以上代码中创建了 test01 表，用于测试主键插入重复值异常。异常处理语句必须放在存储过程中且在程序代码之前。sqlstate '23000'表示表中含有重复值时不能插入数据。异常处理方式为 continue，即遇到错误不会终止后面代码的执行。调用存储过程 proc_exception 后，查看用户变量@x 的值，执行结果如图 10.15 所示。

从输出结果中可知，用户变量@x 的值为 3，说明在进行重复值插入时发生了主键冲突异常（见第 8 行代码），进行异常处理后程序的执行并没有终止，而是继续执行后面的代码。第 9 行代码执行后，@x 的值为 3。

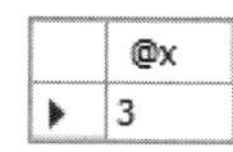

图 10.15　用户变量@x 的值

【示例 10.13】定义错误代码为 23000 的异常并进行异常处理。

```
create table test02(id int primary key);          # 创建 test02 表，id 为主键
delimiter $$
create procedure proc_exception2()
begin
declare cannot_dup_key condition for sqlstate '23000'; # 异常定义
declare exit handler for cannot_dup_key set @y=1; # 异常处理，处理方式为 exit
insert into test02 values(10);                    # 插入 10
set @y=2;
insert into test02 values(10);                    # 插入重复值
set @y=3;
end $$
delimiter ;
```

```
call proc_exception2();                         # 调用存储过程
select @y;                                      # 查看用户变量@y 的值
```

以上代码与示例 12 的不同之处在于，首先将错误代码为 23000 的异常命名为 cannot_dup_key，然后处理该异常，异常处理方式为 exit，即遇到错误马上退出，终止后面代码的执行。调用存储过程 proc_exception2 后，查看用户变量@y 的值，执行结果如图 10.16 所示。

	@y
▶	1

图 10.16 用户变量@y 的值

从输出结果中可知，用户变量@y 的值为 1，说明在进行重复值插入时发生了主键冲突异常（见第 9 行代码），进行异常处理将@y 的值赋值为 1 后终止程序的执行，不再执行后面的代码。因此输出结果@y 的值为 1。

需要注意的是，在示例 12 和示例 13 中的变量@x 和@y 都为用户变量，用户变量与连接有关，当断开连接时，该客户端连接的所有用户变量将自动释放。另外，一个客户端定义的变量不能被其他客户端使用。

10.4 游　　标

在 MySQL 中，游标（Cursor）是一种能从包括多条记录的结果集中每次提取一条记录的机制。在编写存储过程时，查询语句可能会返回多条记录，如果需要对结果集中的记录逐行地进行单独处理，则可以使用游标。游标可以看作一种特殊的指针，它与某个查询结果相联系，主要用于交互式的应用程序，用户可以根据需要逐条浏览或修改结果集中的数据。

1. 游标使用步骤

在 MySQL 中，游标一般应用于存储过程或函数中，游标的使用包括 4 个步骤：定义游标、打开游标、读取数据和关闭游标。

（1）定义游标

游标在使用之前必须先定义，使其与指定的 select 语句相关联，确定游标要操作的结果集对象。定义游标的语法格式如下：

```
declare 游标名称 cursor for 查询语句;
```

在上述语法中，游标名称在一个存储过程或函数内必须唯一。游标的定义必须是在声明局部变量和异常条件之后、声明异常处理程序之前。需要注意的是，定义游标后，与游标相关联的 select 语句并没有执行，MySQL 服务器的内存中并没有 select 语句的查询结果集。

（2）打开游标

游标定义之后，要想使用游标，首先需要打开游标，此时才会执行 select 语句并将查询结果存储到内存中。在 MySQL 中打开游标通过 open 关键字实现，语法格式如下：

```
open 游标名称;
```

打开一个游标时，游标并不是指向第一条记录，而是指向第一条记录的前面。一个游标是可以打开多次的，当用户打开游标后，如果有其他用户正在更新数据表，有可能会导致用户每次打开游标后，显示的结果都不同。

（3）使用游标提取数据

游标打开之后，可以通过 fetch 语句来提取数据，语法格式如下：

```
fetch 游标名称 into 变量名 1,变量名 2,…;
```

在上述语法中，fetch 语句将在指定的游标中查询语句检索出来的数据保存到对应的变量中，变量名的个数要与声明游标时的 select 查询列表中的字段个数一致。打开游标后，第一次使用 fetch 语句读取数据时游标指向结果集的第一条记录。

需要注意的是，MySQL 的游标是只读的，只能顺序地从开始往后读取结果集，不能从后往前，也不能直接跳到中间的记录。

（4）关闭游标

游标使用完毕之后要及时关闭，以释放游标占用的内存资源。可以通过 close 语句来关闭游标，语法格式如下：

```
close 游标名称;
```

游标一旦关闭，则不能再使用该游标读取数据。如果需要再次使用游标，只需要用 open 语句将其打开即可，不需要重新再定义。如果没有关闭游标，MySQL 将会在到达程序最后的 end 语句时将其自动关闭。

2. 游标使用示例

了解了游标的使用流程之后，下面通过一个示例来演示游标的用法。

【示例 10.14】定义一个存储过程 proc_testcur，利用游标将 user 表中的用户名和密码复制到 utest 表中。

```
create table utest                                    # 创建 utest 表，保存用户名和密码
(id int primary key auto_increment,
name varchar(20),
pwd varchar(20));
delimiter $$
create procedure proc_testcur()                             # 定义存储过程
begin
declare flag int default 0;                                 # 遍历游标结束的标识变量
declare username,userpwd varchar(20);
declare mycur cursor for select uname,pwd from user;        #定义游标
declare continue handler for sqlstate '02000' set flag=1;  #异常处理
open mycur;                                                 # 打开游标
repeat                                                      # 遍历游标
fetch mycur into username,userpwd;                          # 读取游标
```

```
    if username not in(select name from utest) then     # 处理游标检索的数据
        insert into utest(name,pwd) values(username,userpwd);
    end if;
    until flag end repeat;
    close mycur;                                              # 关闭游标
    end $$
    delimiter ;
```

在以上代码中，首先创建一个 utest 表用来保存用户名和密码的备份信息。游标 mycur 与 user 表中的用户名和密码的查询结果相关联，打开游标后，通过 repeat 循环对其进行遍历，每执行一次，fetch 语句会读取游标中的一行，并将读取结果存入局部变量 username 和 userpwd 中，如果在 utest 表中无此用户，则将该用户名和密码插入 utest 表。直到游标中的所有数据全部读取完毕，再次执行 fetch 语句会发生错误代码为 02000 的异常。declare…handler for 用于处理该异常，一旦发生异常，会将标志变量 flag 的值置为 1，循环结束，最后关闭游标。

在执行以上代码之前，首先通过 select uname,pwd from user;查看游标关联的结果集数据，如图 10.17 所示。

程序执行成功后，调用存储过程 proc_testcur 并查询 utest 表中的数据验证存储过程的执行结果。

```
call proc_testcur();                        # 调用存储过程
select * from utest;                        # 查询 utest 表
```

执行结果如图 10.18 所示。从输出结果中可以看到，user 表中的用户名和密码全部存储到了 utest 表中。

	uname	pwd
▶	admin	888888
	dalianmao	kaiwang98
	dingdangmao	3939339
	kaitimao	yangou11
	sankumao	shanshan

图 10.17　游标 mycur 关联的数据

	id	name	pwd
▶	1	admin	888888
	2	dalianmao	kaiwang98
	3	dingdangmao	3939339
	4	kaitimao	yangou11
	5	sankumao	shanshan

图 10.18　utest 表中数据

注意：定义游标的语句必须放在定义局部变量和异常语句之后、异常处理语句之前。

10.5　案例——三酷猫销售数据分析

三酷猫针对海鲜零售店销售人员的每笔销售明细进行分析，要求统计某日期的销售额排在前 3 名的销售员名单，具体要求如下：

1）以“销售员 1,销售员 2,销售员 3”的格式输出销售员名单。

2）定义错误代码为 02000 的异常并进行异常处理。

根据上述要求，在 SQL 脚本代码文件里编写如下代码。

```
delimiter $$
create procedure proc_sale(in start_time datetime,in end_time datetime,
out result varchar(50))                                          # 定义存储过程
begin
declare flag int default 0;
declare cno char(6);
# 定义游标
declare mycur cursor for select cashier_no from saledetail_t where sale_
time>=start_time and sale_time<=end_time group by cashier_no order by
sum(number*price) desc limit 3;
declare exit handler for sqlstate '02000' set flag=1;          # 异常处理
open mycur;                                                      # 打开游标
repeat                                                           # 遍历游标
fetch mycur into cno;
select concat_ws(',',result,cno) into result;                   # 字符串连接
until flag end repeat;
close mycur;                                                     # 关闭游标
end $$
delimiter ;

call proc_sale('2021-4-3','2021-4-7',@result);                  # 调用存储过程
select @result;
```

执行上述代码，调用存储过程 proc_sale，传入开始日期和结束日期参数，查看输出参数的值，输出结果如图 10.19 所示。可以看到，结果以“1-003,1-001,1-002”的格式显示了该日期销售额排在前 3 名的销售员名单。

	@result
▶	1-003,1-001,1-002

图 10.19　查看@result 的值

10.6　练习和实验

一、练习

1. 填空题

1）存储过程是 MySQL 中常用的数据库对象，它是一组为了完成特定功能的预编译的（　　）集合。

2）对存储过程的操作主要包括（　　）、查看、调用、（　　）和删除。

3）在 MySQL 中使用（　　）命令创建存储过程。

4）要想使存储过程发挥作用，必须使用（　　）语句进行调用。

5）通常情况下，MySQL 服务前端执行代码遇到错误时最好执行（　　）操作。

2．判断题

1）存储过程是一种命名的程序块，在第一次经过编译之后，再次调用时不用再编译，因此执行效率较高。（　　）

2）存储过程把业务规则封装在了存储过程体中，对外界隐藏了具体实现细节。（　　）

3）存储过程存在移植性差、可维护性差和可执行性差等问题。（　　）

4）存储过程等服务器端代码执行时，存在异常出错的可能。（　　）

5）在存储过程里，如果需要对结果集中的记录逐行地进行单独处理，可以使用游标。（　　）

二、实验

实验 1：创建一个存储过程，对该存储过程进行调用、查看、修改和删除操作。

1）创建一个存储过程，对一个表进行数据记录查询操作。

2）查看这个存储过程的详细信息。

3）修改存储过程，屏蔽一个字段。

4）删除该存储过程。

5）截取必要的操作过程界面。

6）形成实验报告。

实验 2：修改 10.2.6 小节的案例，增加自定义异常处理。

1）调用存储过程进行数据插入时触发异常。

2）通过异常给予出错提示并终止程序的执行。

3）截取必要的操作过程界面。

4）形成实验报告。

第 11 章　触　发　器

存储过程需要通过 call 语句主动调用才能在服务器端执行，而触发器（Trigger）通过 insert、update 或 delete 语句对对应的表执行操作时会自动执行代码，从而增强服务器端 SQL 语句的处理能力和灵活性。本章的主要内容如下：

- 触发器的基础知识；
- 触发器操作。

11.1　触发器的基础知识

触发器是一种特殊的存储过程，它与存储过程的区别是，执行存储过程要使用 call 语句，而触发器的执行则不需要使用 call 语句，它是在一个预定义的事件发生时被 MySQL 自动调用的。

11.1.1　什么是触发器

触发器是与表事件相关的特殊存储过程，表事件可以是 Insert、Update 或 Delete，当触发器所在的表中发生了 Insert、Update 或 Delete 这些事件时，会自动执行触发器中定义的 SQL 代码。

触发器基于一个表创建，但是可以针对一个或多个表进行操作，其通常用于对表实施复杂的完整性约束。当有多个表具有相互联系的关系时，通过触发器能够实现表之间的数据的一致性。例如：在实际开发项目时，每插入一条销售记录，会对单价进行条件检查，并根据单价和数量自动计算总额；每增加一笔销售记录，都要修改相应商品的库存；删除记录时会在另外一个表中保存一份副本。以上情况都需要在数据表发生更改时自动进行一些处理，这就要用到触发器。

11.1.2　触发器的优缺点

触发器是一种实施较复杂的用户自定义完整性约束的机制和方法，不仅可以用于数据库完整性检查，还可以实现数据库安全及其他业务规则的控制等功能。例如，插入数据前对数据进行检查或转换，或者不同表之间数据的级联修改等。

触发器具有如下优点：

- 触发器的执行不需要主动调用，而是事件触发被自动执行的。
- 触发器可以对数据库中相关的表进行级联修改。
- 触发器可以实施比 foreign key 约束和 check 约束更为复杂的检查和操作。

触发器也存在一些缺点，具体如下：

- 当需要改动的数据量较大时，触发器的执行效率很低。
- 大量使用触发器会增加程序的复杂性，尤其是一个触发器的执行会激活另一个触发器，维护较困难。

11.2　触发器操作

触发器的基本操作主要包括创建触发器、查看触发器、修改和删除触发器。下面对触发器的基本操作进行详细介绍。

11.2.1　创建触发器

在 MySQL 中，创建触发器使用 create trigger 语句。一旦定义触发器，其将被保存在数据库服务器中。

1. 创建触发器的语法

创建触发器的语法格式如下：

```
create trigger 触发器名称 触发时机 触发事件 on 表名 for each row
begin
   触发程序;
end;
```

语法说明如下：

- 触发器名称：在当前数据库中必须唯一。如果要在某个特定的数据库中创建触发器，则需要在触发器名称前加数据库名作为前缀。
- 触发时机：触发器被触发的时刻，可取值为 before 和 after，表示触发器在激活它的语句之前或之后触发。before 表示在执行触发事件之前触发，可以用于验证新数据是否满足条件或者实现某些业务规则。after 表示在执行触发事件之后触发，用于其他表的级联操作或者比较数据修改前后的状态等。
- 触发事件：激活触发器的操作，可取值为 insert、update 和 delete。insert 表示将新行插入表时激活触发器。update 表示更新表中的某一行数据时激活触发器。delete 表示删除表中的某一行数据时激活触发器。

- 表名：与触发器相关联的表名。触发器只能定义在永久性表中，不能定义在临时表或视图中。当该表中的数据发生变化时，将激活定义在该表中相应的触发事件的触发器。
- for each row：触发器的类型，表示行级触发器，当触发器表的每一行发生变化时，触发程序都会执行一次。
- 触发程序：触发器功能实现的主体，包含触发器激活时将要执行的语句，如果要执行多条语句，则要放在 begin...end 中。如果只包含一条语句，则 begin 和 end 可以省略。
- 触发程序中的 old 和 new：在触发程序中可以使用两个关键字，即 new 和 old。其含义及用法如下：
  - 插入数据时，new 表示新记录，可以将其理解为新插入的行的副本，可以通过“new.列名”访问该行中的列。
  - 删除数据时，old 表示旧记录，可以将其理解为被删除的行的副本，可以通过“old.列名”访问该行中的列。
  - 修改数据时，new 表示修改后的记录，old 表示修改前的记录，可以通过“new.列名”访问修改后的记录中的列，通过“old.列名”访问修改前的记录中的列。
  - 在 insert 操作中只能用 new；在 delete 操作中只能用 old；在 update 操作中既可以用 new 也可以用 old。
  - 在 before insert 触发器和 before update 触发器中，new 中的值可以被更新，即可以通过“set new.列名=值”的方式更改 new 中的值。old 中的值全部是只读的，不能被更新。

2．触发器使用示例

为了让读者更容易理解，下面以商品表 goods(id,name,price,inventory)和订单表 orders(id,goods_id,number)为例（请读者根据所列表结构自行创建表），介绍触发器的应用。其中，goods 表中的 inventory 列表示商品库存，orders 表中的 number 列表示订单中购买商品的数量。goods 表中的数据如图 11.1 所示，orders 表中暂时无数据。

id	name	price	inventory
1	黄鱼	80.00	50
2	带鱼	200.00	20
3	大礼包	1000.00	10
4	活对虾	40.00	50

图 11.1　商品表 goods 中的数据

【示例 11.1】 创建一个名为 tri_goods_insert 的触发器，在向 goods 表中插入数据之前，对单价 price 列进行检查，要求单价必须在 1～1000。如果单价低于 1 则按 1 插入数据，如果单价高于 1000 则按 1000 插入数据。

```
delimiter $$
# 定义触发器
```

```
create trigger tri_goods_insert before insert on goods for each row
begin
    if new.price<1 then
        set new.price=1;
    elseif new.price>1000 then
        set new.price=1000;
    end if;
end $$
delimiter ;
```

在以上代码中创建了一个 before insert 触发器，该触发器定义在 goods 表中，用于向 goods 表中插入数据之前对 price 列进行条件检查并进行相应的处理。使用 new.price 来访问新插入行的 price 列的值，小于 1 则置 1，大于 1000 则置 1000。

触发器 tri_goods_insert 创建成功后，通过向 goods 表中插入数据激活该触发器，自动执行触发程序。之后查看刚才插入的数据。

```
insert into goods values(5,'活青蟹',0.5,100);          # 激活触发器
select * from goods where id=5;                        # 查看数据
```

执行结果如图 11.2 所示，可以看到，插入记录的 price 列的值为 0.5，小于 1，触发程序将其自动置为 1。

	id	name	price	inventory
▶	5	活青蟹	1.00	100

图 11.2　查看 goods 表中指定的数据

【示例 11.2】创建一个名为 tri_orders_insert 的触发器，在提交订单之后，同步修改所购买商品的库存数量。

```
delimiter $$
# 定义触发器
create trigger tri_orders_insert after insert on orders for each row
begin
    update goods set inventory=inventory-new.number where id=new.goods_id;
end $$
delimiter ;
```

在以上代码中创建了一个 after insert 触发器，该触发器定义在 orders 表中，用于向 orders 表中插入数据之后对 goods 表进行同步修改，将订单中的商品库存数量修改为减去相应购买数量之后的值。

触发器 tri_orders_insert 创建成功后，通过向 orders 表中插入数据激活该触发器，自动执行触发程序。之后分别查看订单数据和所购买的该商品的库存变化情况。

```
insert into orders values(1001,1,3);           # 激活触发器
select * from orders where id=1001;            # 查看 orders 表
select * from goods where id=1;                # 查看 goods 表
```

执行结果如图 11.3 和图 11.4 所示，由输出结果可知，编号为 1001 的订单购买 1 号商品数量为 3，相应的 goods 表中的 1 号商品的库存数量同步减少了 3，库存数量变成了 47（之前是 50）。

	id	goods_id	number
▶	1001	1	3

图 11.3　在 orders 表中插入的数据

	id	name	price	inventory
▶	1	黄鱼	80.00	47

图 11.4　goods 表的库存情况

【示例 11.3】创建一个名为 tri_orders_delete 的触发器，在删除订单后，将删除的数据转存到另外一个表 orders_bak 中，该表与 orders 表结构完全相同。

```
create table orders_bak like orders;                # 创建 orders_bak 表
delimiter $$
# 定义触发器
create trigger tri_orders_delete after delete on orders for each row
begin
   insert into orders_bak(id,goods_id,number) values(old.id,old.goods_id,
old.number);
end $$
delimiter ;
```

在以上代码中，首先通过 create table ... like 语句创建与 orders 表结构相同的 orders_bak 表，然后定义 tri_orders_delete 触发器，该触发器定义在 orders 表中，用于删除 orders 中的数据后将被删除的数据在 orders_bak 表中进行同步备份。

触发器 tri_orders_delete 创建成功后，通过删除 orders 表中的数据激活该触发器，自动执行触发程序。之后分别查看 orders 表数据和 orders_bak 表中的数据进行验证。

```
delete from orders where id=1001;                  # 激活触发器
select * from orders where id=1001;                # 查看 orders 表
select * from orders_bak where id=1001;            # 查看 orders_bak 表
```

执行结果如图 11.5 和图 11.6 所示，由输出结果可知，在 orders 表中删除了编号为 1001 的订单后，该数据被同步备份到了 orders_bak 表中。

	id	goods_id	number
*	NULL	NULL	NULL

图 11.5　orders 表中的数据

	id	goods_id	number
▶	1001	1	3

图 11.6　orders_bak 表中的数据

注意：MySQL 触发器是行级触发器，当触发器表的每一行数据发生变化时，触发程序都会执行一次。当对触发器表进行批量操作时也是如此。因此，使用触发器时要考虑改动的数据量较大时触发器的执行效率问题。

11.2.2　查看触发器

触发器创建成功后，可以查看触发器的触发时机、触发事件、触发程序及字符编码等一系列状态信息。在 MySQL 中查看触发器有 3 种方式：第一种是通过 show triggers 语句查看，第二种是通过 show create trigger 语句查看，第三种是通过系统数据库 information_schema 的 triggers 表查看。

1. show triggers语句

在 MySQL 中可以通过 show triggers 语句查看触发器的状态信息，其语法格式如下：

```
show triggers [from 数据库名称] [like '匹配模式'];
```

在以上语法中，from 子句和 like 子句均可以省略。from 子句用于指定数据库名，如果省略则默认为当前数据库。like 子句用于匹配触发器作用的数据表而不是触发器的名称。like 后可以跟具体的表名，也可以跟匹配模式来表示模糊匹配。例如，"like t%" 表示在表中定义的所有名称中以 t 开头的触发器。

【示例 11.4】查看已经存在的所有触发器。

```
show triggers;
```

执行结果如图 11.7 所示。可以看到，Trigger 的值为触发器名称，Event 的值为触发事件，Table 的值为基本表，Statement 为触发程序，Timing 的值为触发时机，Created 的值为创建时间，其他状态信息不再解释，读者可自行查看。

	Trigger	Event	Table	Statement	Timing	Created	sql_mode	Definer	characte	collatior	Database Collation
▶	tri_goods_insert	INSERT	goods	begin if new....	BEFORE	2021-06...	STRICT_T...	root@l...	utf8mb4	utf8...	utf8mb4_0900_ai_ci
	tri_orders_insert	INSERT	orders	begin update...	AFTER	2021-06...	STRICT_T...	root@l...	utf8mb4	utf8...	utf8mb4_0900_ai_ci
	tri_orders_delete	DELETE	orders	begin insert i...	AFTER	2021-06...	STRICT_T...	root@l...	utf8mb4	utf8...	utf8mb4_0900_ai_ci

图 11.7　查看所有的触发器 1

【示例 11.5】查看在 orders 表中定义的触发器。

```
show triggers like 'orders';
```

执行结果如图 11.8 所示。输出结果为在 orders 表中定义的所有触发器信息。

	Trigger	Event	Table	Statement	Timing	Created	sql_mode	Definer	characte	collatior	Database Collation
▶	tri_orders_insert	INSERT	orders	begin update...	AFTER	2021-06...	STRICT_T...	root@l...	utf8mb4	utf8...	utf8mb4_0900_ai_ci
	tri_orders_delete	DELETE	orders	begin insert i...	AFTER	2021-06...	STRICT_T...	root@l...	utf8mb4	utf8...	utf8mb4_0900_ai_ci

图 11.8　查看所有的触发器 2

2. show create trigger语句

使用 show create trigger 语句可以查看触发器的创建语句及字符编码，语法格式如下：

```
show create trigger 触发器名称;
```

【示例 11.6】查看触发器 tri_orders_delete 的创建语句。

```
show create trigger tri_orders_delete;
```

为方便截图，这里通过 cmd 命令进入命令行，连接 MySQL 之后执行以上代码，结果如图 11.9 所示。从结果中可以看到触发器 tri_orders_delete 的名称、创建语句、字符编码、排序规则及创建时间等信息。

3. 查看系统数据库information_schema的triggers表

在 MySQL 中，所有触发器的定义都存储在系统数据库 information_schema 的 triggers 表中，通过查询 triggers 表可以看到所有触发器的详细信息，语法格式如下：

```
select * from information_schema. triggers where trigger_name='触发器名称';
```

```
mysql> show create trigger tri_orders_delete\G
*************************** 1. row ***************************
               Trigger: tri_orders_delete
              sql_mode: STRICT_TRANS_TABLES,NO_ENGINE_SUBSTITUTION
SQL Original Statement: CREATE DEFINER=`root`@`localhost` TRIGGER `tri_orders_delete` AFTER DELETE
ON `orders` FOR EACH ROW begin
        insert into orders_bak(id,goods_id,number) values(old.id,old.goods_id,old.number);
end
  character_set_client: utf8mb4
  collation_connection: utf8mb4_0900_ai_ci
    Database Collation: utf8mb4_0900_ai_ci
               Created: 2021-06-24 20:55:56.49
1 row in set (0.00 sec)
```

图 11.9　查看触发器 tri_orders_delete

【示例 11.7】查看触发器 tri_orders_delete 的触发事件、触发时机和触发程序。

```
Select event_manipulation,action_timing,action_statement
from information_schema. triggers
where trigger_name='tri_orders_delete';
```

执行结果如图 11.10 所示。

	EVENT_MANIPULATION	ACTION_TIMING	ACTION_STATEMENT
▶	DELETE	AFTER	begin insert into orders_bak(id,goods_id,number) values(old.id,old.goods_id,old.number); end

图 11.10　查看触发器 tri_orders_delete

11.2.3　修改和删除触发器

修改触发器时可以先删除原触发器，再以相同的名称创建新的触发器。删除触发器使用 drop trigger 语句，其语法格式如下：

```
drop trigger [if exists] 触发器名称;
```

这里 if exists 选项为可选项，用于在删除触发器之前先判断其是否存在，如果存在则删除，如果无此选项则删除不存在的触发器时会报错。如果需要删除指定数据库中的触发器，则可以在触发器名称前加数据库名称作为前缀，默认为删除当前数据库中的触发器。

【示例 11.8】删除触发器 tri_orders_insert。

```
drop trigger tri_orders_insert;
```

执行以上代码，成功后，将向 orders 表中插入一条订单记录。之后分别查看订单数据和所购买商品的库存变化情况。

```
insert into orders values(1002,1,10);          # 插入数据
select * from orders where id=1002;            # 查看 orders 表
select * from goods where id=1;                # 查看 goods 表
```

执行结果如图 11.11 和图 11.12 所示，由输出结果可知，编号为 1002 的订单购买 1 号商品的数量为 10，但是在 goods 表中 1 号商品的库存数量却没有同步减少，库存数量仍然是原来的 47，说明触发器 tri_orders_insert 删除后，该触发器已不再起作用。

	id	goods_id	number
▶	1002	1	10

图 11.11　在 orders 表中插入的数据

	id	name	price	inventory
▶	1	黄鱼	80.00	47

图 11.12　goods 表中的库存情况

11.3　案例——三酷猫更新库存数量

学了触发器后，三酷猫觉得可以利用触发器解决一个问题，那就是当向 saledetail_t 表中插入数据时，可以通过触发器修改商品表（goods）中的库存数量，使库存数量符合实际的存货情况。

这里用 select 语句查看 goods 表里的商品存货数量情况，如图 11.13 所示。

三酷猫希望向 saledetail_t 表中插入销售明细记录时，通过触发器自动更新 goods 表里的库存数量，实现过程如下：

1）创建触发器。

通过 Workbench 工具建立对 goods 进行数量更新的触发器。

```
delimiter $$
# 定义触发器
create trigger goods_insert before insert on saledetail_t for each row
begin
    #更新指定商品的库存数量
    update goods set inventory=inventory-new.number where id=1;
end $$
delimiter ;
```

2）向 saledetail_t 表中插入一条销售明细记录。

在 Workbench 工具里执行插入一条记录的代码如下：

```
insert saledetail_t(name,number,unit,price,sale_time,cashier_no)
values('黄鱼',10,'斤',80,now(),'1-1000')
```

系统提示插入成功，查看 goods 表中“黄鱼”数量的变化情况如图 11.14 所示。可以看到，“黄鱼”的库存数量减少了 10 斤，符合实际销售情况。

```
1    select * from goods
```

	id	name	price	inventory
▶	1	黄鱼	80.00	50
	2	带鱼	200.00	20
	3	大礼包	1000.00	10
	4	活对虾	40.00	50

图 11.13　goods 表中的商品库存数量

```
1    select * from goods
```

	id	name	price	inventory
▶	1	黄鱼	80.00	40
	2	带鱼	200.00	20
	3	大礼包	1000.00	10
	4	活对虾	40.00	50
*	NULL	NULL	NULL	NULL

图 11.14　黄鱼的库存减少了 10 斤

注意：利用触发器更新另外一个表的记录时，需要用到关键字段 id 的值，这是为了确保对唯一记录的商品数量进行更新。如果利用其他字段作为更新条件则会报错。

因此在实际商业环境下，在销售明细表里应增加商品 id 字段，以方便多表操作（注意在这个案例中，通过指定 id=1 勉强实现了 goods 里的黄鱼数量更新的操作）。

11.4　练习和实验

一、练习

1. 填空题

1）（　　）是一种特殊的存储过程。

2）触发器可以实施比（　　）约束和（　　）约束更为复杂的检查和操作。

3）触发器的基本操作主要包括（　　）触发器、查看触发器、（　　）和删除触发器。

4）在 MySQL 中，创建触发器使用（　　）语句。

5）在 MySQL 中查看触发器有 3 种方式：第一种是通过（　　）语句查看，第二种是通过 show create trigger 语句查看，第三种是通过系统数据库 information_schema 的 triggers 表查看。

2. 判断题

1）触发器是被动调用，而存储过程是主动调用。（　　）

2）触发器是与表事件相关的特殊存储过程，表事件可以是 insert、update、delete 和 select。（　　）

3）触发器基于一个表创建，只能对一个表进行数据操作。（　　）

4）在一个数据库系统里，触发器名称可以和存储过程同名。（　　）

5）删除触发器使用 drop trigger 语句。（　　）

二、实验

实验 1：修改 11.3 节的案例，实现以下功能。

1）在销售明细表中增加商品 id 字段。

2）修改触发器，通过插入销售记录的商品 id，自动匹配指定的 goods 表中对应的 id 值。

3）插入一条销售明细记录，查看 goods 表中的商品库存数量变化情况。

4）形成实验报告。

实验 2：验证触发器插入数据遇到报错时，原先触发的事件会怎样。

在 11.3 节的案例基础上进行如下修改：

1）修改触发器代码，故意让触发器产生一个出错事件，无法更新 goods 表。

2）插入一条销售明细记录。

3）查看销售明细表（saledetail_t）和 goos 表的变化情况并得出结论。

4）形成实验报告。

第 12 章　事　　务

事务（Transaction）是关系型数据库中一项重要的功能，它解决了 SQL 语句针对一项业务多处修改操作数据的同步问题，保证了数据的可靠、安全、正确和一致性。

从业务系统基于数据库开发角度来说，SQL 的 CRUD 语句和事务是频繁被使用的数据库操作语句。本章的主要内容如下：

- 事务的基础知识；
- 事务的基本语法；
- 事务的隔离级别；
- 事务性数据字典和原子 DDL。

12.1　事务的基础知识

事务是用户定义的一个数据库操作序列，这些操作要么全做，要么全不做，它是一个最小的不可再分的工作单元。一个事务通常对应一个完整的业务，如银行的账户转账业务，用户 A 向用户 B 转账，用户 A 账户余额的减少与用户 B 账户余额的增加就构成了一个事务。

事务包含一组数据库操作命令，它可以是一条或多条 SQL 语句，这一组命令作为一个整体向系统提交或撤销操作请求，要么都执行，要么都不执行。在事务运行过程中只要有一条 SQL 语句执行失败，那么系统会将事务在运行过程中对数据库所有已完成的操作全部取消，并返回事务开始时的状态。

为了让读者清楚地理解为什么使用事务，请先观察一个银行转账的示例。

【示例 12.1】在某银行的数据库中创建一个存储账户信息的 account 表，实现两个用户之间的转账业务。

```
create table account                              # 创建 account 表
(id char(5) primary key,                          # 账号
name varchar(20) not null,                        # 用户名
money decimal(7,2) check(money>0)                 # 余额大于 0
);
```

向 account 表中逐条插入如下两条记录。

```
insert into account values('10001','a',1000);
insert into account values('10002','b',1000);
select * from account;
```

以上代码首先创建 account 表，然后初始化账户，插入两个用户 a 和用户 b 余额均为 1000 元的记录，最后查询 account 表，执行结果如图 12.1 所示。

接下来创建存储过程 proc_transfer，实现转账功能。

```
delimiter $$
create procedure proc_transfer(in transfrom char(5),in transto char(5),
in transmoney decimal(7,2))                                # 创建存储过程
begin
update account set money=money+transmoney where id=transto;
update account set money=money-transmoney where id=transfrom;
end $$
delimiter ;
call proc_transfer('10001','10002',600);                   # 调用存储过程
select * from account;                                     # 查看数据
```

执行结果如图 12.2 所示。由输出结果可知，调用存储过程 proc_transfer，由账户 a 向账户 b 转账 600 元后，a 账户的余额少了 600 元，b 账户的余额多了 600 元，转账成功。

	id	name	money
▶	10001	a	1000.00
	10002	b	1000.00

图 12.1　account 表的初始账户数据

	id	name	money
▶	10001	a	400.00
	10002	b	1600.00

图 12.2　第 1 次转账后的账户信息

接下来再次由账户 a 向账户 b 转账 600 元。

```
call proc_transfer('10001','10002',600);
```

执行以上代码，系统提示“Error Code: 3819. Check constraint 'account_chk_1' is violated.”错误，调用存储过程时存在 check 约束冲突，如图 12.3 所示。

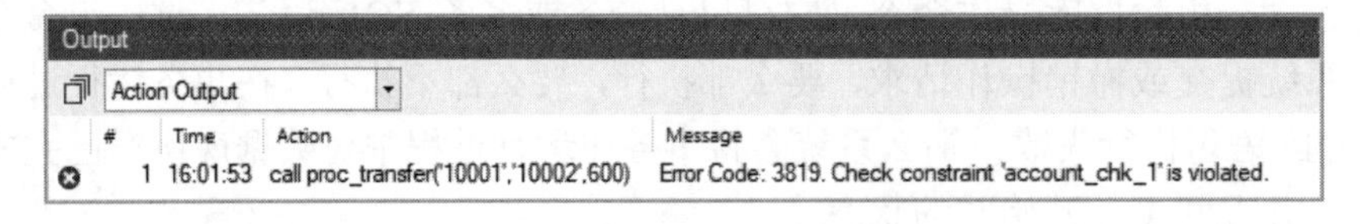

图 12.3　第 2 次转账提示错误

此时再次查看 account 表账户信息。

```
select * from account;
```

执行结果如图 12.4 所示。由输出结果可知，a 账户的余额未变，但 b 账户的余额却多了 600 元。a 账户和 b 账户的余额总和由原来的 2000 元变成了 2600 元，多出了 600 元，出现了转账前后数据不一致的情况。分析原因，在存储过程体中第一条 update 语句执行成功，但第二条 update 语句由于转账前余额 400

	id	name	money
▶	10001	a	400.00
	10002	b	2200.00

图 12.4　第 2 次转账后的账户信息

元减去 600 元后小于 0，违反了在 money 字段中定义的 check 约束，导致第二条 update 语句执行失败。

为了防止以上情况发生，需要用到 MySQL 中的事务。在存储过程中加入事务，将两个 update 语句放到一个事务中，要么都执行，要么都不执行，从而保证数据库中的数据一致性。

12.1.1　ACID 特性

事务具有 4 个特性，分别是原子性（Atomicity）、一致性（Consistency）、隔离性（Isolation）和持久性（Durability），这 4 个特性简称为 ACID 特性。

1. 原子性

事务是一个完整的操作。一个事务中的所有操作要么全部完成，要么全部没有完成，不会在中间某个环节结束。如果事务在执行过程中发生错误，则会被回滚（Rollback）到事务开始前的状态，就像这个事务从来没有执行过一样。

2. 一致性

事务的执行结果必须使数据库从一个一致性状态转变到另一个一致性状态。在事务执行前后，无论执行成功还是失败，都要保证数据库处于一致性状态。

3. 隔离性

数据库允许多个并发事务同时对其数据进行读写和修改，一个事务的内部操作及使用的数据对其他并发事务是隔离的，一个事务的执行不能被其他事务干扰。

4. 持久性

事务一旦提交，对数据库中的数据修改是永久性的，即使系统出现故障也不会丢失。

12.1.2　存储引擎与事务

数据库存储引擎是数据库底层软件组件，数据库管理系统通过数据引擎进行创建、查询、更新和删除数据操作。存储引擎可以看作数据表存储数据的一种格式，不同的格式具有不同的特性。

在 MySQL 中，可以通过“show engines;”命令查看系统所支持的存储引擎。如图 12.5 所示，MySQL 8.0 支持 MEMORY、MRG_MYISAM、CSV、PERFORMANCE_SCHEMA、MyISAM、InnoDB、BLACKHOLE、ARCHIVE 等存储引擎。其中，InnoDB 是 MySQL 8.0 的默认存储引擎，该存储引擎支持事务，而其他存储引擎不支持事务。

	Engine	Support	Comment	Transactions	XA	Savepoints
▶	MEMORY	YES	Hash based, stored in memory, useful for temp...	NO	NO	NO
	MRG_MYISAM	YES	Collection of identical MyISAM tables	NO	NO	NO
	CSV	YES	CSV storage engine	NO	NO	NO
	FEDERATED	NO	Federated MySQL storage engine	NULL	NULL	NULL
	PERFORMANCE_SCHEMA	YES	Performance Schema	NO	NO	NO
	MyISAM	YES	MyISAM storage engine	NO	NO	NO
	InnoDB	DEFAULT	Supports transactions, row-level locking, and fo...	YES	YES	YES
	BLACKHOLE	YES	/dev/null storage engine (anything you write to ...	NO	NO	NO
	ARCHIVE	YES	Archive storage engine	NO	NO	NO

图 12.5　MySQL 8.0 支持的存储引擎

12.2　事务的基本语法

在 MySQL 中，默认设置下每条 SQL 语句就是一个事务，即每一条 SQL 语句都会被当成单独的事务自动提交。如果要将多条 SQL 语句作为一个事务进行同步业务数据的写处理，则需要使用 begin 或 start transaction 开启一个事务，或者禁止事务自动提交。

12.2.1　事务的语法和流程

在 MySQL 中，事务的基本操作主要包括开始事务、提交事务、回滚事务和设置保存点。一个事务开启之后，要么提交，要么回滚（撤销），或者将事务回滚到指定的保存点。

1. 开启事务

开启事务用于显式地标记一个事务的起始点，其语法格式如下：

```
begin;
```

或：

```
start transaction;
```

显式开启事务后，每执行一条 SQL 语句时不再自动提交，必须手动提交。

2. 提交事务

提交事务的语法格式如下：

```
commit;
```

commit 表示提交，即提交事务内的所有 SQL 操作。只有事务提交后，其中的所有操作才会生效。事务一旦提交，系统会将事务中所有对数据库的更新都写到磁盘上的物理数据库中，事务正常结束。事务提交之后，将不能再回滚。

3. 回滚事务

回滚事务的语法格式如下：

```
rollback;
```

rollback 表示回滚，回滚事务即撤销事务，当事务在运行过程中发生了某种故障时，事务不能继续执行，系统会将事务对数据库已完成的所有操作全部撤销，回滚到事务开始时的状态。需要注意的是，rollback 只能对未提交的事务进行回滚，已提交的事务无法回滚。

4．事务的保存点

在回滚事务时，事务内所有的操作都将撤销，如果希望只撤销一部分，则可以设置保存点。在一个事务中可以设置多个保存点。设置保存点的语法格式如下：

```
savepoint 保存点名称;
```

设置保存点以后，可以将事务回滚到指定的保存点。当回滚到某个保存点时，在该保存点之后创建的保存点也会消失，语法格式如下：

```
rollback to savepoint 保存点名称;
```

当不再需要保存点时，可以将其删除，语法格式如下：

```
release savepoint 保存点名称;
```

另外需要注意的是，事务提交后，事务中的保存点就会被删除。

5．事务应用示例

下面用事务来实现 12.1 节中的银行转账业务示例，解决在该示例中出现的数据不一致问题。

【示例 12.2】应用事务实现两个用户之间的转账业务。

```
delete from account;                                # 删除原有数据
insert into account values('10001','a',1000);
insert into account values('10002','b',1000);
select * from account;
```

以上代码首先删除 account 表中的所有数据，然后重新初始化账户，用户 a 和用户 b 的余额均为 1000 元。查询 account 表，执行结果如图 12.6 所示。

接下来创建存储过程 proc_transfer2，应用事务实现转账功能。

```
delimiter $$
create procedure proc_transfer2(in transfrom char(5),in transto char(5),
in transmoney decimal(7,2))
begin
start transaction;                             # 开启事务
update account set money=money+transmoney where id=transto;
if (select money from account where id=transfrom)>transmoney then
   update account set money=money-transmoney where id=transfrom;
   commit;                                     # 提交事务
else
   rollback;                                   # 回滚事务
```

```
end if;
end $$
delimiter ;
call proc_transfer2('10001','10002',600);  # 调用存储过程转账
select * from account;
```

执行结果如图 12.7 所示。由输出结果可知，调用存储过程 proc_transfer2，由账户 a 向账户 b 转账 600 元，在 a 账户的金额减少之前首先查询账户 a 的余额是否大于转账金额，由于现有金额 1000 元大于转账金额，满足转账条件，事务被提交。经查询 account 表发现，a 账户的余额少了 600 元，b 账户的余额多了 600 元，说明两个 update 语句均被成功执行，转账成功。

id	name	money
10001	a	1000.00
10002	b	1000.00

图 12.6　account 表初始的账户数据

id	name	money
10001	a	400.00
10002	b	1600.00

图 12.7　第 1 次转账后的账户信息

接下来再次由账户 a 向账户 b 转账 600 元。

```
call proc_transfer2('10001','10002',600);
```

执行结果如图 12.8 所示，发现调用存储过程 proc_transfer2 执行成功。虽然此时账户 a 中的余额已不足 600 元，但是程序并没有报错。

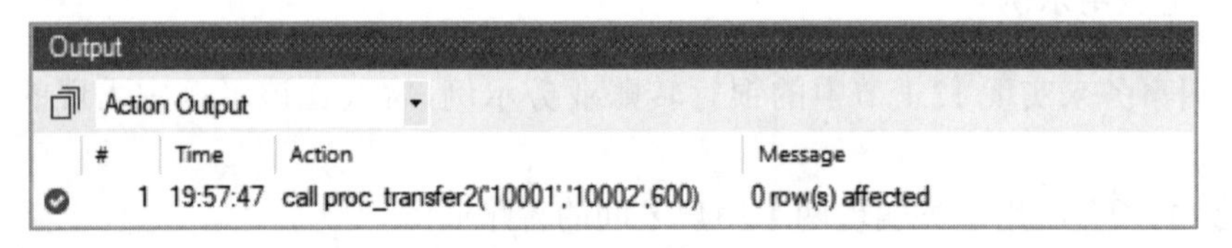

图 12.8　调用存储过程的执行结果

此时再次查看 account 表中的账户信息。

```
select * from account;
```

执行结果如图 12.9 所示。由输出结果可知，a 账户和 b 账户的余额均未发生变化。说明第一条 update 语句成功执行后，在执行第二个 update 语句前判断该账户余额不足，事务被回滚，数据库中的数据回滚到第一条 update 语句执行之前的状态。因此，通过事务有效防止了转账前后数据不一致的情况。

id	name	money
10001	a	400.00
10002	b	1600.00

图 12.9　第 2 次转账后的账户信息

12.2.2　事务提交方式设置

MySQL 默认是自动提交模式，如果没有显式开启事务，每一条 SQL 语句都会自动提交。如果想改变事务的自动提交模式，可以通过 set 语句更改会话变量 autocommit 的值来

实现，其值为 1 时表示开启自动提交，值为 0 时表示关闭自动提交。

- 开启自动提交功能：set autocommit=1；
- 关闭自动提交功能：set autocommit=0；
- 查看自动提交功能是否关闭：select @@autocommit。

关闭事务的自动提交功能后，只有用户手动执行提交（commit）操作，事务才会提交，否则终止当前会话后，事务会自动回滚。

【示例 12.3】关闭事务的自动提交功能。

```
set autocommit=0;
select @@autocommit;
```

执行结果如图 12.10 所示，@@autocommit 的值为 0，说明系统关闭了自动提交功能。如果要开启该功能，只需要将其值设置为 1 即可。

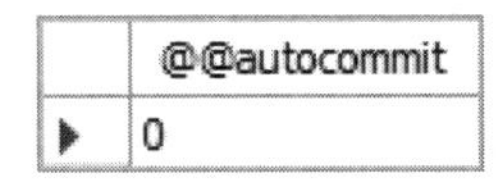

图 12.10　查看自动提交模式是否关闭

12.3　事务的隔离级别

数据库是一个共享资源，可以供多个用户同时使用。MySQL 允许多线程并发访问，用户可以通过不同的线程执行不同的事务。而事务的 ACID 特性可能遭到破坏的原因之一是多个事务对数据库的并发操作。因此，为了保证事务的隔离性和一致性，使得这些并发事务之间不被互相干扰，对事务设置隔离级别是十分必要的。

12.3.1　隔离级别及其设置

MySQL 的事务隔离级别有 4 种，分别是 Read Uncommitted（读未提交）、Read Committed（读已提交）、Repeatable Read（可重复读）和 Serializable（可串行化），默认的隔离级别是 Repeatable Read。

可以通过 Set 语句对事务的隔离级别进行设置，其语法格式如下：

```
set [session | global] transaction isolation level 隔离级别;
```

在上述语法中，set 后可跟 session 或 global，或者二者均可以省略。其中：session 表示当前会话，用于设置当前会话的所有事务的隔离级别；global 表示全局，用于设置所有会话事务的隔离级别；二者省略则表示设置下一个事务的隔离级别。隔离级别的取值可以是 Read Uncommitted、Read Committed、Repeatable Read 或 Serializable。

下面分别对以上 4 种隔离级别进行详细介绍。

1. Read Uncommitted

Read Uncommitted 隔离级别最低，该级别的事务可以读取其他事务未提交的数据，以这种方式读取到的数据称为“脏数据”。

【示例 12.4】以转账事务为例，由 b 账户向 a 账户转账 500 元。为方便演示，通过 cmd 命令打开两个命令行窗口，分别连接 MySQL。使用这两个窗口分别模拟 a 和 b 这两个用户的操作。

1）a 用户设置事务隔离级别为 Read Uncommitted，然后查看转账前的账户余额。

```
set session transaction isolation level read uncommitted;
select * from account where name='a';
```

执行结果如图 12.11 所示。可以发现，转账前用户 a 的余额为 400 元。

2）b 用户开启事务，并向 a 转账 500 元，不提交事务。

```
start transaction;
update account set money=money-500 where name='b';
update account set money=money+500 where name='a';
```

3）a 用户查看账户余额。

```
select * from account where name='a';
```

执行结果如图 12.12 所示，发现余额增加了 500 元，但此时用户 b 并没有提交事务，说明用户 a 读到了其他事务中未提交的数据。

```
mysql> select * from account where name='a';
+-------+------+--------+
| id    | name | money  |
+-------+------+--------+
| 10001 | a    | 400.00 |
+-------+------+--------+
1 row in set (0.00 sec)
```

图 12.11　a 在 b 转账前查看其余额

```
mysql> select * from account where name='a';
+-------+------+--------+
| id    | name | money  |
+-------+------+--------+
| 10001 | a    | 900.00 |
+-------+------+--------+
1 row in set (0.00 sec)
```

图 12.12　a 在 b 事务提交前查看其余额

4）b 用户回滚事务。

```
rollback;
```

5）a 用户查看账户余额。

```
select * from account where name='a';
```

执行结果如图 12.13 所示。可以发现，用户 a 的余额又变回了 400 元。

在该示例中，在 Read Uncommitted 隔离级别下，a 读到了 b 未提交的数据，称为“脏读”。而在实际应用中，该隔离级别几乎不会使用。

2. Read Committed

Read Committed 是大多数流行数据库管理系统的默认事务隔离级别，如 Oracle，但不是 MySQL 的默认隔离级别。该级别的事务只能读取到其他事务已提交的数据，解决了 Read Uncommitted 隔离级别的读“脏数据”的问题。

【示例 12.5】以转账事务为例，由 b 用户向 a 用户转账 500 元。为方便演示，通过 cmd 命令打开两个命令行窗口，分别连接 MySQL。使用这两个窗口分别模拟 a 和 b 这两个用户的操作。

1）a 用户设置事务隔离级别为 Read Committed，然后查看转账前的账户余额。

```
set session transaction isolation level read committed;
select * from account where name='a';
```

执行结果如图 12.14 所示。可以发现，转账前用户 a 的余额为 400 元。

```
mysql> select * from account where name='a';
+-------+------+--------+
| id    | name | money  |
+-------+------+--------+
| 10001 | a    | 400.00 |
+-------+------+--------+
1 row in set (0.00 sec)
```

图 12.13　a 在 b 回滚事务后查看其余额

```
mysql> select * from account where name='a';
+-------+------+--------+
| id    | name | money  |
+-------+------+--------+
| 10001 | a    | 400.00 |
+-------+------+--------+
1 row in set (0.00 sec)
```

图 12.14　a 在 b 转账前查看其余额

2）b 用户开启事务并向 a 转账 500 元，不提交事务。

```
start transaction;
update account set money=money-500 where name='b';
update account set money=money+500 where name='a';
```

3）a 用户查看账户余额。

```
select * from account where name='a';
```

执行结果如图 12.15 所示，发现余额没有发生变化，仍然是 400 元，说明用户 a 无法读取其他事务中未提交的数据。

4）b 用户提交事务。

```
commit;
```

5）a 用户查看账户余额。

```
select * from account where name='a';
```

执行结果如图 12.16 所示，可以发现，用户 a 的余额变成了 900 元，a 读取到了 b 已提交的事务。

```
mysql> select * from account where name='a';
+-------+------+--------+
| id    | name | money  |
+-------+------+--------+
| 10001 | a    | 400.00 |
+-------+------+--------+
1 row in set (0.00 sec)
```

图 12.15　a 在 b 事务提交前查看其余额

```
mysql> select * from account where name='a';
+-------+------+--------+
| id    | name | money  |
+-------+------+--------+
| 10001 | a    | 900.00 |
+-------+------+--------+
1 row in set (0.00 sec)
```

图 12.16　a 在 b 提交事务后查看其余额

在该示例中，在 Read Committed 隔离级别下 a 只能读取 b 已提交的数据，但是在该隔离级别下会出现不可重复读的问题。不可重复读是指事务 t1 读取数据后，事务 t2 执行更新操作，使得 t1 无法再展现前一次的读取结果。下面继续验证该隔离模式下的不可重复读问题。

6）a 用户设置事务隔离级别为 Read Committed，开启事务并查看账户余额。

```
set session transaction isolation level read committed;
start transaction;                                          #开启事务
select * from account where name='a';
```

执行结果如图 12.17 所示，可以发现，用户 a 的余额为 900 元。

7）b 用户进行转账操作，修改用户 a 的余额，使其增加 100 元，用户 b 的余额减少 100 元。

```
start transaction;
update account set money=money+100 where name='a';
update account set money=money-100 where name='b';
commit;
```

8）a 用户重新查看余额。

```
select * from account where name='a';
```

执行结果如图 12.18 所示。可以发现，用户 a 的余额为 1000 元，与上次不一致，说明在同一个事务内，执行两次相同条件的读取操作，读到了不一样的结果。这就是在 Read Committed 隔离级别下出现的不可重复读现象。

```
mysql> select * from account where name='a';
+-------+------+--------+
| id    | name | money  |
+-------+------+--------+
| 10001 | a    | 900.00 |
+-------+------+--------+
1 row in set (0.00 sec)
```

图 12.17　a 查看其余额

```
mysql> select * from account where name='a';
+-------+------+---------+
| id    | name | money   |
+-------+------+---------+
| 10001 | a    | 1000.00 |
+-------+------+---------+
1 row in set (0.00 sec)
```

图 12.18　a 再次查看其余额

3. Repeatable Read

Repeatable Read 是 MySQL 默认的事务隔离级别。例如，有两个事务 t1 和 t2，t1 读取不到 t2 提交之后的数据，因此 t1 可以重复读取，解决了读“脏数据”和“不可重复读”的问题。

【示例 12.6】 以转账事务为例，接示例 5。

1）a 用户设置事务隔离级别为 Repeatable Read，开启事务并查看账户余额。

```
set session transaction isolation level repeatable read;
start transaction;                                          #开启事务
select * from account;
```

执行结果如图 12.19 所示。

2）b 用户进行转账操作，修改用户 a 的余额，使其增加 100 元，用户 b 的余额减少 100 元。然后查看转账后的余额情况。

```
start transaction;
update account set money=money+100 where name='a';
```

```
update account set money=money-100 where name='b';
commit;
```

执行结果如图12.20所示。

```
mysql> select * from account;
+-------+------+---------+
| id    | name | money   |
+-------+------+---------+
| 10001 | a    | 1000.00 |
| 10002 | b    | 1000.00 |
+-------+------+---------+
2 rows in set (0.00 sec)
```

图12.19　转账前查看余额

```
mysql> select * from account;
+-------+------+---------+
| id    | name | money   |
+-------+------+---------+
| 10001 | a    | 1100.00 |
| 10002 | b    |  900.00 |
+-------+------+---------+
2 rows in set (0.00 sec)
```

图12.20　转账后用户b查看其余额

3）a用户重新查看余额。

```
select * from account;
```

执行结果如图12.21所示。可以发现结果与图12.19一致，账户余额均没有发生任何变化，说明在Repeatable Read隔离级别下解决了“不可重复读”问题。

```
mysql> select * from account;
+-------+------+---------+
| id    | name | money   |
+-------+------+---------+
| 10001 | a    | 1000.00 |
| 10002 | b    | 1000.00 |
+-------+------+---------+
2 rows in set (0.00 sec)
```

图12.21　a用户再次查看其余额

提示：“不可重复读”和“可重复读”隔离，是在不同时间点下，两个事务对同一数据源操作的结果，适用于不同的业务使用场景。例如，张三和李四都通过同一个事务在查看飞机票的数量，而这期间王五已经买走一张飞机票，导致飞机票的数量发生变化。而航空公司希望在调用同一事务的情况下，张三和李四所看到的飞机票的数量是一样的，因此采用可重复读隔离的方法。虽然实际数量已经变了，但是保持了事务第一次被使用时的飞机票数量的状态，满足了张三和李四可以同步获取飞机票的数量并且数据一致的效果。

4. Serializable

Serializable是最高的隔离级别。例如，有两个事务t1和t2，t1在操作数据库时，t2只能排队等待，此时事务t1和t2串行执行。该隔离级别虽然解决了读“脏数据”和“不可重复读”的问题，但是吞吐量太低，会影响数据库的并发性能，用户体验差，因此该隔离级别很少使用。

【示例12.7】以转账事务为例，接示例6，验证Serializable隔离级别。

1）a用户设置事务隔离级别为Serializable，开启事务并查看账户余额。

```
set session transaction isolation level serializable;
start transaction;
select * from account;
```

执行结果如图12.22所示。

```
mysql> select * from account;
+-------+------+---------+
| id    | name | money   |
+-------+------+---------+
| 10001 | a    | 1100.00 |
| 10002 | b    |  900.00 |
+-------+------+---------+
2 rows in set (0.00 sec)
```

图12.22　转账前查看余额

2）b 用户进行转账操作，修改用户 a 的余额，使其增加 100 元，用户 b 的余额减少 100 元。

```
start transaction;
update account set money=money+100 where name='a';
update account set money=money-100 where name='b';
commit;
```

在第一个 update 语句执行时，不会立即显示执行结果，此时光标会一直闪烁，进入等待状态。只要 a 用户不提交事务，则会一直等待，直到超时（默认超时时间 50s）。超时后提示信息如图 12.23 所示。

```
mysql> update account set money=money+100 where name='a';
ERROR 1205 (HY000): Lock wait timeout exceeded; try restarting transaction
```

图 12.23　运行超时

3）重复第 2 步，在超时前，由 a 用户回滚事务。

```
rollback;
```

回滚事务后，b 用户的 update 语句成功执行。执行结果如图 12.24 所示。

```
mysql> update account set money=money+100 where name='a';
Query OK, 1 row affected (10.47 sec)
Rows matched: 1  Changed: 1  Warnings: 0
```

图 12.24　b 用户操作成功

由示例 7 可知，如果一个事务设置成 Serializable 隔离级别，在该事务被提交或回滚之前，其他的会话只能等当前操作完成后才能对数据库进行操作，这样会影响数据库的并发性能。因此，对于高并发的应用场景，该隔离级别不建议使用。

12.3.2　查看隔离级别

在 MySQL 中通过如下 3 个系统变量来查看事务的隔离级别：

- @@global.transaction_isolation：用于查看全局隔离级别，该隔离级别会影响所有连接 MySQL 的用户。
- @@session.transaction_isolation：用于查看当前会话的隔离级别，该隔离级别只影响当前正在登录 MySQL 服务器的用户。
- @@transaction_isolation：用于查看下一个事务的隔离级别，该隔离级别仅影响当前用户的下一个事务操作。默认情况下，这 3 个系统变量的值都是 REPEATABLE-READ，表示隔离级别为可重复读。

【示例 12.8】分别查看全局、当前会话以及下一个事务的隔离级别。

```
select @@global.transaction_isolation,@@session.transaction_isolation,
@@transaction_isolation;
```

执行结果如图 12.25 所示，由结果可知，3 个系统变量的取值都为 REPEATABLE-READ。

	@@global.transaction_isolation	@@session.transaction_isolation	@@transaction_isolation
▶	REPEATABLE-READ	REPEATABLE-READ	REPEATABLE-READ

图 12.25　查看全局、当前会话及下一个事务的隔离级别

12.4　事务性数据字典和原子 DDL

事务性数据字典与原子 DDL 是 MySQL 8.0 推出的两个非常重要的新特性。

12.4.1　数据字典

数据字典是一组元数据的集合，它记录了数据库中所有的定义信息，包括数据库名、表名、表结构、字段的数据类型、视图、索引、表字段信息、存储过程和触发器等。在 MySQL 中，信息数据库 information_schema 保存着关于 MySQL 服务器所维护的所有数据库的信息，它提供了访问数据库元数据的方式，该库中保存的信息可以称为 MySQL 的数据字典。可以通过 information_schema 数据库中的数据字典视图来获取元数据信息。

在 MySQL 8.0 之前的版本中，数据字典不仅存放在特定的存储引擎表中，还存放在元数据文件和非事务性存储引擎表中。MySQL 8.0 对数据字典进行了改进，主要体现在：

- 不再通过文件的方式存储数据字典信息，将数据库的元数据都存放于 InnoDB 存储引擎表中。
- 之前使用 MyISAM 存储引擎的数据字典表都改为使用 InnoDB 存储引擎进行存放。从不支持事务的 MyISAM 存储引擎转变到支持事务的 InnoDB 存储引擎，为原子 DDL 的实现提供了可能性。

【示例 12.9】通过 information_schema 数据库中的数据字典视图获取元数据信息。

```
select table_schema,table_name,table_type,engine from information_schema.
tables
where table_schema='information_schema';
```

执行结果如图 12.26 所示。

TABLE_SCHEMA	TABLE_NAME	TABLE_TYPE	ENGINE
information_schema	ADMINISTRABLE_ROLE_AUTHORIZATIONS	SYSTEM VIEW	NULL
information_schema	APPLICABLE_ROLES	SYSTEM VIEW	NULL
information_schema	CHARACTER_SETS	SYSTEM VIEW	NULL
information_schema	CHECK_CONSTRAINTS	SYSTEM VIEW	NULL
information_schema	COLLATION_CHARACTER_SET_APPLICABILITY	SYSTEM VIEW	NULL
information_schema	COLLATIONS	SYSTEM VIEW	NULL
......	......	......	
information_schema	TRIGGERS	SYSTEM VIEW	NULL
information_schema	USER_ATTRIBUTES	SYSTEM VIEW	NULL
information_schema	USER_PRIVILEGES	SYSTEM VIEW	NULL
information_schema	VIEW_ROUTINE_USAGE	SYSTEM VIEW	NULL
information_schema	VIEW_TABLE_USAGE	SYSTEM VIEW	NULL
information_schema	VIEWS	SYSTEM VIEW	NULL

图 12.26　查看 MySQL 数据字典

12.4.2　原子 DDL

在 MySQL 8.0 之前的版本中，数据库的元数据信息存储在元数据文件、非事务性表及特定存储引擎的数据字典中。这些都无法保证 DDL（Data Definition Language）操作内容在一个事务当中，在服务器异常宕机的情况下，有可能会导致数据字典、存储引擎结构、二进制日志之间不一致，无法保证原子性。MySQL 8.0 中引入了 MySQL 数据字典，其提供的集中式事务元数据存储消除了这一障碍，使得 DDL 原子性成为可能。

在 MySQL 8.0 中，数据字典表均被改为使用支持事务的 InnoDB 存储引擎存放。原子 DDL 是将与 DDL 操作关联的数据字典更新、存储引擎操作和二进制日志写入放到同一个事务里执行，该操作要么全部成功提交，要么全部失败回滚，即使服务器在操作期间停止。

目前只有 InnoDB 存储引擎支持原子 DDL。为了支持 DDL 操作的重做和回滚，InnoDB 将 DDL 日志写入了 mysql.innodb_ddl_log 表中，该表是驻留在 mysql.ibd 数据字典表空间中的隐藏数据字典表。InnoDB 存储引擎分阶段执行 DDL 操作，其执行过程如下：

1）prepare：创建所需的对象并将 DDL 日志写入 mysql.innodb_ddl_log 表。DDL 日志记录了如何前滚和回滚 DDL 操作。

2）perform：执行 DDL 操作。

3）commit：更新数据字典并提交。

4）post-ddl：从 mysql.innodb_ddl_log 表中重放和删除 DDL 日志。

【示例 12.10】原子 DDL 示例，首先创建 test01 表，而且 test02 表并不存在，通过 drop 命令删除 test01 和 test02 表，验证原子 DDL。

```
create table test01(c1 int);                    # 创建 test01 表
drop table test01,test02;                       # 删除 test01 和 test02
```

执行结果如图 12.27 所示，删除表时提示 test02 表不存在，导致执行失败。

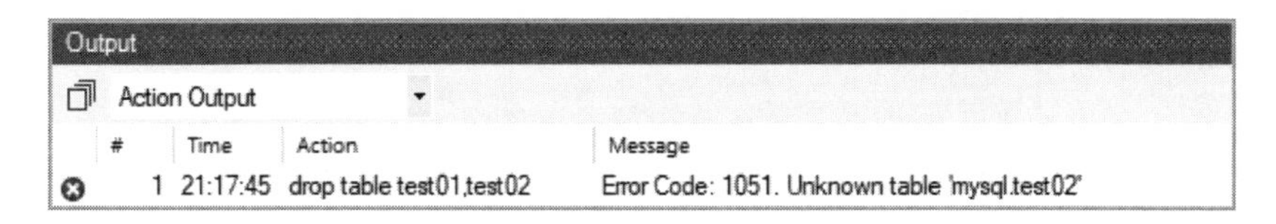

图 12.27　删除失败

接下来通过 show tables 语句查看 test01 表是否存在。

```
show tables like 'test01';                    # 查看 test01 是否存在
```

执行结果如图 12.28 所示。由输出结果可知，test01 并没有被删除，说明 drop table test01,test02;语句属于同一个事务，由于 test02 删除失败，导致整个事务全部失败回滚，而在 MySQL 8.0 之前的版本中会出现 test01 删除成功，而 test02 删除失败的情况。

	Tables_in_mysql (test01)
▶	test01

图 12.28　查看 test01 是否存在

12.5　案例——三酷猫更新账单

三酷猫利用 MySQL 数据库记录海鲜销售记录时，希望销售主表和销售明细表的记录，要么同时插入成功，要么都不成功，不想碰到一个表数据插入成功而另外一个表数据插入失败的问题。如果一个月里总会碰到几次数据插入不一致的情况，那么财务统计、库存统计和采购统计数据都将变得混乱，容易影响员工的积极性，也会给三酷猫的管理带来麻烦，甚至会造成经济损失。

要使销售主表记录能对应销售明细表记录，那么一个客户的主表记录必须通过关键字段与销售明细表的一个字段建立关联关系。这里通过结账单号字段进行关联，方便多表操作。然后通过事务一并提交主表记录和明细记录。

假设短耳猫的结账单信息如下，其中表 12.1 为结账单台头信息，表 12.2 为结账单明细。

表 12.1　短耳猫结账单台头信息

账　单　号	结 账 时 间	金额/元	商店名称	操作员ID	说　　明
1	2021年7月12日 8:32:06	4000	海鲜1店	1-001	短耳猫现金

表 12.2　短耳猫的结账单明细

账单号	商品ID	品名	数量	单位	单价	销售时间	操作员
1	2	带鱼	5	盒	200	2021年7月12日 8:32:01	1-001
1	6	海蜇头	100	斤	30	2021年7月12日 8:32:02	1-001

根据表 12.1 和表 12.2 分别用 Workbench 创建结账主表（如表 12.3 所示）和结账明细

表（如表 12.4 所示）。

表 12.3　结账主表表结构定义（Sale_M）

字　段　名	类　　型	是 否 可 空	是否为唯一值	主　　键	中 文 说 明
a_ID	int	NO	YES	P_Key	账单号
a_Time	datetime	NO	NO		结账时间
a_Amount	decimal(8,2)	NO	NO		金额
a_Shop	varchar(30)	NO	NO		店名
a_Cashier_ID	char(6)	NO	NO		操作员ID
a_Explain	varchar(60)	YES	NO		说明

表 12.4　结账明细表表结构定义（Sale_D）

字　段　名	类　　型	是 否 可 空	是否为唯一值	主　　键	中 文 说 明
ID	int	NO	YES	P_Key	自增唯一号字段
a_ID	int	NO	NO		账单号
good_ID	int	NO	NO		商品ID
name	char(12)	NO	NO		品名
number	float(7,2)	NO	NO		数量
unit	char(6)	NO	NO		单位
price	decimal(7,2)	NO	NO		单价
sale_time	datetime	NO	NO		销售时间
cashier_ID	char(6)	NO	NO		操作员ID

上述 Sale_M、Sale_D 创建完成后，就可以利用如下事务一次性插入 3 条记录。

```
start transaction;                                    # 开启事务
insert into sale_m values(1,now(),4000,'海鲜1店','1-001','短耳猫现金');
insert into sale_d values(1,1,2,'带鱼',5,'盒',200,now(),'1-001');
insert into sale_d values(2,1,6,'带鱼',5,'盒',200,now(),'1-001');
commit                                                #提交事务
```

12.6　练习和实验

一、练习

1. 填空题

1）（　　）是用户定义的一个数据库操作序列，这些操作要么全做，要么全都不做，它是一个最小的不可再分的工作单元。

2）事务可以保证数据处理时要么都（　　），要么都不执行。

3）事务具有 4 个特性，分别是原子性、（　　）、隔离性和持久性，这 4 个特性简称为 ACID 特性。

4）MySQL 中事务的基本操作主要包括开启事务、（　　）、回滚事务和设置保存点。

5）如果关闭事务的自动提交功能，则只有用户手动执行（　　）操作，事务才会提交。

2．判断题

1）一条或多条 SQL 语句都可以用事务进行处理，目的是保证数据处理结果的一致性。（　　）

2）一个事务中的所有操作，要么全部完成，要么全部没有完成，不会结束在中间某个环节，这叫作事务的一致性特性。（　　）

3）MySQL 数据库完全支持事务功能。（　　）

4）MySQL 的事务隔离级别有 4 种，默认的隔离级别是 Read Committed。（　　）

5）数据字典是一组元数据的集合，它记录了数据库中所有的定义信息。（　　）

二、实验

实验 1：测试 12.5 节的案例的事务特性。

1）去掉事务，设计一条记录插入成功，其他两条记录插入失败的操作过程。

2）增加事务，验证记录插入失败时的执行结果（可以用一条已经存在的记录，将其再次插入时引发错误）。

3）说明第 2 步操作验证了事务的什么特性。

4）将操作过程形成实验报告

实验 2：利用 rollback;语句显式回滚事务失败时部分已经插入的记录。

1）在 12.5 节案例的基础上继续增加一条销售明细记录。

2）判断该商品如果不在商品信息表里（good_inf_e），则回滚第 1 步插入的一条记录。

3）将操作过程形成实验报告。

第 13 章　数 据 备 份

数据库系统在运行过程中总会出现各种故障，如数据库文件被破坏、数据误删除和磁盘损坏等，因此对数据的备份成了系统管理员一项重要的工作。MySQL 数据库系统也为数据备份和恢复提供了相应的支持功能。本章的主要内容如下：

- 数据备份的基础知识；
- 手工备份；
- 定时自动备份；
- 实时备份。

13.1　数据备份的基础知识

在重要的业务系统应用中，需要考虑一些潜在的数据库故障问题，在进行系统设计的时候做好备份措施，以进一步保证数据的安全。

13.1.1　为什么要备份

对于绝大多数企业来说，业务数据是非常重要的核心资源，尤其是一些对数据可靠性要求非常高的行业，如银行和证券等金融行业，如果发生数据丢失，则损失往往是非常严重的，而且会产生巨大的负面影响。尽管在数据库系统中采取了多种保护措施来保证数据库的安全性和完整性，但是意外的断电、磁盘故障、程序错误、用户误操作和服务器宕机等情况都可能会使数据库中的数据丢失。另外，在实际的生产环境中，往往要求数据库必须具备 24 小时不间断服务的能力，数据库一旦停止服务将造成大面积的不良影响。例如银行在线支付系统，12306 在线购买火车票系统及大型电商平台，一旦出现长时间的中断服务，将是一件影响很坏的事件。因此，为了保证数据的安全性，必须对数据库数据进行备份，当数据库因为某些原因造成部分或全部数据丢失时，可以利用备份文件进行数据恢复，起到应急的作用。

数据备份除了在数据丢失时可以恢复数据外，还适用于一些非数据丢失的应用场景，如基于时间点的数据恢复、测试环境数据的快速构建和数据迁移等。数据库备份是通过导出数据或者复制表文件的方式来制作数据库的副本，也可以实时将数据复制到另外一个数据库系统里。

在一个简单的数据库中，数据备份与恢复过程如图 13.1 所示。数据库系统里的数据被复制到备份介质上，备份介质的数据为数据库系统提供恢复数据的功能。这里的备份介质可以是备份文件、记录数据的磁盘和异地备份服务器等。

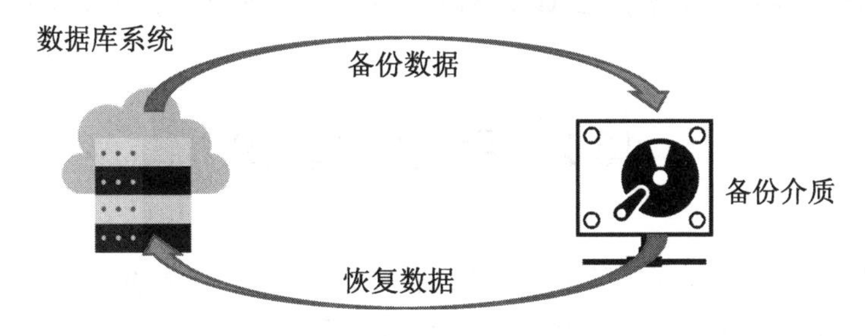

图 13.1　数据备份与恢复过程

13.1.2　数据备份的类型

MySQL 数据备份有多种方法，按照不同的划分方式，数据备份可以分为以下几种类型。

1. 按照备份文件的内容划分

- 逻辑备份：从数据库中将数据导出到一个文件中，该文件以文本形式存储，文件内容由一条条的 SQL 语句组成，主要是 Create 和 Insert 语句。该方式在数据量较大的情况下备份速度较慢。
- 物理备份：直接复制数据库文件。该方式操作简单，速度较快，但占用空间较大。

2. 按照备份时是否需要数据库离线划分

- 冷备：必须在 MySQL 服务停止的情况下进行，数据库的读写操作均不能执行。冷备份也称离线备份。
- 温备：在 MySQL 服务运行中进行，在备份时仅支持读操作，不允许写操作。
- 热备：在 MySQL 服务运行中进行，数据库的读写操作均可以正常执行，业务操作不受影响。热备份也称在线备份。

3. 按照要备份的数据范围划分

- 完全备份：备份整个数据库，如果数据量较大，则会占用较大的空间且比较耗时。
- 增量备份：在完全备份的基础上，对上次备份之后更改的数据进行备份，即每次备份只会备份自上次备份之后到备份时间之内产生的数据。增量备份的优点是备份数据量小，节约空间，所需的时间短，缺点是恢复数据比较麻烦，恢复时必须沿着从完全备份到依次增量备份的时间顺序逐个恢复，一旦其中的某个增量备份损坏都会导致恢复失败。

- 差异备份：只备份自上一次完全备份以来变化的数据。和增量备份相比，差异备份浪费空间，但恢复数据比增量备份简单。

🔔**注意**：在 MySQL 中进行不同方式的备份时还要考虑存储引擎是否支持，如 InnoDB 支持冷备、温备和热备，但 MyISAM 只支持温备和冷备，不支持热备。

13.2　手工备份

很多数据库系统都提供了手工备份和恢复数据的功能，MySQL 数据库也不例外，手工备份和恢复数据是数据库管理员必须掌握的操作之一。

13.2.1　备份数据库

MySQL 数据库系统安装完成后，在安装目录的 bin 子目录下可以找到 mysqldump.exe 可执行文件，它是 MySQL 数据库提供的一个常用的数据库备份工具。执行 mysqldump 命令可以将数据库中的数据备份成一个文本文件，数据的表结构和数据内容分别被转换成相应的 Create 语句和 Insert 语句存储在生成的文本文件中。

1．mysqldump命令

mysqldump 命令可用于备份数据库和备份数据表，其语法格式如下：

```
mysqldump -h 主机名 -u 用户名 -p密码 数据库名 [表名1 表名2 …]>文件名.sql
```

其中：

- 主机名表示登录的主机名称，如果本机为主机则主机名可以省略。
- 用户名指登录用户的名称。
- 密码指登录用户的密码，注意-p 和密码之间无空格；另外，不建议在此处明文输入密码，而是在执行该命令时再输入。
- 数据库名指要备份的数据库名称。
- 表名指要备份的数据库中的表名，如果要备份多个表，则表名之间以空格隔开，如果省略表名，则表示备份整个数据库。
- 右箭头“>”表示将备份数据表的定义和数据写入备份文件。
- 文件名指备份文件的名称，可以指定文件所在路径，默认的文件扩展名是.sql。

2．mysqldump命令的基本用法示例

【示例 13.1】将数据库 testdb 中的所有表备份到 E:\bak 目录下的 testdb20210705.sql 中。

```
mysqldump -uroot -p testdb>E:\bak\testdb20210705.sql
```

注意，mysqldump 命令是 DOS 下的命令，不要进入 MySQL 命令终端行执行以上命令。在操作系统命令终端（如 Windows 的命令提示符）执行以上命令回车之后，要求输入密码，执行结果如图 13.2 所示（其中*号处为输入的数据库登录密码）。

```
C:\Users\Administrator>mysqldump -uroot -p testdb>E:\bak\testdb20210705.sql
Enter password: ******

C:\Users\Administrator>
```

图 13.2　数据库备份

另外，需要注意的是，mysqldump 命令执行前要保证备份文件的存储目录是存在的。例如，在本例中，执行前 E:\bak 目录必须存在。执行成功后，在指定目录 E:\bak 下将生成备份文件 testdb20210705.sql，用数据库客户端工具 Workbench 打开该文件，具体内容如图 13.3 所示。

```
1   -- MySQL dump 10.13  Distrib 8.0.23, for Win64 (x86_64)
2   --
3   -- Host: localhost    Database: testdb
4   -- ------------------------------------------------------
5   -- Server version 8.0.23
6
7   /*!40101 SET @OLD_CHARACTER_SET_CLIENT=@@CHARACTER_SET_CLIENT */;
8   /*!40101 SET @OLD_CHARACTER_SET_RESULTS=@@CHARACTER_SET_RESULTS */;
9   /*!40101 SET @OLD_COLLATION_CONNECTION=@@COLLATION_CONNECTION */;
10  /*!50503 SET NAMES utf8mb4 */;
11  /*!40103 SET @OLD_TIME_ZONE=@@TIME_ZONE */;
12  /*!40103 SET TIME_ZONE='+00:00' */;
13  /*!40014 SET @OLD_UNIQUE_CHECKS=@@UNIQUE_CHECKS, UNIQUE_CHECKS=0 */;
14  /*!40014 SET @OLD_FOREIGN_KEY_CHECKS=@@FOREIGN_KEY_CHECKS, FOREIGN_KEY_CHECKS=0 */;
15  /*!40101 SET @OLD_SQL_MODE=@@SQL_MODE, SQL_MODE='NO_AUTO_VALUE_ON_ZERO' */;
16  /*!40111 SET @OLD_SQL_NOTES=@@SQL_NOTES, SQL_NOTES=0 */;
17
18  --
19  -- Table structure for table `user`
20  --
21
22  DROP TABLE IF EXISTS `user`;
23  /*!40101 SET @saved_cs_client     = @@character_set_client */;
24  /*!50503 SET character_set_client = utf8mb4 */;
25  CREATE TABLE `user` (
26    `id` int NOT NULL AUTO_INCREMENT,
27    `uname` varchar(20) NOT NULL,
28    `pwd` varchar(20) NOT NULL,
29    `phone` char(11) DEFAULT NULL,
30    PRIMARY KEY (`id`)
31  ) ENGINE=InnoDB AUTO_INCREMENT=3 DEFAULT CHARSET=utf8mb4 COLLATE=utf8mb4_0900_ai_ci;
32  /*!40101 SET character_set_client = @saved_cs_client */;
33
34  --
35  -- Dumping data for table `user`
36  --
37
38  LOCK TABLES `user` WRITE;
39  /*!40000 ALTER TABLE `user` DISABLE KEYS */;
40  INSERT INTO `user` VALUES (1,'admin','123456','15655556666'),(2,'lucky','123123','13633336666');
41  /*!40000 ALTER TABLE `user` ENABLE KEYS */;
42  UNLOCK TABLES;
43  /*!40103 SET TIME_ZONE=@OLD_TIME_ZONE */;
44
45  /*!40101 SET SQL_MODE=@OLD_SQL_MODE */;
46  /*!40014 SET FOREIGN_KEY_CHECKS=@OLD_FOREIGN_KEY_CHECKS */;
47  /*!40014 SET UNIQUE_CHECKS=@OLD_UNIQUE_CHECKS */;
48  /*!40101 SET CHARACTER_SET_CLIENT=@OLD_CHARACTER_SET_CLIENT */;
49  /*!40101 SET CHARACTER_SET_RESULTS=@OLD_CHARACTER_SET_RESULTS */;
50  /*!40101 SET COLLATION_CONNECTION=@OLD_COLLATION_CONNECTION */;
51  /*!40111 SET SQL_NOTES=@OLD_SQL_NOTES */;
52
53  -- Dump completed on 2021-07-05  8:52:12
```

图 13.3　备份文件的内容

从图 13.3 中可以看出，文件中共包含两种注释信息：

- “-- 注释内容”：表示单行注释，注意“--”后有一个空格。
- “/*! 注释内容*/”：这是 MySQL 为了保持兼容，把一些仅在 MySQL 中执行的语句放在 /*! ... */ 中，这些语句可以被 MySQL 执行，但在其他数据库管理系统中将被作为注释忽略，用来提高数据库的可移植性。其中“!”后可以加版本号，表示当恢复数据时，后面的语句只有在其指定的版本或高于该版本的情况下才可以执行，否则会被当成注释。例如，/*!40101 ... */表示这部分注释内容在服务端版本号大于或等于 4.1.01 时会被执行。

注意： 在本例中，备份文件中没有创建数据库的语句，因此，备份文件中的所有表和数据必须恢复到一个已存在的数据库中，如果数据库不存在，则要先创建数据库。

提醒读者注意，mysqldump 是 MySQL 安装目录的 bin 子目录下的可执行命令，该目录下除了 mysqldump 外，还包括 mysql、mysqld、mysqladmin、mysqlbinlog 和 mysqlimport 等一系列可执行命令。在执行这些命令时，要保证该 bin 目录为当前运行的目录，如果不是，则需要先使用 cd 命令切换到当前目录，否则会提示“xxx 不是内部或外部命令，也不是可运行的程序或批处理文件”的错误信息，如图 13.4 所示。

```
管理员: 命令提示符

C:\Windows\system32>mysqldump -uroot -p testdb>E:\bak\testdb20210706.sql
'mysqldump' 不是内部或外部命令，也不是可运行的程序
或批处理文件。

C:\Windows\system32>cd C:\Program Files\MySQL\MySQL Server 8.0\bin

C:\Program Files\MySQL\MySQL Server 8.0\bin>mysqldump -uroot -p testdb>E:\bak\testdb20210706.sql
Enter password: ******

C:\Program Files\MySQL\MySQL Server 8.0\bin>
```

图 13.4　执行 mysqldump 命令

为了方便用户能在系统中的任何位置都能运行 mysqldump 之类的命令，不用每次都要事先切换到当前目录，需要对 PATH 环境变量进行配置。

PATH 环境变量用于保存系统的一些路径，当系统运行一个程序而没有告诉它程序所在的完整路径时，系统除了在当前目录下寻找此程序外，还会到 PATH 环境变量中定义的路径下去寻找。在实际开发中建议使用该方法。如果在安装 MySQL 时没有配置 PATH 环境变量，建议对其进行配置。下面简单介绍配置 PATH 环境变量的方法。

以 Windows 10 为例，配置 PATH 环境变量的步骤如下：

1）打开环境变量窗口。右击桌面上的“此电脑”图标，在菜单中选择“属性”命令，在弹出的“系统”对话框中选择“高级系统设置”命令，然后在弹出的“系统属性”对话框中选择“高级”选项卡，单击“环境变量”按钮打开“环境变量”对话框，如图 13.5 所示。

2）配置 PATH 环境变量。在 Windows 10 系统中，PATH 环境变量已经存在，直接对其进行修改即可。在“环境变量”对话框的“系统变量”列表框中选中 Path 环境变量，单击

“编辑”按钮，打开“编辑环境变量”对话框，单击“新建”按钮，输入 MySQL 的 bin 目录（C:\Program Files\MySQL\MySQL Server 8.0\bin），单击“确定”即可，如图 13.6 所示。

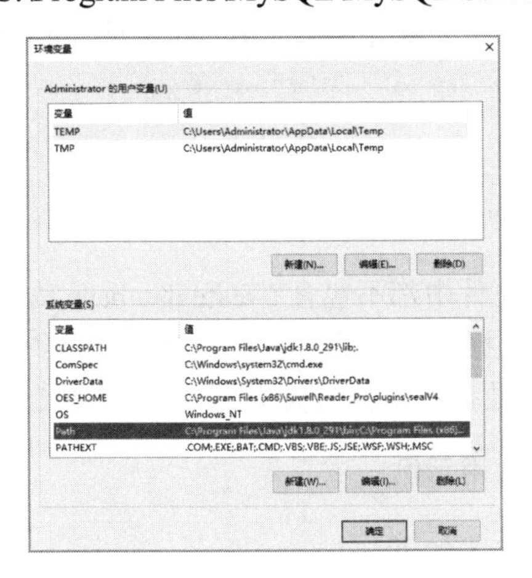

图 13.5　“环境变量”对话框

编辑环境变量
C:\Program Files\Java\jdk1.8.0_291\bin
C:\Program Files (x86)\Common Files\Oracle\Java\javapath
%SystemRoot%\system32
%SystemRoot%
%SystemRoot%\System32\Wbem
%SYSTEMROOT%\System32\WindowsPowerShell\v1.0\
%SYSTEMROOT%\System32\OpenSSH\
C:\Program Files\Microsoft VS Code\bin
C:\Program Files\MySQL\MySQL Server 8.0\bin
新建(N)
编辑(E)
浏览(B)...
删除(D)
上移(U)
下移(O)
编辑文本(T)...
确定
取消

图 13.6　编辑环境变量

另外，在执行 mysqldump 命令时，初学者可能会遇到如图 13.7 所示的问题。

```
C:\Windows\system32>mysqldump uroot -p testdb>E:\bak\testdb20210707.sql
Enter password: ******
mysqldump: Got error: 1045: Access denied for user 'ODBC'@'localhost' (using password: YES)
when trying to connect
```

图 13.7　mysqldump 执行失败

从图 13.7 中可以看出，在执行 mysqldump 命令备份数据时发生了 1045 错误，此类错误一般是连接时没有提供用户名直接登录导致的。原因是 root 之前应该是-u，mysqldump 命令的-u 后的参数是用户名，如果漏写了“-”则系统不会认为 root 是用户名。当没有-u 选项指定的用户名时，会被认为是 ODBC@localhost 用户。mysqldump 命令的各参数选项的作用和使用方法读者可执行 mysqldump --help 命令进行查阅。

【示例 13.2】将数据库 study_db 中的 user_info 表备份到 E:\bak 目录下的 user_info.sql 中。

```
mysqldump -uroot -p study_db user_info>E:\bak\user_info.sql
```

执行以上命令并回车之后，输入密码，执行结果如图 13.8 所示。执行成功后，在指定目录 E:\bak 下将会生成备份文件 user_info.sql。

```
C:\Users\Administrator>mysqldump -uroot -p study_db user_info>E:\bak\user_info.sql
Enter password: ******

C:\Users\Administrator>
```

图 13.8　备份 study_db 数据库中的 user_info 表

【示例 13.3】将数据库 study_db 中的 user_info 和 saledetail 两个表备份到 E:\bak 目录下的 usersale.sql 中。

```
mysqldump -uroot -p study_db user_info saledetail>E:\bak\usersale.sql
```

执行以上命令并回车之后，输入密码，执行结果如图 13.9 所示。注意，备份指定多个表时，表名之间以空格隔开。执行成功后，在指定目录 E:\bak 下将会生成备份文件 usersale.sql。

```
C:\Users\Administrator>mysqldump -uroot -p study_db user_info saledetail>E:\bak\usersale.sql
Enter password: ******

C:\Users\Administrator>
```

图 13.9　备份 study_db 数据库中的 user_info 和 saledetail 两个表

以上示例都是备份某个数据库中的表，备份文件中都不包含 Create database 语句。如果需要包含 Create database 语句，即对数据库和数据表进行整体备份，或者备份多个数据库中的数据的话，则需要在 mysqldump 命令中的数据库名称之前使用--databases 参数。

3. 带--databases参数的mysqldump命令及使用示例

带--databases 参数的 mysqldump 命令的语法格式如下：

```
mysqldump -h 主机名 -u 用户名 -p --databases 数据库名 1 数据库名 2 …>文件名.sql
```

其中，--databases 后至少要跟一个数据库名，如果有多个，则数据库名称之间以空格隔开。

【示例 13.4】将数据库 study_db 和 testdb 备份到 E:\bak 目录下的 study_test_db.sql 中。

```
mysqldump -uroot -p --databases study_db testdb>E:\bak\study_test_db.sql
```

执行以上命令并回车之后，输入密码，执行结果如图 13.10 所示。执行成功后，在指定目录 E:\bak 下将会生成备份文件 study_test_db.sql。打开该文件可以发现，与无--databases 参数时不同的是，备份文件中包含 create database 语句。备份文件 study_test_db.sql 中的部分内容如图 13.11 所示。

```
C:\Users\Administrator>mysqldump -uroot -p --databases study_db testdb>E:\bak\study_test_db.sql
Enter password: ******

C:\Users\Administrator>
```

图 13.10 备份两个数据库 study_db 和 testdb

```
18  --
19  -- Current Database: `study_db`
20  --
21
22  CREATE DATABASE /*!32312 IF NOT EXISTS*/ `study_db` /*!40100 DEFAULT CHARACTER SET utf8mb4 COLLATE utf8mb4_0900_ai_ci */
23
24  USE `study_db`;
25
26  --
27  -- Table structure for table `account`
28  --
29
30  DROP TABLE IF EXISTS `account`;
31  /*!40101 SET @saved_cs_client     = @@character_set_client */;
32  /*!50503 SET character_set_client = utf8mb4 */;
33  CREATE TABLE `account` (
34    `id` char(5) NOT NULL,
35    `name` varchar(20) NOT NULL,
36    `money` decimal(7,2) DEFAULT NULL,
37    PRIMARY KEY (`id`),
38    CONSTRAINT `account_chk_1` CHECK ((`money` > 0))
39  ) ENGINE=InnoDB DEFAULT CHARSET=utf8mb4 COLLATE=utf8mb4_0900_ai_ci;
40  /*!40101 SET character_set_client = @saved_cs_client */;
```

图 13.11　备份文件 study_test_db.sql 的部分内容

如果需要备份所有的数据库，则需要使用--all-databases 参数，示例如下：

【示例 13.5】将当前实例下的所有数据库备份到 E:\bak 目录下的 alldb.sql 中。

```
mysqldump -uroot -p --all-databases>E:\bak\alldb.sql
```

执行以上命令并回车之后，输入密码，执行结果如图 13.12 所示。执行成功后，在指定目录 E:\bak 下将会生成备份文件 alldb.sql。注意使用--all-databases 参数时，不需要指定数据库的名称。

```
C:\Users\Administrator>mysqldump -uroot -p --all-databases>E:\bak\alldb.sql
Enter password: ******

C:\Users\Administrator>
```

图 13.12　备份所有的数据库

提示：除了--databases 和--all-databases 之外，mysqldump 还提供了许多参数，这里不再一一赘述，读者可自行运行如下帮助命令查看参数列表：

```
mysqldump --help
```

13.2.2　恢复数据库

数据库恢复是指通过备份数据将数据库还原到备份时的状态，也称为数据库还原。恢复数据库或数据表可以通过 mysql 命令或 source 命令来实现。

1．使用mysql命令恢复数据

在 MySQL 中，可以使用 mysql 命令执行备份文件中的 create 和 insert 等语句，从而实现数据库的恢复，语法格式如下：

```
mysql -u 用户名 -p 数据库名<备份文件名.sql
```

其中，左箭头“<”表示用备份文件恢复指定的数据库。与 mysqldump 命令一样，mysql 是 DOS 下的命令，该命令不能在 MySQL 命令终端行里执行。

【示例 13.6】将 13.2.1 小节示例 1 中生成的备份文件 testdb20210705.sql，使用 mysql 命令把数据恢复到 testdb 数据库中。

在 Workbench 工具里执行如下命令删除 testdb 数据库，然后重新创建 testdb 数据库，这样做是为了确保在该库中没有相关的数据库表，利于数据恢复测试。

```
drop database testdb;                         # 删除 testdb 数据库
create database testdb;                       # 重新创建数据库 testdb
```

打开 DOS 命令行窗口，使用 mysql 命令进行恢复。

```
mysql -uroot -p testdb<E:\bak\testdb20210705.sql
```

执行以上命令并回车之后，输入密码，执行结果如图 13.13 所示。

```
C:\Users\Administrator>mysql -uroot -p testdb<E:\bak\testdb20210705.sql
Enter password: ******

C:\Users\Administrator>
```

图 13.13　使用 mysql 命令恢复数据库

命令执行成功后，查看 testdb 中的数据，验证其是否恢复成功。

```
use testdb;
show tables;
```

执行结果如图 13.14 所示，说明数据恢复成功。

	Tables_in_testdb
▶	user

图 13.14　查看数据库 testdb 中的表

2. 使用source命令恢复数据

mysql 是 DOS 下的命令，而 source 命令需要连接 MySQL 之后在 MySQL 命令终端行执行，语法格式如下：

```
source 文件名.sql
```

其中，文件名需要指定完整路径，否则需要把文件放在进入 MySQL 时的当前默认目录下。

【示例 13.7】 将 13.2.1 小节示例 1 中生成的备份文件 testdb20210705.sql，使用 source 命令把数据恢复到 testdb2 数据库中。

```
create database testdb2;
use testdb2;                          # source 之前要先切换数据库
source E:/bak/testdb20210705.sql;     # 使用 source 命令恢复数据库
show tables;
```

需要注意的是，source 命令要在 MySQL 命令终端行中执行。执行以上代码，执行结果与图 13.14 相同。本例实现了把一个数据库的备份数据恢复到另一个数据库中的操作。

13.2.3　增量备份与恢复

增量备份是指在上次完全备份或上一次增量备份后，只对更改的数据进行备份，也就是说每次备份只需备份与前一次相比增加或者修改的文件。这就意味着，第一次增量备份的对象是进行完全备份后更改的数据；第二次增量备份的对象是进行第一次增量备份后所更改的数据，以此类推。因此，恢复数据时必须沿着从完全备份到依次增量备份的时间顺序逐个恢复，一旦其中某个增量备份损坏了都会导致恢复失败。

MySQL 增量备份不是对数据或 SQL 命令进行备份，而是针对 MySQL 服务器的二进制日志文件进行备份。二进制日志文件提供了将在执行备份点之后所做的更改复制到数据库中所需要的信息。因此，如果要允许服务器恢复到某个时间点，则必须在其上启用二进制日志记录，这是 MySQL 8.0 的默认设置。

MySQL 的 binlog 日志用来记录所有对 MySQL 数据库有更新内容的记录。二进制日志在启动 MySQL 服务器后开始记录，并在文件达到所设大小或者收到 flush logs 命令后重新创建新的日志文件。因此，只需要定时执行 flush logs 命令重新创建新的日志，即可完成对一个时间段的增量备份。对于 flush logs 命令创建的二进制日志，可以通过 mysqlbinlog 命令进行增量备份数据恢复操作。

1．mysqlbinlog命令

mysqlbinlog 命令可以用于将二进制日志还原到数据库中，其语法格式如下：

```
mysqlbinlog [可选参数] 文件名|mysql -u用户名 -p密码
```

在上述语法中，可选参数常见的有--start-date、--stop-date、--start-position、--stop-position，分别用于指定数据库恢复的起始时间、结束时间、起始位置和结束位置。文件名是指二进制日志文件名称。

提示：

- 除了--start-date、--stop-date、--start-position 和--stop-position 之外，mysqlbinlog 还提供了许多参数，这里不再一一赘述，读者可通过帮助命令 mysqlbinlog --help 查看参数列表。
- 二进制日志文件的内容不做展开，这里仅对增量备份的知识进行讲解。MySQL 日志文件的相关知识请读者自行阅读第 14 章。

2．增量备份与恢复示例

为了让读者更容易理解，下面通过一个示例来讲解增量备份与恢复的实现过程。

【示例 13.8】增量备份与恢复示例。假设管理员在上周五下班前，使用 mysqldump 工具对 testbk 数据库进行了全量备份，本周一来上班启用日志，并对数据库进行了一系列修改操作，周一下班前进行了日志刷新。周二上班后数据库出现故障。现在要求将数据库恢复到周二上班之前的状态。

下面模拟实现该备份恢复过程。

1）准备工作。

首先查看 log_bin 是否开启。进行增量备份之前要开启 log_bin。

```
show variables like 'log_bin';
```

执行结果如图 13.15 所示。由输出结果可知，log_bin 值为 ON 表示已开启。如果输出结果为 OFF，则可以修改 MySQL 配置文件 my.ini，在[mysqld]下面添加 log-bin="mysql-bin"（此处 log-bin 的值可自行定义）。注意修改配置文件后，需要重启服务才可以生效。

接下来准备数据。创建数据库 testbk，在 testbk 中创建表 t1 并插入数据。

```
create database testbk;
use testbk;
create table t1(id int,name varchar(10));
```

```
insert into t1 values(1,'aa'),(2,'bb');
select * from t1;
```

执行结果如图13.16所示。

	Variable_name	Value
▶	log_bin	ON

图13.15　查看log_bin是否开启

	id	name
▶	1	aa
	2	bb

图13.16　t1表中的数据

2）模拟上周五下班前对testbk数据库进行全量备份。

使用mysqldump命令对testbk做全量备份，E:\bak目录下的testbk.sql。

```
mysqldump -uroot -p --databases testbk>E:\bak\testbk.sql
```

执行成功后，会在E:\bak目录下生成备份文件testbk.sql。

接下来使用show master logs;命令查看所有的binlog日志列表。

```
show master logs;
```

执行结果如图13.17所示，发现有一个名为DESKTOP-888888-bin.000001的binlog日志文件，刚才的操作都记录在该日志文件中，如果有多个日志文件，最后一个即为记录刚才操作的日志文件。

用flush logs命令刷新log日志，自此刻开始会产生一个新编号的binlog日志文件，后面的操作会记录在这个新的日志文件中。接着再次查看binlog日志列表，查询结果如图13.18所示。

```
flush logs;
show master logs;
```

	Log_name	File_size	Encrypted
▶	DESKTOP-888888-bin.000001	908	No

图13.17　查看所有binlog日志列表1

	Log_name	File_size	Encrypted
▶	DESKTOP-888888-bin.000001	908	No
	DESKTOP-888888-bin.000002	156	No

图13.18　查看所有的binlog日志列表2

3）模拟本周一的工作，修改数据库中的数据并进行日志刷新。

修改testbk数据库中的数据，向t1表中插入新的数据，并修改id为1的name值。

```
insert into t1 values(3,'cc'),(4,'dd');
update t1 set name='aaaa' where id=1;
select * from t1;
```

执行结果如图13.19所示。

再次用flush logs命令刷新log日志，此时会产生一个新编号的binlog日志文件，之后的操作会记录在这个新的日志文件中。接着再次查看binlog日志列表，查询结果如图13.20所示。

```
flush logs;
show master logs;
```

	id	name
▶	1	aaaa
	2	bb
	3	cc
	4	dd

图 13.19　t1 表中的数据

	Log_name	File_size	Encrypted
▶	DESKTOP-888888-bin.000001	908	No
	DESKTOP-888888-bin.000002	816	No
	DESKTOP-888888-bin.000003	156	No

图 13.20　查看所有的 binlog 日志列表 3

4）模拟本周二的工作，数据库出现故障。

删除 testbk 数据库，数据库被销毁。

```
drop database testbk;
```

5）恢复数据。

恢复过程应该包括上周五的全量备份和本周一的增量备份两部分。

首先，通过 mysql 命令将全量备份文件 E:\bak\testbk.sql 恢复。

```
mysql -uroot -p<E:\bak\testbk.sql
```

其次，通过解析 DESKTOP-888888-bin.000002 日志文件实现增量恢复。

```
mysqlbinlog "C:\ProgramData\MySQL\MySQL Server 8.0\Data\DESKTOP-888888-
bin.000002"|mysql -uroot -p
```

成功执行后，查看是否恢复成功。

```
use testbk;
select * from t1;
```

执行结果如图 13.21 所示。由输出结果可知，数据恢复成功。

	id	name
▶	1	aaaa
	2	bb
	3	cc
	4	dd

图 13.21　查看 t1 表

提示： 除本节所介绍的手工备份恢复方法之外，还可以在 MySQL Workbench 下利用导入或导出的方式实现数据的备份和恢复，导入和导出的相关操作请参考 2.4 节。

13.3　定时自动备份

MySQL 定时自动备份是指在固定的时间周期由系统自动对数据库进行备份操作。定时备份是指有时间间隔的数据备份方式，比如一天一次，一周一次，或者一个月一次。定时备份的实现主要包括备份实现和定时实现两部分操作。下面介绍一种较常见的定时备份方法。

以 Windows 10 为例，实现思路是，通过 mysqldump 命令备份数据的操作写入批处理文件，然后使用 Windows 的“计划任务”定时执行该文件即可。

【示例 13.9】 每天凌晨实现对 testbk 数据库的定时备份。

首先，将通过 mysqldump 命令备份数据的操作写入批处理文件，并将该文件命名为 backdb.bat。

```
@echo off
set "Ymd=%date:~,4%%date:~5,2%%date:~8,2%"
C:/Program Files/MySQL/MySQL Server 8.0/bin/mysqldump --opt -uroot
-p123456 testbk > E:/bak/testbk_%Ymd%.sql
@echo on
```

在上述代码中，使用 set 命令设置系统当前的日期格式为 yyyymmdd。date 命令得到的日期格式默认为 yyyy/mm/dd，通过%date:~5,2%可以得到从日期的第 5 个字符开始的两个字符，(日期字符串下标从 0 开始)。然后通过 mysqldump 命令备份 testbk 数据库至指定目录下，备份文件的命名格式为“库名_yyyymmdd”格式。

其次，使用 Windows 的“计划任务”定时执行该文件。通过控制面板→系统和安全→管理工具中找到任务计划程序并运行，如图 13.22 所示。

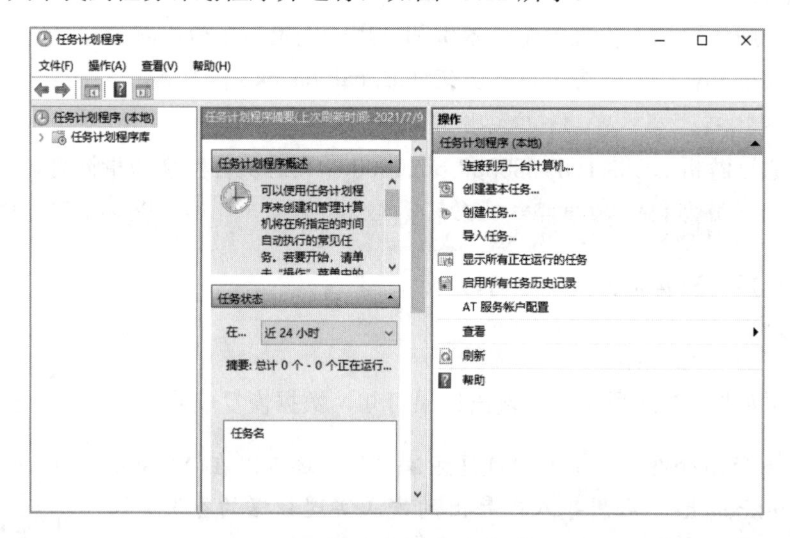

图 13.22　任务计划程序

单击“创建基本任务”，进入创建基本任务向导界面，如图 13.23 所示。

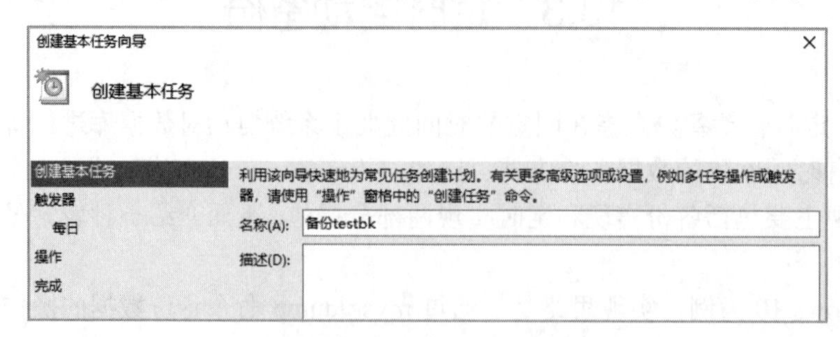

图 13.23　创建基本任务向导

输入任务名称，这里输入“备份 testbk”，单击“下一步”按钮，进入任务触发器界面，如图 13.24 所示。

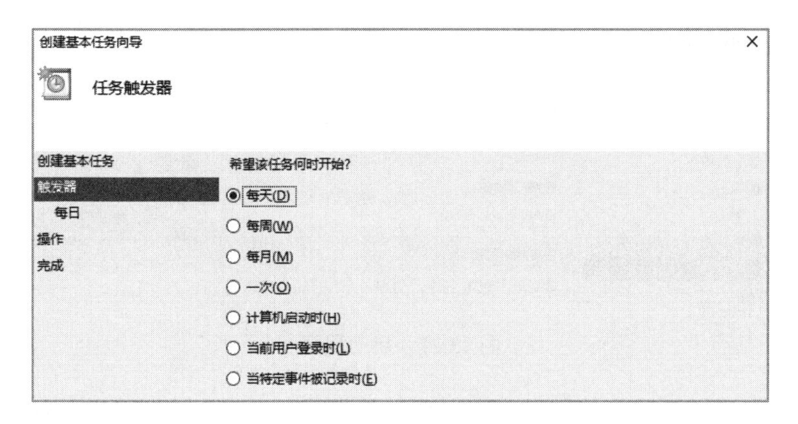

图 13.24　定义触发器

在触发器界面中可以选择该任务的开始时间，可以根据业务需求进行选择，这里选择默认值“每日”。单击“下一步”按钮，设置每日的什么时间开始执行任务，如图 13.25 所示。

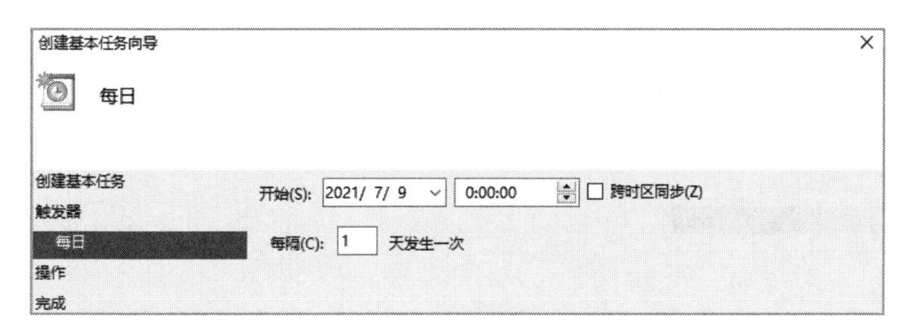

图 13.25　定义触发时间

根据业务需求设置任务的开始时间，选择备份周期，默认是 1 天。单击“下一步”按钮，设置该任务执行什么操作，如图 13.26 所示。

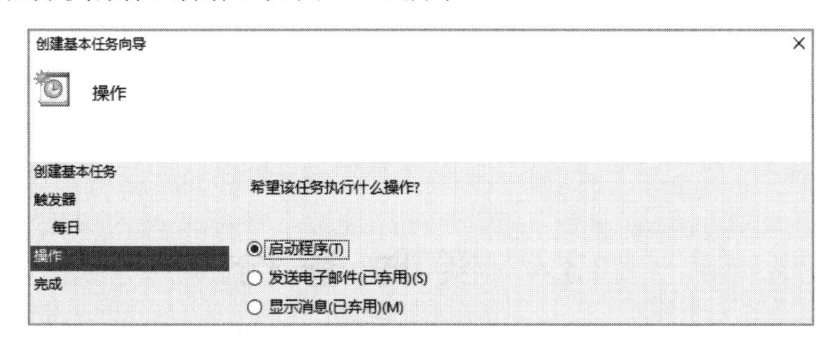

图 13.26　定义任务

选择“启动程序”后，单击“下一步”按钮，设置该计划任务要执行的程序或脚本，如图 13.27 所示。

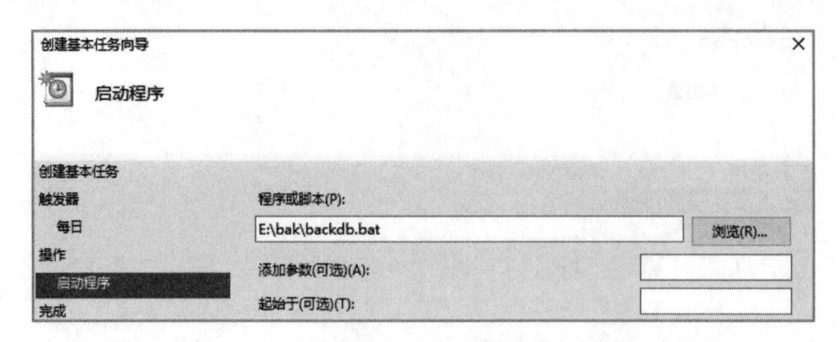

图 13.27　启动程序

设置完计划任务要执行的程序或脚本后，单击“下一步”按钮，进入任务摘要界面，如图 13.28 所示。在其中可以看到该计划任务的名称、执行时间和要执行的程序等信息，单击“完成”按钮即可。

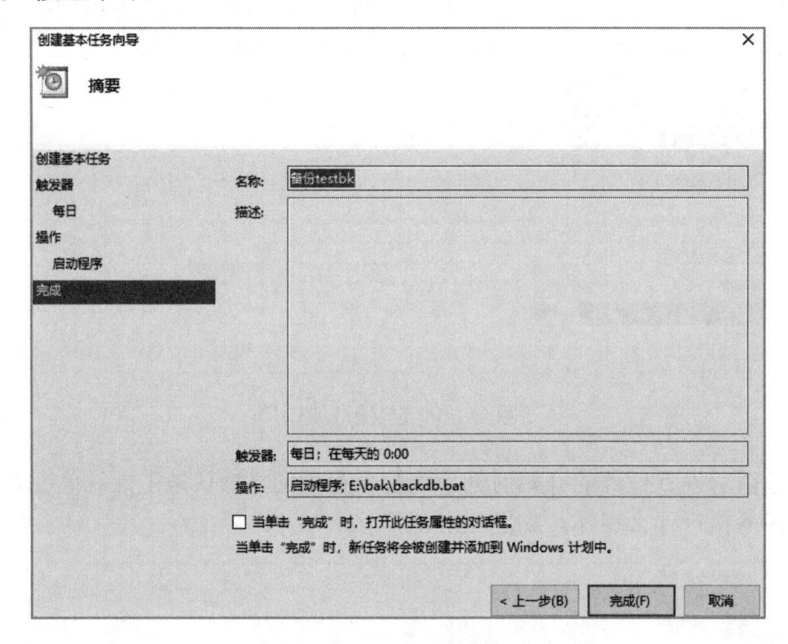

图 13.28　任务创建完成

13.4　实 时 备 份

实时备份是指无时间间隔的数据备份方式，通过实时进行数据复制，可以保证主备两端的数据读写一致，确保数据的零丢失。实时备份主要包括双机热备和 RAID 5 磁盘镜像热备。

13.4.1　双机热备

双机热备使用 MySQL 提供的主从备份机制实现，其把主服务器中的所有数据同步写到备份服务器中，从而实现 MySQL 数据库的实时备份。主从备份主要用于解决因单点故障导致的服务器不可用及高并发访问问题，如果主服务器宕机，则备份服务器仍可继续工作，数据可以持续访问。此外，它还可以通过读写分离来提升数据库的并发负载能力。

双机热备至少需要提供两个服务器，一个服务器充当主服务器，另一个或多个服务器充当从服务器，要注意从服务器上的数据库版本不能低于主服务器上的数据库版本。备份过程实质上是从服务器复制主服务器上的 MySQL 的 binlog 二进制日志文件，并读取主服务器的 binlog 文件，然后将其转换为自身可执行的 relaylog，在从服务器上还原主服务器上的 SQL 语句操作。只要两个数据库的初始状态是一样的，主从服务器就能一直保持同步。

为了让读者更容易理解，下面通过一个示例演示如何通过设置主从复制来实现双机热备功能。

【示例 13.10】准备两台服务器，实现双机热备。将主服务器上的 testbk 数据库同步复制到从服务器上，当主服务器上的数据被修改时，从服务器能实现同步修改。

1）进行准备工作。

首先准备两台服务器：主服务器和从服务器。将它们接入局域网。主服务器的 IP 为 192.168.3.24，从服务器的 IP 为 192.168.3.10。从服务器上的数据库版本不能低于主服务器上的数据库版本，这里选择的版本一致。分别在主服务器和从服务器上创建 testdb 数据库，并在该数据库中创建一个表 t2，不插入任何数据，保持主从服务器中要同步的数据库初始状态一致。

```
create database testbk;
use testbk;
create table t2(id int,name varchar(10));
```

2）在主服务器上为从服务器建立一个连接账户 replicate，并授予该账户 replication slave 权限。

```
create user 'replicate'@'192.168.3.10' identified by '123456';
grant replication slave on *.* to 'replicate'@'192.168.3.10';
flush privileges;
```

上述代码执行成功后，可以在从服务器上用该账户连接主服务器的 MySQL 数据库。如图 13.29 所示。如果出现 Welcome 字样并成功进入 mysql>提示符，说明连接成功。

3）修改配置文件 my.ini。

分别修改主服务器和从服务器的配置文件 my.ini。在配置文件中添加如下设置。

主服务器：

```
server-id=1
log-bin=mysqlbk-bin
binlog-do-db = testbk
```

从服务器：

```
server-id=2
log-bin=mysqlbk-bin
replicate-do-db = testbk
```

在上述代码中，server-id 唯一标识了复制群集中的主从服务器，它们必须各不相同，取值必须为 1～2^{32}-1 的一个正整数值，其默认值是 1，因此这里只把从服务器的 server-id 值改为 2。binlog-do-db 表示需要记录二进制日志的数据库，如果有多个，库名之间用逗号分隔。replicate-do-db 表示需要同步的数据库，如果有多个，则库名之间用逗号分隔。

```
C:\WINDOWS\system32>mysql -h192.168.3.24 -ureplicate -p
Enter password: ******
Welcome to the MySQL monitor.  Commands end with ; or \g.
Your MySQL connection id is 64
Server version: 8.0.23 MySQL Community Server - GPL

Copyright (c) 2000, 2021, Oracle and/or its affiliates.

Oracle is a registered trademark of Oracle Corporation and/or its
affiliates. Other names may be trademarks of their respective
owners.

Type 'help;' or '\h' for help. Type '\c' to clear the current input statement.

mysql>
```

图 13.29　账户连接 MySQL

4）配置文件修改完毕后分别重启主服务器和从服务器的 MySQL 服务，并使用 show master status;命令查看主服务器的状态，如图 13.30 所示。其中，Position 表示数据的位置，主要用于从数据库启动后，复制数据的起始位置。

```
mysql> show master status;
+--------------------+----------+--------------+------------------+-------------------+
| File               | Position | Binlog_Do_DB | Binlog_Ignore_DB | Executed_Gtid_Set |
+--------------------+----------+--------------+------------------+-------------------+
| mysqlbk-bin.000001 |      156 | testbk       |                  |                   |
+--------------------+----------+--------------+------------------+-------------------+
1 row in set (0.00 sec)
```

图 13.30　查看主服务器的状态

需要注意的是，在实际生产环境中要使用 flush tables with read lock;语句进行锁表，目的是先不允许有新的数据通过从服务器定位同步位置。同步设置成功后，再使用 unlock tables 解锁。

5）在从服务器中使用 change master to 命令指定同步位置。

```
change master to master_host='192.168.3.24',master_user='replicate',
master_password='123456',master_log_file='mysqlbk-bin.000001',master_
log_pos=156;
```

6）在从服务器中开启 slave 线程，并使用 show master status;命令查看从服务器的状态。

```
start slave;
show slave status;
```

执行结果如图 13.31 所示。可以发现，Slave_IO_Running 和 Slave_SQL_Running 的值都为 YES，表示从服务器设置成功。至此，主从服务器复制配置完成。

```
mysql> show slave status\G
*************************** 1. row ***************************
               Slave_IO_State: Waiting for master to send event
                  Master_Host: 192.168.3.24
                  Master_User: replicate
                  Master_Port: 3306
                Connect_Retry: 60
              Master_Log_File: mysqlbk-bin.000001
          Read_Master_Log_Pos: 156
               Relay_Log_File: PV-X188-relay-bin.000002
                Relay_Log_Pos: 326
        Relay_Master_Log_File: mysqlbk-bin.000001
             Slave_IO_Running: Yes
            Slave_SQL_Running: Yes
              Replicate_Do_DB: testbk
          Replicate_Ignore_DB:
           Replicate_Do_Table:
       Replicate_Ignore_Table:
      Replicate_Wild_Do_Table:
  Replicate_Wild_Ignore_Table:
```

图 13.31　查看从服务器的状态

7）进行双机热备测试。

此时 testbk 数据库中的 t2 是空表，没有任何数据。首先，在主服务器上执行插入数据的操作。

```
use testbk;
insert into t2 values(1,'aa'),(2,'bb'),(3,'cc'),
(4,'dd');
```

其次，分别在主服务器和从服务器上查看 t2 表中的数据。

```
select * from t2;
```

执行结果如图 13.32 所示。可以发现，从服务器上的数据和主服务器上的数据一致，实现了同步修改，双机热备成功。

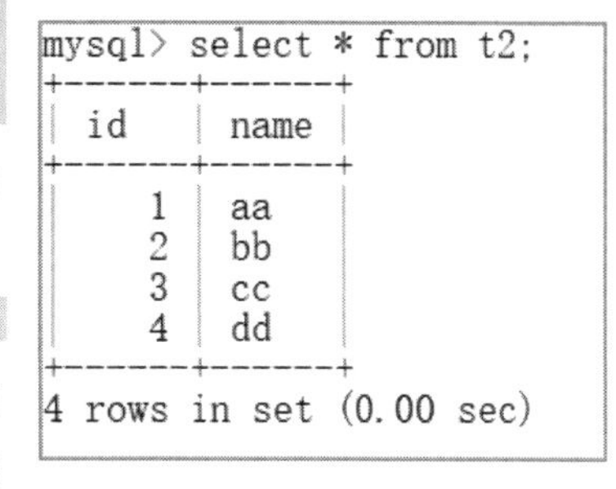

```
mysql> select * from t2;
+------+------+
| id   | name |
+------+------+
|    1 | aa   |
|    2 | bb   |
|    3 | cc   |
|    4 | dd   |
+------+------+
4 rows in set (0.00 sec)
```

图 13.32　t2 表中的数据

13.4.2　RAID 5 磁盘镜像热备

双机热备通过异机数据实时备份，实现了数据安全，优点是安全性很高，缺点是需要购买额外的服务器。为了节省成本，预防因磁盘损坏所带来的数据灾难问题的发生，可以通过为数据库服务器配置 RAID 5 磁盘阵列的方式，做镜像热备。

RAID（Redundant Array of Independent Disks，独立冗余磁盘阵列）简称磁盘阵列，是一种把多块独立的磁盘按不同的方式组合起来形成一个磁盘组，从而提供比单个磁盘更高的存储性能和数据备份的技术。本节仅对 RAID 5 磁盘镜像热备进行简单介绍。

RAID 5 是目前使用较多的一种磁盘镜像热备方式，其是一种存储性能、数据安全和存储成本兼顾的存储解决方案。它是带奇偶校验的条带化磁盘阵列，支持三块以上磁盘，可以允许坏任意一块，其空间利用率为(*N*-1)/*N*。数据以块为单位分布到各个磁盘上。RAID 5 不对数据进行备份，而是把数据和与其相对应的奇偶校验信息存储到组成 RAID 5 的各个磁盘上，并且将奇偶校验信息和相对应的数据分别存储于不同的磁盘上。当 RAID 5 的一个磁盘数据损坏后，利用剩下的数据和相应的奇偶校验信息去恢复被损坏的数据。

显然，通过为服务器增加磁盘组成 RAID 5 镜像热备，在保证数据安全的同时可以大幅降低硬件采购成本。

RAID 5 磁盘镜像热备是解决因数据库服务器的磁盘损坏而导致的数据丢失问题，其数据热备采用算法来保证数据的完整和安全，具有热备的实时性。RAID 5 的采购成本相对双机热备更低，但是安全性不如双机热备。目前，主流的云平台也采用镜像热备技术。

RAID 5 磁盘镜像热备显然是从硬件角度来提高数据库数据存储的安全性，在实际项目工程中具有参考意义。

13.5　案例——三酷猫进行数据备份工作

经过努力，三酷猫的海鲜实体店建立了自己的海鲜销售系统。由于刚刚起步，三酷猫资金有限，本着节约、降低成本和保证数据安全的目的，评估了一下店内每天的销售记录，认为 3 天进行一次全备数据库，能满足基本的数据安全备份要求。万一 3 天内的数据丢失了，可以手工补录，在几个小时内即解决问题，能满足实体店业务经营的最低使用要求。

于是三酷猫要求系统管理员每 3 天就手工备份一次数据库，要求全备数据。备份文件形成后将其存储到移动硬盘上。备份对象以 12.5 节的案例为主，请实现相关的操作过程。

1）建立备份文件存储目录 G:\back。

2）通过 Windows 的 CMD 命令登录 MySQL 数据库，并备份 study_db 数据库，代码如下：

```
C:\Program Files\MySQL\MySQL Server 8.0\bin>mysqldump -uroot -p study_db>
G:\back\fish20210714.sql
Enter password: *******                          //在星号处输入登录密码，回车
```

准备从 fish20210714.sql 中将数据恢复到新的数据库 study_db1 中。

3）创建新的数据库 study_db1。

```
mysql>create database study_db1;
```

4）从 fish20210714.sql 中恢复数据。

```
C:\Program Files\MySQL\MySQL Server 8.0\bin>mysql -uroot -p study_db1
<G:back\fish20210714.sql
Enter password: *******                      //在星号处输入登录密码，回车
```

上述恢复命令执行过程需要几秒到几分钟的等待时间，直至数据恢复完成。

5）查看恢复的数据库表。

```
Use study_db1;
show tables;
```

显示结果如图 13.33 所示。

```
MySQL 8.0 Command Line Client - Unicode
Enter password: ********
Welcome to the MySQL monitor.  Commands end with ; or \g.
Your MySQL connection id is 184
Server version: 8.0.20 MySQL Community Server - GPL

Copyright (c) 2000, 2020, Oracle and/or its affiliates. All rights reserved.

Oracle is a registered trademark of Oracle Corporation and/or its
affiliates. Other names may be trademarks of their respective
owners.

Type 'help;' or '\h' for help. Type '\c' to clear the current input statement.

mysql> use study_db1
Database changed
mysql> show tables;
+----------------------+
| Tables_in_study_db1  |
+----------------------+
| first_t              |
| good_inf_e           |
| goods                |
| sale_d               |
| sale_m               |
| sale_main_e          |
| saledetail_t         |
| salemain_t           |
| salemain_tt          |
```

图 13.33　显示恢复的数据库及其对应的表

提示： 也可以利用 Workbench 工具快速进行数据库备份和恢复操作。

13.6　练习和实验

一、练习

1．填空题

1）为了保证数据的安全，必须对数据库数据进行（　　）。

2）数据库备份是通过导出数据或者复制表文件的方式来制作数据库的副本，也可以（　　）地将复制数据到另外一个数据库系统里。

3）按照备份是否需要数据库离线划分可以将备份分冷备、（　　）和温备。

4）恢复数据库或数据表可以通过（　　）命令或 source 命令来实现。

5）MySQL 定时自动备份是指在固定的时间周期由（　　）对数据库进行备份操作。

2. 判断题

1）数据库有数据备份功能，必有数据恢复功能。（　　）

2）通过 MySQL 数据库自动执行 mysqldump 命令，可以将数据库中的数据备份成一个文本文件。（　　）

3）增量备份就是在上一次数据备份的基础上进行新增的数据备份。（　　）

4）实时备份主要包括双机热备和 RAID5 磁盘镜像热备。（　　）

5）双机热备需要至少提供两个服务器。（　　）

二、实验

实验 1：手工备份 MySQL 数据库系统中的一个数据库并恢复数据。

1）手工备份一个数据库，形成备份文件。

2）手工恢复备份文件中的数据到另外一个新的数据库中。

3）查看数据恢复情况。

4）形成实验报告。

实验 2：实现双击热备过程。

1）在 Windows 下搭建主从双击热备数据库实例。

2）设置主从热备参数。

3）测试主从备份效果。

4）形成实验报告。

第 14 章　日　　志

MySQL 数据库日志用于记录数据库日常运行、数据操作和错误等信息，并为数据的主从复制（见第 16 章）提供支持，其在数据库系统运行和技术维护中具有重要作用。本章的主要内容如下：

- 日志的基础知识；
- 错误日志；
- 二进制日志；
- 通用查询日志；
- 慢查询日志。

14.1　日志的基础知识

当数据库中的数据丢失、数据文件损坏或服务无法启动时，可以通过日志文件进行排错和数据恢复。在 MySQL 数据库的日常管理和维护工作中，管理员可以通过分析日志追踪数据库曾经发生过的各种事件，对数据库进行维护和调优。

在 MySQL 中，日志主要包括错误日志、通用查询日志、二进制日志、慢查询日志、中继日志和 DDL 日志。

- 错误日志：记录数据库启动和运行过程中或停止服务时遇到的问题。
- 通用查询日志：记录用户的操作，包括服务器的启动和关闭信息、客户端连接信息、更新语句和查询语句等。
- 二进制日志：以二进制的形式记录数据库的更改语句，可以用于复制操作。
- 慢查询日志：记录执行时间超过指定时间的查询语句。
- 中继日志：仅在从服务器上复制数据时使用，用来保存主服务器的更改数据，这些更改也必须在从服务器上进行。
- DDL 日志：也称为元数据日志，用来记录 DDL 语句执行的元数据操作。

可以通过配置文件 my.ini 来查看日志是否开启并进行修改。默认情况下，所有的日志文件存储在 C:\ProgramData\MySQL\MySQL Server 8.0\Data 目录下，如图 14.1 所示。

本地磁盘 (C:) › ProgramData › MySQL › MySQL Server 8.0 › Data

名称

DESKTOP-888888.err
DESKTOP-888888.pid
DESKTOP-888888-bin.000001
DESKTOP-888888-bin.000002
DESKTOP-888888-bin.000003
DESKTOP-888888-bin.000004
DESKTOP-888888-bin.000005
DESKTOP-888888-bin.index
DESKTOP-888888-slow.log

图 14.1　日志文件

注意： 在安装 MySQL 数据库系统时，如果自定义数据的安装路径，则日志文件将存放在指定路径的 Data 子路径里。

用纯文本编辑器打开 my.ini 文件，查看其日志配置信息，如图 14.2 所示。可以看到，general-log=0 说明通用查询日志没有开启；slow-query-log=1 说明慢查询日志已开启；log-error="DESKTOP-888888.err"说明错误日志已开启，记录在 DESKTOP-888888.err 文件中；log-bin="DESKTOP-888888-bin"说明二进制日志已开启，二进制日志的基本名称为 DESKTOP-888888-bin，当生成二进制日志文件时会将数字扩展名附加到二进制日志基本名称的后面以生成二进制日志文件名。每次服务器创建新的日志文件时，该数字都会增加，从而创建一系列有序的文件。

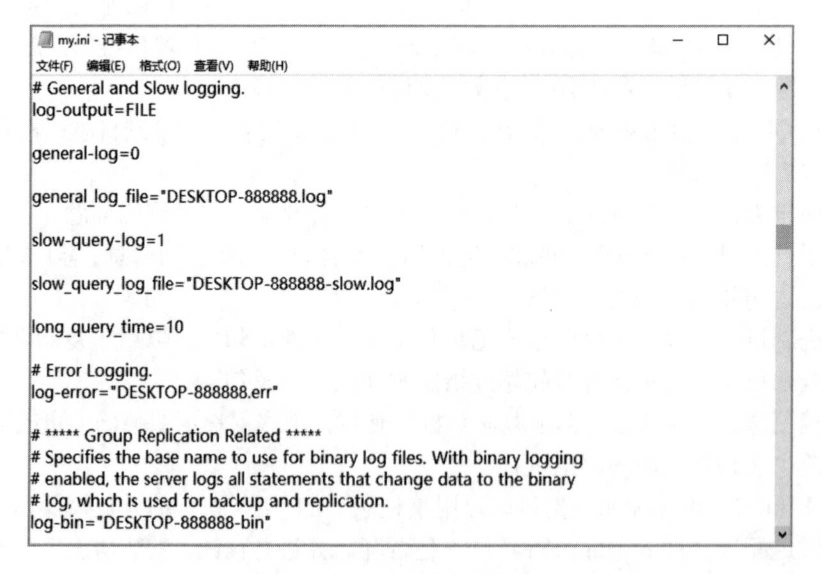

my.ini - 记事本

文件(F) 编辑(E) 格式(O) 查看(V) 帮助(H)

```
# General and Slow logging.
log-output=FILE

general-log=0

general_log_file="DESKTOP-888888.log"

slow-query-log=1

slow_query_log_file="DESKTOP-888888-slow.log"

long_query_time=10

# Error Logging.
log-error="DESKTOP-888888.err"

# ***** Group Replication Related *****
# Specifies the base name to use for binary log files. With binary logging
# enabled, the server logs all statements that change data to the binary
# log, which is used for backup and replication.
log-bin="DESKTOP-888888-bin"
```

图 14.2　my.ini 日志配置信息

下面将重点讲解错误日志、二进制日志、通用查询日志和慢查询日志的相关内容。

14.2 错误日志

错误日志（Error Log）是 MySQL 最常见的一种日志，它主要用于记录服务器启动和停止的详细信息，以及服务器在运行过程中产生的错误和警告信息。当数据库出现故障导致无法正常使用时，可以查看错误日志来查找错误原因。

1. 启动和设置错误日志

在 MySQL 中，错误日志默认是开启的而且无法被关闭。可以在配置文件 my.ini 中修改错误日志的文件名，格式如下：

```
log-err= "文件名.err"
```

这里的文件名可以指定存储路径，默认存放在 data 目录下。需要注意的是，配置文件一经修改，需要重启 MySQL 服务，修改才可生效。

2. 查看错误日志

默认情况下，错误日志的文件名为“主机名.err”，该文件可以用记事本打开。如果 MySQL 服务出现异常，可以打开错误日志来进行排错。

可以通过 show variables 命令来查看错误日志文件相关信息。

【示例 14.1】查看错误日志文件名及存储路径。

```
show variables like 'log_error';
```

执行结果如图 14.3 所示。

3. 删除错误日志

日志文件会占用大量的磁盘空间，对于很久以前的错误日志，可以将其删除，以节约 MySQL 服务器上的磁盘空间。

删除错误日志可以先把原错误日志文件重命名为“错误日志文件名.err-old”，然后在 DOS 命令行下使用 mysqladmin 命令或在 MySQL 命令行下使用 flush logs 语句来开启新的错误日志，最后可以把原来的错误日志文件转存到其他磁盘上，如果确定其不再有用则可以直接手动删除。

MySQL 数据库可以使用两种方式开启新的错误日志，这两种方式分别是 mysqladmin 命令和 flush logs 语句。mysqladmin 命令的语法格式如下：

```
mysqladmin -uroot -p flush-logs
```

【示例 14.2】生成新的错误日志文件。

```
mysqladmin -u 用户名 -p flush-logs
```

进入 DOS 命令行，执行以上代码，执行结果如图 14.4 所示。注意，在执行前需要先把原错误日志文件重命名，否则无法生成新的日志文件。

	Variable_name	Value
▶	log_error	.\DESKTOP-888888.err

图 14.3　查看错误日志文件名及存储路径

```
C:\Windows\system32>mysqladmin -uroot -p flush-logs
Enter password: ******

C:\Windows\system32>
```

图 14.4　生成新的错误日志文件

14.3　二进制日志

二进制日志（Binary Log）也称为变更日志，其以二进制文件的形式记录数据库中的数据变化情况，主要包括 SQL 语句的 DDL 语句（create、alter、drop）和 DML 语句（insert、update、delete）。

1．启动和设置二进制日志

在 MySQL 8.0 中，二进制日志默认是开启的，只有在启动时指定--skip-log-bin 或--disable-log-bin 选项时才会禁用。可以在配置文件 my.ini 中启动或关闭二进制日志，格式如下：

```
log-bin="文件名"
```

这里的文件名是指二进制日志文件的基本名称，其默认存放在 data 目录下。当生成二进制日志文件时会将数字扩展名附加到二进制日志的基本名称之后，每次服务器创建新的日志文件时，该数字都会增加，从而创建一系列有序的文件。例如，有 log-bin="DESKTOP-888888-bin"，则 data 目录下的二进制日志文件名依次为 DESKTOP-888888-bin.000001、DESKTOP-888888-bin.000002，以此类推。当服务器重新启动、每次刷新日志或者当前日志文件的大小达到设定的 max_binlog_size 值时，服务器都会在系列中创建一个新文件。

【示例 14.3】通过 show variables 命令查看二进制日志是否开启。

```
show variables like 'log_bin';
```

执行结果如图 14.5 所示。可以看出，二进制日志是开启的。

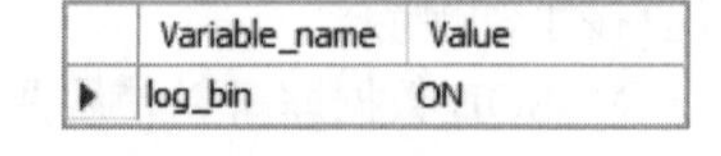

	Variable_name	Value
▶	log_bin	ON

图 14.5　查看二进制日志是否开启

注意：除了可以在配置文件中对二进制日志的开启和关闭进行设置之外，还可以在程序中使用 set 语句开启或暂停二进制日志的功能。

- 开启命令为 set sql_log_bin=1;
- 暂停命令为 set sql_log_bin=0。

通过这种方式，可以灵活实现哪些操作记录在二进制日志中，哪些操作无须记录在日志中，避免每次修改配置文件并重启服务的麻烦。

2. 查看二进制日志

可以查看二进制日志文件列表，正在写入的二进制日志文件，二进制文件的内容，或将其内容写入文本文件等。

1）查看二进制日志文件列表。

可以通过 show binary logs;语句查看在 MySQL 中有哪些二进制日志文件。

【示例 14.4】查看二进制日志文件列表。

```
show binary logs;
```

执行结果如图 14.6 所示。

Log_name	File_size	Encrypted
DESKTOP-888888-bin.000001	908	No
DESKTOP-888888-bin.000002	816	No
DESKTOP-888888-bin.000003	2514	No
DESKTOP-888888-bin.000004	912	No
DESKTOP-888888-bin.000005	179	No
DESKTOP-888888-bin.000006	212	No
DESKTOP-888888-bin.000007	212	No
DESKTOP-888888-bin.000008	156	No

图 14.6　查看二进制日志文件列表

2）查看当前正在写入的二进制日志文件。

可以通过 show master status;语句查看当前 MySQL 中正在写入的二进制日志文件。

【示例 14.5】查看当前正在写入的二进制日志文件。

```
show master status;
```

执行结果如图 14.7 所示。

File	Position	Binlog_Do_DB	Binlog_Ignore_DB	Executed_Gtid_Set
DESKTOP-888888-bin.000008	156	testbk		

图 14.7　查看当前正在写入的二进制日志文件

刷新日志之后重新查看。

```
flush logs;
show master status;
```

执行结果如图 14.8 所示，发现刷新日志之后，自动创建了一个新文件。

File	Position	Binlog_Do_DB	Binlog_Ignore_DB	Executed_Gtid_Set
DESKTOP-888888-bin.000009	156	testbk		

图 14.8　刷新日志后再次查看二进制日志文件

3）查看二进制日志文件的内容。

二进制日志使用二进制格式存储的，不能直接打开查看。可以使用 mysqlbinlog 命令查看二进制日志文件的内容。

【示例 14.6】查看二进制日志文件 DESKTOP-888888-bin.000009 的内容。

```
mysqlbinlog DESKTOP-888888-bin.000009
```

执行结果如图 14.9 所示。

```
C:\ProgramData\MySQL\MySQL Server 8.0\Data>mysqlbinlog DESKTOP-888888-bin.000009
/*!50530 SET @@SESSION.PSEUDO_SLAVE_MODE=1*/;
/*!50003 SET @OLD_COMPLETION_TYPE=@@COMPLETION_TYPE,COMPLETION_TYPE=0*/;
DELIMITER /*!*/;
# at 4
#210713 22:13:33 server id 1  end_log_pos 125 CRC32 0xa64bba7a  Start: binlog v 4, server
 v 8.0.23 created 210713 22:13:33
# Warning: this binlog is either in use or was not closed properly.
BINLOG '
jZ/tYA8BAAAAeQAAAH0AAAABAAQAOC4wLjIzAAAAAAAAAAAAAAAAAAAAAAAAAAAAAAAAAAAAAAAA
AAAAAAAAAAAAAAAAAAAAAAAAAEwANAAgAAAAABAAEAAAAYQAEGggAAAAICAgCAAAACgoKKioAEjQA
CigBerpLpg==
'/*!*/;
# at 125
#210713 22:13:33 server id 1  end_log_pos 156 CRC32 0xa2a52a1f  Previous-GTIDs
# [empty]
SET @@SESSION.GTID_NEXT= 'AUTOMATIC' /* added by mysqlbinlog */ /*!*/;
DELIMITER ;
# End of log file
/*!50003 SET COMPLETION_TYPE=@OLD_COMPLETION_TYPE*/;
/*!50530 SET @@SESSION.PSEUDO_SLAVE_MODE=0*/;
```

图 14.9 查看二进制文件的内容

还可以将二进制日志文件的内容保存到一个文本文件中，以方便后续查看。

```
mysqlbinlog DESKTOP-888888-bin.000009>E:/bak/bin09.txt
```

执行结果如图 14.10 所示。可以发现，在 E:\bak 目录下生成了 bin09.txt 文本文件。

```
C:\ProgramData\MySQL\MySQL Server 8.0\Data>mysqlbinlog DESKTOP-888888-bin.000009>E:/bak/bin09.txt
```

图 14.10 将二进制日志文件的内容保存为文本文件

3. 删除二进制日志

不再需要的二进制日志可以删除，以释放其占用的磁盘空间。删除二进制日志有如下几种方法。

1）根据编号删除二进制日志。

可以使用 purge master logs to 语句删除指定的二进制日志编号之前的日志，语法格式如下：

```
purge master logs to '文件名';
```

这里的文件名指的是二进制日志的文件名，执行以上命令后会将该编号之前的二进制日志全部删除。

2）根据创建时间删除二进制日志。

可以使用 purge master logs before 语句根据日志创建时间删除指定时间之前的日志，语法格式如下：

```
purge master logs before '年-月-日 时:分:秒';
```

这里的小时是 24 小时制，执行以上命令后会将在该时间之前创建的二进制日志全部删除。

3）删除所有的二进制日志。

可以使用 reset master 语句删除所有的二进制日志，语法格式如下：

```
reset master;
```

删除所有的二进制日志后，MySQL 将会重新创建新的二进制日志文件，数字扩展名重新从 000001 开始。

【示例 14.7】 删除编号小于 DESKTOP-888888-bin.000005 的日志文件。

```
purge master logs to 'DESKTOP-888888-bin.000005';        # 删除
show master logs;                                         # 查看
```

执行结果如图 14.11 所示。可以发现，编号 000005 之前的日志已经全部删除。

【示例 14.8】 删除创建日期在 2021 年 7 月 12 日 12:00:00 之前的日志。

```
purge master logs before '2021-7-12 12:00:00';
```

成功执行以上命令后，到 data 目录下查看，结果如图 14.12 所示。可以发现，2021 年 7 月 12 日 12:00:00 之前的日志已经全部删除。

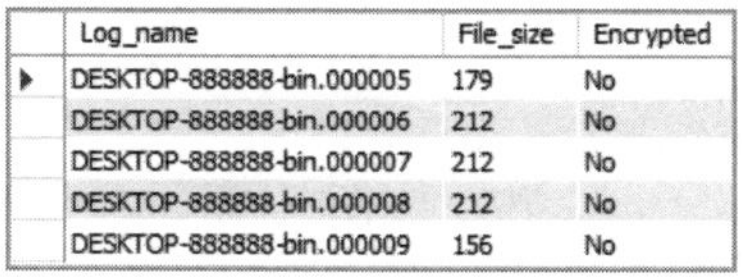

Log_name	File_size	Encrypted
DESKTOP-888888-bin.000005	179	No
DESKTOP-888888-bin.000006	212	No
DESKTOP-888888-bin.000007	212	No
DESKTOP-888888-bin.000008	212	No
DESKTOP-888888-bin.000009	156	No

图 14.11　删除编号小于 DESKTOP-888888-bin.000005 的日志文件

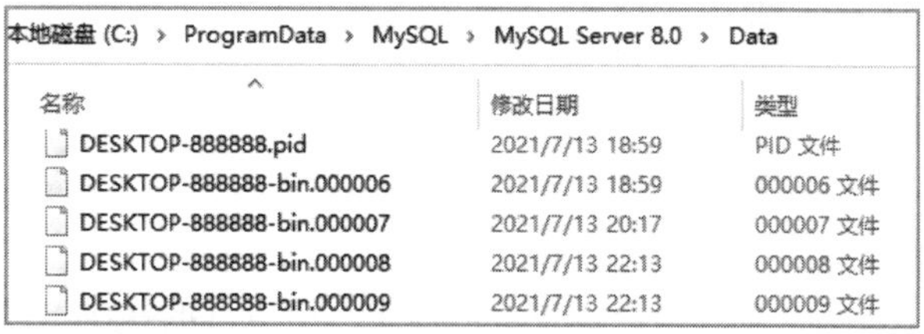

本地磁盘 (C:) › ProgramData › MySQL › MySQL Server 8.0 › Data

名称	修改日期	类型
DESKTOP-888888.pid	2021/7/13 18:59	PID 文件
DESKTOP-888888-bin.000006	2021/7/13 18:59	000006 文件
DESKTOP-888888-bin.000007	2021/7/13 20:17	000007 文件
DESKTOP-888888-bin.000008	2021/7/13 22:13	000008 文件
DESKTOP-888888-bin.000009	2021/7/13 22:13	000009 文件

图 14.12　查看 data 目录下的二进制日志文件

【示例 14.9】 删除所有的二进制日志。

```
reset master;                        # 删除
show master logs;                    # 查看
```

执行结果如图 14.13 所示。可以发现，之前的日志已经全部删除，日志编号从 000001 重新开始。

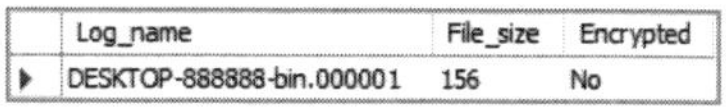

Log_name	File_size	Encrypted
DESKTOP-888888-bin.000001	156	No

图 14.13　删除全部的二进制日志文件后

14.4　通用查询日志

通用查询日志（General Query Log）用来记录用户的所有操作，包括启动和关闭 MySQL 服务、更新语句和查询语句等。

1. 启动和设置通用查询日志

在 MySQL 中通用查询日志默认是关闭的。可以在配置文件 my.ini 中开启或关闭通用查询日志，并且可以对通用查询日志的存储位置和文件名进行修改，格式如下：

```
general-log=0 或 1
general_log_file= "文件名.log"
```

general-log 的值为 0 表示关闭，为 1 表示开启。general_log_file 用来指定通用查询日志名及其存储路径，默认存放在 data 目录下，默认的文件名为“主机名.log”。

另外，也可以通过以下命名启动或关闭通用查询日志。

- 开启：set global general_log=1；
- 关闭：set global general_log=0。

2. 查看通用查询日志

通用查询日志以文本文件的形式存储，该文件中记录了用户的所有操作。当客户端连接或断开连接时，服务器会将信息写入此日志，并记录从客户端收到的每个 SQL 语句。该文件可以使用普通文本编辑器打开。

可以通过 show variables 命令来查看通用查询日志文件相关信息。示例如下。

【示例 14.10】查看通用查询日志。

```
use study_db;
show variables like 'general_log%';
```

执行结果如图 14.14 所示。可以发现，general_log 的值为 ON，说明通用查询日志已经开启。

	Variable_name	Value
▶	general_log	ON
	general_log_file	DESKTOP-888888.log

图 14.14　查看通用查询日志

通用查询日志存储在 data 目录下的 DESKTOP-888888.log 文件中，用记事本打开该文件，部分内容如图 14.15 所示。可以发现，该日志清晰地记录了客户端的所有行为，因此，如果想要知道客户端何时都执行了哪些操作，可以查看通用查询日志。正因为该日志记录了客户端的所有行为，因此其会占用大量的磁盘空间，对系统的性能影响较大。

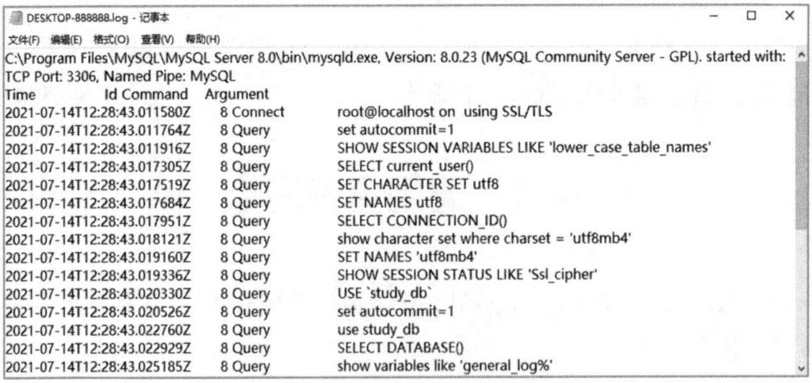

```
DESKTOP-888888.log - 记事本
文件(F) 编辑(E) 格式(O) 查看(V) 帮助(H)
C:\Program Files\MySQL\MySQL Server 8.0\bin\mysqld.exe, Version: 8.0.23 (MySQL Community Server - GPL). started with:
TCP Port: 3306, Named Pipe: MySQL
Time                 Id Command    Argument
2021-07-14T12:28:43.011580Z    8 Connect   root@localhost on  using SSL/TLS
2021-07-14T12:28:43.011764Z    8 Query     set autocommit=1
2021-07-14T12:28:43.011916Z    8 Query     SHOW SESSION VARIABLES LIKE 'lower_case_table_names'
2021-07-14T12:28:43.017305Z    8 Query     SELECT current_user()
2021-07-14T12:28:43.017519Z    8 Query     SET CHARACTER SET utf8
2021-07-14T12:28:43.017684Z    8 Query     SET NAMES utf8
2021-07-14T12:28:43.017951Z    8 Query     SELECT CONNECTION_ID()
2021-07-14T12:28:43.018121Z    8 Query     show character set where charset = 'utf8mb4'
2021-07-14T12:28:43.019160Z    8 Query     SET NAMES 'utf8mb4'
2021-07-14T12:28:43.019336Z    8 Query     SHOW SESSION STATUS LIKE 'Ssl_cipher'
2021-07-14T12:28:43.020330Z    8 Query     USE `study_db`
2021-07-14T12:28:43.020526Z    8 Query     set autocommit=1
2021-07-14T12:28:43.022760Z    8 Query     use study_db
2021-07-14T12:28:43.022929Z    8 Query     SELECT DATABASE()
2021-07-14T12:28:43.025185Z    8 Query     show variables like 'general_log%'
```

图 14.15　通用查询日志的部分内容

需要注意的是，为了保证 MySQL 服务器的磁盘空间，对于很长时间以前的通用查询日志可以将其删除，该日志文件可以手动删除，删除后重启 MySQL 服务就会重新生成新的通用查询日志。如果需要保存副本，可以在删除前将其转存到其他磁盘上。

14.5　慢查询日志

慢查询日志（Slow Query Log）用来记录执行时间超出指定值的 SQL 语句。通过慢查询日志，可以找出哪些查询语句的执行效率低，从而对查询进行优化。

1. 启动和设置慢查询日志

在 MySQL 中，慢查询日志默认是开启的。可以在配置文件 my.ini 中开启或关闭慢查询日志，并且可以对慢查询日志的存储位置和文件名以及定义慢查询的时间进行修改。格式如下：

```
slow-query-log=0 或 1
slow_query_log_file= "文件名.log"
long_query_time=秒数
```

slow-query-log 的值为 0 表示关闭，为 1 表示开启，默认是 1。slow_query_log_file 用来指定慢查询日志名及其存储路径，其默认存放在 data 目录下，默认的文件名为“主机名-slow.log”。

也可以通过以下命名启动、关闭慢查询日志，以及指定时间。

- 开启：set global slow_query_log=1；
- 关闭：set global slow_query_log=0；
- 指定时间：set global long_query_time=n，n 表示时长，单位为 ms。

2. 查看慢查询日志

慢查询日志记录了执行时间超过指定时间的所有查询或不使用索引的查询。如果希望查看系统的性能问题，找出有性能问题的 SQL 语句，需要查看慢查询日志。和错误日志、通用查询日志一样，慢查询日志也是以文本文件的形式存储的，该文件可以使用普通文本编辑器打开。

可以通过 show variables 命令查看慢查询日志文件的相关信息。

【示例 14.11】查看慢查询日志的相关信息。

```
show variables like 'slow_query%';
show variables like 'long_query_time';
```

执行结果如图 14.16 和图 14.17 所示。可以发现，慢查询日志已开启，日志文件存储在 data 目录下的 DESKTOP-888888-slow.log 中，默认执行时间超过 10s 就被定义为慢查询。

	Variable_name	Value
▶	slow_query_log	ON
	slow_query_log_file	DESKTOP-888888-slow.log

图 14.16　查看慢查询日志的相关信息

	Variable_name	Value
▶	long_query_time	10.000000

图 14.17　查看慢查询的指定时间

接下来设置慢查询的指定时间为 0.1s，然后进行查询操作。

```
set long_query_time=0.1;                              # 指定慢查询的时间
select * from cashier_inf;
select no,cashiername,sleep(0.15) from cashier_inf;    # 延迟 0.15 秒
```

以上代码成功执行后，到 data 目录下打开慢查询日志文件 DESKTOP-888888-slow.log，文件内容如图 14.18 所示。

```
*DESKTOP-888888-slow.log - 记事本
文件(F) 编辑(E) 格式(O) 查看(V) 帮助(H)
C:\Program Files\MySQL\MySQL Server 8.0\bin\mysqld.exe, Version: 8.0.23 (MySQL Community Server - GPL). started with:
TCP Port: 3306, Named Pipe: MySQL
Time                 Id Command    Argument
# Time: 2021-07-14T14:25:15.172481Z
# User@Host: root[root] @ localhost [::1]  Id:     8
# Query_time: 0.937648  Lock_time: 0.000097 Rows_sent: 6  Rows_examined: 6
use study_db;
SET timestamp=1626272714;
select no,cashiername,sleep(0.15) from cashier_inf
LIMIT 0, 1000;
```

图 14.18　查看慢查询日志的内容

由图 14.18 可以看到，第一个查询没有被记录到该日志中，而第二个查询则被记录到了该日志中。原因是在第二个查询中使用 sleep(0.15)延迟了 0.15s，因为该查询执行时间超过了指定时间 0.1s，被认为是慢查询。

另外，和其他日志一样，慢查询日志也可以删除。该日志文件可以手动删除，删除后重启 MySQL 服务，就会重新生成新的慢查询日志。如果需要保存副本，可以在删除前将其转存到其他磁盘上。

14.6　案例——三酷猫获取操作记录

三酷猫在通过 MySQL 数据库系统操作 goods 表时不小心删掉了一条记录。三酷猫想知道是什么时候删除的，是否真正删除了。下面来模拟三酷猫的操作过程。

1）打开 goods 表。

三酷猫用 Workbench 工具打开 goods 表，如图 14.19 所示。

2）删除一条记录。

```
delete from  study_db.goods where id=5 ;
```

3）去通用查询日志里查看 SQL 操作记录。

如果没有启动 SQL 操作记录日志，需要在 my.ini 配置文件里设置 general-log=1，然后重启 MySQL 数据库系统（如果是 Windows 操作系统，则可以通过“服务”工具重启 MySQL 进程）。然后再执行第 2 步的删除命令（确保删除一条记

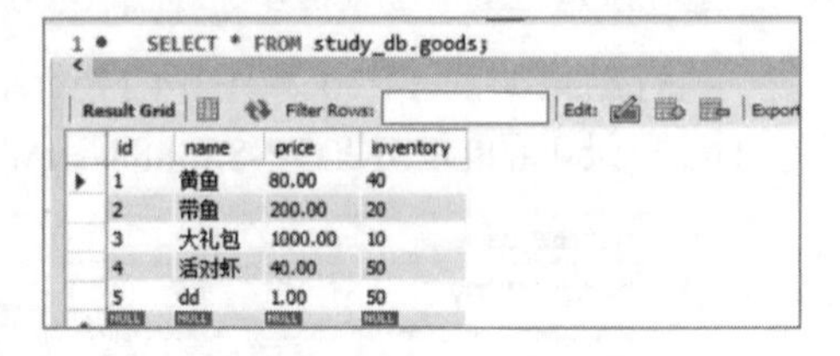

id	name	price	inventory
1	黄鱼	80.00	40
2	带鱼	200.00	20
3	大礼包	1000.00	10
4	活对虾	40.00	50
5	dd	1.00	50
NULL	NULL	NULL	NULL

图 14.19　打开 goods 表

录）。打开通用查询日志，可以找到如图 14.20 所示的删除记录，从记录中可以看到左侧的删除时间。

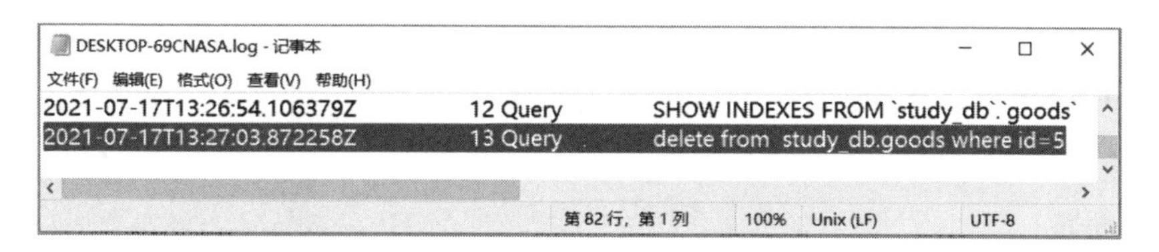

图 14.20　删除一条记录后的通用查询日志记录

4）查看二进制日志。

在 DOS 命令提示符后输入如下查看命令（要确保路径正确）。

```
c:\Program Files\MySQL\MySQL Server 8.0\bin>mysqlbinlog G:\MySQL\Data\
DESKTOP-69CNASA-bin.000016
```

显示如图 14.21 所示的删除记录。

```
C:\WINDOWS\system32\cmd.exe
# at 622
#210717 21:27:03 server id 1  end_log_pos 690 CRC32 0x27a73e0b  Table_map: `study_db`.`goods` mapped to number 94
# at 690
#210717 21:27:03 server id 1  end_log_pos 741 CRC32 0xa8d5d6a7  Delete_rows: table id 94 flags: STMT_END_F

BINLOG '
p9ryYBMBAAAARAAAALICAAAAAF4AAAAAAAAEACHN0dWR5X2RiAAVnb29kcwAEA/72BAX+MAgCBAAB
AQACA/z/AAs+pyc=
p9ryYCABAAAAMwAAAOUCAAAAAF4AAAAAAAAEAAgAE/wAFAAAAAmRkgAABAAAASEKn1tWo
'/*!*/;
# at 741
#210717 21:27:03 server id 1  end_log_pos 772 CRC32 0x42a077a8  Xid = 91
COMMIT/*!*/;
SET @@SESSION.GTID_NEXT= 'AUTOMATIC' /* added by mysqlbinlog */ /*!*/;
DELIMITER ;
# End of log file
/*!50003 SET COMPLETION_TYPE=@OLD_COMPLETION_TYPE*/;
/*!50530 SET @@SESSION.PSEUDO_SLAVE_MODE=0*/;

c:\Program Files\MySQL\MySQL Server 8.0\bin>
```

图 14.21　删除成功记录

📖**提示：**如果 SQL 插入、修改和删除等命令失败，则不会在二进制日志里留下记录。

14.7　练习和实验

一、练习

1. 填空题

1）在 MySQL 中，日志主要包括（　　）日志、（　　）日志、二进制日志、慢查询日志、中继日志和 DDL 日志。

2）当数据库出现故障导致无法正常使用时，可以通过查看（　　）来查找错误原因。

3）错误日志的扩展名为（　　），默认是开启的。

4）二进制日志以二进制文件的形式记录数据库中的（　　）变化情况，主要包括 SQL 语句的 DDL 语句和 DML 语句。

5）慢查询日志用来记录（　　）超出指定值的 SQL 语句。

2．判断题

1）中继日志仅在从服务器上复制数据时使用。（　　）

2）所有的 MySQL 日志都可以人工设置开和关。（　　）

3）错误日志、二进制日志、通用查询日志和慢查询日志都可以通过纯文本编辑器打开。（　　）

4）对一个表的插入，在二进制日志和通用查询日志里都可以找到相关的记录。（　　）

5）如果希望查看系统的性能问题，找出有性能问题的 SQL 语句，可以在慢查询日志里查看。（　　）

二、实验

实验 1：查找数据库系统出错记录。

1）在运行 MySQL 数据库系统的前提下，用 Workbench 工具登录数据库。

2）在 Windows 的“服务”里关掉 MySQL 进程。

3）在 Workbench 工具中执行一个数据库表的查找（会给出重新连接的提示）操作。

4）执行上一步操作后会产生一个连接 MySQL 数据库服务器端的出错日志记录，在指定的日志里找到该出错日志记录。

5）将上述操作过程截屏，形成实验报告。

实验 2：查找日常的数据库查找记录。

三酷猫想了解最近几天对数据库做了哪些 SQL 操作，要求：

1）找到相关的日志。

2）举例说明做了哪些 SQL 操作。

3）将操作过程截屏，形成实验报告。

第 15 章　性 能 优 化

数据库性能优化对数据库工程师或软件工程师的要求比较高，如果能掌握数据库性能优化的技巧并在实际应用中解决相关问题，表示他已经达到了较高的水平。

本章的主要内容如下：

- 性能监控；
- 表设计优化；
- 索引优化；
- 查询优化；
- 其他优化。

15.1　性 能 监 控

在应用程序开发初期，开发人员编写 SQL 语句时更重视的是功能的实现，而没有过多考虑性能问题。在应用系统正式上线后，随着业务数据量的急剧增长，很多 SQL 语句对性能的影响逐渐凸显，导致数据库运行缓慢，或者由于某种原因无法响应查询要求，这些存在性能问题的 SQL 语句会成为整个系统性能的瓶颈。

为了保证数据库的平稳运行，可以从如下几个指标对系统的性能和资源利用率进行监控：查询吞吐量、查询执行性能、连接情况及缓冲池的使用情况。

15.1.1　查询吞吐量

所谓查询吞吐量，是指单位时间内处理查询的数量，一般用“QPS=请求数/秒”表示，其中，QPS 为 Query Per Second 的简写。运行查询是数据库最重要的工作，而能否高效地执行查询任务是影响数据库系统高效工作的重要因素。

在 MySQL 中，可以通过内部计数器 Questions 来统计服务器执行的语句数，其中仅包括客户端发送到服务器的语句，不包括在存储程序中执行的语句。Questions 是一个服务器状态变量，客户端每发送一条语句，其值就会加 1。

另外，还可以通过服务器状态变量 Com_select、Com_insert、Com_delete 和 Com_update 分别来监控客户端的读、写（增、删、改）情况，这 4 个变量分别记录 Select、Insert、Delete、

Update 这四种操作执行的次数。通过这 4 个变量的值，可以知道当前系统是以查询为主还是以增、删、改为主，进而分析数据库的工作负载，找到系统可能存在的瓶颈。需要注意的是，即使在执行 Select、Insert、Delete、Update 期间发生错误，其所对应的计数器变量的值仍会加 1。

MySQL 服务器维护许多状态变量，提供有关其操作的信息。可以通过 show status 语句来查看这些变量的值，其语法格式如下：

```
show global status like '变量名';
```

或：

```
show session status like '变量名';
```

在上述语法中，global 表示全局变量，session 表示会话变量，仅用于当前连接，默认是 session。

【示例 15.1】统计当前服务器执行的语句数。

```
show global status like 'Questions';
```

执行结果如图 15.1 所示。

【示例 15.2】查看当前连接的 Select 语句的执行次数。

```
show status like 'Com_select';
```

执行结果如图 15.2 所示。结果为当前连接的查询语句的执行次数，如果需要查看全局的次数，可以使用 show global status 语句。

	Variable_name	Value
▶	Questions	962

图 15.1　统计当前服务器执行的语句数

	Variable_name	Value
▶	Com_select	27

图 15.2　当前连接的 Select 语句的执行次数

15.1.2　查询执行性能

当数据库读写响应变慢，尤其是使用者能够明显感觉到时，需要先确定哪些 SQL 语句读写操作出现了性能问题。MySQL 可以通过用户监控查询延迟的方式来确认问题，这里介绍几种常用的查看执行性能问题的操作方法。

1．查询performance_schema数据库

MySQL 的 performance_schema 数据库中存储着服务器事件与查询执行过程中与性能相关的数据，用于监控 MySQL 服务器在查询执行过程中的资源消耗和资源等待等情况。利用这些数据，可以了解数据库的运行状态，有助于排查和定位导致性能降低的 SQL 语句。

可以切换到 performance_schema 数据库，使用 show tables 命令查看其包含的数据表，

如图 15.3 所示。

在 MySQL 8.0 中，performance_schema 数据库中的表按照不同的事件类型可以分为语句事件记录表、等待事件记录表、阶段事件记录表、事务事件记录表、内存事件记录表、监控文件系统层调用的表及配置表等。其中，在 events_statements_summary_by_digest 表中保存着许多关键性能指标，用于统计与每条 SQL 语句有关的延迟、错误或警告、查询量、排序、索引使用情况、执行时间等信息。

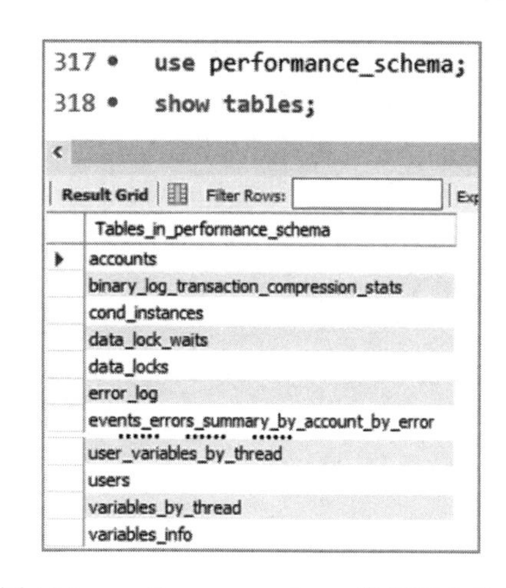

图 15.3　performance_schema 数据库中的表

为了使读者更容易理解 events_statements_summary_by_digest 表中存储的数据内容，下面通过几个示例来详细讲解。

【示例 15.3】查看执行次数最多的 SQL 语句。

```
select digest_text,count_star,first_seen,last_seen
from performance_schema.events_statements_summary_by_digest
order by count_star desc
limit 1;
```

执行结果如图 15.4 所示。由输出结果可以看到执行次数最多的 SQL 语句，以及该 SQL 语句的执行次数、第一次执行时间和最后一次执行时间。

digest_text	count_star	first_seen	last_seen
SELECT (`cat` . `name` COLLATE `utf8...	276	2021-08-02 10:21:36.855509	2021-08-06 10:56:49.218425

图 15.4　查看执行次数最多的 SQL 语句

【示例 15.4】查看平均响应时间最长的 SQL 语句。

```
select digest_text,avg_timer_wait,sum_rows_affected,count_star
from performance_schema.events_statements_summary_by_digest
order by avg_timer_wait desc
limit 1;
```

执行结果如图 15.5 所示。由输出结果可以看到平均响应时间最长的 SQL 语句，以及该 SQL 语句的平均响应时间（以皮秒[①]（ps）为单位）、影响的总行数和执行次数。

digest_text	avg_timer_wait	sum_rows_affected	count_star
ALTER TABLE `emp_t` ADD FOREIGN KEY...	43791200000	1005	1

图 15.5　查看平均响应时间最长的 SQL 语句

【示例 15.5】查看在每个数据库中出现的错误语句总数及警告总数。

① 1s=1,000,000,000,000ps。

```
select schema_name,sum(sum_errors) as sum_errors,sum(sum_warnings) as
sum_warnings
from performance_schema.events_statements_summary_by_digest
where schema_name is not null
group by schema_name;
```

执行结果如图 15.6 所示。由输出结果可以看到在每个数据库中累计出现的错误语句总数及警告总数。

	schema_name	sum_errors	sum_warnings
▶	study_db	14	138
	testdb	0	0

图 15.6　在各数据库出现的错误语句总数及警告总数

注意： events_statements_summary_by_digest 表统计 SQL 时会忽略数值、规范化空格，不区分大小写。

2. sys数据库

sys 为 MySQL 中的系统数据库，该数据库将 performance_schema 数据库中的数据汇总为更易于理解的视图。

在 sys 数据库中包含许多视图，这些视图大部分都是成对出现的，它们的名称相同，其中一个视图名带 x$字符前缀，这些视图访问的数据源是相同的，但是在创建视图的语句中，不带 x$的视图是把相关数值数据经过单位换算再显示出来（显示为毫秒、秒、分钟、小时、天等），而带 x$前缀的视图显示的是原始的数据（皮秒）。

下面以 host_summary_by_file_io 和 x$host_summary_by_file_io 两个视图为例进行讲解。

【示例 15.6】 查看 sys 数据库中的 host_summary_by_file_io 和 x$host_summary_by_file_io 视图数据。

首先查看视图 host_summary_by_file_io。

```
select * from sys.host_summary_by_file_io;
```

执行结果如图 15.7 所示。由输出结果可以看到，视图 host_summary_by_file_io 汇总了按照主机分组的文件 I/O 性能数据，并以秒和毫秒为单位显示了更易阅读的延迟信息，而不是原本以皮秒为单位的延迟信息。

其次查看视图 x$host_summary_by_file_io。

```
select * from sys.x$host_summary_by_file_io;
```

执行结果如图 15.8 所示。由输出结果可以看到，视图 x$host_summary_by_file_io 汇总了相同的信息，但是延迟信息以皮秒为单位进行显示。

	host	ios	io_latency
▶	background	16497	1.85 s
	localhost	3622	427.98 ms

图 15.7　查看 host_summary_by_file_io 视图

	host	ios	io_latency
▶	background	16497	1846994190060
	localhost	3627	428046363465

图 15.8　查看 x$host_summary_by_file_io 视图

由此可见，对于名称不带 x$的视图，查看数据时更易于阅读，而带 x$的视图在程序或工具使用的时候更易于进行数据处理。

【示例 15.7】查看返回错误数最多的 5 条 SQL 语句。

```
select query,exec_count,errors,error_pct,warnings,warning_pct
from sys.statements_with_errors_or_warnings
where db='study_db'
order by errors desc
limit 5;
```

执行结果如图 15.9 所示。可以看到，在 study_db 数据库中出现了错误或警告信息的 SQL 语句及其执行次数、错误的次数、错误率、警告次数等信息。

query	exec_count	errors	error_pct	warnings	warning_pct
ALTER TABLE `ttt1` DROP COLUMN `c2`	4	3	75.0000	0	0.0000
CREATE INDEX `idx_c1_c2` ON `ttt` (...	2	2	100.0000	0	0.0000
CREATE INDEX `idx_c1_c2` ON `ttt` (...	2	2	100.0000	0	0.0000
ALTER TABLE `ttt1` DROP COLUMN	1	1	100.0000	0	0.0000
DESC `chshier_inf`	1	1	100.0000	0	0.0000

图 15.9　查看返回错误数最多的 5 条 SQL 语句

【示例 15.8】列出所有执行全表扫描的 SQL 语句。

```
select * from sys.statements_with_full_table_scans;
```

执行结果如图 15.10 所示。从结果中可以看到所有执行了全表扫描的 SQL 语句及其执行次数、等待时间以及没有使用的索引次数等信息。

query	db	exec_count	total_latency	no_index_used_count
EXPLAIN SELECT * FROM `dept` I ... `dept`	study_db	3	942.40 us	3
EXPLAIN SELECT * FROM `emp` JO ... `emp`	study_db	4	911.50 us	4
SELECT `digest_text` , `avg_ti ... `avg_timer...	study_db	1	905.60 us	1
SELECT (`cat` . `name` COLLAT ... database...	study_db	5	9.12 ms	5
SELECT * FROM `emp` WHERE `ena ... AND `...	study_db	1	855.50 us	1
SELECT * FROM `dept` LIMIT ?, ...	study_db	1	827.60 us	1

图 15.10　执行全表扫描的 SQL 语句

【示例 15.9】列出运行时间最慢的 5%条 SQL 语句。

```
select * from sys.statements_with_runtimes_in_95th_percentile;
```

执行结果如图 15.11 所示。从结果中可以看到，在 statements_with_runtimes_in_95th_percentile 表记录了执行时间最慢的 SQL 语句及其执行次数和等待时间等信息。

query	db	full_scan	exec_count	err_count	warn_count	total_latency	max_latency	avg_latency
SELECT `sleep` (?) LIMIT ?, ...	study_db		1	0	0	6.01 s	6.01 s	6.01 s
ALTER TABLE `emp_t` ADD FOREIG	study_db		1	0	0	43.79 ms	43.79 ms	43.79 ms
CREATE INDEX `idx3` ON `ttt` (... gc...	study_db		1	0	0	39.04 ms	39.04 ms	39.04 ms
CREATE INDEX `idx_uname6` ON `	study_db		1	0	0	38.81 ms	38.81 ms	38.81 ms
ALTER TABLE `emp_t` MODIFY `age` I...	study_db		1	0	0	36.32 ms	36.32 ms	36.32 ms
CREATE INDEX `idx_pwd6` ON `u`	study_db		1	0	0	30.68 ms	30.68 ms	30.68 ms
CREATE INDEX `idx_ename` ON `emp...	study_db		1	0	0	29.79 ms	29.79 ms	29.79 ms
ALTER TABLE `dept_t` ADD PRIMARY ...	study_db		1	0	0	27.73 ms	27.73 ms	27.73 ms
ALTER TABLE `emp_t` ADD PRIMARY K...	study_db		1	0	0	26.90 ms	26.90 ms	26.90 ms

图 15.11　查看 sys. statements_with_runtimes_in_95th_percentile

3．慢查询

慢查询是影响 MySQL 性能的一个非常重要的因素，因为其查询效率过低，会过度占用 CPU、I/O 及内存等资源，从而使 CPU 使用率、I/O 使用情况及内存使用率不同程度的加大，导致整个数据库响应缓慢。

MySQL 提供了一个 Slow_queries 计数器用于统计慢查询数量，每当查询的执行时间超过 long_query_time 参数指定的值之后，该计数器就会增加。默认情况下，该临界值设置为 10s。

可以通过 Slow_queries 查看慢查询的数量。

```
show status like 'Slow_queries';
```

慢查询示例如下。

【示例 15.10】查看和设置慢查询的临界值。

首先查看慢查询的临界值。

```
show variables like 'long_query_time';
```

执行结果如图 15.12 所示。可以看到，long_query_time 的参数值为 10（s）。

然后将 long_query_time 的参数值重新设置为 5。

```
set long_query_time=5;
show variables like 'long_query_time';
```

执行结果如图 15.13 所示。可以看到，long_query_time 的参数值被设置为 5（s）。

	Variable_name	Value
▶	long_query_time	10.000000

图 15.12　查看 long_query_time 参数值

	Variable_name	Value
▶	long_query_time	5.000000

图 15.13　查看 long_query_time 参数修改后的值

通过 show status 命令查看慢查询的数量。

```
Show status like 'Slow_queries';
```

执行结果如图 15.14 所示。由结果可知，慢查询的数量为 0。

模拟慢查询语句，然后再重新查看慢查询数量进行验证。

```
select sleep(6);
show status like 'Slow_queries';
```

执行结果如图 15.15 所示。经过执行 select sleep(6)人为延迟 6s 后，发现慢查询数量增 1。

	Variable_name	Value
▶	Slow_queries	0

图 15.14　查看 Slow_queries 的数量

	Variable_name	Value
▶	Slow_queries	1

图 15.15　再次查看 Slow_queries 的数量

注意：这里对 long_query_time 参数的修改仅对当前连接有效。

如果需要对所有连接生效，则要用 set global long_query_time=5;，并且必须先关闭会话重新连接之后，全局的修改才可生效。

15.1.3　查询连接情况

在 MySQL 服务运行过程中，监控客户端的连接情况相当重要，一旦可用连接数超过连接限制，则新的客户端连接就会遭到拒绝。MySQL 8.0 默认的最大连接数是 151，在实际应用场景中这个值是远远不够的，可以通过 max_connections 变量对其进行重新设置，也可以在配置文件中对其进行修改。

打开配置文件 my.ini（默认在 C:\ProgramData\MySQL\MySQL Server 8.0 目录下），在[mysqld]下找到“max_connections=151”，如图 15.16 所示。

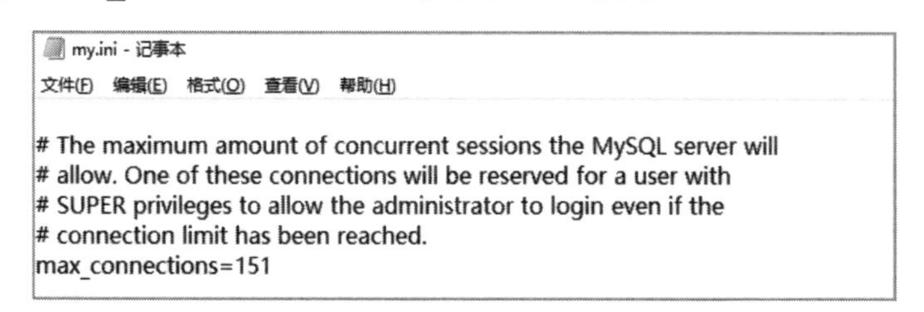

图 15.16　在 my.ini 中查看 max_connections

可以在配置文件中对 max_connections 的值进行修改，注意，修改后需要重启服务方可生效。

也可以用命令的方式修改 max_connections 的值，语法格式如下：

```
set global max_connections=最大连接数;
```

【示例 15.11】 设置 MySQL 客户端的最大连接数为 500。

```
set global max_connections=500;
show variables like 'max_connections';
```

执行结果如图 15.17 所示，可以看到最大连接数为 500。注意，查看 max_connections 的值之前要重启服务。

	Variable_name	Value
▶	max_connections	500

图 15.17　查看 max_connections 的值

除了监控最大连接数 max_connections 之外，还可以通过 Threads_connected 指标查看已经连接的线程数，从而了解当前可用的连接数，确保服务器有足够的容量处理新的连接。

还可以通过 Connection_errors_max_connections 指标查看因达到连接限制而拒绝的连接请求数，一旦达到连接限制，Connection_errors_max_connections 值就会增加，同时，记录连接尝试失败的 Aborted_connects 指标也会增加。

另外，还可以通过 Threads_running 指标查看正在处理请求的线程，如果该指标值急剧增长，则意味着在短时间内出现了大量的活跃连接，要警惕高并发量的查询或异常查询对服务器造成的压力。

【示例 15.12】查看当前已连接的线程数及正在处理请求的线程数。

```
show status like 'Threads_connected';
show status like 'Threads_running';
```

执行结果如图 15.18 和图 15.19 所示。

Variable_name	Value
Threads_connected	4

图 15.18　已连接的线程数

Variable_name	Value
Threads_running	2

图 15.19　正在处理请求的线程数

15.1.4　查询缓冲池的使用情况

MySQL 8.0 默认的存储引擎 InnoDB 使用一片内存区域作为缓冲区，用来缓存数据表和索引数据，该内存区域称为缓冲池（Buffer Pool）。利用缓冲池将经常访问的数据保存在内存中，可以避免每次访问数据都进行磁盘 I/O。应用程序可以直接从内存中访问经常使用的数据，从而加快处理速度。通过缓冲池操作数据如图 15.20 所示。

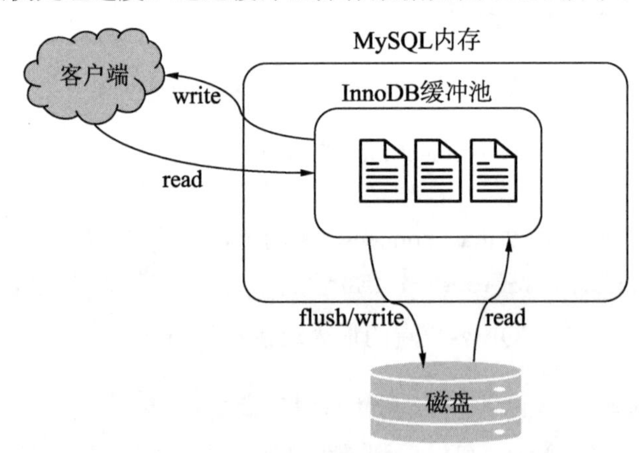

图 15.20　通过缓冲池操作数据示意

在 MySQL 中，innodb_buffer_pool_size 参数定义了 InnoDB 存储引擎的最大内存缓冲区空间。理想情况下，可以将缓冲池的大小设置为尽可能大的值，从而为服务器上的其他进程留出足够的运行内存，而不会产生过多的分页。在一个专用数据库服务器上，通常将 80%的物理内存分配给缓冲池。缓冲区设置太小可能会导致数据库性能下降，磁盘 I/O 攀升。同时也需要注意，如果缓冲区设置得太大则可能会因为对物理内存的竞争在操作系统中引发内存调度。

当缓冲池大于 1GB 时，可以通过 innodb_buffer_pool_instances 参数定义多个缓冲实例，以增加数据库的并发能力，提高服务器的可扩展性。innodb_buffer_pool_instances 的默认值是 1。

innodb_buffer_pool_size 的值可以进行动态设置，允许在不重启服务的情况下调整缓冲池的大小。可以通过状态变量 innodb_buffer_pool_resize_status 在线调整缓冲池的状态。

【示例 15.13】缓冲池配置。

首先，查看 innodb_buffer_pool_size 和 innodb_buffer_pool_resize_status 参数的值。

```
show global variables like 'innodb_buffer_pool_size';
show status like ' innodb_buffer_pool_resize_status';
```

执行结果如图 15.21 和图 15.22 所示。

	Variable_name	Value
▶	innodb_buffer_pool_size	8388608

图 15.21　查看 innodb_buffer_pool_size 的值

	Variable_name	Value
▶	innodb_buffer_pool_resize_status	

图 15.22　查看 innodb_buffer_pool_resize_status 的值

其次，调整缓冲池的大小为 67108864 并查看缓冲池的状态。

```
set global innodb_buffer_pool_size=67108864;
show status like 'InnoDB_buffer_pool_resize_status';
```

执行结果如图 15.23 所示。

	Variable_name	Value
▶	innodb_buffer_pool_resize_status	Completed resizing buffer pool at 210810 12:44:09.

图 15.23　再次查看 innodb_buffer_pool_resize_status 的值

那么，什么情况下需要调整缓冲池的大小呢？通过 innodb_buffer_pool_pages_total 可以页为单位查看缓冲池的大小，通过 innodb_buffer_pool_pages_free 可以查看缓冲池中的空闲页面。另外，innodb_buffer_pool_read_requests 记录了从内存中逻辑读取的请求数，innodb_buffer_pool_reads 记录了因缓冲池无法满足而需要从磁盘中读取的请求数。

因此，通过 innodb_buffer_pool_pages_total 和 innodb_buffer_pool_pages_free 可以分析缓存的使用率（innodb_buffer_pool_pages_free / innodb_buffer_pool_pages_total），如果此值长时间都比较高，则可以考虑减小 InnoDB 缓冲池的大小。

通过 innodb_buffer_pool_read_requests 和 innodb_buffer_pool_reads 可以分析缓冲池的命中率（innodb_buffer_pool_read_requests / (innodb_buffer_pool_read_requests + innodb_buffer_pool_reads)），其值越低，说明缓冲池越小，可以考虑增加 innodb_buffer_pool_size 的值。

【示例 15.14】监测缓冲池的使用情况。

首先查看缓冲池的空闲页和总容量。

```
show global status like 'innodb_buffer_pool_pages%';
```

执行结果如图 15.24 所示。

其次查看缓冲池读取的命中情况。

```
show global status like 'innodb_buffer_pool_read%';
```

执行结果如图 15.25 所示。

	Variable_name	Value
▶	Innodb_buffer_pool_pages_data	499
	Innodb_buffer_pool_pages_dirty	0
	Innodb_buffer_pool_pages_flushed	3131
	Innodb_buffer_pool_pages_free	3597
	Innodb_buffer_pool_pages_misc	0
	Innodb_buffer_pool_pages_total	4096

图 15.24　查看缓冲池的空闲页和总容量

	Variable_name	Value
▶	Innodb_buffer_pool_read_ahead_rnd	0
	Innodb_buffer_pool_read_ahead	39
	Innodb_buffer_pool_read_ahead_evicted	0
	Innodb_buffer_pool_read_requests	173167
	Innodb_buffer_pool_reads	9501

图 15.25　查看缓冲池读取的命中情况

根据图 15.24 和图 15.25 可以分析缓冲池的使用情况并持续监测，如果有异常，根据监测结果可以适当地增大或减小缓冲池的容量。

15.2　表设计优化

在 MySQL 数据库中，表设计的优劣同样对性能有非常重要的影响。本节将介绍表设计的优化方法，包括巧用多表关系、表结构设计优化和表拆分等。

15.2.1 巧用多表关系

在进行数据库表的设计时，应尽量满足三范式，而字段冗余存储是经常遇到的一个问题。比如，在如图 15.26 所示的销售明细表中，只要一件商品有多笔销售记录，商品名称、计量单位和商品单价都会被重复记录，因此会存在大量的冗余数据。

no	name	number	unit	price	sale_time	cashier_no
1	黄鱼	20.60	斤	80.00	2021-04-03 08:25:15	1-001
2	带鱼	1.00	盒	200.00	2021-04-03 09:25:15	1-002
3	带鱼	5.00	盒	200.00	2021-04-03 09:26:00	1-001
4	黄鱼	10.00	斤	80.00	2021-04-03 09:30:10	1-001
5	大礼包	2.00	大盒	1000.00	2021-04-03 09:30:00	1-003
6	大礼包	1.00	大盒	1000.00	2021-04-03 09:40:00	1-001
7	大礼包	5.00	大盒	1000.00	2021-04-03 09:41:15	1-002
8	带鱼	2.00	盒	200.00	2021-04-03 09:45:00	1-003

图 15.26　销售明细表

如果想解决这些数据的冗余存储问题，可以考虑把这三个字段单独存放在商品表（商品编号作为主键）中，然后通过在销售明细表中添加商品编号作为外键，建立商品表和销售明细表之间的联系，关系图如图 15.27 所示。这样就避免了商品的相关属性列的多次重复存储。当需要得到如图 15.26 所示的明细表时，使用 join 进行表连接即可实现。

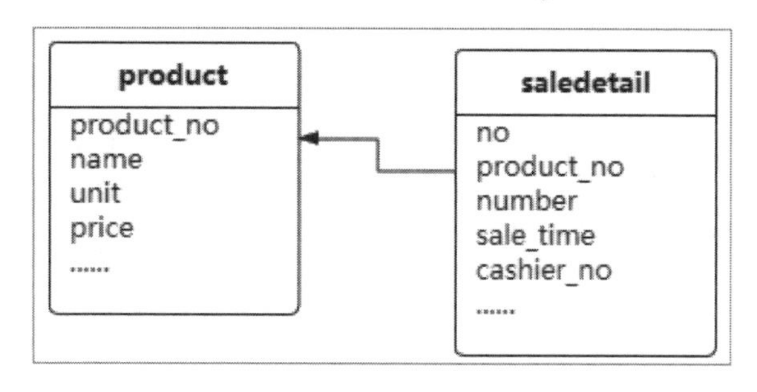

图 15.27　关系图

需要注意的是，没有冗余的数据库未必是最好的数据库，冗余越小，所产生的数据表就越多，必然会导致查询数据时表之间的 join 连接操作越来越频繁。而表连接操作是性能较低的，尤其是时刻都在频繁增长的包含海量数据的表，join 操作会成为数据库性能的瓶颈。因此，在实际应用中，有时为了提高运行效率，需要运用逆规范化进行反范式设计，降低范式标准，适当保留冗余数据，用空间来换时间。

反范式设计的好处是减少了表的数目，从而减少了 join 操作及外码和索引的数目，但是可能带来数据的完整性问题。另外，反范式设计虽然能加快查询速度，但是对数据的修改却需要更多的成本。因此，在进行反范式设计之前，一定要权衡利弊，充分考虑应用的数据存取需求及表的大小等因素。在实际应用场景中，经常根据实际需求，采用范式化和反范式化混用的方式来提高数据库的性能。

提示：表优化设计是一个平衡性技巧：

- 当存储空间足够多时，可以侧重于对性能的追求，毕竟在商业环境下，响应速度越快，用户的体验感越好。
- 只有囊中羞涩，买不起更多的存储设备时，才毫厘必争，尽量拆分表，以减少数据冗余。

15.2.2　表结构设计优化

在进行表结构设计时，选择合适的数据类型，慎用 NULL 值，适度冗余，适当进行表拆分等方法对提高性能是至关重要的。表结构设计优化采取的措施通常包括以下几个方面。

- 尽量使用可以正确存储数据的最小的数据类型。在数据类型选择上尽量选择够用的数据类型，避免选择大存储空间的数据类型浪费磁盘、内存和 CPU 缓存空间，并且处理时也需要更长的 CPU 周期，处理速度慢。例如，记录人名字段，给了 200 字节的 Char 字段定义，显然非常浪费空间。

- 尽量使用简单的数据类型。简单的数据类型的操作通常需要更少的 CPU 周期。例如，整型比字符型操作代价更低。
- 尽可能使用 NOT NULL 定义字段。NULL 值不利于索引，MySQL 难以优化可为 NULL 的列查询。当可为 NULL 的列被索引时，每个索引记录需要一个额外的字节用于标识其是否可空。如果某列计划要创建索引，要尽量避免将其设计成可为 NULL。
- 设计逻辑删除字段，尤其是业务数据。逻辑删除便于恢复数据，不建议进行物理删除，一旦误删，数据将不可恢复。
- 尽量少用 text 类型，非用不可时最好将其单独拆成小表。当表中存在类似于 text 或者很大的 varchar 类型的大字段时，如果在多数情况下访问该表时并不需要这个字段，那么可以将其拆分到另一个的独立的表中。
- 把常用属性分离成小表。可以考虑把常用字段和不常用的字段分离存储，把查询频度低的字段单独拆出来存储。

上述仅是理想状态下表结构设计优化措施，在实际商业环境下，需要根据实际情况进行灵活设计，合理平衡。

15.2.3　表单分拆

通常情况下，随着时间的推移及业务量的增大，数据库中的数据会越来越多。而单张表的存储数量有限，当数据达到几百万甚至上千万条的时候，即使使用索引查询，效率也会非常低。此时可以考虑拆表技术，以缓解单表的访问压力，提高数据库的访问性能。

拆表分为水平拆分和垂直拆分。表的水平拆分是指，如果某个表的记录太多，如记录超过 1000 万条时，就要将该表中的全部记录分别存储到多个表中，并且要保证每个表的结构都是完全一致的。表的垂直拆分是指，如果一个表中的字段太多，则需要将这些字段拆开并分别存储到多个表中，并且在这些表中要通过一个字段进行连接，其他字段都各不相同。

1. 水平拆分

表的水平拆分是为了解决单表数据量过大的问题。水平拆分一般是根据表中的某一字段取值进行划分，将数据存储在多个独立的表中。根据系统处理的业务不同，常见的水平拆分方式如下：

- 按照表中某一字段值的范围进行划分，如按照时间、地域、类型、等级或者某列的取值范围等，把数据拆分后放到不同的表中。这种方式的缺陷是不同表中的数据量可能不均衡。
- 对 id 进行 Hash 取模运算，如要拆分成 3 个表，则用 mod(id,3)获取 0、1、2 这 3 个值，每一行针对获取的不同值，将其放到不同的表中。

如果 user 表中的记录数超过了一定的量级，则需要把该表中的记录拆分到多个表中分别进行存储。这里采用对 id 进行取模 3 运算，每一条记录根据 mod(id,3)的值是 0、1 还是 2，分别存储到对应的表中。水平拆分效果如图 15.28 所示。

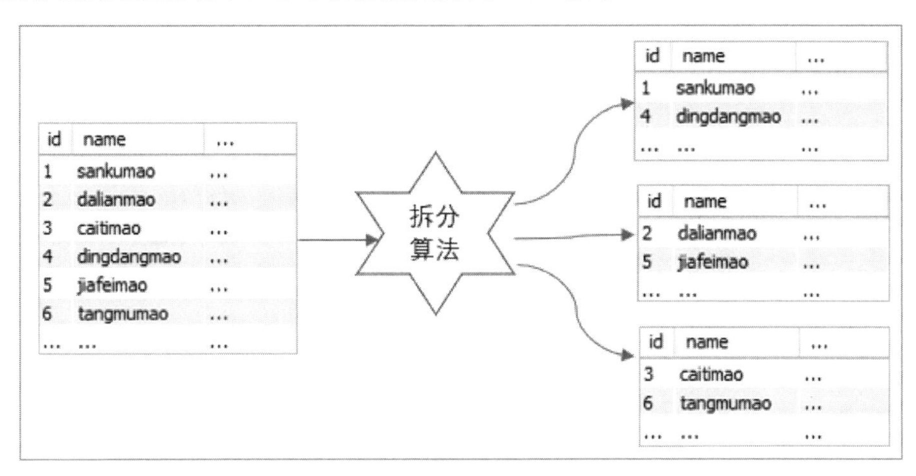

图 15.28　水平拆分

不管用什么样的方式进行水平拆分，访问数据时要按照同样的规则去访问不同的数据表。水平拆分解决了单表数据量过大的问题，提高了系统的负载能力，可以有效降低查询数据时要读取的数据和索引的页数，改善查询性能。但是，由于数据是分散存储，也加大了数据的维护难度。

2．垂直拆分

表的垂直拆分是为了解决单表字段过多的问题。垂直拆分时可以考虑如下原则：

- 经常一起使用的字段放在一个表中。
- 不常用的字段单独放在一个表中。
- 大字段单独放在一个表中。

垂直拆分时要注意，主键列要在每一个表中都冗余出现，以作为这些表的连接条件。拆分后数据行的内容会变少，提高了查询数据的执行效率，业务逻辑也更加清晰，但缺点是要管理冗余列，当需要查询所有数据时需要进行 join 连接。

如果 user 表中的字段过多，则需要把该表中的常用字段和不常用字段垂直拆成两个表来分别存储数据。这里把用户名、密码、手机、email 这几个常用字段单独放到一个表中，其他字段如是否超级用户、是否激活、注册时间、最后修改时间、最后登录时间等字段放到另一个表中。另外，为了关联两个表中的记录，把主键 id 分别冗余存储在这两个表中。垂直拆分效果如图 15.29 所示。

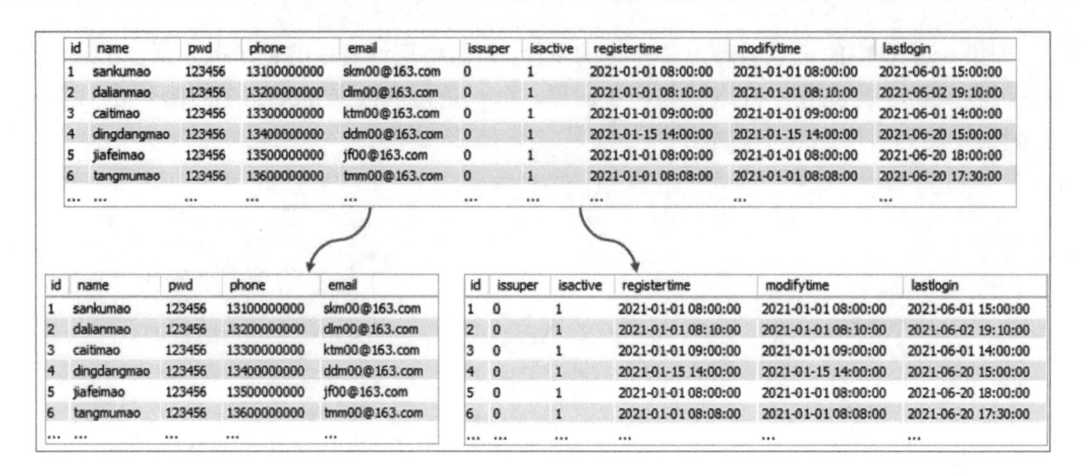

id	name	pwd	phone	email	issuper	isactive	registertime	modifytime	lastlogin
1	sankumao	123456	13100000000	skm00@163.com	0	1	2021-01-01 08:00:00	2021-01-01 08:00:00	2021-06-01 15:00:00
2	dalianmao	123456	13200000000	dlm00@163.com	0	1	2021-01-01 08:10:00	2021-01-01 08:10:00	2021-06-02 19:10:00
3	caitimao	123456	13300000000	ktm00@163.com	0	1	2021-01-01 09:00:00	2021-01-01 09:00:00	2021-06-01 14:00:00
4	dingdangmao	123456	13400000000	ddm00@163.com	0	1	2021-01-15 14:00:00	2021-01-15 14:00:00	2021-06-20 15:00:00
5	jiafeimao	123456	13500000000	jf00@163.com	0	1	2021-01-01 08:00:00	2021-01-01 08:00:00	2021-06-20 18:00:00
6	tangmumao	123456	13600000000	tmm00@163.com	0	1	2021-01-01 08:08:00	2021-01-01 08:08:00	2021-06-20 17:30:00
...	...	...	...	...	...	...	...	...	...

id	name	pwd	phone	email
1	sankumao	123456	13100000000	skm00@163.com
2	dalianmao	123456	13200000000	dlm00@163.com
3	caitimao	123456	13300000000	ktm00@163.com
4	dingdangmao	123456	13400000000	ddm00@163.com
5	jiafeimao	123456	13500000000	jf00@163.com
6	tangmumao	123456	13600000000	tmm00@163.com
...	...	...	...	...

id	issuper	isactive	registertime	modifytime	lastlogin
1	0	1	2021-01-01 08:00:00	2021-01-01 08:00:00	2021-06-01 15:00:00
2	0	1	2021-01-01 08:10:00	2021-01-01 08:10:00	2021-06-02 19:10:00
3	0	1	2021-01-01 09:00:00	2021-01-01 09:00:00	2021-06-01 14:00:00
4	0	1	2021-01-15 14:00:00	2021-01-15 14:00:00	2021-06-20 15:00:00
5	0	1	2021-01-01 08:00:00	2021-01-01 08:00:00	2021-06-20 18:00:00
6	0	1	2021-01-01 08:08:00	2021-01-01 08:08:00	2021-06-20 17:30:00
...	...	...	...	...	...

图 15.29　垂直拆分效果

15.3　索 引 优 化

索引优化是数据库优化常用的手段之一，在合适的场景中使用索引，往往可以大大提高 MySQL 的查询性能。索引类似于指向数据表中的行的指针，使查询可以快速确定哪些行与 where 子句中的条件匹配，并检索这些行的其他列值。有效地利用索引，可以提高数据检索的效率，降低数据库的 I/O 成本。另外，通过索引列对数据进行排序，可以降低数据排序的成本，从而降低 CPU 的消耗。

在对慢查询日志进行分析时发现，很多时候慢查询是由于没有创建索引或没有有效利用索引及索引失效所造成的。使用索引通常可以帮助用户解决大多数的 MySQL 性能优化问题。本节将针对索引优化及使用索引时应该注意的问题展开详细介绍。

15.3.1　join 语句优化

在介绍 join 语句的优化内容之前，首先来了解一下 join 操作的原理。在 MySQL 中使用嵌套循环连接（NestedLoopJoin，NLJ）算法来实现 join，以 A join B 为例，NLJ 是通过驱动表 A 的结果集作为循环基础数据，然后逐行通过 A 中的数据作为过滤条件到表 B 中查询数据，查询时可以使用被驱动表 B 上的索引，最后得到 join 结果集。

优化 join 语句时，建议遵循如下原则：

- 用小结果集驱动大结果集，即减少 join 语句中 NestedLoop 的外层循环次数。
- 优先 NestedLoop 内层循环。因为内层循环在整个循环中执行次数最多。
- 在被驱动表的连接字段上创建索引。
- 当在被驱动表的连接字段上无法创建索引时，增大 join buffer size 的值。

• 在 on 上写过滤条件，减少 where 子句的执行。

为了让读者更容易理解，以 dept_t 表和 emp_t 表为例，这两个表的部分数据如图 15.30 和图 15.31 所示，dept_t 表共 8 行，emp_t 表共 1005 行。读者可以根据情况自行创建并插入数据。

dno	dname	phone
1	销售部	88231
2	采购部	88232
3	人事部	88233
4	财务部	88234
5	仓储部	88235
...	...	...

图 15.30　dept_t 表

eno	ename	job	age	salary	hiredate	dno
1-00001	三酷猫	销售员	24	4620.00	2020-08-01	1
1-00002	大脸猫	销售经理	28	4725.00	2020-01-01	1
1-00003	凯蒂猫	销售员	26	4410.00	2020-12-01	1
2-00001	汤姆猫	采购经理	25	6000.00	2018-03-12	2
2-00002	加菲猫	采购专员	20	4000.00	2020-12-30	2
3-00001	叮叮猫	人事专员	25	5000.00	2019-12-01	3
5-00001	加菲猫1	仓储专员	23	5040.00	2021-01-01	5
5-00002	加菲猫2	仓储专员	20	5090.00	2021-01-01	5
...	...	...	...	...	...	...

图 15.31　emp_t 表

首先，让 dept_t 表驱动 emp_t 表，查看 join 连接查询的执行计划。事先已在 emp_t 表的 dno 列上创建索引。

```
explain select * from dept_t straight_join emp_t on dept_t.dno=emp_t.dno;
```

执行结果如图 15.32 所示。由输出结果可知，dept_t 表作为驱动表进行了全表扫描，利用逐行传入的 dno 值依次去和 emp_t 表进行匹配，并通过 emp_t 中的索引查找进行循环查询，得到最终结果集。

id	select_type	table	partitions	type	possible_keys	key	key_len	ref	rows	filtered	Extra
1	SIMPLE	dept_t	NULL	ALL	PRIMARY	NULL	NULL	NULL	8	100.00	NULL
1	SIMPLE	emp_t	NULL	ref	dno	dno	5	study_db.dept_t.dno	251	100.00	NULL

图 15.32　dept_t 表驱动 emp_t 表

因为 MySQL 自带优化器，它会按自认为最优的优化方案进行实施。MySQL 内部优化机制中用于连接查询的驱动表可能不是我们想要的，我们可以用 straight_join 替代 join，来强制 MySQL 使用指定的表作为驱动表。这样优化器会按照指定的方式进行 join 连接，即在 dept_t straight_join emp_t 里，dept_t 是驱动表，emp_t 是被驱动表。

其次，让 emp_t 表驱动 dept_t 表，查看 join 连接查询的执行计划。

```
explain select * from emp_t straight_join dept_t on dept_t.dno=emp_t.dno;
```

执行结果如图 15.33 所示。由输出结果可知，emp_t 表作为驱动表进行了全表扫描，而被驱动表 dept_t 的 type 的值变成了 ALL，说明没有可用的索引，同时 Extra 的值也由 NULL 变为了 Using where; Using join buffer (hash join)。

id	select_type	table	partitions	type	possible_keys	key	key_len	ref	rows	filtered	Extra
1	SIMPLE	emp_t	NULL	ALL	dno	NULL	NULL	NULL	1005	100.00	NULL
1	SIMPLE	dept_t	NULL	ALL	PRIMARY	NULL	NULL	NULL	8	12.50	Using where; Using join buffer (hash join)

图 15.33　emp_t 表驱动 dept_t 表

15.3.2　避免索引失效

索引可以提高查询的性能，但前提是正确地使用索引进行查询，如果以错误的方式使用索引，即使创建了索引，索引也不会生效，这种情况称为索引失效。

索引使用时最理想的状态是全值匹配，即查询的字段按照顺序在索引中都可以匹配到。SQL 语句中查询字段的顺序与索引中的字段顺序无关，MySQL 查询优化器会在不影响 SQL 执行结果的前提下，自动调整查询条件的顺序以使用适合的索引。

【示例 15.15】在 emp_t 表中创建复合索引 idx_ename_job_age，并使用 explain 语句查看执行计划。

```
create index idx_ename_job_age on emp_t(ename,job,age);
explain select * from emp_t where ename='三酷猫' and job='销售员' and age=20;
```

在以上代码中，首先在 ename、job 和 age 3 列中创建了复合索引，在查询语句的 where 子句中使用这 3 列作为查询条件进行全值匹配。使用 explain 语句查看执行结果如图 15.34 所示。可以发现，possible_keys 和 key 的值均为 idx_ename_job_age，说明上述查询使用了该索引。

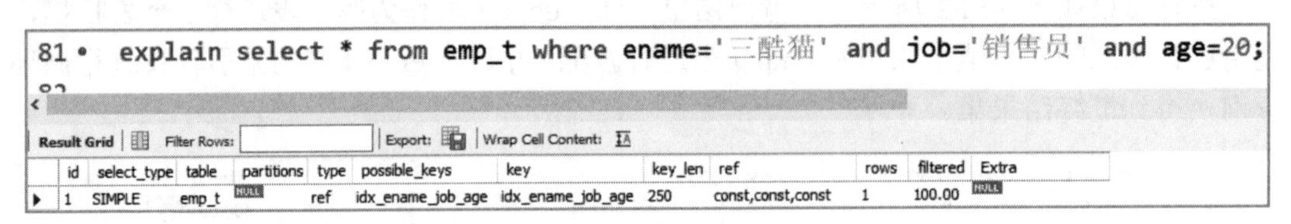

图 15.34　view_emp_job 视图

在 explain 语句输出的各性能优化参数中，possible_keys 表示查询可能会使用的索引，key 表示经过优化器评估最终使用的索引，type 表示访问方式，如果值为 ALL，则表示全表扫描。因此，通过这几个参数可以判断查询是否使用了索引，继而判断索引是否失效。

在 MySQL 中避免索引失效应考虑如下因素：

- 最左前缀匹配原则。最左前缀原则指，如果一个索引建立在多列中，则 where 子句中的查询条件从索引的最左列开始匹配并且不跳过索引中的列。
- 不要在索引列中进行任何操作，如表达式运算、使用函数、自动或手动类型转换等操作，否则会导致索引失效从而引发全表扫描。
- 索引范围条件右边的索引列会失效。
- 尽量使用覆盖索引，即查询时索引列和查询列一致，减少 select *操作。
- 尽量不使用不等于（!=、<>）操作。MySQL 在使用不等于（!=、<>）的时候将无法使用索引，这样会引发全表扫描（除覆盖索引外）。
- 尽量不要进行 null 值判断。is null 和 is not null 无法使用索引。
- like 不要以通配符开头。如果 like 以通配符开头（如 like '%abc'）则会导致索引失效。

- 字符串常量要加单引号，否则会导致索引失效。
- 少用 or 连接条件。
- 慎用子查询。

针对以上可能导致索引失效的情况，为了让读者更容易理解，见下面的示例。

【示例 15.16】最左前缀匹配示例。

```
explain select * from emp_t where ename='三酷猫';
explain select * from emp_t where ename='三酷猫' and job='销售员';
explain select * from emp_t where ename='三酷猫' and age=20;
explain select * from emp_t where job='销售员' and age=20;
```

已知在示例 15 中，ename、job 和 age 这 3 列中创建了复合索引 idx_ename_job_age，实际上相当于创建了 3 个索引：idx_ename、idx_ename_job 和 idx_ename_job_age。分别执行以上代码，结果如图 15.35 至图 15.38 所示。

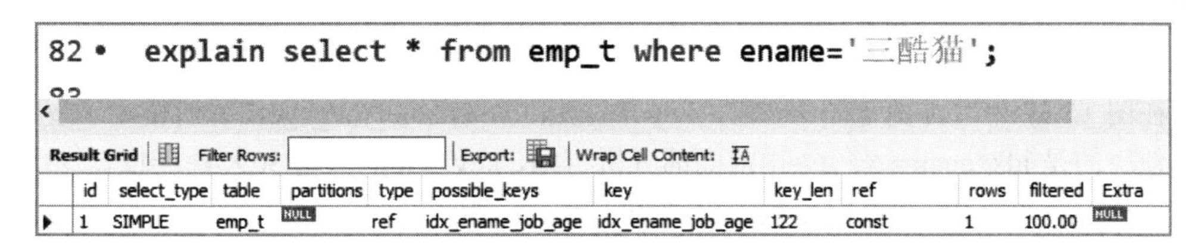

图 15.35　最左前缀匹配 1

由图 15.35 可以发现，key 的值是 idx_ename_job_age，说明使用了复合索引，并且使用的是 idx_ename 索引，原因是 key_len 的值是 122，而在示例 15 的结果中（图 15.34），key_len 的值是 250。

需要说明的是，explain 的 key_len 的值表示 MySQL 实际使用的索引长度。如果索引是 NULL，则 key_len 的值也为 NULL。因此通过该值即可推断出使用了哪个索引。key_len 的计算规则如下：

- int 占 4 个字节，char(n)占 n 个字符，varchar(n)占 n 个字符加 2 个字节。
- 对于不同的字符集，其一个字符占用的字节数也不同（latin1 占 1 个字节，UTF-8 占 3 个字节，utm8mb4 占 4 个字节）。
- 如果索引字段允许为 NULL，则要加 1 个字节。

由此可见，图 15.35 中使用的是 idx_ename 索引，ename 的数据类型是 varchar(30)且为 NOT NULL，MySQL 8.0 默认的编码字符集是 utf8mb4，因此 key_len 的值是 30×4+2=122。而示例 15 中（见图 15.34）使用的是 idx_ename_job_age 索引，job 数据类型是 varchar(30)且可以为 NULL，age 的数据类型是 int 且可以为 NULL，因此 key_len 的值是(30×4+2)+(30×4+2+1)+(4+1)=250。

在图 15.36 中，key 的值是 idx_ename_job_age，说明使用了复合索引并且使用的是 idx_ename_job 索引，由前面的分析可知，key_len 的值是(30×4+2)+(30×4+2+1) =245。

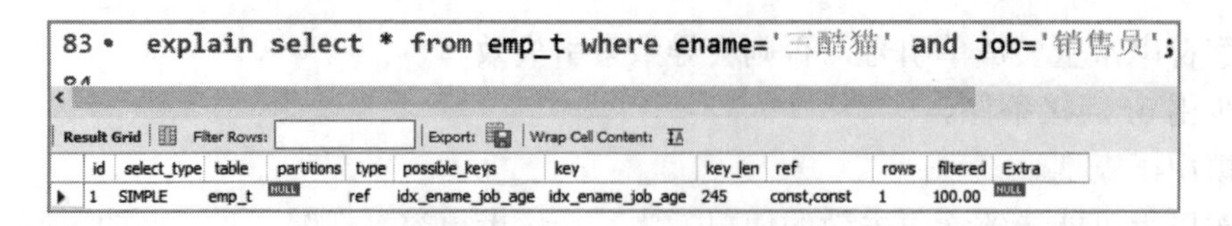

图 15.36　最左前缀匹配 2

以上 3 个查询（图 15.34 至图 15.36）都是从最左列 ename 依次向右开始匹配并且没有跳过索引中的列。那么，如果不是依次匹配会怎样呢？

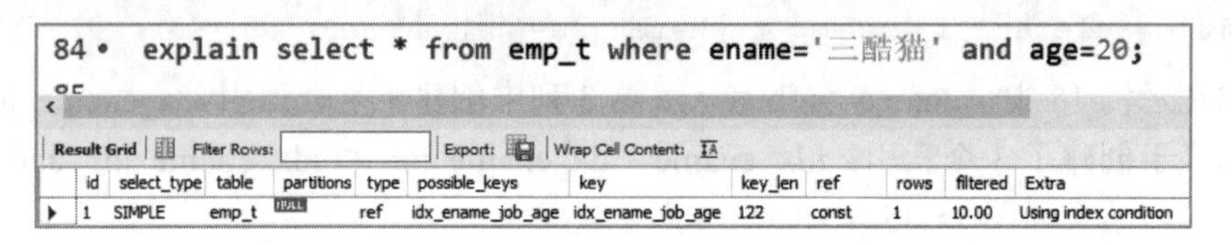

图 15.37　最左前缀匹配 3

在图 15.37 中，与图 15.35 一样，key 的值是 idx_ename_job_age，说明使用了复合索引且使用的是 idx_ename 索引，由前面的分析可知，key_len 的值是 30×4+2=122。由此可见，该查询跳过了索引中的 job 列，只使用了 ename 索引。

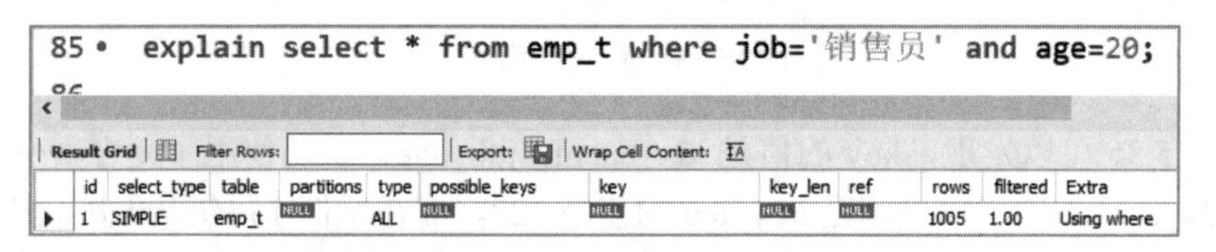

图 15.38　最左前缀匹配 4

在图 15.38 中，possible_keys 和 key 的值均为 NULL 且 type 的值为 ALL，说明没有使用复合索引，该查询对所有数据进行全表扫描。由此可知，该查询没有遵循最左前缀匹配原则，因此没有使用复合索引，索引失效。

读者可根据以上分析自行进行测试其他索引失效情况，此处不再一一赘述。

15.3.3　慎用函数索引

从 MySQL 8.0 开始支持函数索引，函数索引是指将函数作为索引键，用于对那些没有在表中直接存储的内容进行索引。也就是说，函数索引的索引内容是函数值，而不是列值或列值前缀。

定义函数索引时，需要将表达式（Expression）放入一对圆括号内，以区分函数索引与列值索引。定义函数索引的语法格式如下：

```
create index 索引名 on 表名((函数名(列名)));
```

和列值索引一样，函数索引也支持 ASC 和 DESC 选项。另外，多列索引可以同时包含非函数列和函数列。外键不支持函数索引。

【示例 15.17】函数索引示例。

首先，准备一个用户表 u，其包含 uname 和 pwd 两个字段，在 uname 和 pwd 上分别创建普通列索引和函数索引。

```
create table u(uname varchar(20),pwd varchar(20));
create index idx_uname on u(uname);
create index idx_pwdFunc on u((lower(pwd)));
```

成功执行之后，查看在表 u 中创建的索引。

```
show index from u;
```

执行结果如图 15.39 所示。可以发现，基于列的索引 idx_uname 的 Expression 的值为 NULL，而函数索引 idx_pwdFunc 的 Expression 的值为 lower('pwd ')。

Table	Non_unique	Key_name	Seq_in_index	Column_name	Collation	Cardinality	Sub_part	Packed	Null	Index_type	Visible	Expression
u	1	idx_uname	1	uname	A	0	NULL	NULL	YES	BTREE	YES	NULL
u	1	idx_pwdFunc	1	NULL	A	0	NULL	NULL	YES	BTREE	YES	lower(`pwd`)

图 15.39　查看索引

其次，分别基于普通列索引和函数索引检索数据，通过 explain 查看执行的查询计划。

```
explain select * from u where lower(uname)='catty';
explain select * from u where lower(pwd)='catty';
```

执行结果如图 15.40 和图 15.41 所示。由图 15.40 可知，key 值为 NULL，type 值是 ALL，说明该查询没有使用在 uname 列中定义的列值索引 idx_uname，而是进行了全表扫描。而图 15.41 中的 key 值为 idx_pwdFunc，type 值为 ref，说明该查询使用了在 pwd 列中定义的函数索引 idx_pwdFunc。

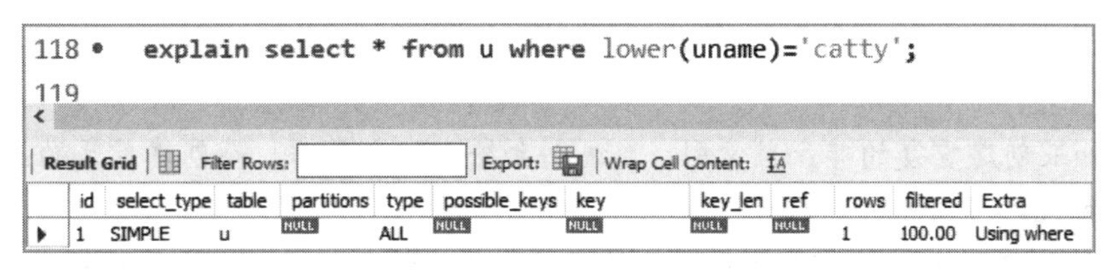

```
118 •  explain select * from u where lower(uname)='catty';
119
```

id	select_type	table	partitions	type	possible_keys	key	key_len	ref	rows	filtered	Extra
1	SIMPLE	u	NULL	ALL	NULL	NULL	NULL	NULL	1	100.00	Using where

图 15.40　基于普通索引检索数据

```
119 •  explain select * from u where lower(pwd)='catty';
120
```

id	select_type	table	partitions	type	possible_keys	key	key_len	ref	rows	filtered	Extra
1	SIMPLE	u	NULL	ref	idx_pwdFunc	idx_pwdFunc	83	const	1	100.00	NULL

图 15.41　基于函数索引检索数据

另外，非函数索引支持前缀索引（如 create index idx_uname4 on u(uname(4)); 在 uname 的前 4 个字符创建索引），但是函数索引不支持使用字段的前缀，可以替代的方法是使用 substring()函数定义索引列，并且在查询条件中也要使用 substring()函数。

【示例 15.18】函数索引示例。

首先在用户表 u 的 uname 前 6 个字符中创建函数索引。

```
create index idx_pwd6 on u((substring(pwd,1,6)));
```

成功执行之后，分别以如下两种方式检索数据，通过 explain 查看执行的查询计划。

```
explain select * from u where substring(pwd,1,6)='123456';
explain select * from u where substring(pwd,1,4)='1234';
```

执行结果如图 15.42 和图 15.43 所示。可以发现，第一个查询使用了函数索引 idx_pwd6，而第二个查询并没有使用索引。

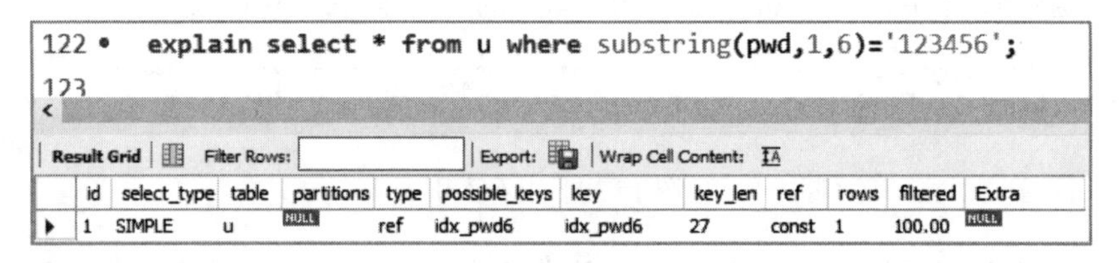

```
122 •   explain select * from u where substring(pwd,1,6)='123456';
123
```

id	select_type	table	partitions	type	possible_keys	key	key_len	ref	rows	filtered	Extra
1	SIMPLE	u	NULL	ref	idx_pwd6	idx_pwd6	27	const	1	100.00	NULL

图 15.42　函数索引

```
124 •   explain select * from u where substring(pwd,1,4)='1234';
125
```

id	select_type	table	partitions	type	possible_keys	key	key_len	ref	rows	filtered	Extra
1	SIMPLE	u	NULL	ALL	NULL	NULL	NULL	NULL	1	100.00	Using where

图 15.43　函数索引失效

注意：如果创建重复的非函数索引，系统则会给出一个警告；而创建重复的函数索引时系统不会给出任何提示。

如果要删除一个在函数索引中使用的字段，那么必须先删除该索引；而在非函数索引中使用的字段可以直接删除。

15.4　查询优化

MySQL 使用基于成本的优化器可以预测执行某种查询时的成本，并选择成本最小的一个方案。SQL 执行查询的最大瓶颈在于磁盘的 I/O。一般情况下，一个查询可以有多种不同的 SQL 写法，从而生成不同的执行计划，查询优化其实就是让查询优化器选择最优的执行计划，以减少查询产生的 I/O。本节将介绍查询优化的常用策略。

说明：MySQL 8.0 不再支持查询缓存。

15.4.1 控制字段

查询时尽量不要使用 select *，因为 select *除了可读性差之外，还会增加不必要的资源消耗，如 CPU、内存、I/O 等，加大了服务器的负担，数据传输时占用的网络带宽也更多。select *无法使用覆盖索引，而且还会受到表结构变更的影响。建议在 select 后跟字段列表。

15.4.2 慎用子查询

MySQL 子查询的性能较低，要慎用子查询。子查询的结果集无法使用索引，通常子查询的结果集会生成临时表（通常在内存中），而临时表中没有索引。返回结果集比较大的子查询会消耗过多的 CPU 和 I/O 资源，产生大量的慢查询。尽可能使用内存中的临时表实现子查询，如果表变得太大，则会在磁盘中进行存储。在生产环境中应尽量避免使用子查询。

以下面的子查询为例：

```
select * from dept_t where dno not in(select dno from emp_t);
```

该子查询可以用如下连接查询进行替换。

```
select dept_t.* from dept_t left join emp_t on emp_t.dno=dept_t.dno
where emp_t.dno is null;
```

15.4.3 用 in 替换 or

在查询条件中，当用 or 连接条件对同一列进行条件判断时，建议使用 in 替换 or。in 操作可以更有效地利用索引，or 通常无法使用索引而引发全表扫描。

以下面的查询为例：

```
select ename,job from emp_t
where salary=4000 or salary=4500 or salary=5000 or salary=3000;
```

用 in 替换 or：

```
select ename,job from emp_t where salary in(4000,4500,5000,3000);
```

以上两个查询执行之后，通过 show profiles 命令查看两个查询的运行时间，结果如图 15.44 所示。Query_ID 为 2 和 3 的是在 emp_t 表中查询 1000 条记录运行的时间，Query_ID 为 4

和 5 的是在 emp_t 表中查询 10000 条记录运行的时间。可以发现，用 in 所需的时间明显更短。

	Query_ID	Duration	Query
▶	1	0.00010825	SHOW WARNINGS
	2	0.00058275	select ename,job from emp_t where salary=4000 or salary=4500 or ...
	3	0.00046075	select ename,job from emp_t where salary in(4000,4500,5000,3000)...
	4	0.00345750	select ename,job from emp_t where salary=4000 or salary=4500 or ...
	5	0.00235825	select ename,job from emp_t where salary in(4000,4500,5000,3000)...

图 15.44　查看执行查询的运行时间

15.4.4　like 的使用技巧

在查询条件中用 like 进行模糊匹配时，如果以通配符%和_作为前缀，则索引使用情况分为如下几种：

- 查询非索引列，无法使用索引。
- 只查询索引列，可以使用索引。
- 查询*（select *），无法使用索引。

以在 dept_t 表中进行模糊查询为例，已知在 dname 列中创建了索引 idx_dname。

```
explain select * from dept_t where dname like '%a';# %作为前缀执行 select *
# %作为前缀执行查询索引列
explain select dname from dept_t where dname like '%a';
# %作为前缀执行查询非索引列
explain select dname,phone from dept_t where dname like '%a';
explain select * from dept_t where dname like 'a%';    # %作为后缀
```

执行结果如图 15.45～图 15.48 所示。

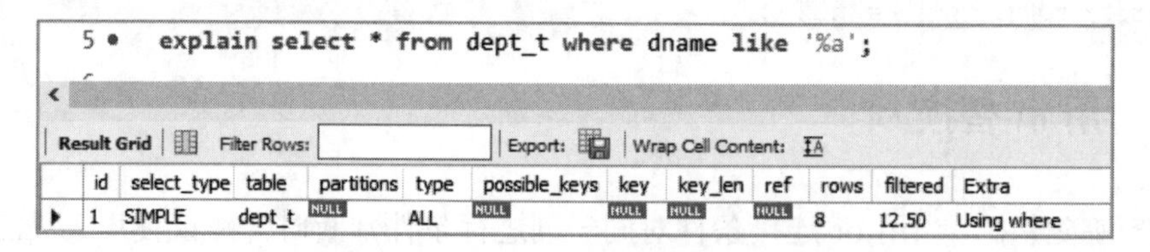

5 ● explain select * from dept_t where dname like '%a';

	id	select_type	table	partitions	type	possible_keys	key	key_len	ref	rows	filtered	Extra
▶	1	SIMPLE	dept_t	NULL	ALL	NULL	NULL	NULL	NULL	8	12.50	Using where

图 15.45　%作为前缀执行 select*

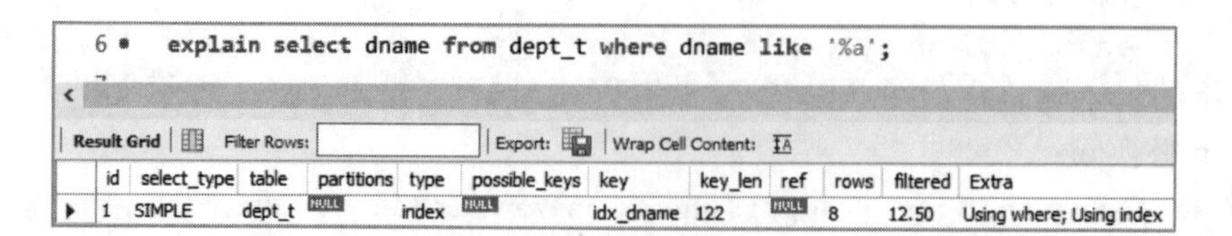

6 ● explain select dname from dept_t where dname like '%a';

	id	select_type	table	partitions	type	possible_keys	key	key_len	ref	rows	filtered	Extra
▶	1	SIMPLE	dept_t	NULL	index	NULL	idx_dname	122	NULL	8	12.50	Using where; Using index

图 15.46　%作为前缀执行查询索引列

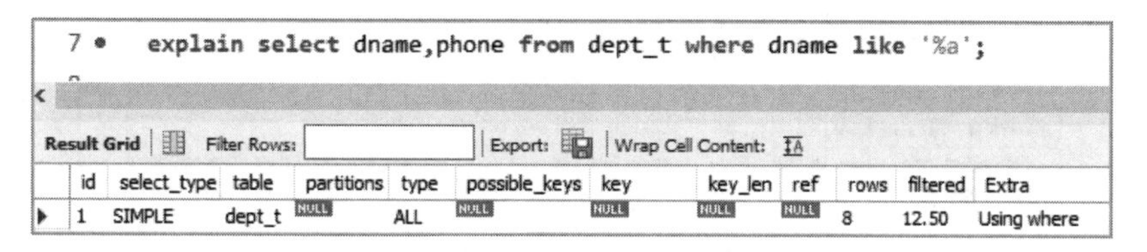

图 15.47　%作为前缀执行查询非索引列

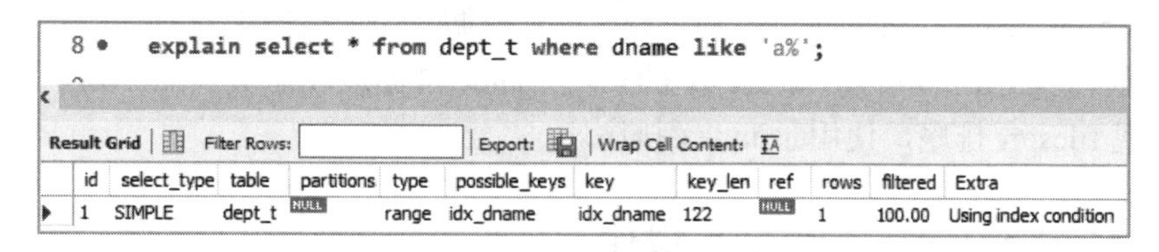

图 15.48　%作为后缀

由图 15.45 和图 15.47 可知，type 值为 ALL，key 值为 NULL，说明%作为前缀时，执行 select *或者查询非索引列时都没有使用索引，进行了全表扫描。由图 15.46 可知，type 的值为 index，key 的值为 idx_dname，说明%作为前缀执行查询索引列 dname 时，会返回该列上的索引 idx_dname。由图 15.48 可知，type 的值为 range，key 的值为 idx_dname，说明%作为后缀查询时，也会使用该列上的索引 idx_dname。

15.4.5　慎用 order by 排序

MySQL 支持两种排序方式：filesort 和 index。index 是指 MySQL 通过扫描索引本身直接返回有序的数据，不需要额外的排序；而 filesort 是通过相应的排序算法对返回数据进行排序。因此，index 的效率比 filesort 高。

使用 order by 子句时应尽量使用 index 方式排序，避免使用 filesort 方式排序。如果 where 子句和 order by 子句使用了相同的索引，并且 order by 的顺序及升序或降序与索引的顺序及升序或降序情况相同，则不会出现 filesort；否则就会有额外的排序操作，出现 filesort 排序。

以在 emp_t 表中进行查询排序为例，已知在(ename,job,age)列中创建了复合索引 idx_dname_job_age。

```
explain select ename,job,age from emp_t order by age desc;
explain select ename,job,age from emp_t order by ename desc;
```

执行结果如图 15.49 和图 15.50 所示。

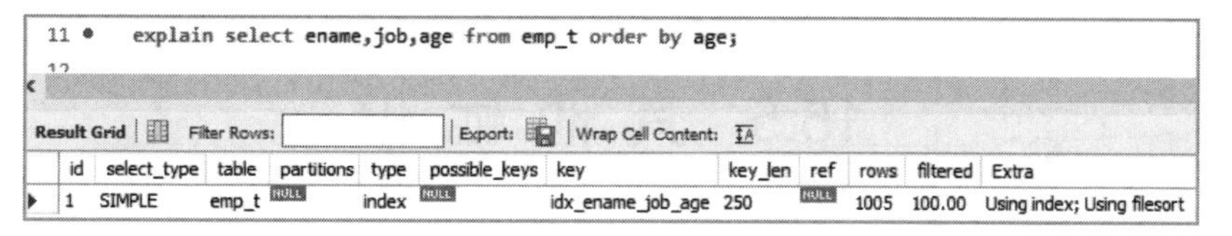

图 15.49　order by 排序 1

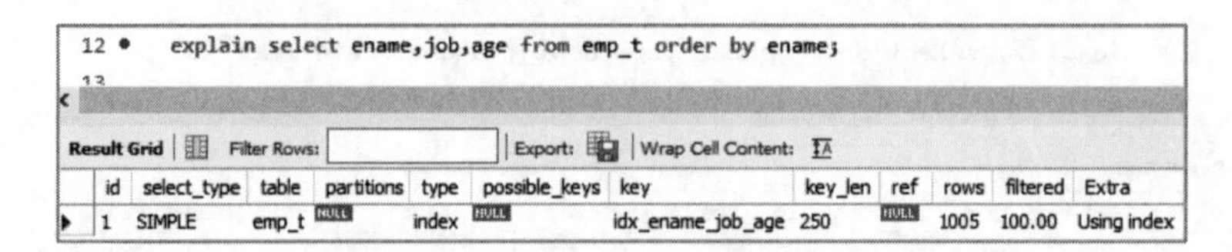
12 ● explain select ename,job,age from emp_t order by ename;

Result Grid | Filter Rows: | Export: | Wrap Cell Content:

id	select_type	table	partitions	type	possible_keys	key	key_len	ref	rows	filtered	Extra
1	SIMPLE	emp_t	NULL	index	NULL	idx_ename_job_age	250	NULL	1005	100.00	Using index

图 15.50　order by 排序 2

由图 15.49 可知，order by 的条件 age 没有遵循最左前缀匹配原则，Extra 中出现了 filesort 排序。由图 15.50 可知，order by 的条件 ename 遵循最左前缀匹配原则，因此，Extra 中没有出现 filesort 排序，使用了 index 排序。

15.4.6　慎用 not in、!=和＜＞操作

尽量避免在 where 子句中使用 not in、!=和＜＞操作，否则无法使用索引而导致进行全表扫描。

以在 emp_t 表上查询为例：

```
explain select eno,ename,job from emp_t where salary!=4000;
explain select ename,job from emp_t where salary not in(4000,4500,5000);
```

执行结果如图 15.51 和图 15.52 所示。

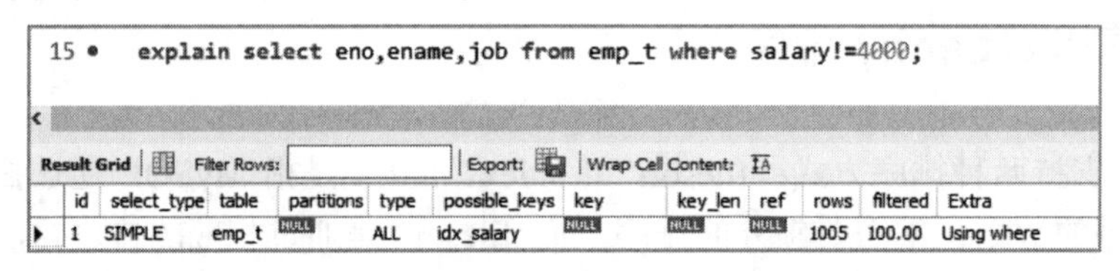
15 ● explain select eno,ename,job from emp_t where salary!=4000;

Result Grid | Filter Rows: | Export: | Wrap Cell Content:

id	select_type	table	partitions	type	possible_keys	key	key_len	ref	rows	filtered	Extra
1	SIMPLE	emp_t	NULL	ALL	idx_salary	NULL	NULL	NULL	1005	100.00	Using where

图 15.51　!=操作

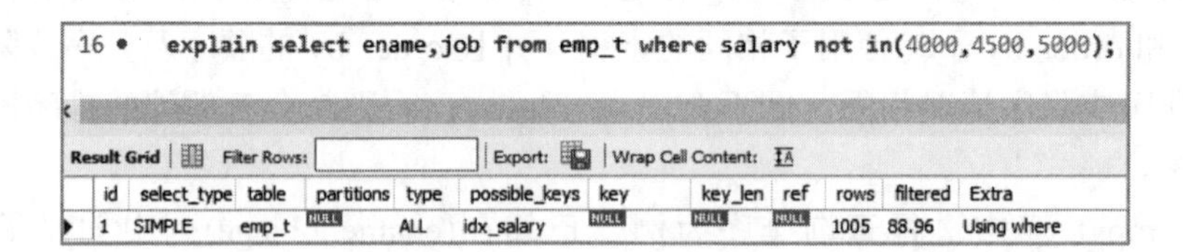
16 ● explain select ename,job from emp_t where salary not in(4000,4500,5000);

Result Grid | Filter Rows: | Export: | Wrap Cell Content:

id	select_type	table	partitions	type	possible_keys	key	key_len	ref	rows	filtered	Extra
1	SIMPLE	emp_t	NULL	ALL	idx_salary	NULL	NULL	NULL	1005	88.96	Using where

图 15.52　not in 操作

由图 15.51 和图 15.52 可知，虽然在 salary 列中存在 idx_salary 索引，但是在 where 中使用!=和 not in 操作导致全表扫描，索引失效。

15.5　其 他 优 化

在 MySQL 中，除了前面所讲的优化方法及需要注意的问题之外，还需要考虑表锁定

问题，以及通过外键保证数据完整性对查询性能的影响问题。

15.5.1　锁定表

在 MySQL 中，锁（Lock）机制是为了保证多用户并发操作数据库时使被操作的数据资源保持一致性，其是实现数据库并发控制的重要手段。

InnoDB 存储引擎默认使用的是行级锁，它仅锁定用户操作所涉及的行，有效抑制了锁定资源竞争现象的发生，有较高的并发处理能力。多个会话和应用程序都可以同时读取和写入同一个表，而不会相互等待或产生不一致的结果。锁定表可以保证数据库中的数据原子性、一致性和完整性，但是会增加系统开销，有可能会产生锁等待（Lock Wait）。

可以通过 show status like 'innodb_row_lock%';查看系统上的行级锁的状态，如图 15.53 所示。从图中可以看到正在等待锁定的数量、等待总时长、每次等待的平均时间、最长一次的等待时间及等待总次数等。如果发现等待次数和等待时长都偏大，则需要分析原因并进行优化。

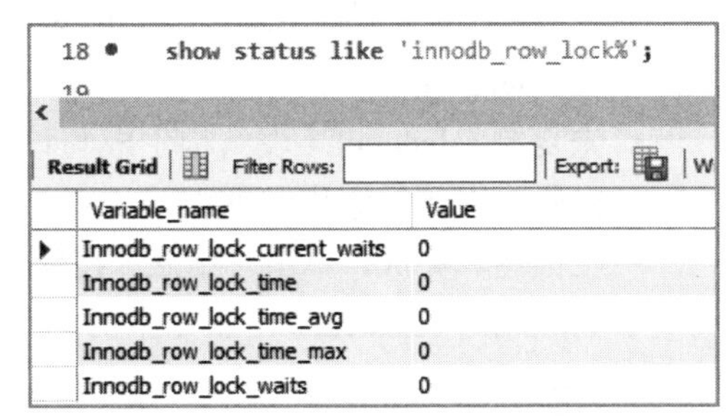

图 15.53　查看系统中行级锁的状态

对于优化表锁定带来的性能问题，可以考虑如下建议：

- 将服务器系统变量 low_priority_ pdates 的值置 1，使得连接的所有更新操作都以低优先级完成。
- 使用 low_priority 属性降低 insert、update 或 delete 语句的优先级。
- 使用 high_priority 属性提高 select 语句的优先级。
- 在 select 语句中使用 sql_buffer_result 属性可以缩短表锁定的时间。
- 控制事务大小，减少锁定资源量和锁定时间。
- 把经常用于查询和更新的列分别拆分到不同的表中。

15.5.2　使用外键保证数据的完整性

MySQL 中的 InnoDB 存储引擎支持使用外键来保证数据的完整性，可以防止由于输入不满足外键约束的数据时而使数据库中的数据完整性遭到破坏。对于必须维护外键的强一致性的应用场景，相较于在应用程序中检查一致性，使用外键的性能会更高。不过这会增加系统复杂性和额外的索引消耗，并且会增加多个表之间的交互，从而引发系统中更多的锁和竞争，而且会在一定程度上牺牲吞吐量。

如果是在一个高性能的系统中，则外键的优势就不明显了。在高并发大流量的事务场景中，如果使用外键，可能会使某些事务处理的时间过长，容易造成死锁，而且数据库资源可能会更快出现瓶颈。如果更在意系统的性能，则可以考虑不使用外键，通过应用程序来维护数据的完整性。

15.6　案例——三酷猫优化大记录表

随着三酷猫海鲜零售店的生意越来越好，其一年销售明细表的销售明细记录超过了 1000 万条，因此前台收银人员明显感觉系统响应速度过慢，顾客排队时间过长，引起顾客投诉。

三酷猫觉得必须从技术上加以优化，解决这个头疼的问题。

1）三酷猫分析了表查询的执行性能，发现对销售明细表（saledetail_t）的查询都变成了慢查询，延时达到了 20s。

2）通过 WorkBench 工具查看表属性，发现 saledetail_t 的累计记录已经达到了 1000 万条以上，进一步证明了单表数据量过大这个事实。

3）三酷猫设计了一个巧妙的临时表，用于当次实时结账，结账结束所有的记录才正式进入 saledetail_t 表。设计要求如下：

- 先复制 saledetail_t 表结构生成与该表结构一样的临时表 saledetail_m_t，作为前台收银临时存储的销售明细表。
- 收银结算完成，单击“结账”按钮，把临时表的数据复制到 saledetail_t 表中，同时删除临时表 saledetail_m_t 中的记录，另外，同步记录销售主表记录。这 3 个 SQL 语句操作通过事务来实现，其中，复制数据通过如下 SQL 语句实现。

```
insert saledetail_t from select * from saledetail_m_t  where no=账单号 and
cashier_no=收银员号
```

通过上述优化，彻底解决了前台收银响应速度慢的问题。但是后台财务人员反映，统计和查找销售明细时速度仍旧很慢。销售明细表（saledetail_t）单表问题依旧，1000 万条大记录问题仍然没有得到解决，而且随着销售记录的累积，问题将会更加严重。

4）解决销售明细表记录过多问题。

三酷猫决定对 saledetail_t 进行表单水平拆分，每季度拆分一次表单记录，同时改造了后台业务系统的查询代码，以适应表单拆分情况。

15.7　练习和实验

一、练习

1．填空题

1）所谓查询吞吐量，是指（　　）内处理查询的数量。

2）拆表分为（　　）和垂直拆分。

3）索引使用时最理想的状态是（　　）匹配，即查询的字段按照顺序在索引中都可以匹配到。

4）子查询的结果集无法使用（　　），子查询的结果集通常会生成临时表。

5）如果更在意系统的性能，可以考虑不使用外键，而是通过（　　）来维护数据完整性。

2．判断题

1）Questions 是一个服务器状态变量，客户端每发送一条语句，其值就会加 1。（　　）

2）对数据库的并发连接数量，可以通过 max_connections 变量对其进行重新设置，而且不受数量限制。（　　）

3）在进行数据库表的设计时，必须满足三范式设计原则。（　　）

4）索引是数据库优化中最常用的手段之一，使用索引一定可以提高数据的读写性能。（　　）

5）查询时尽量不要使用 select *，因为 select *除了可读性差之外，还会增加不必要的资源消耗。（　　）

二、实验

实验 1：根据 15.6 节的案例模拟操作过程。

1）查看明细表单的执行性能。

2）用事务实现销售主表记录插入、销售明细表销售明细正式插入、销售明细临时表数据删除。

3）模拟一条拆表 SQL 语句，要求自动生成表结构并复制表数据。

4）形成实验报告。

实验 2：销售明细表加索引优化。

为了进一步提升销售明细表的查询速度，需要在常用的查询字段中增加索引。

1）在 name、cashier_no 字段中增加索引。

2）模拟插入 1000 条销售明细记录（通过 SQL 编程实现）。

3）检测增加索引前后的执行状态，得出性能改变结论。

4）形成实验报告。

第 3 篇
部署实战

在大数据、人工智能、物联网和 5G 等技术蓬勃发展的今天，对 MySQL 数据库的部署不仅局限于简单的单机部署，需要根据实际商业运行环境的需要，提供从单机部署、主从部署到分布式部署的各种实用方案。

考虑到在实际商业环境中主流的操作系统环境为 Linux，以及满足面试就业要求，本篇的项目部署环境为 Linux 的 CentOS 7.X。

当然，本篇介绍的项目也支持 Windows 系统，如主从复制，如果需要在 Windows 中部署，可以参考 13.4 节的内容。

本篇内容如下：

第 16 章　单机部署和主从部署

单机部署是指在一台物理服务器的存储容量可以满足业务需要的条件下，MySQL 数据库的部署方式；主从部署主要指通过多台物理服务器的存储和读写访问，才能满足业务使用的 MySQL 部署方式。

本章的主要内容如下：

- 部署的基础知识；
- 单机部署；
- 简单的主从部署；
- 复杂的主从部署。

16.1　部署的基础知识

在商业环境中进行数据库系统部署时，需要预测数据存储量的发展趋势，考虑有多少用户会同时访问一台数据库服务器，还要考虑数据的安全性和实际部署条件，由此会产生不同的部署方案要求。

根据最近几年服务器存储等硬件设备的发展，数据库系统技术的发展及用户数据的使用变化，常见的数据库系统部署方案包括单机部署方案、简单的主从部署方案、复杂的主从部署方案和分布式部署方案等。显然这些主要是以 MySQL 数据库的使用为前提的部署方案。

1．单机部署方案

单机部署就是在一台物理服务器中部署一套 MySQL 数据库系统，如图 16.1 所示。

图 16.1　在一台物理服务器中部署一套 MySQL 数据库

在这台服务器中部署的 MySQL 数据库为业务系统提供数据存储和读写访问功能。单机部署方案仅满足用户以下使用要求：

- 存储量：能预估 5～7 年的业务使用周期内，一台服务器的存量容量（主要是磁盘的存储容量）能满足业务使用的数据存储要求。例如，一台 2TB 存储容量的服务器能满足一个小型便利店 5 年数据存储的要求。对于业务数据的存储要求，需要工程师预先对产生的数据量及存储量进行预估。

- 访问量：一台物理服务器的数据 I/O 及数据库系统本身能满足的读写访问要求。这里包括一瞬间的最高并发访问要求。例如，一个小型便利店的最高并发访问数量是 10 个操作人员同时访问，显然一台物理服务器能满足这样的访问要求。
- 安全性：如果一台物理服务器是独立运行的，不与外界产生网络连接关系，则对数据库系统的访问安全性要求较低，否则需要严格进行访问者身份检验，给予科学的使用权限，并且需要考虑数据备份策略。

上述是一台服务器部署 MySQL 数据库系统从技术上必须要考虑的问题，单机部署的详细设计方案见 16.2 节。

2. 简单的主从部署方案

如果业务数据对用户非常重要，用户不能承受数据丢失之损失时，就必须考虑数据备份问题。MySQL 数据库系统提供了主从（Master，Slave）方式的热备功能，即一台主数据库服务器在提供业务数据的同时，同步把数据传输到一台从数据库服务器上，实现数据的一对一复制备份，当主服务器出现故障时，从数据库服务器可以替代主服务器的工作或把数据还原到主服务器上，保证了数据使用的安全。这是在银行等业务系统中经常采用的数据安全措施之一。

简单的主从部署方案如图 16.2 所示，具体细节见 16.3 节。

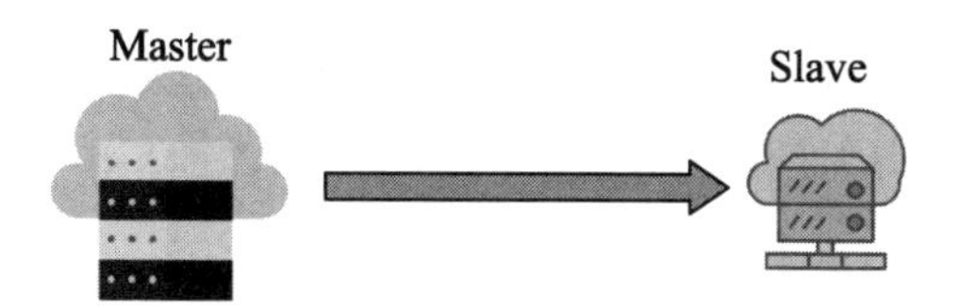

图 16.2　简单的主从部署方案

3. 复杂的主从部署方案

假设数据本身的存储量使用一台服务器足够解决，但是，存在大规模并发读写访问的要求（如并发高峰达到几万甚至几十万个用户以上的级别），而且对数据安全性要求非常高的时候，就需要考虑复杂的主从部署方案。经典的复杂主从部署方案会考虑将主服务器用于数据的写入操作，而从服务器用于数据的读取，对于重要的数据则单独提供一台从服务器进行数据的热备。在图 16.2 的基础上完善设计方案，如图 16.3 所示，具体细节见 16.4 节。

提示：图 16.3 所示的复杂的主从部署是一种比较常见的方案，根据实际业务要求，该方案也存在一些缺陷，需要继续完善和调整。例如这种设计方案在 Master 出现问题时，将会影响整个系统的运行。

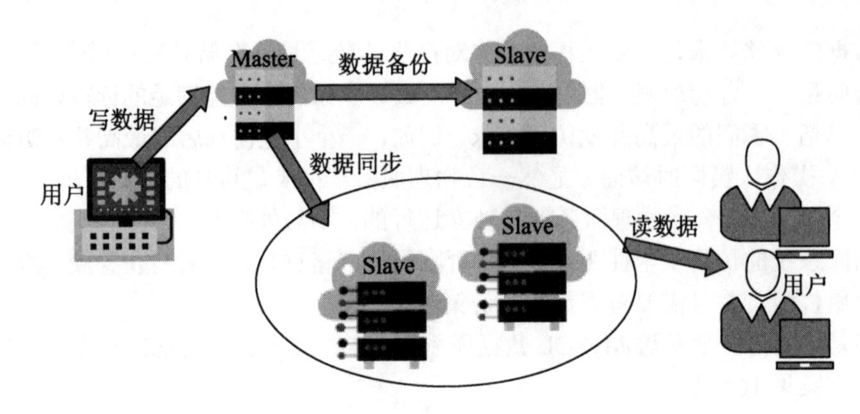

图 16.3　复杂的主从部署方案

4．分布式部署方案

当业务数据量大到使用一台服务器无法满足存储要求时，就应该考虑采用分布式存储及部署方案，详细设计方案见第 17 章。

16.2　单机部署

我们在 1.3 节中介绍了 MySQL 在 Windows 10 中的部署方法。在商业环境中用 Linux 作为生产部署环境是一些中大型企业的主流做法。这里选择 CentOS 7.x 作为项目实战部署的服务器端操作系统。

16.2.1　部署需求

部署需求分为业务需求和服务器参数要求。

1．业务需求

在商业环境中，预测每年的业务存储数据量是尤为必要的。它不但可以合理地确定服务器的各项参数指标，保证未来 5～8 年的使用需求，还可以避免一系列运维风险，如大规模数据迁移风险和数据安全风险等。

假设三酷猫的海鲜实体店面积为 3000m^2，销售终端是 10 台 POS 机，用于结账收银。平均每天 3000 个结账顾客，每个顾客平均购买 3 种鱼产品，每笔记录内容为结账单号、销售时间、品名、数量、单位和单价，并记录结账人员 ID 号、店名、折扣金额、实际收银金额和支付方式等信息。

上述每单数据保存在数据库中，除了数据本身所占的字节大小之外，还需要考虑存储数据的表结构所带来的存储空间的额外开销。

针对上述情况，大致估算一年的存储空间的平均值，可以采用人工粗估法和工具实际测试法。

- 人工粗估法。

1）估算一笔 3 种鱼的消费记录结账单所占用的存储空间。

结账主表、结账单号、结账人员 ID 号、结账时间、店名、打折金额、实收金额、支付方式和结账说明等可以根据表设计的字段长度去评估所占用的字节长度，表 16.1 为结账主表中记录的一行数据的长度。结账明细表中记录的一行数据的长度如表 16.2 所示。

表 16.1　结账主表中的一行记录所占用的数据长度（单位：B）

结账单号	结账人员ID	结账时间	店名	实收金额	打折金额	支付方式	结账说明
5B（最多限定5位数）	5B（最多限定5位数）	3B	30B（最多30个字符）	9B（6位整数，2位小数）	9B（6位整数，2位小数）	8B（8位字符）	20B（可变长度）

在表 16.1 中，一条销售记录的总字节数为 89B。

表 16.2　结账明细表中的一行记录所占用的数据长度（单位：B）

结账单号	销售时间	品名	数量	单位	单价
5B（最多限定5位数）	3B	12B	9B（6位整数，2位小数）	6B（6位字符）	9B（6位整数，2位小数）

3 条销售明细的数据总字节数为 44B×3=132B。

一笔完整的结账单需要的数据存储空间为 132B+89B=221B。

2）估计一年的数据存储空间。

一年的销售数据的总存储空间约为 221B×3000×365=241995000B≈230.8MB。

在实际情况下还需要预估采购数据、盘点数据、退货数据、报废数据、调拨数据和财务数据等字节数。假设存储这些数据一年需要 200MB，则一个 3000m^2 海鲜店总共需要的数据存储空间为 200MB+230.8MB=430.8MB。

3）估计 5 年所需要的数据存储空间。

5 年需要的存储空间为 430.8MB×5=2154MB。

如果用于存储数据结构的空间占 5 年所需的存储空间的 20%，则 5 年所需的存储空间为 2154MB+2154×20%=2584.8MB。如果再加上备份数据所需要的存储空间，则需要 2584.8MB×2=5169.6MB≈5GB。

上述估计只是粗略估计，并非准确数据，但是可以在进行服务器参数设置时作为参考，具有实际的参考意义。

说明：在实际商业环境中，还需要预估操作系统、数据库系统、应用软件和杀毒软件等所占用的存储空间，并预留 10%左右的空闲空间（磁盘读写需要开辟临时区域）。在上述综合预估的情况下，购买一台磁盘空间为 1TB 的服务器足够满足业务使用要求。

- 工具实际测试法。

3.2.2 小节我们介绍了在 Workbench 工具中选择 Table Inspector 统计表信息的方法，来获取表中数据的长度（Data Length）、表的总大小（Table Size），平均每行数据的存储长度（AVG Row Length），如图 16.4 所示。

利用该统计方法，可以从空表开始，每次模拟插入一条记录后，可以获得表增加的数值大小、通过持续测试若干条（假设 10 条）插入记录，就可以得到存储数据的平均增加量，这为预估 5 年内增加的存储量提供了更加准确的测试方法。

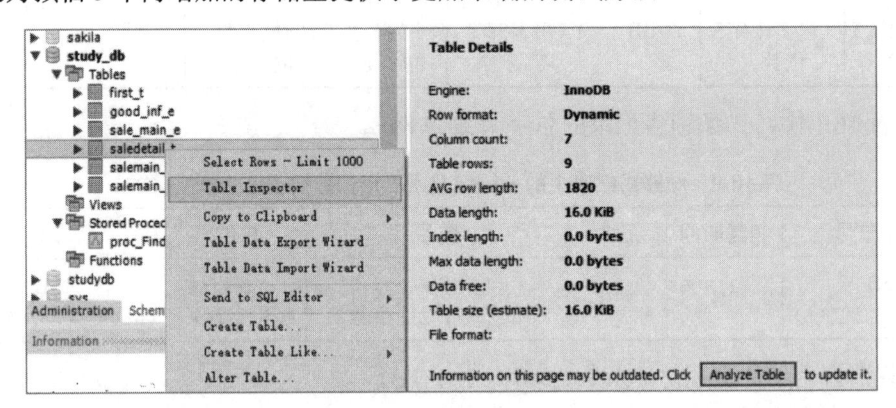

图 16.4　统计表信息

注意：插入一条记录后，需要在图 16.4 所示界面的右下角单击 Analyze Table 按钮，更新表统计信息。

如果需要精确到字节变化，可以用 stat 命令查看数据库表对应的数据文件的属性变化。

2．服务器参数要求

根据业务需求分析，服务器参数设置要求如表 16.3 所示。

表 16.3　服务器参数设置要求

名　称	参 数 说 明	设 计 说 明
磁盘	总空间为1TB，主分区为4个	
文件系统格式	XFS	

续表

名　　称	参 数 说 明	设 计 说 明
网卡	1000MB	
操作系统	CentOS 7.x	
部署位置	/mysql/3302/data	数据存放位置，预留空间
	/mysql/3302/my.cnf	配置文件位置
	/usr/local/mysql	可执行文件位置

16.2.2　部署安装

要使 MySQL 数据库在 Linux 环境下顺利安装，先要进行部署环境检查，然后才能正式安装。

1．部署环境检查

部署环境检查包括磁盘空间检查、网络环境检查、MySQL 是否存在的检查。

1）为了防止数据存储空间不够，需要用 Linux 的 df 命令先查看磁盘空间是否足够。如果需要在线安装 MySQL，则需要通过 ping 命令确认网络是连通的。

2）MySQL 是否存在的检查。

在进行 MySQL 主从式部署前，先要确保 Linux 下无 MySQL 或其分支 MariaDB，避免部署时发生冲突。

```
# rpm -qa|grep mysql                                #查看 Linux 下是否存在 MySQL
# rpm -qa |grep mariadb                             #查看 Linux 下是否存在 MariaDB
```

如果存在上述数据库，则需要用如下方式卸载：

```
# rpm -ev mysql-community-libs-8.0.11-1.el7.x86_64 -nodeps #卸载 MySQL
# rpm -e mariadb-libs-10.5.10-2.el7.x86_64 -nodeps          #卸载 MariaDB
```

2．安装部署过程

在 Linux 下安装 MySQL 分为在线安装和离线安装两种方式，这里以离线安装为例介绍 MySQL 的安装过程。

1）安装依赖包及创建用户和用户组。

① 安装依赖包：运行 MySQL 数据库所依赖的安装包需要提早安装。

```
# yum install libaio                        #如果未安装，则 MySQL 初始化及启动将失败
# yum install libnuma                       #支持对非统一内存访问（NUMA）
```

② 创建用户和用户组。

```
# groupadd mysql                            #建立 MySQL 组，组名可以自行指定
# useradd -r -g mysql -s /bin/false mysql2 #建立 mysql2 用户
```

2）离线安装。

离线安装的过程如下：

① 下载安装包。在https://dev.mysql.com/get/Downloads/MySQL-8.0/中选择下载MySQL 8.0.25安装包mysql-8.0.25-linux-glibc2.12-x86_64.tar.xz，并将其存储在Linux指定的安装目录下。

② 解压安装包。

```
# tar -Jxf mysql-8.0.25-linux-glibc2.12-x86_64.tar.xz #解压MySQL
```

③ 移动并重命名。

```
mv mysql-8.0.25-linux-glibc2.12-x86_64 /usr/local/mysql-8.0.25-linux-
glibc2.12-x86_64                                          #复制文件到/usr/local下
# cd /usr/local                                           #切换到/usr/local目录
# ln -s mysql-8.0.25-linux-glibc2.12-x86_64_1 mysql     #建立MySQL软链接
```

④ 创建用户和用户组并修改权限。

```
# groupadd mysql                                          #建立MySQL组，组名可以自行指定
# useradd -r -g mysql -s /bin/false mysql2 #建立mysql2用户
```

在Linux环境下必须为指定目录明确用户的使用权限，否则存在无法使用相关文件的问题。

⑤ 创建数据目录并赋予权限。

```
mkdir -p /mysql/3302/data                                 #创建数据存放目录
# chown -R mysql2:mysql /mysql                            #设置/mysql目录的所有用户和用户组
# chown -R mysql2:mysql /usr/local/mysql                  #设置mysql目录的所有用户和用户组
```

⑥ 配置my.cnf文件。

在3302子目录下创建名为my.cnf的配置文件。

```
# vi /mysql/3302/my.cnf                                   #创建my.cnf配置文件
```

3302子目录下的my.cnf配置内容如下：

```
[mysqld]
port = 3302                                               #设置数据库实例端口号
basedir=/usr/local/mysql/                                 #设置MySQL数据库实例的安装目录
datadir=/mysql/3302/data                                  #设置MySQL数据库实例的存放目录
lower_case_table_names=1                                  #设置数据库表名，不再区分大小写
innodb_buffer_pool_size=128M                   #为InnoDB数据库引擎提供内存处理缓存空间
socket=/tmp/mysql_3302.sock                    #设置socket的MySQL数据库实例sock文件
```

⑦ 初始化数据库。

在/usr/local/mysql/bin子路径下执行mysqld初始化工具，初始化MySQL数据库实例如下：

```
# /usr/local/mysql/bin/mysqld --defaults-file=/mysql/3302/my.cnf --initialize
--basedir=/usr/local/mysql/ --datadir=/mysql/3302/data
```

显示结果如图16.5所示。

```
2021-05-26T14:00:48.116945Z 0 [System] [MY-013169] [Server] /usr/local/mysql/bin/mysqld (mysqld 8.0.25) initializing of server i
n progress as process 53533
2021-05-26T14:00:48.125889Z 1 [System] [MY-013576] [InnoDB] InnoDB initialization has started.
2021-05-26T14:00:54.038835Z 1 [System] [MY-013577] [InnoDB] InnoDB initialization has ended.
2021-05-26T14:00:55.492678Z 6 [Note] [MY-010454] [Server] A temporary password is generated for root@localhost: 24#RkAAgslm8
```

图 16.5　初始化 MySQL 数据库实例

⑧ 设置环境变量。

在 Linux 里用 Vim 打开 profile 配置文件。

```
# vim /etc/profile
```

在文件末尾添加以下信息：

```
export PATH=/usr/local/mysql/bin:$PATH
```

保存并退出 profile 文件，执行如下目录，使环境变量生效。

```
# source /etc/profile
```

⑨ 启动 MySQL 数据库实例并修改其 root 密码。

MySQL 在初始化时部分新生成的文件权限为 root，需要设置为统一的用户和用户组权限，避免启动时失败。

```
# chown -R mysql2:mysql /mysql                    #修改/mysql 子目录的用户权限
```

启动 MySQL 数据库实例。

```
# nohup mysqld --defaults-file=/mysql/3302/my.cnf --user=mysql &
```

登录 MySQL 数据库实例。

```
# mysql -uroot -P 3302 --protocol=tcp -p
```

上述命令的登录结果如图 16.6 所示。

```
[root@localhost ~]# mysql -uroot -P 3302 --protocol=tcp -p
Enter password:
Welcome to the MySQL monitor.  Commands end with ; or \g.
Your MySQL connection id is 15
Server version: 8.0.25 MySQL Community Server - GPL

Copyright (c) 2000, 2021, Oracle and/or its affiliates.

Oracle is a registered trademark of Oracle Corporation and/or its
affiliates. Other names may be trademarks of their respective
owners.

Type 'help;' or '\h' for help. Type '\c' to clear the current input statement.

mysql>
```

图 16.6　MySQL 数据库实例登录结果

MySQL 数据库实例登录成功后，可以修改登录密码，修改过程如下：

```
mysql> use mysql;
#root123 为新设置密码
mysql> alter user 'root'@'localhost ' identified by 'root123';
mysql> flush privileges;
```

3）安装完成后进行验证。

① 远程连接测试。

设置 root 用户可以远程访问。

```
mysql> update user set host='%' where user='root';
mysql> grant all privileges on *.* to 'root'@'%';
```

在测试计算机里事先下载并安装 Navicat 工具（也可以安装 Workbench 等工具），用于连接并访问 MySQL 数据库实例。连接测试如图 16.7 所示。

② 数据插入和查找测试。

在 Navicat 工具里创建数据库 db_simple。

```
mysql> create database db_simple;
```

然后在 db_simple 数据库里创建数据库表 t_simple。

```
mysql> use db_simple;                                   #使用 db_simple 库
mysql> create table t_simple(id int not null primary key,name varchar(20));
```

向数据库表 t_simple 中插入数据并查询数据，结果如图 16.8 所示。

```
mysql> insert into t_simple(id,name)values(1,'咖啡猫');
mysql> select * from t_simple;
```

图 16.7　连接 MySQL 数据库成功

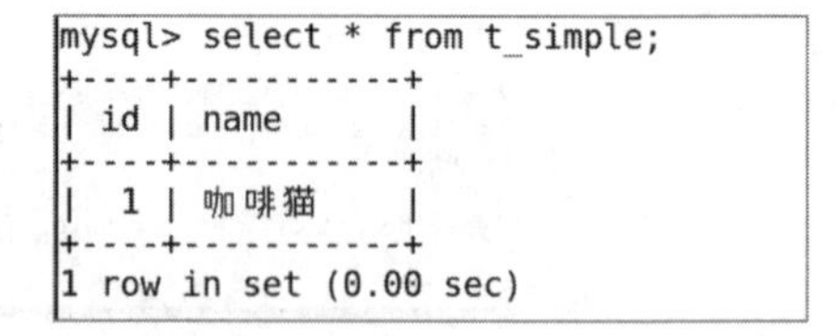

```
mysql> select * from t_simple;
+----+-----------+
| id | name      |
+----+-----------+
|  1 | 咖啡猫    |
+----+-----------+
1 row in set (0.00 sec)
```

图 16.8　插入数据

16.3　简单的主从部署

当存储于一台服务器上的数据足够重要时，必须考虑备份问题。对于允许停机几个小时的业务，可以定期将数据手工备份到移动硬盘等介质上。对于实时性要求高的，如门诊医生的诊断记录及窗口的挂号业务，就应该考虑双机实时备份，这就是所谓的一主一从部署，如图 16.9 所示。左边的 A 服务器为主（Master）服务器，接收前端业务数据；右边的 B 服务器为从（Slave）服务器，同步接收 A 服务器转发的数据，通过同步传输做到 A、B 服务器存储数据的一致性。

图 16.9　一主一从部署示意图

提示： 根据笔者的使用经验，数据库系统一年出现一次文件格式损坏等重大数据事故是有可能会发生的，如果服务器硬件系统趋于老化，则发生的概率更大。

16.3.1　复制原理

MySQL 的传统复制方式是日志式复制，其实现过程如图 16.10 所示。

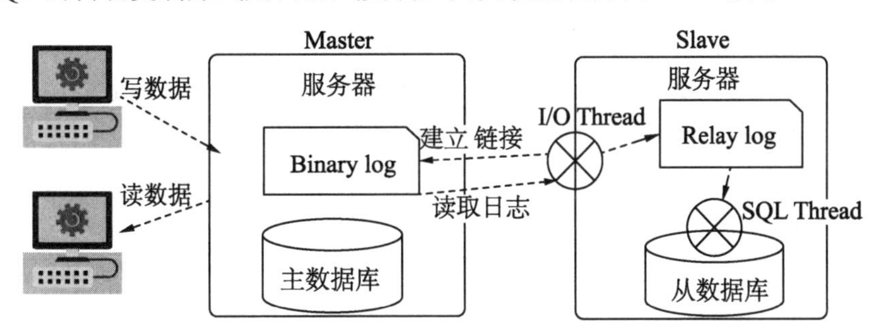

图 16.10　日志式复制原理

日志式主从复制的实现过程如下：

1）客户端将数据写入 Master 服务器，并通过事务同步写入二进制日志（Binary Log）和主数据库。

2）Slave 服务器通过读写线程（I/O Thread）与 Master 服务器建立通信连接，并读取二进制日志到 Slave 服务器上，写入中继日志（Relay Log）；SQL 线程（SQL Thread）从中继日志中读取数据并写入从数据库，完成一轮数据的同步。

说明： 从 MySQL 5.6 开始又提供了全局事务标识符（Global Transaction ID，GTID）复制方式。根据 MySQL 官网资料介绍，该主从数据复制方式在性能上更加先进，感兴趣的读者，可以查阅相关资料。

16.3.2　部署安装

部署环境采用一台 Linux 部署多个 MySQL 实例方式进行，主要是为了方便读者学习。

1）部署要求：

Linux 的 MySQL 实例 1 和实例 2 的部署要求如表 16.4 所示，主要通过不同端口（Port）号区分不同的实例。

表 16.4　MySQL实例部署设计

实例名	Basedir	datadir	port	Socket	配置文件
实例1	/usr/local/mysql	/mysql/3302/data	3302	/tmp/mysql_3302.sock	/mysql/3302/my.cnf
实例2	/usr/local/mysql	/mysql/3303/data	3303	/tmp/mysql_3303.sock	/mysql/3303/my.cnf

2）部署环境检查。

在进行 MySQL 主从式部署前，先要确保 Linux 中无 MySQL 或其分支 MariaDB，避免部署发生冲突。

```
# rpm -qa|grep mysql                              #在 Linux 下查看是否存在 MySQL
# rpm -qa |grep mariadb                           #在 Linux 下查看是否存在 MariaDB
```

如果存在上述数据库，则需要用如下方式卸载：

```
# rpm -ev mysql-community-libs-8.0.11-1.el7.x86_64 -nodeps #卸载 MySQL
# rpm -e mariadb-libs-10.5.10-2.el7.x86_64 --nodeps        #卸载 MariaDB
```

3）安装依赖包。

运行 MySQL 数据库所依赖的安装包需要提早安装。

```
# yum install libaio                              #如果未安装，则 MySQL 初始化及启动将失败
# yum install libnuma                             #支持对非统一内存访问（NUMA）支持
```

4）创建用户和用户组。

```
# groupadd mysql                                  #建立 mysql 组，组名可以自行指定
# useradd -r -g mysql -s /bin/false mysql2                 #建立 mysql2 用户
```

5）离线安装 MySQL。

```
# tar -Jxf mysql-8.0.25-linux-glibc2.12-x86_64.tar.xz #解压 MySQL 安装包
# mv mysql-8.0.25-linux-glibc2.12-x86_64 /usr/local/mysql-8.0.25-linux-
glibc2.12-x86_64_1                                #复制文件到/usr/local 下
# cd /usr/local                                   #切换到/usr/local 目录下
# ln -s mysql-8.0.25-linux-glibc2.12-x86_64_1 mysql    #建立 MySQL 软链接
```

6）创建数据存放目录。

```
# mkdir -p /mysql/{3302,3303}/data                #创建数据存放目录
# chown -R mysql2:mysql /mysql                    #设置/mysql 目录所有的用户和用户组
# chown -R mysql2:mysql /usr/local/mysql          #设置 mysql 目录的所有用户和用户组
```

```
# cd /mysql                                              #切换到 mysql 子目录
# tree                                                   #显示创建的数据目录
├── 3302
│   └── data
├── 3303
│   └── data
```

7）创建 MySQL 配置文件。

在 3302 和 3303 子目录下分别创建名为 my.cnf 的配置文件。

```
# vi /mysql/{3302,3303}/my.cnf                           #创建 my.cnf 的配置文件
```

3302 子目录下的 my.cnf 配置内容如下：

```
[mysqld]
port = 3302
basedir=/usr/local/mysql/
datadir=/mysql/3302/data
lower_case_table_names=1
innodb_buffer_pool_size=128M
socket=/tmp/mysql_3302.sock
```

3303 子目录下的 my.cnf 配置内容如下：

```
[mysqld]
port = 3303
basedir=/usr/local/mysql/
datadir=/mysql/3303/data
lower_case_table_names=1
innodb_buffer_pool_size=128M
socket=/tmp/mysql_3303.sock
```

8）初始化数据库。

在/usr/local/mysql/bin 子路径下，运行 mysqld 初始化工具，具体如下：

① 初始化 3302 里的 MySQL 数据库实例。

```
# /usr/local/mysql/bin/mysqld --defaults-file=/mysql/3302/my.cnf
--initialize --
basedir=/usr/local/mysql/ --datadir=/mysql/3302/data
```

结果如图 16.11 所示。

```
2021-05-26T14:00:48.116945Z 0 [System] [MY-013169] [Server] /usr/local/mysql/bin/mysqld (mysqld 8.0.25) initializing of server i
n progress as process 53533
2021-05-26T14:00:48.125889Z 1 [System] [MY-013576] [InnoDB] InnoDB initialization has started.
2021-05-26T14:00:54.038835Z 1 [System] [MY-013577] [InnoDB] InnoDB initialization has ended.
2021-05-26T14:00:55.492678Z 6 [Note] [MY-010454] [Server] A temporary password is generated for root@localhost: 24#RkAAgslm8
```

图 16.11　初始化 3302 里 MySQL 数据库实例结果

注意：在图 16.11 中，A temporary password is generated for root@localhost: 后输入的 24#RkAAgslm8 是 3302 里 MySQL 数据库实例登录 root 账号对应的密码。

② 初始化 3303 里的 MySQL 实例。

```
# /usr/local/mysql/bin/mysqld --defaults-file=/mysql/3303/my.cnf
--initialize --basedir=/usr/local/mysql/ --datadir=/mysql/3303/data
```

结果如图 16.12 所示。

```
2021-05-26T14:02:21.731901Z 0 [System] [MY-013169] [Server] /usr/local/mysql/bin/mysqld (mysqld 8.0.25) initializing of server i
n progress as process 53608
2021-05-26T14:02:21.740523Z 1 [System] [MY-013576] [InnoDB] InnoDB initialization has started.
2021-05-26T14:02:24.439657Z 1 [System] [MY-013577] [InnoDB] InnoDB initialization has ended.
2021-05-26T14:02:26.332020Z 6 [Note] [MY-010454] [Server] A temporary password is generated for root@localhost: zFIlw53NpU/u
```

图 16.12　初始化 3303 里 MySQL 数据库实例的结果

9）设置环境变量。

在 Linux 里用 Vim 打开 profile 配置文件。

```
# vim /etc/profile
```

在文件末尾添加 PATH 环境变量参数。

```
export PATH=/usr/local/mysql/bin:$PATH
```

保存并退出 profile 文件，执行如下目录，使环境变量生效。

```
# source /etc/profile
```

10）启动数据库。

MySQL 在初始化时部分新生成的文件权限账户为 root，需要设置为统一的用户和用户组权限，避免启动失败。

```
# chown -R mysql2:mysql /mysql                #修改/mysql 子目录的用户权限
```

启动数据库实例 1。

```
# nohup mysqld --defaults-file=/mysql/3302/my.cnf --user=mysql &
```

启动数据库实例 2。

```
# nohup mysqld --defaults-file=/mysql/3303/my.cnf --user=mysql &
```

11）确认数据库实例正常运行。

确认 MySQL 数据库实例进程正常运行，如图 16.13 所示。

```
# ps -ef|grep mysql
```

```
[root@localhost ~]# ps -ef|grep mysql
mysql2     3295   2975  2 Jun25 pts/0    00:00:21 mysqld --defaults-file=/mysql/3302/my.cnf --us
er=mysql
root       3419   2975  0 Jun25 pts/0    00:00:00 mysql -uroot -P 3302 --protocol=tcp -p
mysql2     3656   3427  5 Jun25 pts/1    00:00:19 mysqld --defaults-file=/mysql/3303/my.cnf --us
er=mysql
root       3819   3427  0 00:03 pts/1    00:00:00 grep --color=auto mysql
```

图 16.13　查看 MySQL 数据库实例 1、2 的进程运行状态

确认端口正常使用，如图 16.14 所示。

```
# netstat -ntl
```

12）创建测试数据库和测试表。

在 Linux 服务器端登录主数据库（端口号为 3302）。

```
mysql -uroot -P 3302 --protocol=tcp -p
```

输入密码后回车，进入主数据库连接及命令终端状态，如图 16.15 所示。

```
[root@localhost ~]# netstat -ntl
Active Internet connections (only servers)
Proto Recv-Q Send-Q Local Address           Foreign Address         State
tcp        0      0 192.168.122.1:53        0.0.0.0:*               LISTEN
tcp        0      0 0.0.0.0:22              0.0.0.0:*               LISTEN
tcp        0      0 127.0.0.1:631           0.0.0.0:*               LISTEN
tcp        0      0 127.0.0.1:25            0.0.0.0:*               LISTEN
tcp        0      0 0.0.0.0:111             0.0.0.0:*               LISTEN
tcp6       0      0 :::22                   :::*                    LISTEN
tcp6       0      0 ::1:631                 :::*                    LISTEN
tcp6       0      0 ::1:25                  :::*                    LISTEN
tcp6       0      0 :::33060                :::*                    LISTEN
tcp6       0      0 :::3302                 :::*                    LISTEN
tcp6       0      0 :::3303                 :::*                    LISTEN
tcp6       0      0 :::111                  :::*                    LISTEN
```

图 16.14　数据库实例对应的端口正常使用

```
[root@localhost ~]# mysql -uroot -P 3302 --protocol=tcp -p
Enter password:
Welcome to the MySQL monitor.  Commands end with ; or \g.
Your MySQL connection id is 8
Server version: 8.0.25 MySQL Community Server - GPL

Copyright (c) 2000, 2021, Oracle and/or its affiliates.

Oracle is a registered trademark of Oracle Corporation and/or its
affiliates. Other names may be trademarks of their respective
owners.

Type 'help;' or '\h' for help. Type '\c' to clear the current input statement.

mysql>
```

图 16.15　登录主数据库

在 MySQL 主数据库命令终端输入如下命令创建数据库和测试表。

```
mysql> create database db_test;                                    #创建数据库
mysql> create table t_info                                         #创建新表
     (no char(5) not null primary key comment '编号',
      name char(12) comment '鱼名'
     );
```

在 MySQL 的从数据库中也建立相同的数据库 db_test 和测试表 t_info。

说明： 在不同的物理服务器条件下，主从部署 MySQL 版本的使用原则如下：

- 主数据库版本要低于或等于从数据库版本，以方便主从二进制日志（Binlog）格式的匹配。
- 主从数据库的最低版本均要高于 3.2 版，这样才能支持双机热备功能。

16.3.3　主从配置

在 16.3.2 小节中我们已经在 Linux 里安装了两个 MySQL 数据库实例，并已具备运行及使用的条件。这里指定 3302 端口的 MySQL 数据库实例为主数据库实例，3303 端口为从数据库实例。在这个基础上继续对主数据库进行 Master 配置，对从数据库进行 Slave 配置，才能实现主从热备功能。

1）配置主数据库Master。

首先，创建同步用户。

从数据库是通过与主数据库授权的账户进行连接，然后读取二进制日志数据的，因此，需要在 MySQL 主数据库里为从数据库访问设置同步用户账户。该账户必须被授予REPLICATION SLAVE权限，因为从MySQL 3.2以后可以通过REPLICATION进行主从数据库双机热备的操作。

在主数据库的命令终端设置命令如下：

```
mysql> create user 'slave_user'@'%' identified with mysql_native_password
by 'slave123';
mysql> grant replication slave on *.* to 'slave_user'@'%';
mysql> flush privileges;
```

其次，通过访问从数据库验证连接账户的设置是否正常。使用从数据库的root及密码进行登录，在命令终端输入如下命令：

```
[root@YD146 ~]#mysql  -h127.0.0.1 -uslave_user -P 3302  -p
```

如果出现如图16.16所示的结果，则表示从数据库登录主数据库成功，可以进行双机热备操作。

```
[root@localhost ~]# mysql  -h127.0.0.1 -uslave_user -P 3302  -p
Enter password:
Welcome to the MySQL monitor.  Commands end with ; or \g.
Your MySQL connection id is 11
Server version: 8.0.25 MySQL Community Server - GPL

Copyright (c) 2000, 2021, Oracle and/or its affiliates.

Oracle is a registered trademark of Oracle Corporation and/or its
affiliates. Other names may be trademarks of their respective
owners.

Type 'help;' or '\h' for help. Type '\c' to clear the current input statement.

mysql>
```

图16.16 从数据库登录主数据库成功

访问账户设置成功，接下来设置MySQL配置文件。

最后，设置MySQL配置文件。

在/mysql/3302下用Vi打开my.cnf文件，进行如下配置。

```
[mysqld]
server-id = 1
log-bin=mysql-bin
binlog-do-db = db_test                          #db_test 用于指定主从复制的数据库名
binlog-ignore-db = mysql
```

提示：默认安装下，MySQLr my.cnf文件存放于/etc/my.cnf下。

2）配置从数据库Slave。

从数据库也需要设置 MySQL 配置文件，在/mysql/3303 下用 Vi 打开 my.cnf 文件并进行如下配置。

```
[mysqld]
server-id = 2
log-bin=mysql-bin
replicate-do-db =db_test                              #复制库的白名单
#数据库黑名单列表
replicate-ignore-db = mysql,information_schema,performance_schema
```

3）重启 MySQL 服务。

停止 MySQL 数据库实例进程，然后重启 MySQL 实例。

```
#ps -ef|grep mysql
#kill -9 进程号
```

启动 MySQL 数据库实例。

```
# nohup /usr/local/mysql/bin/mysqld --defaults-file=/mysql/3302/my.cnf
--user=mysql &
```

4）查看主数据库状态。

登录主数据库，查看主数据库状态。

```
Mysql>flush tables with read lock;      #在生产环境下加表锁 lock
                                        #确保数据同步后新数据再进入主数据库
Mysql>show master status\G;
```

执行结果如图 16.17 所示。

```
mysql> flush tables with read lock;
Query OK, 0 rows affected (0.00 sec)

mysql> show master status\G;
*************************** 1. row ***************************
             File: mysql-bin.000001
         Position: 156
     Binlog_Do_DB: db_test
 Binlog_Ignore_DB: mysql
Executed_Gtid_Set:
1 row in set (0.00 sec)
```

图 16.17　主数据库的运行状态

由图 16.17 可看到主数据库的运行状态：

- Position:156，显示 MySQL 主数据库的读数据日志的位置序号；
- Executed_Gtid_Set 显示执行过的 SQL 线程数量。

提示：如果 show master status \G 命令的执行结果为空，则意味着主数据库实例没有启动。

5）根据记录显示的 File 和 Position 参数的值用 change master 命令指定同步位置。

在从数据库的终端界面输入如下命令。

```
mysql>stop slave;          # 先停止 slave 服务线程，以确保后续操作顺利进行
mysql> change master to master_host='127.0.0.1',master_port=3302,master_user='slave_user',master_password='slave123',master_log_file='mysql-bin.000001',master_log_pos=156;
```

6）查看从数据库的状态。

```
mysql> start slave;
mysql> show slave status\G;
```

结果如图 16.18 所示。

如果 Slave_IO_Running 和 Slave_SQL_Running 的值都为 Yes，则说明从数据库设置成功。

如果出现 Last_IO_Error: error connecting to master 'slave_user@127.0.0.1:3302' - retry-time: 60 retries: 1 message: Authentication plugin 'caching_sha2_password' reported error: Authentication requires secure connection.错误，则需要将 3302 实例中的 slave_user 的 plugin 改为 mysql_native_password。

```
mysql> show slave status\G;
*************************** 1. row ***************************
               Slave_IO_State: Waiting for master to send event
                  Master_Host: 127.0.0.1
                  Master_User: slave_user
                  Master_Port: 3302
                Connect_Retry: 60
              Master_Log_File: mysql-bin.000001
          Read_Master_Log_Pos: 156
               Relay_Log_File: localhost-relay-bin.000003
                Relay_Log_Pos: 324
        Relay_Master_Log_File: mysql-bin.000001
             Slave_IO_Running: Yes
            Slave_SQL_Running: Yes
              Replicate_Do_DB: db_test
          Replicate_Ignore_DB: mysql,information_schema,performance_schema
           Replicate_Do_Table:
       Replicate_Ignore_Table:
      Replicate_Wild_Do_Table:
  Replicate_Wild_Ignore_Table:
                   Last_Errno: 0
                   Last_Error:
                 Skip_Counter: 0
          Exec_Master_Log_Pos: 156
              Relay_Log_Space: 705
              Until_Condition: None
               Until_Log_File:
                Until_Log_Pos: 0
           Master_SSL_Allowed: No
           Master_SSL_CA_File:
```

图 16.18 从数据库的运行状态

修改 3302 实例中的密码，命令如下：

```
mysql> ALTER USER 'slave_user'@'%' IDENTIFIED WITH mysql_native_password BY 'slave123';
Query OK, 0 rows affected (0.00 sec)

mysql> FLUSH PRIVILEGES;
Query OK, 0 rows affected (0.00 sec)
mysql> select user,plugin from mysql.user;
```

```
+------------------+-----------------------+
| user             | plugin                |
+------------------+-----------------------+
| slave_user       | mysql_native_password |
| mysql.infoschema | caching_sha2_password |
| mysql.session    | caching_sha2_password |
| mysql.sys        | caching_sha2_password |
| root             | caching_sha2_password |
+------------------+-----------------------+
5 rows in set (0.00 sec)
```

可以看到，slave_user 的 plugin 已修改成了 mysql_native_password。

16.3.4　同步测试

通过向主数据库中插入记录，可以验证数据是否同步到从数据库中。

1. 主数据库的操作

在 Linux 里登录主数据库，在命令终端输入一条插入命令，执行命令如下：

```
mysql>use db_test;
mysql>insert into t_info values(1,'大马哈鱼');
mysql>select * from t_info;
```

结果如图 16.19 所示。

2. 从数据库的操作

登录从数据库，在命令终端输入如下命令：

```
mysql>use db_test;
mysql>select * from t_info;
```

结果如图 16.20 所示，发现一条与插入主数据库一模一样的记录，说明主从同步实现。

```
mysql> select * from t_info;
+----+--------------+
| no | name         |
+----+--------------+
| 1  | 大马哈鱼     |
+----+--------------+
1 row in set (0.00 sec)
```

图 16.19　向主数据库的 t_info 表里插入一条记录

```
mysql> select * from t_info;
+----+--------------+
| no | name         |
+----+--------------+
| 1  | 大马哈鱼     |
+----+--------------+
1 row in set (0.00 sec)
```

图 16.20　查看从数据库 t_info 表中的记录

16.4　复杂的主从部署

其实 16.3 节是最简单的主从部署方式，仅仅实现了数据热备作用。这一节介绍复杂的主从部署方案。

16.4.1　需求及部署设计

假设三酷猫的海鲜店经过 2 年的单店运行，生意日渐兴隆，而且海鲜业务扩展到线上销售，业务遍布全球。预计 5 年后业务规模将扩大 10000 倍，线上每天需要承受千万次的访问量，因此需要重新估算存储空间，并需要满足快速访问的要求。

根据 16.2 节原先估算的 5 年存储量为 5GB，扩大 10000 倍后，存储量为：

5GB×10000=50000GB=50000GB÷1024≈49TB

需要采购存储量为 60TB 的服务器 2 台，用于一主一从设备。

再仔细分析需求，发现每天在线千万次的访问量主要集中在两个方面，一是商品销售信息的浏览和检索，另一个是在线结账。为了分流访问量，使访问体验更好，要求将商品销售信息和结账信息独立存放在一个数据库下，然后通过 4 台从服务器进行主从实时同步备份。另外，在线访问业务全部通过从服务器进行数据读取，主服务器仅用于数据的插入、修改和删除操作，即读写分离。主从部署示意图如图 16.21 所示。

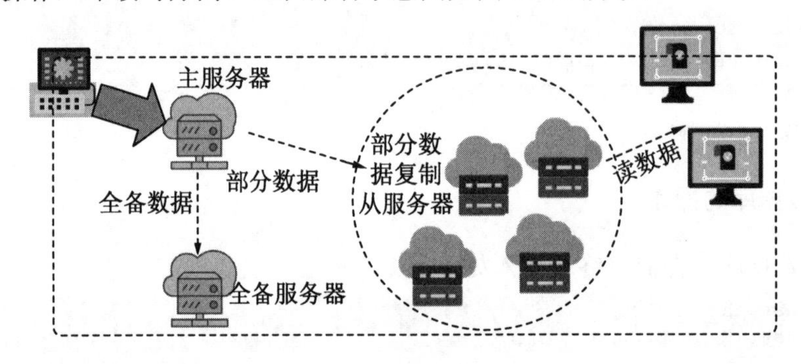

图 16.21　读写分离式部署

16.4.2　主从部分安装

在 16.4.1 小节的基础上，实现主从部分的安装过程。

1. 部署安装清单

主从部分的部署清单如表 16.5 所示。

表 16.5　主从部分的部署清单

IP	端　口	节　点	读　写	说　明
127.0.0.1	3302	Master	读写	主节点
127.0.0.1	3303	Slave	只读	从节点，部分同步

这里仍然采用一台主机，多个实例的方式来演示主从部分的部署。127.0.0.1:3302 作为主节点，负责数据库的读写；127.0.0.1:3303 作为从节点，同步主节点的部分数据库表。

2. 安装过程

1）安装主从 MySQL 数据库的安装包。

MySQL 数据库的安装过程参见 16.3 节，这里不再重复介绍。

2）创建主数据库实例及表。

① 启动主数据库实例。

```
nohup mysqld --defaults-file=/mysql/3302/my.cnf --user=mysql &
```

② 登录主数据库。

```
mysql -uroot -P 3302 --protocol=tcp -p
```

③ 登录成功后，查看数据库中的所有表。

```
mysql> use db_test;                                    #切换数据库
mysql> show tables;                                    #显示数据库中的所有表
```

执行结果如图 16.22 所示。

t_info 表是在 16.3.1 小节创建的，现在来创建另一张数据库表 t_pay，其包含编号 id 和支付金额 amount 字段，创建命令如下：

```
mysql> create table t_pay
(id int not null primary key comment '编号',
      amount decimal(12,2) comment '金额'
 );
```

创建结果如图 16.23 所示。

```
mysql> show tables;
+--------------------+
| Tables_in_db_test |
+--------------------+
| t_info             |
+--------------------+
1 row in set (0.00 sec)
```

图 16.22　查看主数据库实例里 db_test 库中的所有表

```
mysql> show tables;
+--------------------+
| Tables_in_db_test |
+--------------------+
| t_info             |
| t_pay              |
+--------------------+
2 rows in set (0.00 sec)
```

图 16.23　创建 t_pay 表后查看所有表

3）主从节点配置。

在主节点的配置文件 my.cnf 中添加如下参数:

```
[mysqld]
user=mysql2
port=3302
basedir=/usr/local/mysql/
datadir=/mysql/3302/data
lower_case_table_names=1
innodb_buffer_pool_size=128M
```

```
socket=/tmp/mysql_3302.sock
server-id = 1
log-bin=mysql-bin
binlog-do-db = db_test                    #db_test 用于指定主从复制的数据库名
binlog-ignore-db = mysql                  #mysql 用于指定主从复制忽略的数据库名
```

在从节点的配置文件 my.cnf 中添加如下参数。

```
[mysqld]
server-id = 2
log-bin=mysql-bin
replicate-do-db =db_test
replicate-ignore-db = mysql,information_schema,performance_schema
replicate-wild-do-table=db_test.t_info
replicate-wild-ignore-table=db_test.t_pay
```

主要添加了两个参数：replicate-wild-do-table 和 replicate-wild-ignore-table。

replicate-wild-do-table = db_test.t_info，用于复制表的白名单，设定需要复制的表（多个数据库之间使用逗号隔开或重复设置多行），这里指定为 db_test 库的 t_info 表。

replicate-wild-ignore-table = db_test.t_pay，用于复制表的黑名单，设定需要忽略的复制的表（多数据库之间使用逗号隔开或重复设置多行），这里指定为 db_test 库的 t_pay 表。

添加后的完整参数如下：

```
[mysqld]
user=mysql2
port=3303
basedir=/usr/local/mysql/
datadir=/mysql/3303/data
lower_case_table_names=1
innodb_buffer_pool_size=128M
socket=/tmp/mysql_3303.sock
server-id=2
log-bin=mysql-bin
replicate-do-db=db_test
replicate-ignore-db=mysql,information_schema,performance_schema
replicate-wild-do-table=db_test.t_info
replicate-wild-ignore-table=db_test.t_pay
```

3. 安装完成后进行测试

启动主节点和从节点。

```
#启动主节点
#  nohup mysqld --defaults-file=/mysql/3302/my.cnf --user=mysql &
#启动从节点
#  nohup mysqld --defaults-file=/mysql/3303/my.cnf --user=mysql &
#  mysql -uroot -P 3302 --protocol=tcp -p       #登录主节点实例
#  mysql -uroot -P 3303 --protocol=tcp -p       #登录从节点实例
```

在从节点实例上查看 slave 的状态。

```
mysql> show slave status\G;
```

检查 Slave_IO_Running、Slave_SQL_Running 的值都为 Yes，则主从复制启动。

查看从节点中的数据库和表，结果如图 16.24 和图 16.25 所示。

```
mysql> use db_test;                              #切换到 db_test 库
mysql> show tables;                              #显示所有的表
mysql> select * from t_info;                     #查看表 t_info 中的记录
```

```
mysql> show tables;
+-------------------+
| Tables_in_db_test |
+-------------------+
| t_info            |
+-------------------+
1 row in set (0.00 sec)
```

图 16.24　从节点中的 t_info 表

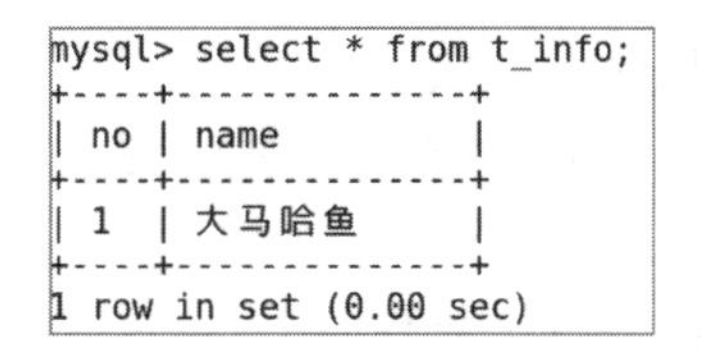

```
mysql> select * from t_info;
+----+--------------+
| no | name         |
+----+--------------+
| 1  | 大马哈鱼     |
+----+--------------+
1 row in set (0.00 sec)
```

图 16.25　查看从节点 t_info 表中的记录 1

从图 16.24 和图 16.25 中可以看到，从数据库中目前有一个表 t_info，表里有一条数据，t_pay 表并未同步，符合部分同步的设计要求。

在主节点实例上分别向表 t_info 和 t_pay 中插入一条数据，再查看从节点的同步状况。

```
mysql> insert into t_info values(2,'欢乐
狗');            #向主节点实例中插入一条数据
```

查看从节点 t_info 表中的记录，如图 16.26 所示，发现同步了新记录，而 t_pay 没有同步记录（查看过程省略），满足复制部分表的设计要求。

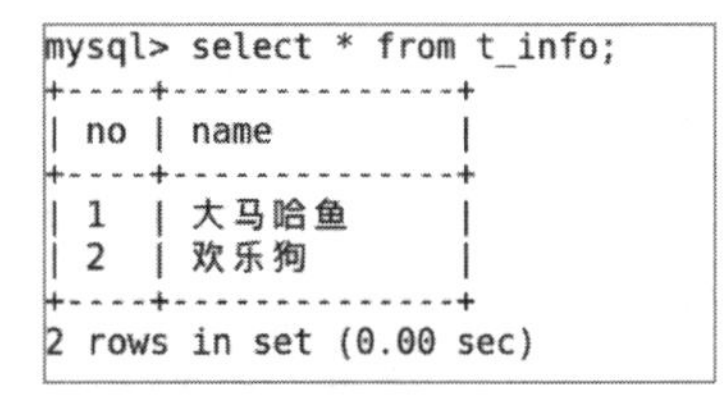

```
mysql> select * from t_info;
+----+--------------+
| no | name         |
+----+--------------+
| 1  | 大马哈鱼     |
| 2  | 欢乐狗       |
+----+--------------+
2 rows in set (0.00 sec)
```

图 16.26　查看从节点 t_info 表中的记录 2

16.4.3　主备安装

这里的主备安装与 16.4.2 小节的主从安装的主要区别如下：

- 主备方式：数据从一台服务器到另一台服务器是完全同步热备，这样既提高了数据库的容灾性，又可以进行负载均衡，可以将请求分摊到其中的任何一台服务器上，提高网站的吞吐量。
- 主从方式：数据是异步同步热备，主从服务器之间复制数据会有一些微小的延时，因而会出现数据不一致的情况。

1．部署安装清单

在 16.4.2 小节主从部分部署的基础上，继续部署主备节点，部署清单如表 16.6 所示。

表 16.6　主备节点部署清单

IP	端　口	节　点	读　写	说　明
127.0.0.1	3302	Master	读写	主节点
127.0.0.1	3304	Standby	只读，可切换为读写	备节点，允许升级为主节点

同 16.4.2 小节一样，将 127.0.0.1:3302 作为主节点，负责数据库的读写，127.0.0.1:3304 作为全热备节点，同步主节点中全部的数据库表。

2．安装过程

1）主节点的安装。

127.0.0.1:3302 节点的安装见 16.3.2 小节。

2）热备节点的安装。

在 Linux 下安装过程如下：

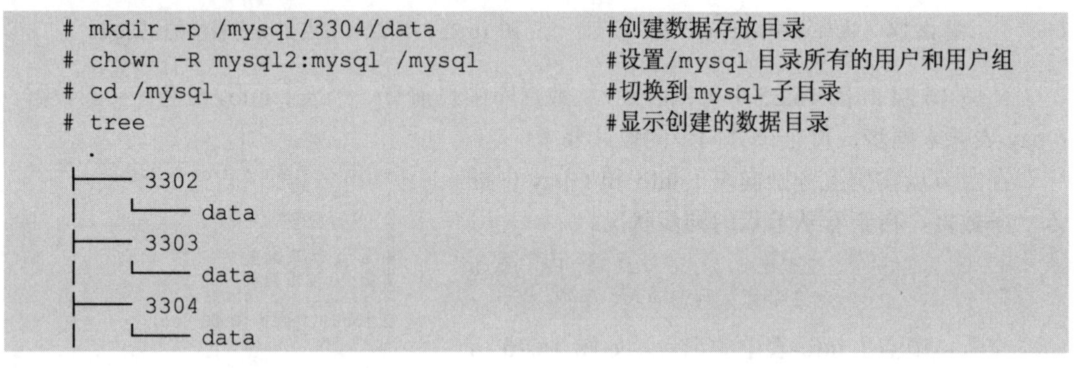

```
# mkdir -p /mysql/3304/data                    #创建数据存放目录
# chown -R mysql2:mysql /mysql                 #设置/mysql 目录所有的用户和用户组
# cd /mysql                                    #切换到 mysql 子目录
# tree                                         #显示创建的数据目录
 .
├── 3302
│   └── data
├── 3303
│   └── data
├── 3304
│   └── data
```

建立 127.0.0.1:3304 节点配置文件。

```
# vi /mysql/3304/my.cnf
```

配置文件内容如下：

```
 [mysqld]
user=mysql2
port=3304
basedir=/usr/local/mysql/
datadir=/mysql/3304/data
lower_case_table_names=1
innodb_buffer_pool_size=128M
socket=/tmp/mysql_3304.sock
server-id=3
log-bin=mysql-bin
replicate-do-db=db_test                        #指定要复制的数据库为 db_test
replicate-ignore-db=mysql,information_schema,performance_schema
```

关于备节点的初始化及修改 root 密码的部分，请参考 16.2.2 小节。

主备节点同步请参考 16.3 节的主从部分设置。

启动主节点和备节点数据库实例并登录。

```
#启动主节点
#  nohup mysqld --defaults-file=/mysql/3302/my.cnf --user=mysql &
#启动备节点
#  nohup mysqld --defaults-file=/mysql/3304/my.cnf --user=mysql &
#  mysql -uroot -P 3302 --protocol=tcp -p              #登录主节点实例
#  mysql -uroot -P 3304 --protocol=tcp -p              #登录备节点实例
```

在主节点数据库终端界面输入如下命令：

```
Mysql>show master status;
```

记录 File 和 Position 参数的值。

根据 File 和 Position 的值在备数据库的终端界面输入如下命令。

```
mysql>stop slave;                    //先停止 slave 服务线程，以确保后续操作顺利进行
mysql> change master to master_host='127.0.0.1',master_port=3302,master_
user='slave_user',master_password='slave123',master_log_file='mysql-bin.
000021',master_log_pos=156;
```

在主数据库中创建 db_test 数据库及 t_info 表。

```
mysql> create database db_test;
mysql> use db_test;                          #使用 db_test 库
mysql> create table t_info(id int not null primary key,name varchar(20));
mysql> insert into t_info values(1,'太阳雨');
```

查看备节点数据库的状态。

```
mysql> start slave;
mysql> show slave status\G;
```

检查 Slave_IO_Running 和 Slave_SQL_Running 是否都为 Yes。如果都为 Yes，则备节点会同步主节点中的数据。

16.4.4　读写分离

当主数据库节点的读写压力加大时，可以考虑主从节点读写分离；主节点专注于数据的写入，从节点（可以包括备份节点）专注于数据的读取，这样可以提高数据读写的响应性能。设置过程如下：

设置从节点服务器为只读状态，在从节点 MySQL 数据库命令终端执行如下命令。

```
mysql> set global read_only=1;                #1 是只读，0 是读写
mysql> show global variables like "%read_only%";
```

执行结果如图 16.27 所示。

- 对于数据库读写状态，需要通过“read_only”全局参数来设定。
- 默认情况下，数据库是用于读写操作的，因此 read_only 参数也是 0 或 OFF 状态，这时候不论是本地用户还是远程访问数据库的用户，都可以进行读写操作。
- 如果需要将数据库设置为只读状态，将 read_only 参数设置为 1 或 ON 状态即可。设置 read_only=1 时需要注意两个问题：
  - ➢ read_only=1 为只读模式时不会影响

```
mysql> set global read_only=1;
Query OK, 0 rows affected (0.00 sec)

mysql> show global variables like "%read_only%";
+-----------------------+-------+
| Variable_name         | Value |
+-----------------------+-------+
| innodb_read_only      | OFF   |
| read_only             | ON    |
| super_read_only       | OFF   |
| transaction_read_only | OFF   |
+-----------------------+-------+
4 rows in set (0.01 sec)
```

图 16.27　设置从节点为只读方式

slave 同步复制的功能，在 MySQL slave 库中设定 read_only=1 后，通过 show slave status\G 命令查看 salve 状态时可以看到，salve 仍然会读取 Master 上的日志，并且在 slave 库中应用日志，保证主从数据库同步，如图 16.28 所示。

```
mysql> show slave status\G;
*************************** 1. row ***************************
               Slave_IO_State: Waiting for master to send event
                  Master_Host: 127.0.0.1
                  Master_User: slave_user
                  Master_Port: 3302
                Connect_Retry: 60
              Master_Log_File: mysql-bin.000022
          Read_Master_Log_Pos: 1378
               Relay_Log_File: localhost-relay-bin.000008
                Relay_Log_Pos: 926
        Relay_Master_Log_File: mysql-bin.000022
             Slave_IO_Running: Yes
            Slave_SQL_Running: Yes
              Replicate_Do_DB: db_test
          Replicate_Ignore_DB: mysql,information_schema,performance_schema
           Replicate_Do_Table:
       Replicate_Ignore_Table:
      Replicate_Wild_Do_Table:
  Replicate_Wild_Ignore_Table:
                   Last_Errno: 0
                   Last_Error:
                 Skip_Counter: 0
          Exec_Master_Log_Pos: 1378
              Relay_Log_Space: 1927
              Until_Condition: None
               Until_Log_File:
                Until_Log_Pos: 0
           Master_SSL_Allowed: No
           Master_SSL_CA_File:
           Master_SSL_CA_Path:
              Master_SSL_Cert:
```

图 16.28　显示主从同步

- 设置 read_only=1 为只读模式，可以限制普通用户对数据进行修改，但不会限定具有 super 权限的用户对数据进行修改。

为了保证主从同步可以持续下去，在 slave 库中要保证具有 super 权限的 root 等用户只能在本地登录，不会发生数据变化，其他远程连接的应用用户只按需分配为 select、insert、update 和 delete 等权限，保证没有 super 权限，则只需要将 salve 设定为“read_only=1”模式，既可保证主从同步，又可以实现从库只读。

16.4.5　主从切换

当主数据库节点发生故障时，可以通过切换到全热备的从数据库节点，让其承担新的主数据库节点的功能，保证数据库系统正常运行。主从切换过程如下：

在 16.4.3 小节主从部署的方案上，假设主节点（端口号为 3302）出现故障，如图 16.29 所示，需要把从节点（端口号为 3304）升级切换到主节点位置，替代原先的主节点。

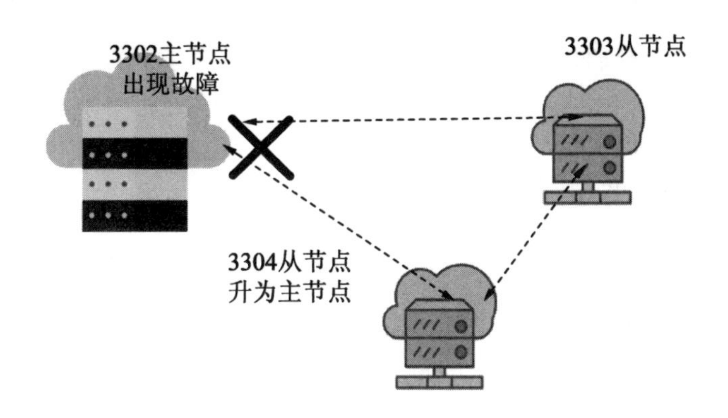

图 16.29　主节点切换

1）模拟主节点宕机，在原 3302 主节点上执行以下命令：

```
mysql> shutdown;                          //关闭主节点中的 MySQL 数据库实例
```

2）在 3304 节点上执行以下命令：

```
//停止所有从节点线程，保证从节点已经处理了日志中的所有更新命令
mysql> stop slave io_thread;
mysql> show processlist;                  //显示更新结果
```

更新结果如图 16.30 所示。

```
mysql> SHOW PROCESSLIST;
+----+-----------------+-----------------+---------+---------+------+-------------------------------------------------------+------------------+
| Id | User            | Host            | db      | Command | Time | State                                                 | Info             |
+----+-----------------+-----------------+---------+---------+------+-------------------------------------------------------+------------------+
|  6 | event_scheduler | localhost       | NULL    | Daemon  |  632 | Waiting on empty queue                                | NULL             |
| 10 | root            | localhost:34798 | db_test | Query   |    0 | init                                                  | SHOW PROCESSLIST |
| 14 | system user     |                 | NULL    | Query   |  204 | Slave has read all relay log; waiting for more updates | NULL             |
+----+-----------------+-----------------+---------+---------+------+-------------------------------------------------------+------------------+
3 rows in set (0.00 sec)
```

图 16.30　查看从节点中正在执行的线程

确保从库都执行了 relay log 的全部更新后，在每个从库中执行 stop slave io_thread 命令，然后检查 show processlist 的输出状态，如果是 Slave has read all relay log; waiting for more updates，表示更新全部执行完毕。

3）提升端口号为 3304 的备节点为 Master。

在备节点上执行如下命令，将其设置为新的主节点。

```
mysql> stop slave;                        //停止从复制
mysql> Reset master;                      //进行主库 binlog 初始化工作
//清除与其他节点的连接参数，运行 show slave status 就输出为空
mysql> Reset slave all;
```

查看 slave 是否为只读模式。

```
show variables like 'read_only';
```

结果如图 16.31 所示，如果 ready_only 为 ON，则可以通过 set global read_only=off;来

设置，这里的主节点要求具有读写权限，ready_only 值为 OFF 表示可读写。

```
mysql> show variables like 'read_only';
+---------------+-------+
| Variable_name | Value |
+---------------+-------+
| read_only     | OFF   |
+---------------+-------+
1 row in set (0.01 sec)
```

图 16.31　查看新的主节点是否为只读模式

4）在新主节点 3304 上创建同步专用账户。

在新主节点 3304 的数据库命令终端设置如下命令。

```
mysql> create user 'slave_user'@'%' identified with mysql_native_password
by 'slave123';
mysql> grant replication slave on *.* to 'slave_user'@'%';
mysql> flush privileges;
```

5）修改新的主节点 3304 上的 my.cnf 文件。

```
[mysqld]
user=mysql2
port=3304
basedir=/usr/local/mysql/
datadir=/mysql/3304/data
lower_case_table_names=1
innodb_buffer_pool_size=128M
socket=/tmp/mysql_3304.sock
server-id=3
log-bin=mysql-bin
binlog-do-db = db_test                    #db_test 用于指定主从复制的数据库名
binlog-ignore-db = mysql
```

6）当 3302 节点修复完成后，就可以继续以新的从节点的角色加入了。设置过程如下：

① 修改 3302 端口中原主节点上的 my.cnf 文件。

```
[mysqld]
user=mysql2
port=3302
basedir=/usr/local/mysql1/
datadir=/mysql/3302/data
lower_case_table_names=1
innodb_buffer_pool_size=128M
socket=/tmp/mysql_3302.sock
server-id = 1
log-bin=mysql-bin
replicate-do-db =db_test                  #复制库的白名单
#数据库黑名单列表
replicate-ignore-db = mysql,information_schema,performance_schema
```

② 分别重启 3302 和 3304 对应的 MySQL 数据库实例。

分别停止 3302 和 3304 的 MySQL 数据库实例进程。在 Linux 中停止进程的命令如下：

```
#ps -ef|grep mysql
#kill -9 进程号
```

然后分别启动 3303 和 3304 的 MySQL 数据库实例。

```
# nohup mysqld --defaults-file=/mysql/3302/my.cnf --user=mysql &
# nohup mysqld --defaults-file=/mysql/3304/my.cnf --user=mysql &
```

7）进行主从配置。

登录原备节点 3304 端口数据库，查看数据库的状态。

```
mysql> show master status\G;
```

记录 File 和 Position 参数的值。根据 File 和 Position 的值在原主节点 3302 端口数据库终端和原 3303 端口数据库终端界面，分别输入如下命令，使 3302 和 3303 的从节点重新指向新的主节点 3304。

```
mysql> stop slave;          //先停止 slave 服务线程，确保后续操作顺利进行
mysql> change master to master_host='127.0.0.1',master_port=3304,master_
user='slave_user',master_password='slave123',master_log_file='mysql-bin.
000002',master_log_pos=156;
```

查看原主节点 3302 端口和从节点 3303 端口的数据库状态，执行命令如下：

```
mysql> start slave;
mysql> show slave status\G;
```

检查 Slave_IO_Running 和 Slave_SQL_Running 的值是否都为 Yes。如果为 Yes，则主从同步切换完成。上述主从配置及重启结果如图 16.32 所示。

```
mysql> stop slave;
Query OK, 0 rows affected, 1 warning (0.01 sec)

mysql>  change master to master_host='127.0.0.1',master_port=3304,master_user='slave_user
',master_password='slave123',master_log_file='mysql-bin.000005',master_log_pos=156;
Query OK, 0 rows affected, 8 warnings (0.01 sec)

mysql> start slave;
Query OK, 0 rows affected, 1 warning (0.00 sec)

mysql> show slave status\G;
*************************** 1. row ***************************
               Slave_IO_State: Waiting for master to send event
                  Master_Host: 127.0.0.1
                  Master_User: slave_user
                  Master_Port: 3304
                Connect_Retry: 60
              Master_Log_File: mysql-bin.000005
          Read_Master_Log_Pos: 156
               Relay_Log_File: localhost-relay-bin.000002
                Relay_Log_Pos: 324
        Relay_Master_Log_File: mysql-bin.000005
             Slave_IO_Running: Yes
            Slave_SQL_Running: Yes
              Replicate_Do_DB: db_test
          Replicate_Ignore_DB: mysql,information_schema,performance_schema
           Replicate_Do_Table:
       Replicate_Ignore_Table:
```

图 16.32　主从配置及重启结果

8）测试新的主节点和从节点。

向新主节点 3304 端口数据库中插入一条数据，查看从节点 3302 端口和 3303 端口的数据同步情况。

```
mysql> use db_test;
Database changed
mysql> select * from t_info;
```

```
Empty set (0.00 sec)
mysql> insert into t_info values(1,'大公鸡');
Query OK, 1 row affected (0.00 sec)
```

分别在主节点 3304 端口数据库终端、从节点 3302 端口数据库终端、从节点 3303 端口数据库终端执行如下命令。

```
mysql> select * from t_info;
```

测试结果如图 16.33 所示，可以确认测试数据已经同步，新的主节点和从节点切换成功。

```
mysql> select * from t_info;
+----+-----------+
| id | name      |
+----+-----------+
|  1 | 大公鸡    |
+----+-----------+
1 row in set (0.00 sec)
```

图 16.33　新的主、从节点数据测试成功

第 17 章 分布式部署

如果需要存储的数据超过一台服务器的存储空间，则需要将数据分散到不同的服务器上去存储，并进行分布式增、删、改、查等操作，由此，产生了分布式数据库操作的需求。

另外，当一台服务器满足不了用户的读写访问响应要求时，也可以考虑把一个大表进行拆分，然后将其存储到不同的服务器里，以提高客户端读写访问服务器端的速度。

本章的主要内容如下：

- 分布式数据库原理；
- MyCat 中间件；
- 分布式部署实战案例。

17.1 分布式数据库的原理

在使用分布式数据库（Distributed DataBase，DDB）技术之前，需要先了解分布式数据库技术的基本原理，方便技术的选择和使用。本节将对分布式数据库的基础知识进行简单介绍。

17.1.1 分布式的概念

当一台服务器无法满足数据库系统的数据存储及业务操作时，科学家就想到了利用多台服务器、多个数据库，采用分布式技术实现对数据的存储和操作服务，而且对用户使用透明，这就是分布式数据库技术的概念。

这里用户使用透明，要求用户使用分布式数据库与传统的集中部署数据库在终端访问上是透明的。从上述定义可知分布式数据库核心特点：多服务器部署、分布式技术实现、用户使用透明。

通用数据库分布式部署原理如图 17.1 所示。

1. 通用数据库分布式部署原理

由图 17.1 可知，通用数据库分布式部署组成如下：

- 终端用户：包括台式计算机、智能手机、平板电脑等终端设备，通过浏览器、App

等访问服务器端数据库里的数据并读写数据。

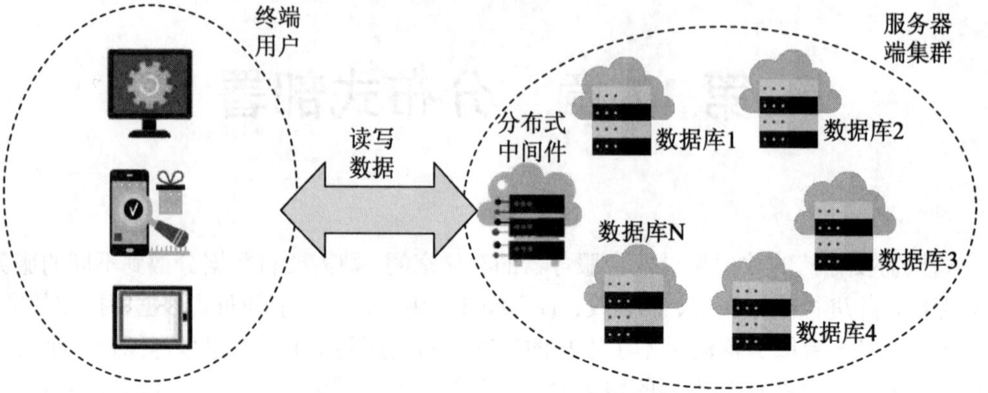

图 17.1　通用数据库分布式部署原理

- 服务器端集群（Cluster）：由 N 台服务器组成，每台服务器里部署着一套数据库系统。这些数据库系统由分布式中间件进行统一管理，合理存储数据并合理分配 SQL 操作语句。
- 节点（Node）：对于部署数据库的一个物理服务器，可以看作服务器集群的一个节点。
- 服务器集群里的分布式数据库为终端用户提供更加高效的大数据①级别的业务数据。

2. 集群类型

根据数据存储方式，数据库集群部署可以分为同步集群（Synchronous Cluster）和异步集群（Asynchronous Cluster）。

- 同步集群：当终端用户向服务器端中间件提交数据时，通过心跳②（Heartbeat）等握手技术保证数据可以同时发布到每台服务器的数据库里，数据内容保持同步。
- 异步集群：终端用户向服务器端主数据库系统提交数据，其他服务器节点的从数据库定时从主数据库读取数据，保持数据内容的一致性。

由此可见，同步集群可以更快地保证集群上的每个节点数据库的内容一致，但是该同步分布式技术实现相对复杂，对部署中间件的服务器各项性能要求也更高。而异步集群对分布式技术实现要求较低，对中间件实现要求也低。

不同的使用场景决定了不同的集群部署方式。例如银行结账数据，必须保持高度的数据同步，否则数据不一致会导致资金结算出现异常，这对用户来说是无法接受的。对于电商来说，对已结账数据的再访问，允许有几秒到几分钟的延迟，那么就可以选择异步集群。

MySQL 数据库在研发之初定位于单机数据库系统，也就是其本身不提供分布式服务功能。随着大数据应用场景的日趋增多，技术人员希望借助中间件技术和 MySQL 数据库

① 大数据（Big Data）：超过一台物理服务器存储量的数据可以看作大数据，其级别基本为 PB 级。
② 心跳握手技术是一种数据同步通信握手确认技术。

技术，实现对分布式数据的使用。

本书将通过 MyCat 2 中间件产品与 MySQL 数据库的结合，介绍分布式部署和操作。

17.1.2　数据分片

当一个表中的数据记录量过大，读写延迟严重或单台服务器无法满足数据存储需要时，可以考虑使用分布式存储数据。这就涉及把单表数据进行拆分的问题。目前，主流的数据拆分方法分为水平分片和垂直分片两种。

1. 水平分片

水平分片的原理是通过哈希等算法，把不同的数据记录均衡地存放到不同的服务器的数据库实例里。

如图 17.2 所示，左边列表的 6 条记录被均衡地拆分为右边 2 台服务器的 2 个数据库。通过增加服务器的数量，使每台服务器里存储的数据量适合读写访问需要，可以提高读写访问性能，解决了一台服务器所面临的读写访问压力问题。

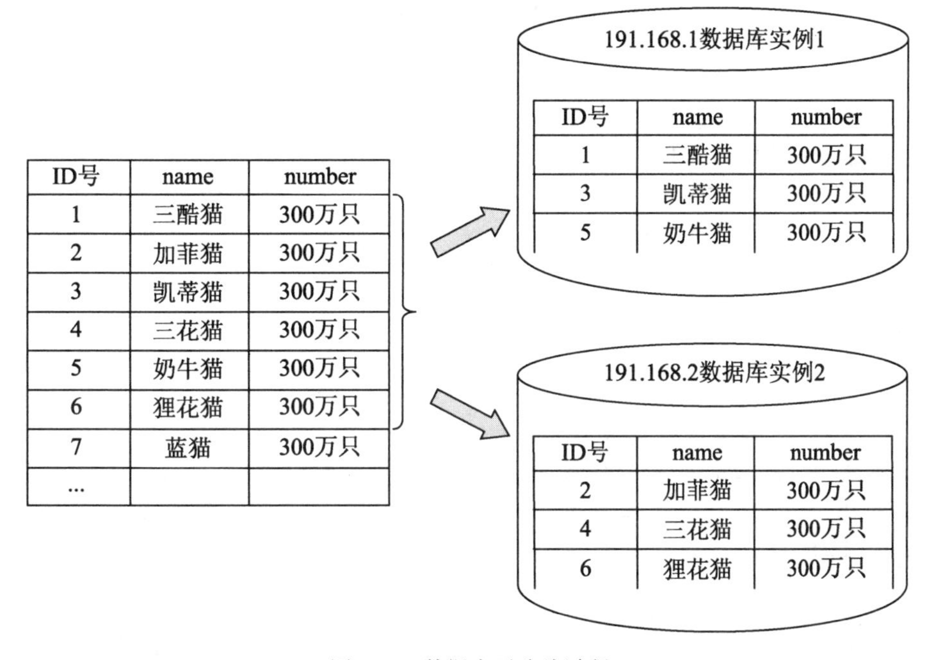

图 17.2　数据水平分片过程

在海量数据记录情况下，水平分片可以让不同的服务器均衡分担数据存储任务。

为了方便数据存储和读写，这里会采用算法，使数据得到合理分布。常见的有哈希（Hash）算法和奇偶数模 2 算法等。以图 17.2 所示的 1 到 6 条记录为例，可以采用公式 17.1 中的算法，实现数据分布索引。

$$Hash(ID) = ID \ MOD \ 2 \tag{17.1}$$

公式 17.1 的 ID 为图 17.2 中的 ID 号，MOD 为 ID 与 2 相除求余数。如 1 MOD 2 求余数是 1，该 ID 数据记录将会存储到 192.168.1 的服务器的数据库实例里。2 MOD 2 的余数是 0，该 ID 号的数据记录将会存储到 192.168.2 的服务器的数据库实例里，实现了数据水平分片和存储。

2．垂直分片

垂直分片是按照数据业务范围分类，把数据拆分到不同服务器的数据库实例里。

例如三酷猫开的海鲜店平台，涉及商品基本信息表、商品销售展示表和商品销售记录表。该平台业务范围涉及全国。根据区域访问及交易量，先按照业务发生来源，把业务范围分为华东、华北、东北、华南、华中、西南、西北和其他 8 个区域，每个区域独立建立一个存储节点，每个节点包含 3 个表，即它们都可以支持当地完整的业务处理。这就是按照业务进行垂直分片的原理。

如图 17.3 所示，把左边的一个数据库实例按照区域业务范围拆分成了 8 个数据库实例。垂直拆分的优点是每个节点中的业务数据比较完整，可以相对独立地为当地用户进行快速读写提供服务，而且大大减轻了单数据库的数据存储压力。

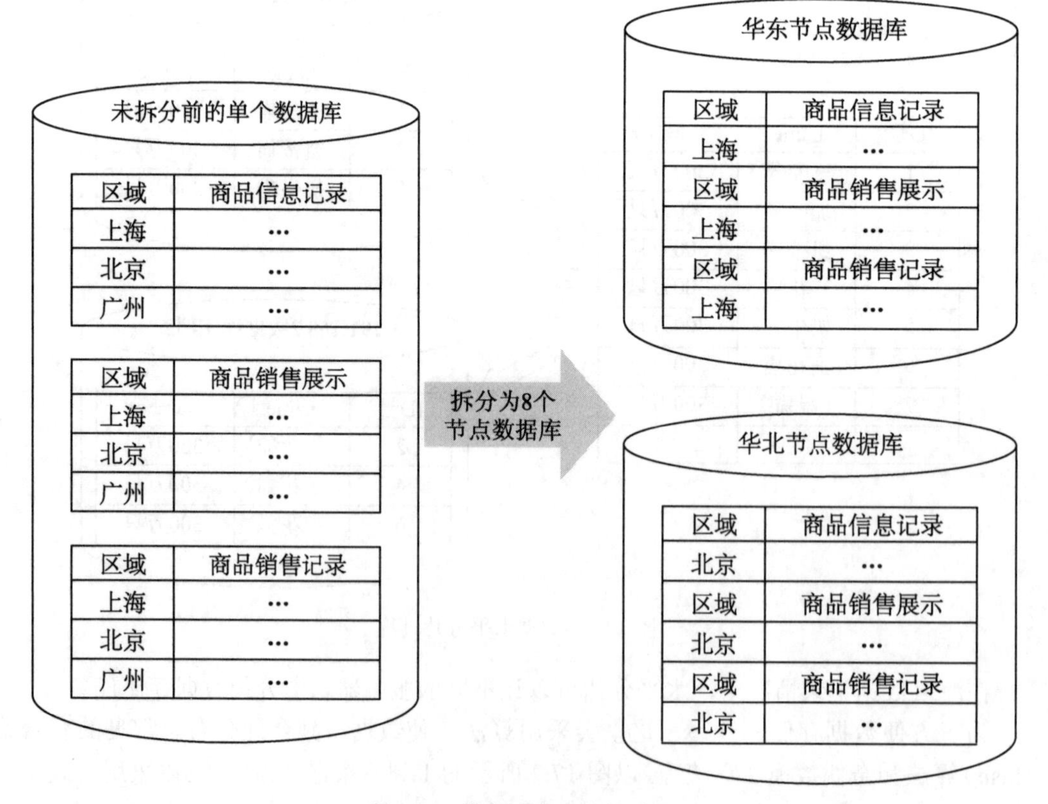

图 17.3　数据垂直分片的过程

MyCat 2 中间件为数据分片情况下进行分布式数据操作提供了数据通信、命令执行、读写负载均衡等功能。

17.2　MyCat 中间件

MyCat 中间件是一套可以相对独立运行的基于 MySQL、SQL Server 和 Oralce 等传统关系型数据库系统实现分布式数据管理的系统。

17.2.1　MyCat 发展历史

MyCat 是一款国产、开源的，基于传统关系型数据库系统的分布式数据管理中间件，常用于解决数据分片问题，具有简单易学的特点。

- 2013 年，MyCat 起源于阿里的 Cobar 中间件。经过 Leader.US 先生二次开发，命名为 MyCat。
- 2014 年，Leader.US 在上海的《中华架构师》大会上对外宣讲 MyCat，自此越来越多的人开始使用 MyCat 并参与 MyCat 开发。此时，MyCat 与其他中间件最主要的区别是实现了基于 NIO 的结果集合并，其效果类似于异步后端推送结果集并支持流式合并的结果集聚合运算，在不涉及（不支持）复杂运算的情况下性能很好。
- 2015 年，核心志愿者们一起编写了《MyCat 权威指南》并发布了其电子版，累计销售超过 500 本，成为国内开源项目中的首创。到 2015 年 10 月，MyCat 项目总共有 16 个 Committer。
- 2016 年年末，超过 4000 名用户在线研究并使用 MyCat。核心志愿者们一起编写、出版了《分布式数据库架构及企业实践——基于 Mycat 中间件》一书。
- 2017 年年末，开始 MyCat 2 的研发，使用透传代理型方案。
- 2018 年年末，研发 MyCat 2 的进度缓慢，基本上是社区驱动，是 MyCat 1.x 系列用户反馈提交 PR。
- 2019 年年末，重启 MyCat 2 的研发，同时兼顾用户报告和建议、修复了 MyCat 2 中的大量缺陷。2019 年年末到 2020 年年中开始基于现有的代码资料实现各种 MySQL Proxy 原型，重点解决了 MySQL 报文透传问题，但为方便使用、暂时默认没有开启该功能。2019 年 9 月，核心志愿者认真听取各方建议后开始研究 Apache Calcite，并以此为立足点解决分布式查询问题，此后 MyCat 2 的开发转向分布式查询为主导。
- 2020 年 1 月发布了 MyCat 2 1.0 版本。之后一年多的开发都集中在处理引入 Calcite 导致的变更问题，其中包括改进优化器，设计执行引擎，尝试移植 1.6 的查询引擎等。值得幸庆的是，从 2020 年 9 月开始有公司报告成功上线并解决了分布式查询问题，这对于 MyCat 2 的开发者来说实际上是非常艰难和不可思议的事情。同年 12 月，开始引入 Vertx 作为网络通信框架，引入的想法是一个 MyCat 2 使用两个网络通信框架，方便对比验证及重构接口，整体处理流程也进行了异步化改造。

- 2021 年 1 月开始基于 Vertx MySQL 接口自研 XA 事务框架。因为后端连接响应已经异步化了，直接引入了 RxJava 构建执行器实现流式响应。自此 MyCat 2 的执行层实际上是结合火山模型与 Push 模型实现的。此后数月，核心志愿者根据业界技术的最新进展要求改进了优化器并引入了全局二级索引等技术。
- 截至 2021 年 5 月，MyCat 团队对顺丰速运有限公司、南京华泰证券股份有限公司、苏宁易购集团股份有限公司、中体彩科技发展有限公司、优速快递、北京每日优鲜电子商务有限公司等单位提供了技术服务支持。

17.2.2　MyCat 的主要功能

MyCat 是一款分库分表中间件。一般来说，这类中间件需要实现两大类功能：分布式查询功能和分布式事务功能。从功能导向上看如图 17.4 所示。

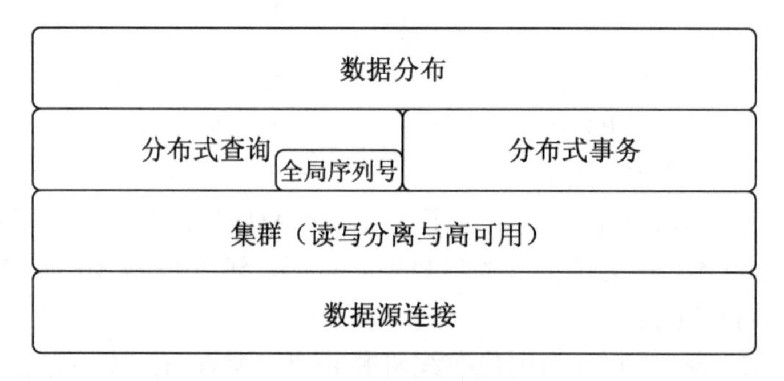

图 17.4　MyCat 的功能导向

- 数据源连接是 MyCat 与 MySQL 数据库通信的接口，另外提供了与应用系统连接的接口。在 MyCat 里存在两类连接（会话），一类是服务器端连接，它是基于 MySQL 网络通信协议实现，只能接收 MySQL 协议的报文；另一类是客户端连接，它基于 JDBC 接口（也有 MyCat 团队自研的 Native 接口，上述的报文透传就是在该自研实现上实现的，它使用异步非阻塞接口，在一些场景中有性能优势）。用户只能更改 MyCat 后端的数据库类型而不能选择前端的协议（MySQL）类型。

MyCat 2 查询在基于规则改写优化基础上，增加了使用 Calcite 分析生成关系表达式，然后根据数据库类型将关系表达式转换为对应的 SQL 方言的功能。该 SQL 方言转换功能是 Calcite 提供的。

MyCat 也提供了基本的数据库连接配置功能，如最大连接数量，它们实际上是 JDBC 连接接口的包装，而对于 Native 连接的实现会尽可能与 JDBC 的配置效果一致。

- 集群（Cluster）管理是对多服务器环境下的多 MySQL 数据库系统的管理。一个简单而普遍的需求是服务器负载均衡（Server Load Balance，SLB）的功能，即提供 MySQL 进行读写负载均衡与高可用服务。由于 MyCat 也内置了该功能，所以也可以承担 SLB 功能。但需要注意的是，对 SQL 的兼容程度，与它的处理流程和实现的技术有很大的关系。MyCat 2 使用 Calcite 分析 SQL，使用数据库的 SQL 优化器技术进行深度分析处理，在处理流程上比较复杂。尽管有多种方法可以避免深度分析处理，但是用 MyCat 作为 SLB 可以说是杀猪用牛刀。
- 分布式查询是应用系统用户的操作需求。分布式查询是对 select、insert、delete 和 update 的基本支持功能。在 MyCat 的案例中，一个常用的架构是，对于分布式查询使用专门的查询器，对于数据插入和修改，则直接在客户端里实现 SQL 路由分布式操作处理。在场景下，MyCat 不能使用分布式事务功能，集群管理也是可选的。实际上，MyCat 2 的查询器并不依赖网络通信框架，有兴趣的读者可以查看源码测试例子，把查询器单独在项目里面使用。
- 分布式事务是分布式系统的一项重要功能。

分布式事务是对开启事务、提交事务及事务状态查询的实现。MyCat 2 的分布式事务处理根据实际情况，在单数据库操作情况下自动采用 MySQL 本身的事务，在涉及多数据库操作的情况下采用 MyCat 2 提供的 XA 事务。

17.2.3 MyCat 2 的实现原理

MyCat 2 是面向分布式部署环境的，其典型的实现原理如图 17.5 所示。

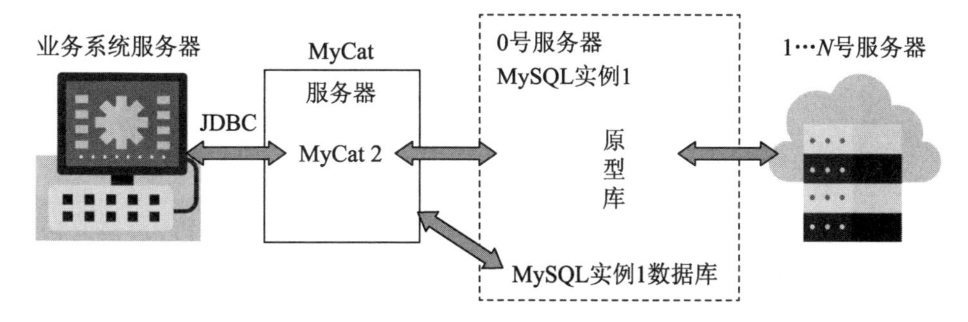

图 17.5 MyCat 2 的部署原理

图 17.5 是基于 MyCat 2 中间件实现对 MySQL 数据库进行分布式管理的部署图。

1. 各服务器节点部署功能

1）业务系统服务器部署业务系统，通过 JDBC 接口实现与 MyCat 2 中间件的数据通信。

2）MyCat 服务器部署 MyCat 2 中间件，为业务系统访问提供 SQL 语句查询、SQL 事务执行、访问负载均衡等功能；为 0 号服务器提供数据连接通信，建立配置提供操作界面；并决定业务系统传递过来的查询命令、事务是通过 0 号服务器单机执行还是通过原型库执行。

3）0 号服务器部署一套 MySQL 数据库实例，并在其内产生至少两类数据库：原型库、业务数据库 0 号节点。该服务器在 MyCat 2 使用场景中作为标配必须存在，起到接收 MyCat 2 执行命令，统一管理其他节点服务器访问的作用。

4）1…N 其他节点服务器，在实际使用时可以不选用其他节点服务器，意味着所有的业务数据都存储在 0 号服务器，处于非分布式管理状态。也可以选用 N 台服务器，每台服务器上都会部署一套 MySQL 数据库实例供 MyCat 2 通过 0 号服务器进行调用。

2. 相关概念

- 原型库（Prototype）：针对 MyCat 2 产生的一个概念，主要为解决 MyCat 2 中间件本身无法执行 SQL 查询和事务以外的其他 SQL 语句，如 show 等命令。在实际部署时，需要为该库提供与物理表（业务数据表）一致的表结构内容（不存储数据）。
- 逻辑库（Logical Schema）：是 MyCat 2 中间件中的数据库，它包含多个逻辑表。
- 逻辑表（Logical Table）：在逻辑库里创建，访问其可以获取不同物理库对应的物理表中的数据。类似 MySQL 数据库里的视图功能。

3. 逻辑表映射到物理分表

```
（逻辑库，逻辑表）→（数据库实例，物理库，物理表）
```

左侧逻辑库里的逻辑表记录了不同节点的 MySQL 数据库实例里，物理库对应的物理表地址信息。此处的物理库也可以指集群，因为集群的每个节点数据可以认为是相同的，对外视作一个数据库。因此物理库可以是一个数据库服务器的集群，也可以是一个真实的物理数据库。它对应 MyCat 2 逻辑表里的 targetName 属性。

数据映射关系有：

- 单表 1：1，指一个逻辑表里仅映射对应 0 号服务器节点中的数据库。
- 分片表 1：N，每个物理分表数据不相同，一个逻辑表对应 N 个服务器节点中的数据库，而且每个节点的数据记录范围与其他节点不重叠。
- 全局表 1：N，每个物理表数据相同，一个逻辑表对应 N 个服务器节点中的数据库，而且每个节点的数据记录范围与其他节点的数据记录范围完全一致。

数据映射关系通过在与 MyCat 2 对接的客户端工具中执行配置命令来实现，配置结果存储于配置文件内。

在 MyCat 2 客户端工具里执行如下命令，创建逻辑分片表 travelrecord。

```
create table travelrecord (
 .... ..
) ENGINE=InnoDB DEFAULT
dbpartition by MOD_HASH (id) dbpartitions 2
```

```
tbpartition by MOD_HASH (id) tbpartitions 2;
```

上述 SQL 命令等价于在 MyCat 2 的 schema 配置文件中添加如下配置信息。

```
{
    "schemaName":"db1",
    "shardingTables":{
        "travelrecord":{
            "createTableSQL":"...",
            "function":{
                "properties":{
                    "dbNum":"2",
                    "mappingFormat":"c${targetIndex}/db1_${dbIndex}/
travelrecord_${index}",
                    "tableNum":"2",
                    "tableMethod":"mod_hash(id)",
                    "storeNum":2,
                    "dbMethod":"mod_hash(id)"
                }
            }
        }
    }
}
```

上述逻辑表和逻辑库的主要配置信息如下：

- dbNum 就是 dbpartitions 后的数值 2，它是分库数量，而 dbMethod 是分库算法。MyCat 2 用分库算法来确定查询 travelrecord 表的 SQL 在哪些节点数据库上执行。
- tableNum 就是 tbpartitions 后的数值 2，它是分库后再次分表的数量，而 tableMethod 是分表算法，它在分库算法的基础上进一步确定了查询 travelrecord 表的 SQL 在哪个节点数据库上执行。
- storeNum 就是设置 travelrecord 表涉及的 MySQL 数据库节点（集群）的数量。

mappingFormat 为映射分区的表达式。

上述逻辑表里配置的对应分区如下：

- （c0，db1_0，travelrecord_0）；
- （c0，db1_0，travelrecord_1）；
- （c1，db1_1，travelrecord_2）；
- （c1，db1_1，travelrecord_3）。

c0 为数据库实例（节点）名，db1_0 为数据库名，travelrecord 为表名，表名根据映射方式有不同的实现。

17.3　分布式部署实战案例

本节将结合 MyCat 2 和 MySQL 数据库，实现水平分片、垂直分片和复杂应用三个实战案例。

17.3.1　水平分片案例

某短信服务提供商需要通过系统推送短信，每天会产生大概 1000 万条的推送消息，其中，针对客户号消息需要产生 300 多万条记录，针对唯一号消息需要产生 600 多万条记录。这些消息存在库中主要用于存档和统计。

1. 分片需求分析

通过业务需求分析，确定客户号消息表、唯一号消息表之间无须进行复杂查询。最大的问题就是产生的数据量很大，两年后一台普通的物理服务器的存储空间将无法承受（1000 万条乘以 365 天乘以 100Byte 乘以 2，预估约产生 0.664TB 存储量），另外经过测试，发现 MySQL 单表存储量超过 1000 万条后进行数据读写时存在明显的读写延迟问题，影响使用效果。为了分散记录存储量并实现读写分离，这里采用水平分片拆分该记录表。拆分方式如下：

根据业务 ID 取模拆分为 60 个分表，存放到 2 个 MySQL 数据库服务器节点上，每个节点存放 30 个分表。这样的分片优点是根据业务 ID 取模拆分，数据拆分均匀，分散了热点，适合对业务 ID 的键值类型查询。

分片的缺点是扩容迁移存在困难，需要架构师提前规划好分片量。数据量达到单分表 1000 万条时需要进行数据迁移或者清理。如果对业务 ID 或者其他字段进行查询就会发生跨数据库查询问题。

所用到的分片信息设计如下：

```
dbpartition by MOD_HASH (id) dbpartitions  2
tbpartition by MOD_HASH (id) tbpartitions  30
```

以该企业的短消息发送表（db1.travelrecord）为例进行模拟分片，分为 2 个数据节点，2 个物理分库，共 60 个分表，拆分结果如图 17.6 所示。其中，0 号节点既实现逻辑库的功能又实现分库物理库的功能（就是把逻辑表和物理表存放到一个库里）。每个节点采用了一主一从两台服务器的备份方式。

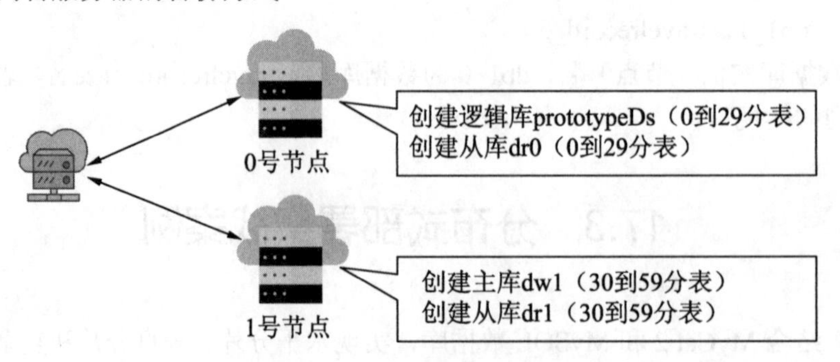

图 17.6　水平分拆为两个节点来存储数据，每个节点采用主从方式

2. 部署清单及安装包下载

水平分片分布式部署设置清单及安装包下载内容介绍如下。

1）分布式部署设置清单如下：

准备 1 台 MyCat 2 服务器（安装 JDK 8 的操作系统 Windows 或 Linux）、4 台 MySQL 服务器，其设置如表 17.1 所示。

表 17.1　分布式部署设置清单

部 署 节 点	数据库名称	网络地址（集群主从顺序）	物 理 表
MyCat 2节点		127.0.0.1:8066	无
原型库（存储节点0号）	prototype，c0	127.0.0.1:3306（prototypeDs） 127.0.0.1:3307（dr0）	db.travelrecord（原型表） db_0.travelrecord_0至 db_0.travelrecord_29（物理分表）
存储节点1号	c1	127.0.0.1:3308（dw1） 127.0.0.1:3309（dr1）	db_1.travelrecord_30至 db_1.travelrecord_59

说明： 实际商业环境下需要 5 台服务器，其中，1 台部署 MyCat 2，另外 4 台部署 MySQL。这里为了方便学习，采用了一台计算机，通过不同端口号模拟 5 台服务器的部署情况。

其中，prototypeDs 和 dr0、dw1、dr1 分别用于配置主从同步（MySQL 安装及主从配置见 16.3 节）。它们的用户名和密码是 root 和 123456。其中，Mycat 2 默认配置的数据源为 prototypeDs，用户名为 root、密码为 123456。原型库属性 prototype 指向唯一数据源 prototypeDs，单表默认存储在 prototype 库中。

2）下载安装包。

① 下载两个 MyCat 2 安装包文件。

- 文件：下载地址为 http://dl.mycat.org.cn/2.0/1.20-release/mycat2-1.20-jar-with-dependencies.jar
- 文件：下载地址为 http://dl.mycat.org.cn/2.0/install-template/mycat2-install-template-1.20.zip

② 解压压缩包文件。

解压 mycat2-install-template-1.20.zip 得到 mycat 文件夹，其内包含 bin、conf、lib 和 logs 4 个文件夹。按原型库的实际配置，修改 conf\datasources\prototypeDs.datasource.json 文件，使 Mycat2 能够启动。

```
"password":"123456",
"url":"jdbc:mysql://localhost:3306/mysql?useUnicode=true&serverTimezone
=Asia/Shanghai&characterEncoding=UTF-8&autoReconnect=true",
    "user":"root",
```

③ 把在①步中下载的文件放在 lib 文件夹里，如图 17.7 所示。

› mycat_demo › mycat › lib

名称	修改日期	类型	大小
libwrapper-aix-ppc-32.a	2021/3/4 16:44	A 文件	23 KB
libwrapper-aix-ppc-64.a	2021/3/4 16:44	A 文件	24 KB
libwrapper-hpux-parisc-64.sl	2021/3/4 16:44	SL 文件	73 KB
libwrapper-linux-ppc-64.so	2021/3/4 16:44	SO 文件	24 KB
libwrapper-linux-x86-32.so	2021/3/4 16:44	SO 文件	12 KB
libwrapper-linux-x86-64.so	2021/3/4 16:44	SO 文件	15 KB
libwrapper-macosx-ppc-32.jnilib	2021/3/4 16:44	JNILIB 文件	16 KB
libwrapper-macosx-universal-32.jnilib	2021/3/4 16:44	JNILIB 文件	35 KB
libwrapper-macosx-universal-64.jnilib	2021/3/4 16:44	JNILIB 文件	35 KB
libwrapper-solaris-sparc-32.so	2021/3/4 16:44	SO 文件	14 KB
libwrapper-solaris-sparc-64.so	2021/3/4 16:44	SO 文件	21 KB
libwrapper-solaris-x86-32.so	2021/3/4 16:44	SO 文件	13 KB
mycat2-1.21-release-jar-with-depend...	2022/2/8 13:20	Executable Jar File	138,184 KB
wrapper.jar	2021/3/5 0:33	Executable Jar File	82 KB
wrapper-windows-x86-32.dll	2021/3/4 16:44	应用程序扩展	80 KB
wrapper-windows-x86-64.dll	2021/3/4 16:44	应用程序扩展	75 KB

图 17.7　MyCat 2 主程序存放的文件夹

3．安装并启动MyCat 2

MyCat 2 中间件支持在 Windows 和 Linux 下的安装及运行。

1）在 Windows 系统下安装及启动 MyCat 2。

启动管理员权限的命令提示符，切换路径到 bin 目录下，输入如下命令：

```
mycat install                    （首次使用先安装）
mycat start                      （启动命令）
```

在 cmd 里的安装及启动过程如图 17.8 所示。

2）在 Linux 系统下启动 MyCat 2。

启动 Linux 终端，切换路径到 bin 目录下，输入如下命令：

```
./mycat start
```

3）启动结果验证。

检查 logs 文件夹的 wrapper.log 文件，如果出现 Mycat Vertx server ××××started up 字样，则说明启动成功。

```
INFO io.mycat.vertx.VertxMycatServer - Mycat Vertx server started up.
```

4．通过客户端工具访问MyCat 2

使用 SQLyog 工具（参考版本 SQLyog Community Edition-13.1.9(64-Bit)需要事先安装，能访问 MyCat 服务器的计算机上）连接 MyCat 2 的 8066 端口，用户名为 root，密码为 123456 即可（关闭压缩协议），如图 17.9 所示。

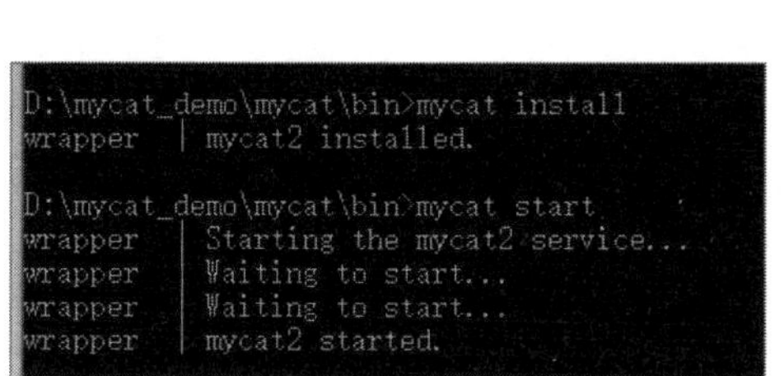

图 17.8　在 cmd 里启动 MyCat 2

图 17.9　客户端连接 MyCat 2 成功

启动 SQLyog 工具，可以看到 MyCat 2 启动后的 3 个默认的系统库，如图 17.10 所示。

5. 在MyCat 2中添加逻辑库

逻辑表名字为 db1，在连接 Mycat 2 的 MySQL 客户端 SQLyog 工具中输入如下 SQL 语句，即在 MyCat 2 中创建逻辑库 db1。

```
CREATE DATABASE db1
```

输入 SHOW DATABASES 命令可以看到库名 db1。也可以在 MySQL 3306 上看到 db1 库，如图 17.11 所示。

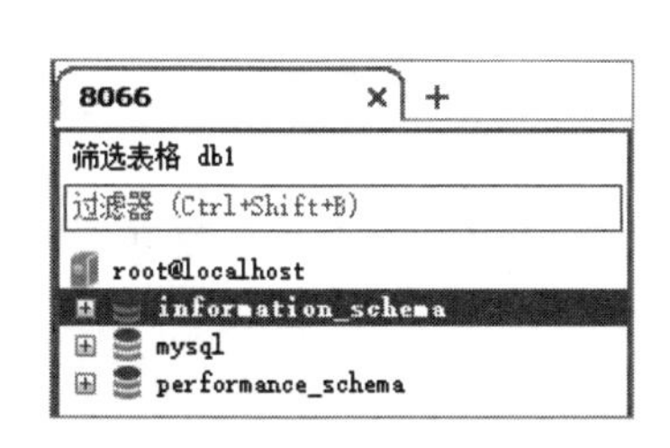

图 17.10　MyCat 2 默认配置的系统数据库

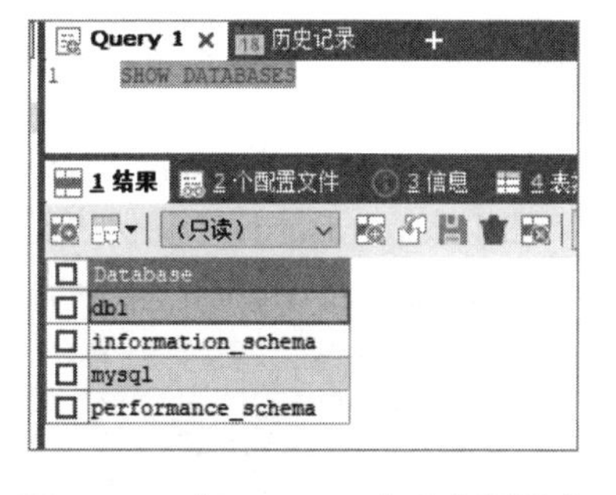

图 17.11　在 MyCat 2 中建立逻辑库

📖**提示：**在安装过程中如果发现配置错误，则需要重置 MyCat 2 配置信息，可以先备份配置文件夹（conf 文件夹），然后执行注释/*+ mycat:resetConfig{} */。
带/*执行语句*/的格式是 MyCat 2 下自有的命令执行格式。

6. 在MyCat 2中添加逻辑表-单表

在连接 MyCat 2 的 MySQL 客户端 SQLyog 工具里输入如下 SQL 语句，即在 MyCat 2

中创建逻辑表 db1. travelrecord。

```
CREATE TABLE db1.travelrecord (              //表字段可以根据实际业务需要定义
  `id` bigint NOT NULL AUTO_INCREMENT,
  `user_id` varchar(100) DEFAULT NULL,
  `traveldate` date DEFAULT NULL,
  `fee` decimal(10,0) DEFAULT NULL,
  `days` int DEFAULT NULL,
  `blob` longblob,
  PRIMARY KEY (`id`),
  KEY `id` (`id`)
) ENGINE=InnoDB  DEFAULT CHARSET=utf8
```

此时输入SELECT * FROM db1. travelrecord可以看到查询结果，也可以在MySQL3306上看到 db1. travelrecord 表，执行过程如图 17.12 所示。

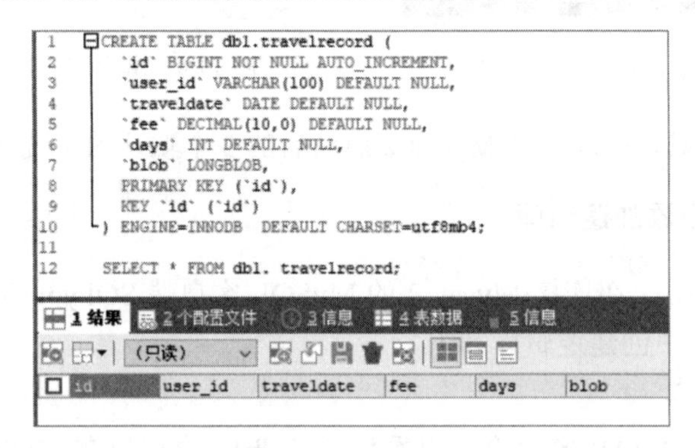

图 17.12　在 MyCat 2 中创建逻辑单表

7. 检测MyCat 2单表能否进行读写分离访问

确保 MySQL（dr0）数据库实例可以通过网络进行访问，并建立与 prototypeDs 相同的物理表（db1.travelrecord)，确保表结构相同，以免报错。

在连接 MyCat 2 的 MySQL 客户端中输入如下 SQL 语句，用于创建数据源。

```
/*+ mycat:createDataSource{
    "name":"dr0",
    "password":"123456",
    "url":"jdbc:mysql://localhost:3307/mysql?username=root&password=
123456&characterEncoding=utf8&useSSL=false&serverTimezone=Asia/Shanghai
&allowPublicKeyRetrieval=true",
    "user":"root",
} */;
```

即在 MyCat 2 中添加数据源 dr0，注意上述代码中的 name 就是数据源的名称。可以使用以下命令查看刚才建立的数据源。

```
/*+ mycat:showDataSources{} */
```

执行结果如图 17.13 所示。

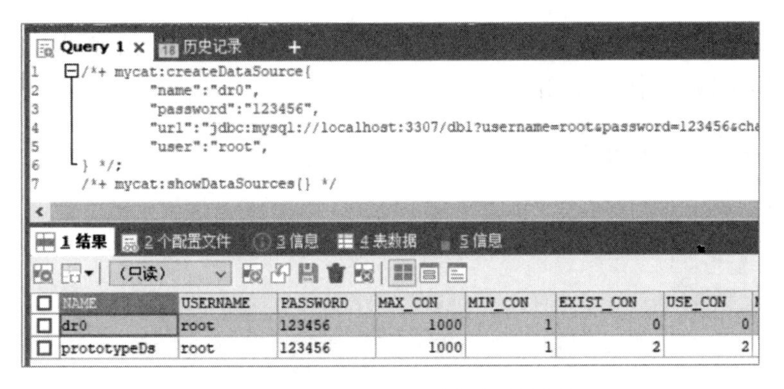

图 17.13　在 MyCat 2 中添加数据源

然后输入以下 SQL 语句使现有默认配置的 prototype 集群从指向 prototypeDs 变为指向 prototypeDs（主）和 dr0（从），集群类型为主从。

```
/*+ mycat:createCluster{
    "clusterType":"MASTER_SLAVE",
    "masters":[
        "prototypeDs"
    ],
    "name":"prototype",
    "replicas":[
        "dr0"
    ]
} */;
```

其中，clusterType 是集群类型，masters 是配置主数据库，replicas 是配置从数据库。此时通过/*+ mycat:showClusters{} */语句可以看到刚才配置的集群。因为单表默认指向 prototype 集群，所以此时所有默认的单表是可以进行读写分离的。在 MyCat 2 中，只要配置属性 targetName 指向配置主从的集群，就可以实现读写分离。用 SQLyog 工具查看读写分离设置，如图 17.14 所示。

图 17.14　为 MyCat 2 添加集群并设置读写分离

8. 将MyCat 2的单表升级为逻辑表-分片表

配置 c0 和 c1 集群，并把单表升级（覆盖配置）为分片表。

1）设置 c0 集群。

因为原型库（存储节点 0）都是同一个集群，所以仅仅把上述创建 createCluster 中的

name 改为 c0，然后在客户端执行一次就可以创建 c0 集群了（从 2.1 版本后为方便使用，MyCat 2 会自动配置一个 c0 集群）。

```
/*+ mycat:createCluster{
    "clusterType":"MASTER_SLAVE",
    "masters":[
        "prototypeDs"
    ],
    "name":"c0",
    "replicas":[
        "dr0"
    ]
} */;
```

用 SQLyog 工具查看主从配置，如图 17.15 所示。

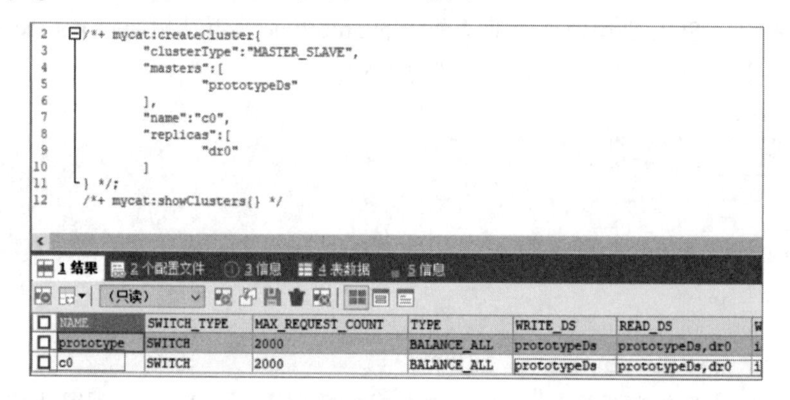

图 17.15　MyCat 2 的 0 号节点主从配置结果

2）设置 c1 集群。

添加数据源 mysql3308（dw1）和 mysql3309（dr1）。这两个数据库可以先建立分片表的物理表然后再添加，或者添加后使用建表语句建立分表后再检查从节点是否完成自动建表。然后为 MyCat 2 设置数据源。

```
/*+ mycat:createDataSource{
    "name":"dw1",
    "password":"123456",
    "type":"JDBC",
    "url":"jdbc:mysql://localhost:3308/mysql?username=root&password=
123456&characterEncoding=utf8&useSSL=false&serverTimezone=Asia/Shanghai
&allowPublicKeyRetrieval=true",
    "user":"root"
} */;

/*+ mycat:createDataSource{
    "name":"dr1",
    "password":"123456",
    "url":"jdbc:mysql://localhost:3309/mysql?username=root&password=
123456&characterEncoding=utf8&useSSL=false&serverTimezone=Asia/Shanghai
&allowPublicKeyRetrieval=true",
```

```
    "user":"root"
} */;
```

上述两个配置仅仅是端口和 name 属性不相同。

3）添加 c1 集群。

```
/*+ mycat:createCluster{
    "clusterType":"MASTER_SLAVE",
    "masters":[
        "dw1"
    ],
    "name":"c1",
    "replicas":[
        "dr1"
    ]
} */;
```

上述配置与 prototype 配置仅仅是 name、masers 和 replicas 属性不相同。

用 SQLyog 工具执行/*+ mycat:showClusters{} */命令，检查是否添加成功，结果如图 17.16 所示。

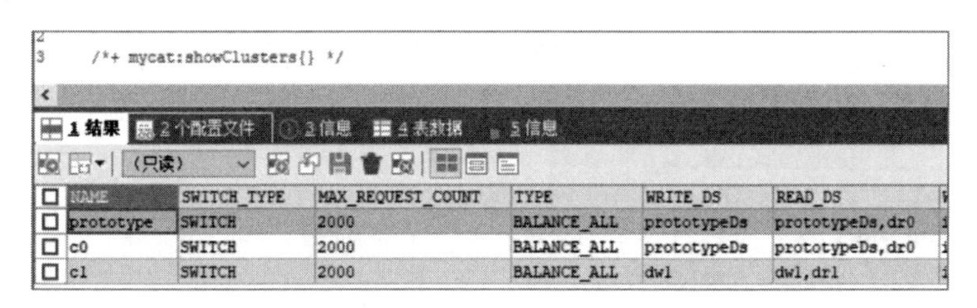

图 17.16　典型的 MyCat 分片表存储配置

4）在 Mycat 2 中创建 travelrecord 表。

通过 SQLyog 工具执行以下建表命令。

```
CREATE TABLE db1.`travelrecord` (
  `id` BIGINT NOT NULL AUTO_INCREMENT,
  `user_id` VARCHAR(100) DEFAULT NULL,
  `traveldate` DATE DEFAULT NULL,
  `fee` DECIMAL(10,0) DEFAULT NULL,
  `days` INT DEFAULT NULL,
  `blob` LONGBLOB,
  PRIMARY KEY (`id`),
  KEY `id` (`id`)
) ENGINE=INNODB  DEFAULT CHARSET=utf8 dbpartition BY mod_hash(id)
tbpartition BY mod_hash(id) dbpartitions 2 tbpartitions 30;
```

一方面，SQL 会自动把 c0 和 c1 作为存储节点，同时 c0 和 c1 本来就是集群的名字，如果集群就是主从类型，则会自动拥有读写分离的特性。另一方面，SQL 会触发自动建立物理分表的过程，所以会稍微耗时。dbpartitions 2 设置分为 2 个物理库，tbpartitions 30 表示每个物理库设置分 30 个物理表，因此共有 60 个物理表。

注意：通过 MyCat 2 创建节点表后，需要去对应的节点确认物理表是否真正存在，确保物理表创建成功。

5）用如下命令检查水平分片的效果。

```
/*+ mycat:showTopology{
"schemaName":"db1",
"tableName":"travelrecord"} */;
```

在 SQLyog 工具中执行以下命令，结果如图 17.17 所示，可以很直观地看到水平分片配置完成后的效果。

最后检查 MySQL 3307 与 MySQL 3306，MySQL 3309 与 MySQL 3308 物理表是否一致，并确保节点的主从同步正常。

targetName	schemaName	tableName
c0	db1_0	travelrecord_28
c0	db1_0	travelrecord_29
c1	db1_1	travelrecord_30
c1	db1_1	travelrecord_31
c1	db1_1	travelrecord_32
c1	db1_1	travelrecord_33
c1	db1_1	travelrecord_34
c1	db1_1	travelrecord_35

图 17.17　MyCat 分片表数据分布

9. 测试

在 SQLyog 工具中执行以下 SQL 语句测试一条插入记录，查看插入结果，如图 17.18 所示。

```
DELETE db1.travelrecord;
insert db1.travelrecord (id) values(1);
SELECT  * FROM db1.travelrecord where id = 1;
```

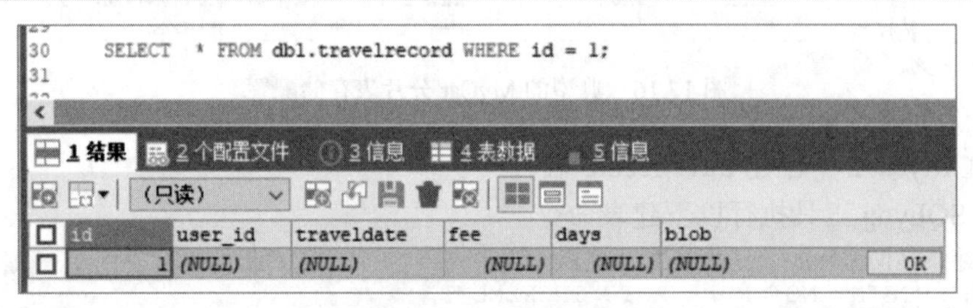

图 17.18　向 MyCat 分片表中插入一条记录

使用 Explain 语句查看执行计划，发现数据存放在 db1_0.travelrecord_1 表中，如图 17.19 所示。

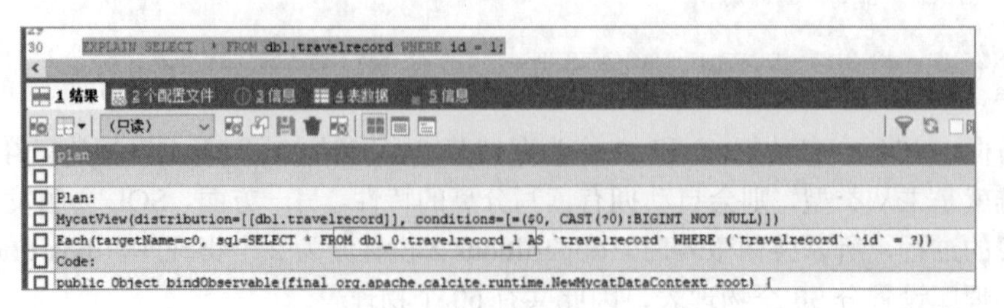

图 17.19　MyCat 分片表的插入结果

执行以下 SQL 命令，将 ID 为 0～29 以上的数据存储到 c1 节点里。

```
INSERT db1.travelrecord (id) VALUES(30);
SELECT * FROM db1.travelrecord WHERE id = 30;
```

使用 Explain 语句查看执行计划，发现数据存放在 db1_1.travelrecord_30 表中，符合预期，如图 17.20 所示。

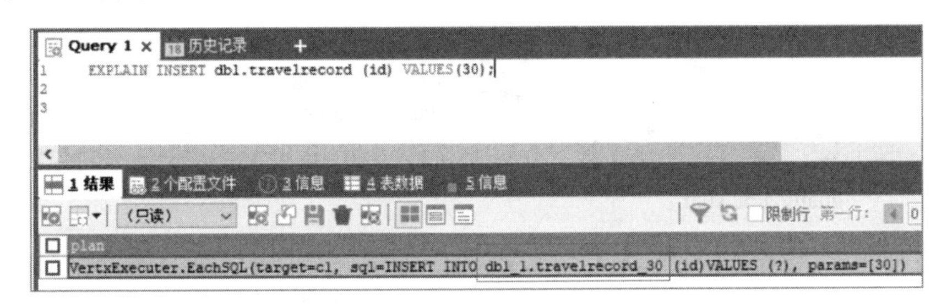

图 17.20　向 MyCat 分片表中插入记录测试的结果

17.3.2　垂直分片案例

某互联网公司需要把多个数据库进行统一管理，每个数据库分别存放该城市的业务信息，数据库库名带有城市编号的前缀。

根据业务分析，查询涉及复杂查询，只有 3 个表进行了 join 关联查询，其余的大部分都是简单查询。

1. 解决方案

MyCat 技术团队提供了两种预选方案：

- 对已有的业务系统进行改造，添加城市字段作为分片字段，使用枚举映射，也就是水平拆分。为使热点方便扩容，可以考虑城市之间按城市热点范围进行划分。例如，针对“北上广”等特大城市，单表数据可能超千万的，一个城市可以映射一个范围段。使用 between and 范围查询城市数据。
- 使用单表进行逻辑表与物理表的映射，即垂直拆分。

由于涉及旧系统改造，先尝试使用第二种方式。

缺点：以城市作为业务拆分数据，容易出现数据不均匀的现象，需要使用支持复杂查询的查询引擎支持该场景，可能会使查询性能下降。

垂直分片设计如下：

无须对 MySQL 数据库改造，但是这里为方便读者学习，以 3 个业务数据库（非原型库）为基础，每个库对应一个城市（这里假设为北京、上海、广州），在每个 MySQL 数据库中有一库一表作为例子，其垂直分片设计如图 17.21 所示。

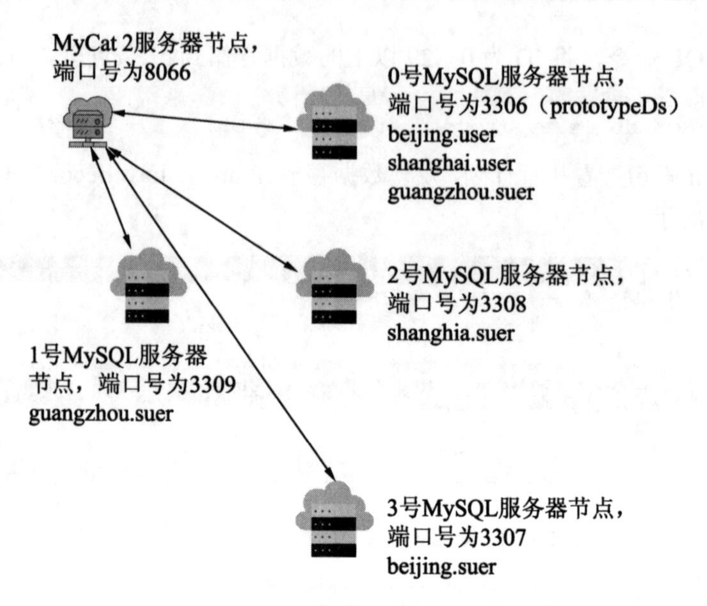

图 17.21　MyCat 以城市分类垂直分片部署设计

图 17.21 部署设计的每个节点的网络地址及物理表如表 17.2 所示。

表 17.2　每个节点的网络地址及物理表

数 据 库 名	网 络 地 址	物 理 表
原型库	127.0.0.1:3306(prototypeDs)	beijing.user shanghai.user guangzhou.user
北京库	127.0.0.1:3307(beijing)	beijing.user
上海库	127.0.0.1:3308(shanghai)	shanghai.user
广州库	127.0.0.1:3309(guangzhou)	guangzhou.user

注意： 确保原型库中包含所涉及的所有表，即 3 个城市的 user 表。
为方便学习，请先在运行的 MyCat 2 中输入注释/*+ mycat:resetConfig{} */清空已有配置。

2．部署过程

垂直分片部署过程包括各个节点服务器上 MySQL 数据库的安装、MyCat 2 中间件的安装，在 0 号数据库节点创建原型库，在 1～3 号数据库节点分别创建 beijing.user、shanghai.user、guangzhou.user 库和表，在 MyCat 2 前端工具里设置 3 个数据源，在 MyCat 2 前端工具里映射 3 个数据库的物理库，做完这些工作即可完成垂直分片的部署。

关于 MySQL 数据库的安装和 MyCat 2 中间件的安装，请参考 17.3.1 小节。

1）在数据库节点创建库和表。

通过 MyCat 2 前端工具 SQLyog，在原型库对应的 MySQL 数据库（prototypeDs）中建立 3 个表：

```
beijing.user
shanghai.user
guangzhou.user
```

在 MySQL 3307、MySQL 3308 和 MySQL 3309 中分别建立 beijing.user、shanghai.user 和 guangzhou.user 库及表。

2）user 表创建示例如下：

建库、建表的 SQL 语句如下：

```
CREATE DATABASE IF NOT EXISTS beijing;
use beijing;                                          //根据对应的库修改

CREATE TABLE `user` (
  `id` bigint(20) NOT NULL,
  `name` varchar(20) CHARACTER SET utf8 COLLATE utf8_general_ci NOT NULL,
  PRIMARY KEY (`id`)
) ENGINE=InnoDB DEFAULT CHARSET=utf8
```

上述操作都是在 0 号到 3 号 MySQL 数据库里依次完成的。

3）在 MyCat 2 里设置 3 个数据源。

以下操作在连接 MyCat 2 的客户端工具 SQLyog 中完成。

① 添加北京库数据源：

```
/*+ mycat:createDataSource{
    "name":"beijing",
    "password":"123456",
    "url":"jdbc:mysql://localhost:3307/mysql?characterEncoding=utf8&useSSL
=false&serverTimezone=Asia/Shanghai&allowPublicKeyRetrieval=true",
    "user":"root"
} */;
```

② 添加上海库数据源：

```
/*+ mycat:createDataSource{
    "name":"shanghai",
    "password":"123456",
    "url":"jdbc:mysql://localhost:3308/mysql?characterEncoding=utf8&useSSL
=false&serverTimezone=Asia/Shanghai&allowPublicKeyRetrieval=true",
    "user":"root"
} */;
```

③ 添加广州库数据源：

```
/*+ mycat:createDataSource{
    "name":"guangzhou",
    "password":"123456",
    "url":"jdbc:mysql://localhost:3309/mysql?characterEncoding=utf8&useSSL=
false&serverTimezone=Asia/Shanghai&allowPublicKeyRetrieval=true",
    "user":"root"
} */;
```

上述3个配置仅仅是端口和name属性不相同。在SQLyog工具里执行如下命令查看垂直分片设置结果，如图17.22所示。

```
/*+ mycat:showDataSources{} */
```

```
13
14    /*+ mycat:showDataSources{} */
```

1 结果　2 个配置文件　3 信息　4 表数据　5 信息

(只读)

NAME	USERNAME	PASSWORD	MAX_CON	MIN_CON	EXIST_CON	USE_CON
beijing	root	123456	1000	1	0	0
guangzhou	root	123456	1000	1	0	0
shanghai	root	123456	1000	1	0	0
prototypeDs	root	123456	1000	1	0	0

图17.22　垂直分片设置结果

4）映射三个节点MySQL数据库实例的物理库。

在连接Mycat 2的客户端工具SQLyog里输入以下3个SQL就可以配置完成了。

```
/*+ mycat:createSchema{
   "schemaName":"beijing",
   "targetName":"beijing"
} */;
/*+ mycat:createSchema{
   "schemaName":"shanghai",
   "targetName":"shanghai"
} */;
/*+ mycat:createSchema{
   "schemaName":"guangzhou",
   "targetName":"guangzhou"
} */;
```

上述3个配置仅仅是schemaName属性和targetName属性不相同。

在SQLyog工具里或者命令终端执行SHOW DATABASES命令，即可以看到已经加载的库表，如图17.23所示。

3．测试

在连接MyCat的客户端执行以下SQL插入记录命令并查看效果，测试结果如图17.24所示。

```
INSERT beijing.`user`(`id`,`name`) VALUES(1,'zhangsan');
SELECT * FROM beijing.`user`
```

发现可以查询数据，然后找到北京库（127.0.0.1:3307）中的user表，能看到zhangsan的数据。

然后执行下面的SQL插入记录命令：

```
INSERT shanghai.`user`(`id`,`name`) VALUES(2,'lisi');
SELECT * FROM shanghai.`user`
```

同理，在上海库（127.0.0.1:3308）中的 user 表中能看到插入的 lisi 数据。

至此，实现了利用城市分类分布式管理数据库的功能。

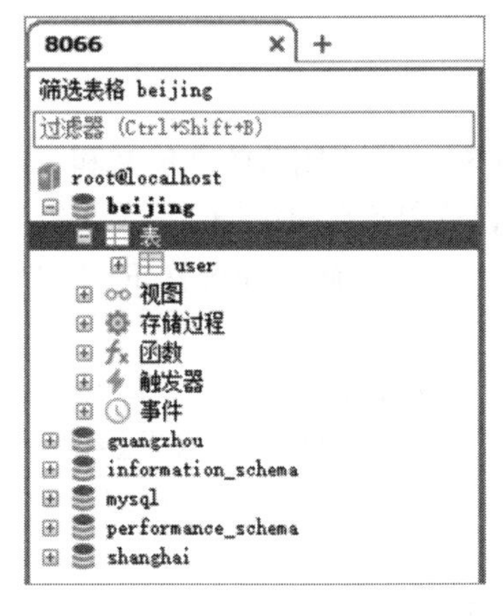

图 17.23　3 个数据源的物理表聚合在 MyCat 2 中

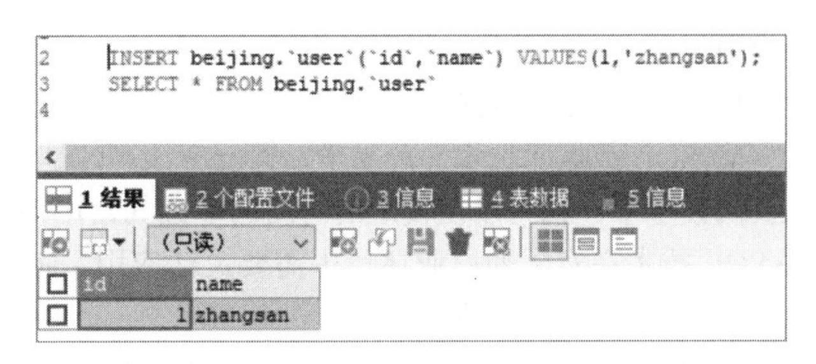

图 17.24　垂直分片测试

17.3.3　复杂的应用案例

MyCat 2 也支持复杂的水平分片、垂直分片组合，以解决具体的问题。

例如，某云服务平台的数据包括用户基本信息、服务提供信息和服务调用日志信息，将它们分为 3 个表进行存储。根据对现场数据的观察和分析可得出，用户基本信息表里的记录稳定保持在 100 条左右，服务提供信息表每天会产生 5000 条记录，服务调用日志信息表每天会产生 8000 万条记录。

这里最大的问题就是服务日志信息每天产生的量很大，而且有一定的数据插入性能要求，平均每秒 1000 条，高峰时候大约每秒 4000 条，而且涉及特殊的序列号生成算法。由此，单表日志信息记录一超过千万条级别后，系统响应速度就会逐步变慢，甚至严重卡顿。

针对上述问题，采用垂直分片思想，把用户基本信息表、服务提供信息表单独存储到一个数据库实例节点上；而对服务调用日志信息表采用水平分片思路，把该表拆分成 8 个节点的数据库记录表，每个表存储 1000 万条记录。这样既解决了存储分布问题，又合理解决了读写响应性能问题。

详细实现方式，可以通过 17.3.1 小节和 17.3.2 小节的技术组合来实现。感兴趣的读者也可以通过本书提供的 QQ 群咨询 MyCat 团队。

后记

有幸与李体新老师、高级工程师卢凯，以及 MyCat 核心技术团队的陈俊文和张委员工程师一起合作完成了本书的写作。本书凝聚了我们的智慧和各自的优势，沿袭了笔者已经出版的图书写作风格：引入了可爱的角色——三酷猫，用三酷猫学 MySQL 的故事引导读者探究 MySQL 的世界，生动有趣，让学习不再乏味。

MySQL 数据库技术简单易学，普及度很高，是 IT 从业人员必备技能之一，读者只要认真阅读本书，就可以在较短的时间内掌握其常用功能。但是笔者必须在这里强调一点：MySQL 技术在实际的商业环境中需要灵活应用，使用时不能被书中的一些规定束缚。下面列举几个例子加以说明。

例如，3.4.1 小节介绍的第一范式，理论上每个字段应该设计为不可再分割的原子值字段，但是在实际工作中，存在多个原子值存储在一个字段中的情况。例如，对于地址值字段，如果不存在字段统计要求，而且也能接受 like 查询速度的要求，那么把地址的所有值放在一个字段里也是可以的。

再如，在进行应用系统开发时，对于插入的数据，如果能在应用系统代码中校验所输入的值是否合法，就尽量不要通过 SQL 触发器技术去校验。这样做有两大好处：一是可以加快 MySQL 数据库服务器端的运行效率——服务器端检查步骤越多，数据库的运行速度就越慢；二是把校验代码放在应用程序端实现，有利于对与代码相关的业务逻辑进行维护。

当然，访问数据库时如果数据的吞吐量变得很庞大，则需要考虑传输数据时网络的开销问题。可以在服务器端进行数据汇总和计算，以减轻网络带宽的压力。例如，利用 CTE 技术可以先在服务器端进行复杂的运算，然后再把运算结果返回应用程序端，这样做可以满足减少传输数据的要求。

以上只是用几个例子来说明学习 MySQL 需要注意的问题。当然，笔者并不打算在此罗列一大堆注意事项，因为笔者相信，如果读者已经读完本书，应该已经对这些问题了然于心，而不需要笔者进行长篇大论了。

最后祝大家读书快乐！

刘瑜

于天津